注重学科系统性　融合相关学科
兼顾设计与工程　面向家具行业

A systematic and comprehensive human factors textbook
for furniture design and engineering

韩维生　主编

Human Factors in
Design &
Engineering

设计与工程中的
人因学

中国林业出版社

编者简介

韩维生，家具设计与工程专业博士，西北农林科技大学副教授，《家具》期刊编委，中国林学会木材工业分会家具与室内装饰研究会会员。曾在深圳某家具企业做生产现场研究3个月，德国罗森海姆应用技术大学木材科技与工业工程专业留学1年。现从事人因学、项目管理、家具与室内设计、木材加工技术与工业工程、木文化等方面的教学与研究，以第一作者发表专业学术论文40多篇。先后承担木材科学与工程（含家具与室内设计）专业《工程制图》《人机工程》《产品系统设计》《室内设计》《设计方法学》《项目管理》以及全校公共选修课《项目管理概论》《创新能力培养》等课程的教学任务；指导大学生创新创业项目10余项。主持校级科研课题"家具生产系统基础工业工程研究与应用"一项，教学改革课题"木材科学与工程专业人体工程学内容体系的改革与建设"一项，本科优质课程建设项目人体工程学一项，学科竞赛项目"微型木制品设计制作大赛"一项，"2012年度中华农业科教基金教材建设项目"一项。先后获校级教学成果奖两项，发明专利2项。

图书在版编目（CIP）数据

设计与工程中的人因学／韩维生主编. —北京：中国林业出版社，2015.8（2021.5 重印）
国家林业局普通高等教育"十三五"规划教材
ISBN 978-7-5038-8092-6

Ⅰ. ①设… Ⅱ. ①韩… Ⅲ. ①工业工程－高等学校－教材 Ⅳ. ①F270.7

中国版本图书馆 CIP 数据核字（2015）第 180285 号

设计与工程中的人因学
韩维生　主编

策划编辑　吴　卉
责任编辑　肖基浒

出版发行	中国林业出版社
	邮编：100009
	地址：北京市西城区德内大街刘海胡同7号 100009
	电话：(010) 83143552　邮箱：jiaocaipublic@163.com
	网址：http://www.forestry.gov.cn/lycb.html
经　销	新华书店
印　刷	北京中科印刷有限公司
版　次	2016年1月第1版
印　次	2021年5月第2次印刷
开　本	889mm×1194mm　1/16
印　张	22.75
字　数	552千字
定　价	60.00元

未经许可，不得以任何方式复制或抄袭本书之部分或全部内容。
版权所有　侵权必究

2012年度中华农业科教基金教材建设研究项目
2012年度西北农林科技大学本科优质课程建设项目
2011年度西北农林科技大学教学研究改革项目

教学建议

（一）课程定位与教学目的

人因学的研究焦点是人以及人与日常生活和工作中使用的产品、设备、设施、流程和环境之间的相互关系。它强调的重点是人本身，以及物的设计如何影响人。人因学旨在改善人们使用的物品及使用时的环境，以求更好地与人的能力、限度和需要匹配，达到安全、健康、舒适、有效的目的。

在人才培养类型方面，本教材定位于学术型、应用型（主要是指工程型、技术型）人才的培养。在行业领域方面，本教材定位于木材工业行业，并以家具设计与制造领域为主。在专业结构方面，本课程定位于木材科学与工程及家具与室内设计专业的学科基础课。在专业方向方面，本教材定位于木材科学与工程、家具与室内设计两个方向。

木材科学与工程专业既与家具及工业设计有关，又与建筑及室内环境设计有关，还与工业工程与管理有关。在木材科学与工程及家具与室内设计专业背景下，人机系统可分为两类：一是使用者—家具—（贮存物）—使用方式—室内环境系统，二是生产者—机器—工件—加工操作方法—生产车间环境系统。人因学是可偏向设计（一般称之为人体工程学），抑或偏向工程管理（一般称之为管理工效学）的课程。

为了满足人才培养定位要求，本教材对人因学学科基础、学科体系、研究方法及其与相关课程的关系进行强调和阐述。结合国内外家具行业发展现状和趋势，对木材科学与工程专业的人因学，加入了家具业工作研究、木材工业环境与安全、健康等内容，这些内容是在面向设计类专业时所没有的或被淡化的。家具与室内设计专业方向的《人因学》，可将《设计心理学》以及《产品语义学》等相关内容并入《人因学》教学之中。

（二）学生应掌握的知识

通过课程教学，使学生掌握以下知识：

①全面、深刻地理解"以人为本"等设计理念和管理理念，并使之具有可操作性；

②了解人因学的学科基础、学科体系、基本原理、研究方法及其与相关课程的关系；培养在人因学研究与应用方面的创新能力；

③结合不同专业方向，熟悉和掌握人因学的基本概念、基本知识、相关标准、应用方法：

・初步掌握人体测量数据在产品设计及室内设计等领域中的应用；

・熟悉人的感知与运动输出特性、人的反应特性及人的心理特征等，使产品总体设计与人的感知、行为相适应；

- 从人因学角度，掌握信息传递装置、工作台椅、工作工具和工作场所的设计程序和方法；
- 将人因学用于作业研究，掌握作业研究的一般程序和时间研究方法；

④了解人因学发展趋势，以及与人因学有关的应用软件。

（三）课程内容与课时分布

①面向木材科学与工程（含家具与室内设计）专业，构建统一课程内容体系，建议针对不同专业方向分设课程。部分章节可以安排学生进行自主性学习。

②教学计划至少 32 学时，其中理论教学 28 学时，实践环节 4 学时。案例分析、讨论组织等所需时间包括在各个章节的教学中。实践环节则根据教学实际情况安排。

（四）学习方法

在教师引导和辅导下，提倡实行以学生为主体的自主性学习方式与多元化实践模式，并鼓励：

①一般原理与专业方向相结合。将有关知识融会贯通，学以致用。

②理论与实践相结合。以设计性实验为主，同时提倡学生根据自己的学习方向自拟题目。

③课内外相结合。课外预习，积极准备、参与讨论式教学。善于利用图书、期刊等各种资源，在生活中调查研究、思考问题、发现问题、解决问题。

④鼓励互助学习和项目式实践。

教材中所附思考与讨论题，不拘于教材内容，供同学们课内外思考、讨论。

前　言

人因学是一门交叉学科，研究和应用范围十分广泛。人因学，又名人体工程学、人机工程学、人因工程、人类工效学、工程心理学等，这些名称在一定程度上表明了学科的侧重和重叠性。有学者将这些学科称为重叠性学科。此外，有的人因教材将工作研究（基础工业工程）也纳入其内容体系。我们认为，设计心理学等学科与人因学也有很大程度的重叠关系。

由于历史的原因，人因学主要设在工业设计、工业工程、建筑设计及艺术设计等专业的课程目录中，这些专业的培养目标和研究方向决定了人因学课程的定位和内涵。各高校结合自身条件，将人因学与专业发展相结合并为其专业发展服务，融合了与人因学成互补关系的学科（称为互补性学科），使得人因学表现出一定的学科特色。由于教学学时的限制和出于专业方向的考虑，教材及讲授应合理取舍。

长期以来，缺乏对人因学基础性学科和研究方法的重视。人因学教材多像一堆杂乱的知识，学生知其然不知其所以然，学生的实践也只能是这些知识的片面应用，学科发展缺乏源动力。

人因学的发展也诞生了许多衍生性学科，如人机交互、可用性研究、感性工学。木质环境学是木材学的衍生学科，实际上也是人因学的衍生学科。

近年来，人因学取得了丰硕的成果。同时，学科的分化和行业的需求导致了行业工效学的产生。虽然行业工效学的说法并不为众所周知，但事实上人因学的起源及其在各领域的应用和发展使得行业工效学（如服装工效学等）早已存在。

培养"宽口径、厚基础、重能力、求创新"的人才，或兼顾"学术型、工程型、技术型、技能型、创业型"人才，应在课程教学中予以适度体现。通过2011年度西北农林科技大学教学研究改革项目、2012年度西北农林科技大学本科优质课程建设项目、2012年度中华农业科教基金教材建设研究项目，笔者致力于对木材科学与工程专业及其家具与室内设计方向构建统一的人因学学科内容体系，并分设了人因学课程，本教材是这一系列项目的成果之一。

在编写前后，编者发表了若干篇相关科研教学论文，同时对有重要参考价值的外文资料进行了翻译、校对工作。此外，书中还融入了编者在攻读博士学位及相关科学研究时关于作业研究的系列研究成果。同时，在教材编写过程中，注重跟踪学科发展和相关标准。每章结尾的思考与讨论题为开放式问题，意在使学生在课外进行研究性学习，培养其创新能力和应用能力。

本书由西北农林科技大学木材工业系韩维生副教授担任主编，第9章"安全设计与工程"由四川农业大学陈铭副教授编写，期间得到浙江科技学院周敏博士的支持和帮助。西北农林科技大学木材科学与工程专业的王专、吴啸天同学绘制了部分插图。

本书的编写参考了国内外教材、专著、学术期刊、标准等大量相关资料与文献，在此一并表示衷心的感谢！

由于编者水平有限，书中难免有不妥之处，希望读者和同行批评指正。

韩维生
2015年3月

目 录

前 言

第1章 人因学概论 ... 3
1.1 人因学的学科内涵 ... 3
1.1.1 人因学的命名 ... 3
1.1.2 人因学的定义 ... 3
1.1.3 人因学的学科体系 ... 5
1.2 人因学的起源与发展 ... 9
1.2.1 经验人因学 ... 9
1.2.2 科学人因学 ... 10
1.2.3 现代人因学 ... 11
1.2.4 我国人因学的发展 ... 12
1.3 人因学的研究方向与应用领域 ... 12
1.3.1 人因学的研究方向 ... 12
1.3.2 人因学的应用领域 ... 13
1.4 人因学的学科特点与研究方法 ... 13
1.4.1 人因学学科特点 ... 13
1.4.2 人因学研究方法 ... 13
1.4.3 基本研究决策和步骤 ... 15
1.5 设计与工程中的人因学 ... 16
1.5.1 家具与室内设计中的人因问题和要求 ... 16
1.5.2 人因学在工业工程中的地位和作用 ... 18
1.5.3 近年来人因学在木材工业领域的研究进展 ... 19

第2章 人的信息加工 ... 21
2.1 概述 ... 23
2.1.1 人在人机系统中的作用及其机制 ... 23
2.1.2 人的信息加工模型 ... 23
2.1.3 人的信息传递能力 ... 24
2.2 信息输入 ... 26
2.2.1 感觉及其特性 ... 26
2.2.2 知觉及其特性 ... 35

2.2.3　注意的特性、机制及表现 …………………………………………… 38
2.3　信息处理 …………………………………………………………………………… 42
　　2.3.1　神经系统的机能 ……………………………………………………… 42
　　2.3.2　记忆 …………………………………………………………………… 43
　　2.3.3　思维 …………………………………………………………………… 44
　　2.3.4　问题求解 ……………………………………………………………… 46
2.4　信息输出 …………………………………………………………………………… 48
　　2.4.1　运动系统及其机能 …………………………………………………… 48
　　2.4.2　人对刺激的反应特征 ………………………………………………… 49
　　2.4.3　肢体的出力范围 ……………………………………………………… 51
　　2.4.4　动作灵活性 …………………………………………………………… 54
　　2.4.5　运动准确性 …………………………………………………………… 56
　　2.4.6　行为 …………………………………………………………………… 57
2.5　信息加工调控 ……………………………………………………………………… 59
　　2.5.1　动机 …………………………………………………………………… 59
　　2.5.2　情绪 …………………………………………………………………… 60
　　2.5.3　个性 …………………………………………………………………… 60
　　2.5.4　心理调适 ……………………………………………………………… 61

第3章　人体测量数据及其应用 …………………………………………………………… 65

3.1　人体测量基本知识 ………………………………………………………………… 67
　　3.1.1　人体测量概述 ………………………………………………………… 67
　　3.1.2　人体测量术语 ………………………………………………………… 68
　　3.1.3　常用仪器与主要方法 ………………………………………………… 69
　　3.1.4　人体测量数据处理 …………………………………………………… 70
3.2　常用人体测量数据 ………………………………………………………………… 72
　　3.2.1　常用人体静态测量数据 ……………………………………………… 72
　　3.2.2　常用人体动态测量数据 ……………………………………………… 76
3.3　人体尺寸数据的应用 ……………………………………………………………… 81
　　3.3.1　人体尺寸数据的应用原则 …………………………………………… 81
　　3.3.2　人体测量数据的应用方法 …………………………………………… 83
　　3.3.3　身高的应用 …………………………………………………………… 86

第4章　工作负荷 …………………………………………………………………………… 91

4.1　人体能量代谢 ……………………………………………………………………… 93
　　4.1.1　体力劳动过程中人体能量消耗机理 ………………………………… 93
　　4.1.2　人体的能量代谢 ……………………………………………………… 94
4.2　劳动生理变化特征与人的生物节律 ……………………………………………… 96
　　4.2.1　劳动生理变化特征 …………………………………………………… 96

  4.2.2　人的生物节律 ………………………………………………………… 98
4.3　应激、工作负荷、劳动强度与疲劳 …………………………………………… 100
  4.3.1　应激 …………………………………………………………………… 100
  4.3.2　工作负荷 ……………………………………………………………… 102
  4.3.3　劳动强度 ……………………………………………………………… 104
  4.3.4　疲劳机理与疲劳测定 ………………………………………………… 105
4.4　提高作业能力，降低作业疲劳 ………………………………………………… 109
  4.4.1　作业能力 ……………………………………………………………… 109
  4.4.2　作业姿势的重要性 …………………………………………………… 111
  4.4.3　提高作业能力及降低疲劳的措施 …………………………………… 112

第 5 章　家具设计 …………………………………………………………………… 119

5.1　坐具设计 ………………………………………………………………………… 121
  5.1.1　坐具设计的主要依据 ………………………………………………… 121
  5.1.2　坐具功能设计 ………………………………………………………… 125
  5.1.3　坐具分类设计 ………………………………………………………… 137
5.2　卧具设计 ………………………………………………………………………… 143
  5.2.1　人的睡眠规律与卧姿人体特性 ……………………………………… 143
  5.2.2　床具功能设计 ………………………………………………………… 146
  5.2.3　床的分类设计 ………………………………………………………… 150
5.3　准人体类家具的设计 …………………………………………………………… 151
  5.3.1　准人体类家具与人的关系 …………………………………………… 151
  5.3.2　准人体类家具的功能设计 …………………………………………… 153
  5.3.3　常用桌台的主要尺寸和案例 ………………………………………… 157
5.4　建筑类家具的设计 ……………………………………………………………… 163
  5.4.1　柜类家具 ……………………………………………………………… 163
  5.4.2　架格 …………………………………………………………………… 176

第 6 章　人机系统与工作场所设计 ………………………………………………… 179

6.1　视听显示界面设计 ……………………………………………………………… 181
  6.1.1　视觉显示界面设计 …………………………………………………… 182
  6.1.2　听觉显示界面设计 …………………………………………………… 190
6.2　手脚控制界面设计 ……………………………………………………………… 191
  6.2.1　控制器的类型、编码和设计要求 …………………………………… 191
  6.2.2　手工具与操纵器的设计 ……………………………………………… 193
  6.2.3　脚动控制器 …………………………………………………………… 198
6.3　显示与控制组合设计 …………………………………………………………… 199
  6.3.1　控制—显示比 ………………………………………………………… 199
  6.3.2　显示器与控制器的相合性 …………………………………………… 199

6.4 人机系统设计、分析与评价 ·· 200
 6.4.1 人机系统设计 ··· 200
 6.4.2 人机系统连接分析 ·· 208
 6.4.3 人机系统评价 ··· 210
6.5 工作场所设计 ·· 211
 6.5.1 作业岗位设计 ··· 211
 6.5.2 作业空间设计 ··· 221

第7章 作业研究 ··· 227

7.1 概述 ·· 229
 7.1.1 作业研究的基本概念 ···································· 229
 7.1.2 作业研究的基本目的 ···································· 229
 7.1.3 作业研究的主要步骤 ···································· 230
 7.1.4 方法研究与作业测定的辩证关系 ················ 231
7.2 方法研究 ·· 231
 7.2.1 方法研究的内容、步骤、层次和基本方法 ··· 231
 7.2.2 程序分析 ··· 233
 7.2.3 操作分析 ··· 238
 7.2.4 动作分析 ··· 240
7.3 作业测定 ·· 243
 7.3.1 概述 ··· 243
 7.3.2 工作抽样 ··· 246
 7.3.3 秒表时间研究 ··· 247
 7.3.4 标准资料法 ··· 249
 7.3.5 作业测定主要方法比较 ································ 253

第8章 物理环境设计 ··· 255

8.1 微气候环境设计 ·· 257
 8.1.1 微气候的要素及其相互关系 ························ 257
 8.1.2 人体对微气候条件的感受与评价 ················ 259
 8.1.3 微气候环境对人机系统的影响 ···················· 261
 8.1.4 改善微气候环境的基本措施 ························ 262
8.2 光色环境设计 ·· 264
 8.2.1 光的度量 ··· 264
 8.2.2 照明的作用和影响 ·· 266
 8.2.3 工作场地的照明设计 ···································· 267
 8.2.4 色彩 ··· 270
 8.2.5 光环境评价方法 ·· 275
8.3 声环境设计与噪声控制 ·· 277

8.3.1	噪声的类型及其对人的影响	277
8.3.2	声音的度量	279
8.3.3	噪声的评价指标	283
8.3.4	噪声的控制	285

8.4 空气污染及其控制 287
- 8.4.1 粉尘 287
- 8.4.2 化学性毒物 289
- 8.4.3 空气污染物的评价 291
- 8.4.4 室内通风换气 292

8.5 振动及其控制 293
- 8.5.1 人体的振动特性 293
- 8.5.2 振动的影响 294
- 8.5.3 振动的评价 295
- 8.5.4 振动控制的主要途径 295

8.6 电磁污染及其控制 296
- 8.6.1 电磁污染类型及其危害 296
- 8.6.2 防治电磁污染的主要措施 298

第 9 章 安全设计与工程 299

9.1 概述 301
- 9.1.1 人因学的安全观 301
- 9.1.2 安全性分析及其方法 302

9.2 事故成因分析 302
- 9.2.1 事故致因理论 302
- 9.2.2 事故的原因 302

9.3 事故控制与安全防范 306
- 9.3.1 危险识别与可靠性分析 306
- 9.3.2 事故控制基本思路和基本对策 309
- 9.3.3 事故控制与安全防范的措施 310

9.4 无障碍设计 313
- 9.4.1 概述 313
- 9.4.2 儿童产品设计 313
- 9.4.3 针对老年人需求的设计 314
- 9.4.4 针对残疾人需求的设计和通用设计 316

第 10 章 软人因 319

10.1 概述 321
- 10.1.1 软人因的概念 321
- 10.1.2 软人因的发展基础 321

10.2 软设计 ··· 321
　　10.2.1 软设计的概念 ··· 321
　　10.2.2 软设计的表现 ··· 322
10.3 慢设计 ··· 322
　　10.3.1 慢设计的概念 ··· 322
　　10.3.2 慢设计的方法 ··· 323
10.4 情感化设计 ··· 324
　　10.4.1 设计情感 ··· 324
　　10.4.2 情感设计 ··· 327
10.5 人性化设计 ··· 343
　　10.5.1 人性化设计观念 ·· 343
　　10.5.2 人性化设计观念应考虑的主要因素 ·· 343
　　10.5.3 以用户为中心的设计（可用性设计）·· 345
　　10.5.4 人性化设计方法探微 ·· 349
10.6 感性工学 ·· 349
　　10.6.1 概述 ··· 349
　　10.6.2 研究内容与研究方法 ·· 349

附录 A 标准正态分布表 ··· 352

第 1 章　人因学概论

　　本章主要阐述人因学的命名与定义、人因学学科体系；人因学的起源与发展；人因学的研究方向与应用领域；人因学的学科特点与研究方法；人因学和家具与室内设计及工业工程的关系。其中特别强调人因学的学科基础，简要介绍人因学相关学科以及近年来人因学在木材工业领域的研究进展。

人因学在其近60多年来的发展过程中，逐步打破了各学科之间的界限，并有机地融合了各相关学科的理论，不断地完善自身的基本概念、理论体系、研究方法以及技术标准和规范，从而形成了一门研究和应用都极为广泛的综合性边缘学科。

1.1 人因学的学科内涵

1.1.1 人因学的命名

由于人因学研究和应用的范围极其广泛，内容综合而相关学科的侧重点又不相同，各国及各专业领域对人因学的命名也不相同。

美国称之为 Human Engineering(人体工程学)或 Human Factors Engineering(人因工程)；欧洲国家多用 Ergonomics(人类工效学)，它是由希腊词根 ergon(工作、劳动)和 nomos (法则、规律)构成的复合词；日本称之为"人间工学"。国际标准化组织(International Organization for Standardization, ISO)采用 Ergonomics。

此外，还有 Engineering Psychology(工程心理学)、Applied Experimental Psychology(应用实验心理学)、Man-Machine Engineering(人机工程学)、Man-Machine-Environment System Engineering(人机环境系统工程学)等在不同领域较为普遍应用的名称。

在建筑与家具设计领域，通常采用人体工程学这一名称；而在工业工程(industrial engineering, IE)与管理领域，通常采用工效学甚至管理工效学的名称。本教材强调人的因素，主要面向"家具设计与工程"专业，在此采用"人因学"作为本教材的名称。

1.1.2 人因学的定义

1857年，波兰学者 Wojciech Jastrzebowski 发表关于"人类劳动的学说"的报纸文章，首先使用了 Ergonomics 一词，意指科学劳动学说。

1949年，英国心理学家莫瑞尔(K. F. H. Murrell)首先将人因学定义为"研究人及其工作环境之间的关系"。

美国人因学家伍德(Charles. C. Wood)认为："设备设计应适合人的各方面因素，以便在操作上付出最小代价而求得高效率。"伍德森(W. B. Woodson)则定义为："人因学研究的是人与机器相互关系的合理方案，亦即对人的知觉显示、操作控制、人机系统的设计及其布置和作业系统的组合等进行有效的研究，目的在于获得最高的效率及作业时感到安全和舒适。"

前苏联对人因学的定义："研究人在生产过程中的可能性、劳动活动方式、劳动的组织安排，从而提高人的工作效率，同时创造舒适和安全的劳动环境，保障劳动者的健康，使人从生理上和心理上得到全面发展的科学。"

桑德斯(M. S. Sanders)等人认为：人因学探索有关人的行为、能力、限度和其他特征的各种信息，并将它们应用于工具、机器、系统、任务、工作和环境的设计中，使人们对它们的使用更具价值、安全、舒适和有效。

1957年，国际工效学会(International Ergonomics Association, IEA)成立之初，为本学科所

下的定义为：人因学是阐述现有情况下人类的解剖学、生理学和心理学等方面的各种特点、功能，以进行最适合人类的机械装置的设计制造，工作场所布置的合理化，工作条件最佳化的实践科学。后又修改为：研究人在某种工作环境中的解剖学、生理学、心理学等方面的各种因素；研究人和机器在环境的相互作用下，工作中、家庭生活中和休假时，怎样统一考虑工作效率、人的健康、安全和舒适等达到最优化的问题。2000年再次修订为：人因学是关于理解人与某一系统中其他要素之间相互作用的学科，是应用专业理论、原理和数据在适当的方法中进行设计，以改善人类福祉，优化人和整个系统效能。

国际标准化组织（ISO）于1999年将人因学定义为：人因学从人类科学产生和集成知识，以使工作、系统、产品和环境与人的身体、脑力和极限相匹配；它致力于在优化效能的同时保障人的安全、健康和福祉。

John R. Wilson 于 2000 年给出新的定义：人因学是从理论上和根本上去理解人与社会技术系统进行有目的地交互时的行为和表现，并将这些理解应用到现实情景的交互设计中。

尽管人因学的定义有所不同，但在下述两个方面是基本一致的：

1.1.2.1 人因学的研究对象

人及其与广义环境（机器、环境、工具、劳动组织管理等）的相互关系。

（1）人机系统

系统是由多个要素按照一定的结构组成的整体，以实现其目标或功能。

人机系统是指人与广义机器共同组成的系统。人与机器协同工作去达到目标、完成任务。由于环境条件常能影响人机系统的工作情况，研究者把环境这个共同起作用的部分与人机系统结合起来，称之为人—机—环境系统，如图 1-1 所示。

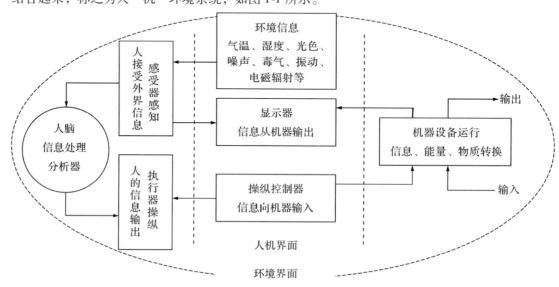

图 1-1 人—机—环境系统

（2）人机界面

人在特定情景中和机器进行交互的过程、对话或动作，总称为人机交互。

显示器和控制器是人与机器之间实现双向信息交流的接口、通道。它们就是机器上的人机界面。一般把机器上实现人与机器互相交流沟通的显示器、控制器称为人机界面；机器上与人的操作有关的实体部分，也是人机界面。人机系统所处的环境条件，如照明、振动、噪声、工作空间、微气候以及生命保障条件等，也作用于人的生理、心理过程，对系统功能的实现有所影响，因此也是一种人机界面。

1.1.2.2 人因学的研究目的

通过对人机环境系统的设计，使人机系统达到保障人身安全、有利于人的健康和人体舒适度，同时提高工作效率的最优化，即提升人的价值。

1.1.3 人因学的学科体系

一般认为，人因学是一门集"人体科学"、"技术科学"和"环境科学"于一体的综合性边缘学科。它是以人体科学、环境科学为基础，不断向工程技术科学渗透和交叉的产物。以人体科学中的人类学、人体解剖学、劳动生理学、人体测量学、人体力学和劳动心理学等学科为"一肢"；以环境科学中的环境保护学、环境医学、环境卫生学、环境心理学和环境监测学等学科为"另一肢"；而以工程学科中的工业设计、工程设计、安全工程、系统工程以及管理工程、工业经济等学科为"躯干"，形象地构成了本学科的体系。葛列众主编的《工程心理学》认为，人因学与相关学科有着重叠性、基础性、互补性和衍生性四种不同的关系。

（1）重叠性学科

由人因学的命名可知，人因学和人类工效学、人机工程学、人体工程学、工程心理学、人—机—环境系统工程等学科在研究内容上有许多重叠，属于同一学科。

另外，作业研究是工业工程体系中最重要的基础技术，同时也是人因学的主要研究内容之一。Benjamin Niebel 等人则将人因学作为作业方法研究的重要部分[1]。

设计心理学与人因学也有很大部分的重叠，其中设计心理学中的情感化设计可视为人因学的衍生。

（2）基础性学科——人体科学

心理学、生理学、人体测量学等学科是人因学的基础性学科。

心理学是对人的心理特点和规律进行研究的学科[2]。正是根据心理学，特别是认知心理学对人的研究成果，人因学可以从人的心理特点出发对界面等进行研究并对其进行优化。心理学研究的基本思路和模式都值得人因学研究加以借鉴。

生理学对于人的生理特点和规律的研究无疑有助于人因学中对界面的研究和优化。例如，工作环境中，人的最佳工作姿势确立，就需要从人体生物力学、能量消耗、基础代谢、肌肉疲

---

[1] ［美］尼贝尔，弗瑞瓦兹. 2007. 方法、标准与作业设计[M]. 11 版. 王爱虎，等编译. 北京：清华大学出版社.

[2] 心理是人的感觉、知觉、注意、记忆、思维、情感、意志、性格、意识倾向以及美感、道德等心理现象及其活动规律的总称。心理学的研究内容——影响主体的心理活动的因素：基础部分，包括生理基础和环境基础；动力系统，即个性倾向性，包括需要、兴趣、动机、信念和价值观；心理过程，包括知（原本指感知，现代认知心理学将其拓展到整个信息加工过程——认知，包括了知觉、注意、记忆、思维、问题求解等心理现象以及语言和人工智能）、情（情绪和情感）、意（意志或意动）3 个部分；个性心理特征，包括人格、能力、气质等。

劳和易受损伤性等各个方面进行分析和比较。

人体测量学中，静态结构性和动态功能性人体测量数据是人机界面设计的重要依据。

此外，人因学实验数据的分析和处理都需要借助于专门的统计学知识。

(3) 基础性学科——环境科学

流行病学 (epidemiology) 是研究特定人群中疾病、健康状况的分布及其决定因素，并研究防治疾病及促进健康的策略和措施的科学。

预防医学是以人群为研究对象，应用现代医学及其他科学技术手段研究人体健康与环境因素之间的关系，制定疾病防治策略与措施，以达到控制疾病，保障人民健康，延长人类寿命之目的。

环境心理学主要研究人的行为与所处环境的相互作用与关系，即用心理学的方法联系并分析人类经验、活动及其社会环境各方面的相互影响，揭示各种环境条件下人的心理活动特点与发展规律，并着重从心理学和行为的角度探讨人与环境的最优化。

绿色人因工程或生态工效学体现了人因学发展的一个新趋势。

(4) 互补性学科——技术科学

设计类学科、制造业学科等与人因学之间的关系是互补的。

人因学的界面设计与优化都涉及工业工程及产品的设计，因此，界面设计的成果有助于工业工程和产品的设计。例如，作业时间的分析成果直接有助于生产线的设计，用户体验的研究直接有助于用户产品的设计和改善。

对木材科学与工程专业而言，与人因学相关的课程主要有《设计方法学》《家具设计》《室内设计》等设计类课程，《木工机械》《木制品生产工艺学》等制造业学科。例如，《木制品生产工艺学》中的加工方式和工艺流程以及车间布局与《人因学》有关内容关系密切。

(5) 衍生性学科

人因学在其发展过程中逐步衍生发展了一些分支研究，其中最典型的就是人—计算机交互和可用性研究。

①人机交互　人机交互是专门研究人和计算机的交互界面的学科。人机交互界面不仅包括DOS操作系统界面和以窗口、图标、菜单和鼠标为基础的Windows操作系统的界面，而且包括近年来出现的自适应界面和虚拟现实等新型界面。

②可用性研究　可用性是指产品在特定使用环境下为特定用户用于特定用途时所具有的有效性 (effectiveness)、效率 (efficiency) 和用户主观满意度 (satisfaction)。可用性研究是用户和产品之间的桥梁，这一桥梁的目的是通过改进产品的用户界面来实现用户对产品的高效利用。

③适用性设计　适用性是物质在"方便"、"舒适"、"安全"和"效率"等方面的性能，同时注重产品对不同的人和环境所产生的影响。适用性设计是人机工程设计和人性化设计的重要体现。产品的本土化与民族化、定制与个性化设计、针对少年儿童的产品的可成长性设计、针对残障人士的建筑与室内的无障碍设计、辅具设计以及产品的通用设计都是适用性设计的范畴。

④人性化设计　人性是人的自然性和社会性的统一。人性化设计是在设计文化的范畴中，以尊重人的自然需要和社会需要、提升人的价值为主旨的一种设计观。人性化设计涵盖了使用者的需求和动机、情感表现、审美感受和心理反映，以及全面用户体验、人的生活方式和人际

关系，甚至文化、环境等因素。人性化设计以用户为中心，通过一定的设计原则和技术、方法实现其设计目标。

⑤情感化设计　人的心理过程可以分为知、情、意3个部分。人因设计一般基于人的认知，而未考虑情感，情感化设计正好可以弥补人因设计的不足。情包括情绪和情感。情绪（emotion）是人对客观事物的态度体验，由生理唤醒、外显行为和意识体验组成。情绪状态可以分为心境、激情和应激3种。就脑活动而言，情感（feeling）和情绪是同一物质过程的一类心理形式，是同一事件的两个侧面或两个着眼点，因此有些心理学家并不严格区分它们。若要细分两者，心理学家认为情感着重于表明情绪过程的主观体验，即感受；情绪则侧重于情感过程的外部表现及其可测量的方面，具有具体的对象和原因。美感是一种综合性情感体验。情绪具有驱动放大作用，因此情感设计的核心是通过人们的某种情感性反应放大人们的某种内在需要或潜在需求，这是设计商业价值产生的基本立足点，也是人与产品交互与体验的促成因素，而交互和体验又会产生对产品的情感和态度。各种不同情绪应作为评价设计品质和价值的基本依据。设计中的符号、文脉、引喻、象征往往需要诠释和理解，才能获得深层次的情感共鸣。通过一定的情感设计策略（韵律、节奏、夸张、对比、突变、童稚化、交互等），采用适宜的设计表达语言（几何要素、结构、色彩、材质与肌理），可以有针对地设计出产品的某种情感（快乐）肌肤。

⑥产品语义学　产品语义学（Product Semantics）源于符号学，是研究产品语言的意义的学问，它以符号学的规律和方法指导产品设计。符号（sign）是形式和意义的统一体，是信息传播的媒介。符号是一种有机体能够感受到的非实在刺激或刺激物，区别于那些实在的刺激。人类所面对的符号也区别于动物所面对的信号。

克劳斯·克里彭多夫（Klaus Krippendorff）和雷恩哈特·布特（Reinhart Butter）认为，产品语义学是对人造形态在其使用情境中的符号性质进行研究，并且把这一认识运用于工业设计。设计师格鲁斯（Jochen Gros）认为，产品语言（产品的意义）与文化情境（技术、经济、生态、社会问题、生活方式）有关，意义是在设计和情境的基础上建立而来的。产品不仅具备物理功能，还要能够提示如何使用、具有象征功能、构成人们生活其中的象征环境，如图1-2所示。形式表达功能，形式表达情感，产品语意研究的目的就是使产品成为一个用来沟通和表达的媒介，提升产品附加价值。产品语意是指产品形式可具有的符号性意义，它是通过符号关联所表达和产生的。

⑦感性工学　1750年，鲍姆嘉通（Alexander Gottlieb Baumgarten）在其《美学》一书中首次提出美学这一概念，并将其定义为"感性的认识之学"，主张以理性的"论证思维"来处理非理性的"情感知觉"，这被认为是感性工学（Kansei Engineering）的渊源之一。感性，在工程和商业领域，应从信息学的角度来理解，指的是感觉、感知、认知、感情和表达等一系列的信息处理过程。从设计过程来看，感性工学以工程技术为手段，设法将人的各种感觉定量化，再寻找这个感性量与工程技术中所使用的各种物理量之间的高元函数关系，作为工程分析和设计的基础。

⑧木质环境学　木质环境学探索木材、木质材料给予居住者的感觉特性、心理作用以及健康影响，运用一些客观的物理量因子和主观的评价量表来反映这种影响的好坏和程度，评价木质材料所营造环境空间的可居住性及对人类生活舒适性的贡献。它本是木材学的衍生学科，也

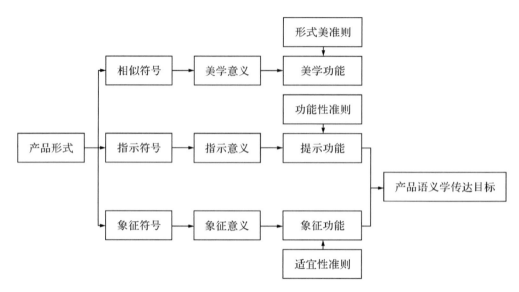

图1-2　从产品形式的符号功能到产品语意的传达

可作为人因学的衍生学科来认识。

(6) 分支学科

工效学学科可以划分为3个专业领域：人体工效学、认知工效学和组织工效学。

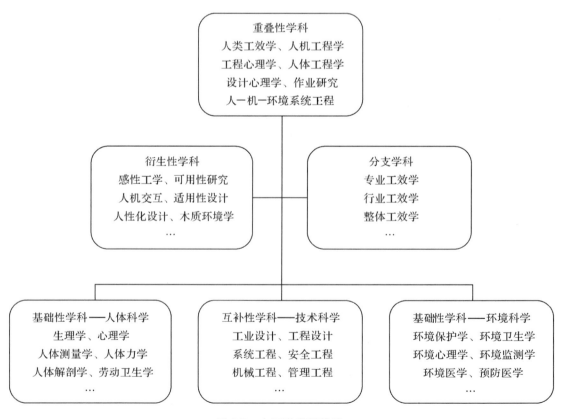

图1-3　人因学学科体系

① 人体工效学(physical ergonomics) 研究与人体解剖学、人体测量学、生理学、生物力学等与人体活动有关的工效学问题，相关的研究工作主要有：工作姿势、物料搬运、重复性的活动、与骨骼肌肉相关的工作、作业空间布局、安全与健康等。

② 认知工效学(cognitive ergonomics) 研究与智能处理(如感知、记忆、推理、主观能动性)及人与人、人与系统之间的相互作用等方面的工效学问题，相关的研究工作主要有：人的精神负荷、决策、技巧、人与计算机的界面设计、人的可靠性、工作压力、人员培训等。

③ 组织工效学(organizational ergonomics) 研究与社会技术系统有关的组织优化，包括组织结构、政策及处理方法等方面的工效学问题，相关的研究工作主要有：信息处理、人力资源管理、工作方法设计、工作时间设计、梯队、社团工效学、合作、质量管理等。

近年来，出现了整体工效学(holistic ergonomics)的研究取向。整体工效学集成上述3个专业领域，对人机环境系统的整体设计具有重要意义。

对于不同的学科和专业背景，人因学有不同的研究和教学内容。人因学的互补性学科对应着工科各专业的核心课程。在专业及课程建设中，只有紧密依附专业核心课程，为专业或专业方向服务，人因学才能有特色。同样，对于不同的行业，逐渐形成了新的工效学分支。

探讨人因学学科体系(图1-3)以及人因学与其他学科的关系，有利于人因学自身的发展，也有利于课程建设和专业建设，有利于学生自主学习和个性化发展。

1.2 人因学的起源与发展

人因学起源于欧洲，形成于美国。人因学作为一门独立学科诞生于20世纪40年代(二战时期)，但其所包含的思想及基本原理可以追溯到人类制造工具的石器时代。

1.2.1 经验人因学

远古人制造的各种石器工具满足两个人因学条件：一是人手拿得动、握得住；二是手握的部分适合人手的形态，不会因反作用力而将手刺破。

两千多年前《考工记》中记载了商周时期按人体尺寸设计各种工具和车辆。《黄帝内经》中对人体尺寸有了较为详细的描述。三国时期(公元230年前后)机械师马钧改进织布机，将装有60蹑踏具的机器改造为只有12蹑，不仅易于操作，而且工效提高4~5倍。

公元前1200年古希腊就对雅典附近的矿场安全做了相关的规定，如禁止移动坑道中的支撑物，禁止使用易产生过量烟雾的煤油灯，违者将遭受严厉处罚，这些都是最早涉及工效学思想的维护操作者健康和劳动安全的例证。希腊医学之父希波克拉底(Hippocrates，公元前460—前370)在其外科手术文章中对手术室的合理布置、手术器具设计及最佳操作姿势等进行了详细描述。

18世纪Ramazzini出版了一本书 *the Diseases of Works*，在书中他记录了许多职业危害与作业类型之间的联系。例如，他描述到累积性损伤病变(cumulative trauma disorder, CTD)的发生，相信这些事件是由手的重复动作、受约束的身体姿势、过度精神压力造成的。LaMettrie 的有争议的书 *L'homme Machine* 出版于1748年，工业革命之初。从LaMettrie的著作中可以了解到两件事情。其一，人的能力与机器能力的比较已经是18世纪的一个敏感问题；其二，通过考虑机器如何运转，人们也可以了解到许多关于人类行为的知识。这两个问题至今仍被人因学争论，例如，人与机器人的比较使我们明白应当如何设计工业任务才能更好地服务于人。Rosenbrock指出，工业革命时期人们已经试图将"以人为中心的设计"观念应用到纺纱机等工具设计中去，考虑将有兴趣的工作分配给操作工人而让机器做重复性任务。

19世纪末期，随着工业革命的发展，人们所从事的劳动在复杂程度和负荷量上发生了很大变化，迫切要求采用科学的方法改革工具，以改善劳动条件和提高劳动生产率。

工业工程与科学管理的创始人美国学者泰勒(F. W. Taylor)于1898年进行了著名的"铁锹铲运"等试验研究。他发现工人不管铲运什么东西都使用同样大小的一把铁锹。他认为不合理，如果能找到每锹铲运量的最佳质量，那将使工人每天铲运的数量达到最大。他用形状相同而铲量不同的四种铁锹去铲同一堆煤，经过大量试验，泰勒发现铁锹铲运的最佳质量为21磅[①]。他设计大小不同的铁铲，大铲用来铲炉灰，小铲用来铲矿石，这样可以使工人在操作中与铲子达到最佳配合，从而达到每天最大的工作量。泰勒的成功使他工作的公司产量扩大了80%，成本降低了30%，而工人的工资也提高了20%。

动作研究专家吉尔布雷斯(F. B. Gilbreth)夫妇主要研究生产作业系统中的人的生理和心理特点。1911年，他们研究了建筑工人砌砖作业中人与脚手架、框架等工具的最佳配合，设计了可调式的脚手架，能够适应人体特点，使操作者省去了弯腰转身等动作。他们还通过高速摄影详细记录工人的操作动作，分析其动作特点，将工人的砌砖动作从18个简化为5个，使砌砖速度从每日砌砖1 000块上升到2 700块，大大提高了工作效率。

泰勒的《科学管理原理》以及吉尔布雷斯的《砌砖法》都体现了管理工程学科对人的因素的重视。至今，依然有人反对"泰勒制"，它曾被视为剥削工人的工具，然而这些方法对测量和预测作业活动是有用的。如果用于正确的目的，时间和动作研究是一个有价值的工具。

与泰勒同一时期，德国心理学家斯腾和闽斯托博格(H. Munster berg)将当时"心理技术学"的研究成果与泰勒的科学管理学从理论上有机地联系起来，运用心理学的原理和方法，提出了"通过选拔和训练，使工人适应机器"的思想，创造了一种选拔电车司机的测验仪器，建立了相应的职业适应检查实验室。这对于减少作业中的事故，提高工作效率起到了很重要的作用。

这一阶段的主要研究内容是：研究每一职业的要求；利用测试选择工人和安排工作；设计利用人力的最好方法；制订培训方案，使人力得到最有效的发挥；研究最优良的工作条件；研究最好的管理组织形式；研究工作动机，促进工人和管理者之间通力合作。近代人因学是以机器设计为中心，着眼于力学、电学、热力学等工程技术的原理设计，通过选拔和训练，使人适应机器、环境、工作性质等。

1.2.2 科学人因学

二战时期，由于战争需要，武器系统越来越复杂，操作难度也越来越大。例如，美国制造的轰炸机上有100多个仪表及控制装置，飞行员从外界获取信息，再与标准比较，才能作出反

---

① 1磅＝0.453 6kg。

应。据统计，美国在二战期间发生的飞机事故有90%是由于人因学方面的原因造成的。这是由于人的心理和生理承受力是有限的，对于这样的复杂系统，其显示部分、联络部分及操作部分的设计不符合人的生理和心理特点，从而易造成操作程序上的混乱。因此，完全依靠选拔和培训，已完全不能使人适应不断发展的武器性能要求，这样不但给士兵训练带来很大困难，影响了武器效率的发挥，同时使事故率大为增加。人们在屡屡失败中逐渐清醒地认识到，只有当武器装备的设计符合使用者的生理、心理特点和能力限度时，才能发挥其高效能，避免事故的发生。

二战后，军事上的研究成果逐渐被工业企业界及其他部门所采用，如美国的休斯航空公司、贝尔电话实验室、福特汽车公司、通用电器公司（GE）、国际商用机器公司（IBM）等机电制造业的技术人员被纳入到参与人因学这一学科研究的队伍中来。

第二次世界大战开始及其后的十几年为工效学的诞生和成长时期。这一阶段进入了"人—机—环境"系统的研究。这一阶段是"人因学"正式出现、"重视工业与工程设计中人的因素，使机器设备的设计更适合于人"的思想确立的阶段，人因学吸取了工程心理学的许多研究成果，并加以发展逐渐形成一门独立性的学科。

1.2.3 现代人因学

1949年，美国的查帕尼兹等出版了《应用实验心理学——工程设计中人的因素》一书，总结了第二次世界大战时期的研究成果，系统介绍了应用实验心理学的方法处理与研究工业设计的问题，论述了人因学的基本理论和方法，为人因学作为一个独立的学科奠定了理论基础。1957年，美国的麦考密克（Mc Cormick E. J.）发表了人因学的权威著作《人类工程学》，标志着人因学这一学科进入成熟阶段，该书相继被欧、美、日等国广泛采用，并作为大学教科书。

1949年，英国在默雷尔（Murrell）的倡导下，成立了第一个人因学研究会。1953年，前联邦德国成立了人因学学会。1957年9月，美国成立了"人因协会"（Human Factors Society，HFS）。

1957年，英国正式发行 Ergonomics 会刊，由剑桥大学心理研究所魏尔福特（Welford A. T.）担任主编，并逐渐成为国际性刊物。

20世纪60年代，人因学学科在世界范围内普遍发展起来。1961年，在瑞典的斯德哥尔摩举行了第一次国际工效学的学术会议，成立了国际人类工效学学会，并在以后每隔三年举行一次国际会议。该会议的会刊就是英国的 Ergonomics。1964年，日本成立"日本人间工学学会"（Japan Ergonomics Research Society），出版《人间工学》杂志。1975年，国际人因学标准化技术委员会成立，发布《工作系统设计的人类工效学原则》标准，作为人机系统设计的基本指导方针。随后，英国、德国、美国、前苏联等国相继制定了本国的人因学国家标准。国际高等教育将人因学作为必修、选修课开设的专业有管理（劳动安全和卫生）、工业设计、航空航天、车辆设计与交通工程、机械工程、环境工程等。人因学也被作为这些专业硕士、博士学位的一个研究方向。

现代人因学着眼于机械设备的设计，使人机交互不超越人的能力极限，而不是让人去适应机器；与实际应用密切结合，通过严密计划设定的广泛实验性研究，进行具体的机械设计；综合心理学、生理学、解剖学、物理学、数学、工程学等知识，把人—机—环境作为一个整体来研究，以创造适合于人的机械设备与作业环境，使人—机—环境系统协调，从而获得系统的最高综合效能。

从20世纪50年代到21世纪初，人因学又可划分为6个年代，依次是军事人因学、工业人因学、消费者人因学、人机界面和软件人因学、认知人因学和组织人因学、全球通讯和生态人因学（M. G. Helander，1997）。

1.2.4　我国人因学的发展

我国人因学研究起步较晚，但发展较快。1935年，中国科学院心理学家陈立出版《工业心理学概观》，是我国最早介绍工业心理学的专著。1980年建立全国人类工效学标准技术委员会。1989年成立中国人类工效学学会（Chinese Ergonomics Society，CES）。另外，中国心理学会、中国航空学会、中国系统工程学会、中国机械工程学会等分别成立工业心理学专业委员会，航空人体工效、航医、救生专业委员会，人机环境系统工程专业委员会，人机工程专业委员会等有关专业学术团体。中国科学院心理学研究所及部分高校建立了人因学或工程心理学研究机构。许多大学也开设了人因学等相关课程。原杭州大学培养了我国首批工程心理学硕士和博士。目前，我国有一批高等院校和研究院所设有人因学研究方向的博士学位授予点。相应的期刊也日益增多，如《人类工效学》《工业工程与管理》等。第十七届国际人类工效学大会（IEA2009）第一次在北京召开。

1.3　人因学的研究方向与应用领域

1.3.1　人因学的研究方向

人因学是通过对"人—机—环境"系统的分析研究，为该系统的合理设计提供科学的解决方案，使人在安全、舒适的工作环境中有效地发挥出人的效能，从而达到提高工效的目的。表1-1为IEA的研究领域。

表1-1　IEA的研究领域

序号	领域	英文名称	序号	领域	英文名称
1	作业分析与设计的行为理论	Activity Theories for Work Analysis & Design	7	听觉人因学	Auditory Ergonomics
2	宇航人因工程	Aerospace HFE	8	建筑与结构	Building & Construction
3	情感性产品设计	Affective Product Design	9	儿童与教育环境的人因学	Ergonomics for Children & Education Environment
4	老龄化研究	Aging	10	设计中的人因学	Ergonomics in Design
5	农业	Agriculture	11	性别与工作	Gender and Work
6	人体测量学	Anthropometry	12	保健护理人因学	Health Care Ergonomics

(续)

序号	领域	英文名称	序号	领域	英文名称
13	先进制造中的人因学	Human Aspects of Advanced Manufacturing	20	过程控制	Process Control
14	人的因素与可持续发展	Human Factors and Sustainable Development	21	人因学中的心理生理学	Psychophysiology in Ergonomics
15	人的仿真与虚拟环境	Human Simulation and Virtual Environment	22	安全与健康	Safety & Health
16	采矿	Mining	23	防滑、摔、跌研究	Slips, Trips and Falls
17	肌骨骼失调	Musculoskeletal Disorders	24	交通	Transport
18	在线社区	Online Communities	25	人机交互	Work with Computing System
19	组织设计与管理	Organizational Design and Management			

人因学广泛的研究领域、多元的研究方向，不断丰富着人因学的学科体系。

1.3.2 人因学的应用领域

目前，人因学已被广泛应用于国防、航空航天、交通运输、农业、林业、制造业、建筑业、计算机以及服务和日常用品等领域。总之，人类各种生产和生活所创造的"物"，在设计、制造、管理及服务时，都必须运用人因学的原理和方法，以解决人—机—环境之间的关系，使其更好地适应人类要求。

1.4 人因学的学科特点与研究方法

1.4.1 人因学学科特点

人因学是一门综合性边缘学科。因此，它具有现代各门新兴边缘学科共有的特点，如命名多样化、定义不统一、边界模糊、内容综合、应用广泛等。

1.4.2 人因学研究方法

了解人因学学科体系以及人因学与其他学科之间的关系，有助于我们明确人因学的学科基础并采用具体的研究方法及手段。人因学广泛采用人体科学、系统工程、控制论、统计学等学科的一些研究方法，同时也建立了一些独特的新方法。

按照研究任务的不同，人因学研究通常可分为3类，见表1-2。

表1-2 人因学研究任务

类型	用途	举例
描述性研究	常用于对人的某种特性的描述	人体尺寸测量、不同年龄的人的听力损失、人的能力极限

(续)

类型	用途	举例
实验研究	检测某些变量对人的行为是否产生影响，可根据实际问题、有关系统理论和统计学方法决定要调查的变量和采用的检测方法	人活动时身体某部位负荷大小的测定
评估研究	为了评价一个产品或系统，尤其是希望了解在使用系统或产品时的行为表现或心理感受	产品或人机系统的评价

按照研究的手段不同，人因学研究方法主要有：

(1) 观察法

观察是个体运用感觉器官或科学仪器，有目的、有计划地对事物进行考察与了解的过程，是有思维参加的比较持久的认知活动。观察法用于研究人机系统的工作关系及工作状态，进一步进行功能分析、操作分析、动作分析、流程分析、睡眠活动分析、行为和反应特征分析等。

(2) 调查研究法

包括档案调阅、抽样、访谈、问卷调查、评分法、心理和生理学分析判断、间接意见和建议分析等。注重调查方法的一致性和有效性以及调查数据的趋势分析。一致性是指重复实验时，结果应一致。有效性是指测试结果能真实反映所评价的内容。

(3) 实测法

借助于一定的仪器设备在作业现场进行实际测量。如测量人体各部分静态和动态数据、人在作业前后以及作业过程中的心理状态和各种生理指标的动态变化、动作分析和时间研究、人机系统参数、作业环境参数等。

(4) 实验法

当实测法受到限制时，需要有意排除外部干扰因素，进行多次反复观测。如研究人对各种不同显示仪表的认读速度和差错率或了解色彩环境对人的心理、生理和工作效率的影响时，可采用实验法。

(5) 模拟和模型试验法

此类方法包括数学模拟、情景模拟、各种技术和装置的模拟，如操作训练模拟器、机械/家具模型及人体模型等。计算机数值仿真是在计算机上利用人机系统的数学模型进行仿真性实验研究。近年来，虚拟设计与制造技术发展与应用迅猛。虚拟现实技术是在计算机图形学、计算机仿真技术、人机接口技术、多媒体技术以及传感技术的基础上发展起来的虚拟技术交叉学科。JACK、CATIA等人因仿真软件已获得普遍应用。

(6) 分析法

用其他方法取得一定资料和数据后采用的一种研究方法。例如：

①瞬间操作分析法(工作抽样)　采用统计学中的随机取样法，对生产作业当中的操作者和机器之间在每一间隔时间的信息进行测定后，再用统计推理的方法加以整理，从而获得有益信息。

②知觉与运动信息分析法　对人机信息反馈系统进行测定分析，用信息传递理论阐明人机之间信息传递的数量关系。

③动作负荷分析法　在规定操作所必需的最小间隔时间条件下，采用计算机技术来分析操

作者连续操作的情况，从而推算操作者的负荷程度。这种方法主要分析作业强度、操纵阻力、作业内容与感知觉系统的信息接收通道与容量的分配。另外，对操作者在单位时间内的作业负荷进行分析，可进一步获得工人的单位时间作业负荷率，用以表示操作者的全工作负荷。

④频率分析法　测定机器作业频率、工人作业频率，以便调整工人作业负荷。

⑤危象分析法　对事故或危象进行分析，用以识别诱因，查找问题，以便进一步采取措施。可结合因果分析法，分析意外事故和差错的原因。

⑥相关分析法　运用数学和统计学方法，找出因变量与自变量之间的相互关系，以便描述某种规律或预测其趋势，从中得出正确的结论或发展成有关理论。例如，对人的身高和体重进行相关分析，便可以用身高参数来描述人的体重。

⑦成本效益分析法　对项目实施前后的成本和效益分别进行分类统计，以总效益除以总成本即为成本收益率(Return On Investment，ROI)，其倒数为投资回收期。这是企业实施人因项目时应当采用的一种分析方法。

1.4.3　基本研究决策和步骤

(1) 选择研究背景或场地

根据问题，确定方法和目标。研究可以选择在实验室或实际生产、生活环境中进行。

(2) 选择变量

对于描述性研究，可将变量分为标准变量和分类变量。前者是指人的特征或行为方面的数据，如体重、手臂活动范围、反应时间、记忆广度，以及心率、喜好等；后者是针对研究的需要，把测试样本按照特征进行分类，如年龄、性别、受教育程度等。

对于实验性研究，研究人员可以在其他变量受控的情况下，改变一个或多个变量，考察它们对被测行为的影响。被改变的变量称为独立变量(自变量)，而受独立变量变化的影响而发生变化的被测行为称为非独立变量(因变量)。在人因学研究中，独立变量有3类：与任务相关的(设备变量、程序变量)、环境变量(照明、噪音等)和与被测者相关的(性别、身高、年龄等)，而非独立变量往往是人的绩效或其他心理方面的变量。

对于评价性研究，在选择变量时可将评价系统或产品的目标转化为可具体测量的标准变量。

(3) 选择研究对象的样本

即被试者的选择，须考虑选择什么人、选择多少人等。

(4) 决定数据如何收集

数据来源及收集的手段。

(5) 决定数据如何分析

在描述性研究中，采用基本的统计方法进行分析，如计算频率分布、平均值、标准偏差、相关系数和百分位等。在实验性研究中，常用一些较为复杂的数理统计方法进行分析，如方差分析和回归分析等。

1.5 设计与工程中的人因学

人因学学科体系庞杂,研究方向和应用领域广泛。本教材主要面向木材科学与工程(含家具与室内设计)专业,围绕设计和制造工程中的人因学形成教材内容体系。

无论对于工业设计,还是对于工业工程,人因学是一种应用性质的方法论。人因设计是工业设计的核心,而人因学是基础工业工程中方法研究的重要内容。人因学涉及科学方法论的4个层次:经验层次、特定专业学科层次、一般人因学层次和哲学层次。

以家具设计与制造为例,我们将人机系统较为清晰地分为:

①使用者—家具—物品及室内环境　这是家具与室内设计方向的主要研究对象。

②操作者—机器—工件及车间环境　这是家具制造工业工程与管理方向的主要研究对象。

1.5.1 家具与室内设计中的人因问题和要求

(1)人、家具、室内三者的关系

室内空间是人们生活、工作和学习的场所,家具是联系室内空间和人的纽带。人们每天在家具上消磨的时间约占全天的2/3以上。家具在一般起居室、办公室等场所约占室内面积的35%~40%,而在各种餐厅、影院等公共场占地面积更大。

此外,室内面貌在某种程度上取决于家具的风格、色彩和质地。家具还具有组织空间、分隔空间、填补空间等作用。为了创造出一个使用功能合理、环境氛围适宜的室内活动场所,必须考虑家具的设计和布置。

(2)家具与室内环境对人的影响

家具与室内环境的安全设计不但需要考虑其使用环境和使用条件,还要考虑人的安全意识、行为和能力。家具与室内装饰材料、室内环境设施、家具结构、家具功能件的尺寸和形态对家具安全性均有影响。家具与室内设计中的安全性问题主要有儿童家具的安全性、室内安全设施等。

家具与室内环境中的有害挥发物和室内空气质量对人的健康有重要影响;家具功能设计不良也会对人造成健康影响。

家具与室内环境的舒适性是人通过感觉器官的感知作用和心理作用对家具和室内环境所作出的主观综合评价。家具的触觉舒适性,如椅面的体压分布、床垫的弹性和透气性。家具与室内环境的视觉舒适性,如形、色、表面装饰、各种协调性、灯光配置、空气质量等。

举例来说,椅类家具的尺寸、形态、材料和结构对人体坐姿及其稳定性和舒适性的影响;厨房空间功能分区、厨柜形态、厨柜尺寸对厨房作业者行为方式、作业姿势和作业疲劳与效率的影响;室内空间布置、光照、噪音、温湿度和空气质量对人的感受性及舒适性的影响。

(3)人因学对工业设计的作用

人因学对工业设计(产品、环境与视觉传达设计)的作用可以概括为以下6个方面。

①为工业设计中考虑"人的因素"提供人体尺度参数、感性设计依据。

②为工业设计中考虑"物"的功能合理性提供科学依据。设计的对象是人不是物,而人因

学为产品的使用功能、精神功能的合理设计提供了丰富的科学依据。

③为工业设计中考虑"环境因素"提供设计准则。通过研究人体对环境中各种物理、化学因素的反应和适应能力，分析声、光、热、振动、粉尘和有毒气体等环境因素对人体的生理、心理以及工作效率的影响程度，确定人在生产和生活活动中所处的各种环境的舒适范围和安全限度，从保证人体安全、健康、舒适和高效出发，为工业设计中考虑"环境因素"提供分析评价方法和设计准则。

④为进行人—机—环境系统设计提供理论依据。系统设计的一般方法，通常是在明确系统总体要求的前提下，着重分析和研究人、机、环境三要素对系统总体性能的影响，应具备的各自功能及相互关系，如系统中机和人的分工配合；环境如何适应于人，机对环境又有何影响等，经过不断修正和完善三要素的结构方式，最终确保系统最优组合方案的实现，达到"安全、健康、舒适和高效"的目标。

⑤为坚持以"人"为核心的设计思路提供工作程序。

⑥为产品分类提供一种科学依据。从人体工程学角度，根据家具与人及物的关系，可以将家具分为人体类家具、准人体类家具和建筑类家具。

（4）家具人因设计

人因设计对象主要是人机界面及其功能，设计涉及人的解剖学、生理学、心理学等因素，设计目标是生活、工作的安全、健康、舒适、高效。

家具的人因设计主要包括：

①功能尺寸设计——与人匹配的家具有利于降低人的疲劳，提高作业方便性、效率和精度。

②触觉（冷暖感、粗滑感、触压感等）界面设计——良好的触感令人舒适。

③视觉（形、色、光泽等）界面设计——亮光涂饰易产生眩光，引起视疲劳和心理厌烦。

表1-3为家具设计5个阶段所涉及的人的因素。

表1-3　家具设计五阶段所涉及的人的因素

设计阶段	人的因素
概念设计	1. 考虑家具与人及环境的全部关系，全面分析人在系统中的具体作用 2. 明确人与家具的关系，确定人与家具关系中各部分的特性及人因设计内容 3. 根据人与产品的功能特性，完善产品概念
初步设计	1. 从人与家具、人与环境以及人与人、家具与物品等方面进行分析，在众多方案中分析比较 2. 比较人与家具的功能特性、设计限度、使用的可靠性以及效率、舒适预测，初选最佳方案 3. 按最佳方案制作简易模型，进行模拟实验，将试验结果与人因学要求相比较，提出改进意见 4. 对最佳方案写出详细说明：方案的设计图和模型、使用条件、功能效果、使用难易、经济效益
详细设计	1. 从人的生理、心理特性考虑家具的构成 2. 考虑人体尺寸及其百分位数、人体能力限度、尺寸修正及其他因素，初步确定家具零部件尺寸 3. 从人的信息传递能力考虑信息显示与信息处理 4. 根据技术设计进一步确定零部件尺寸，选定最佳方案，再次制作模型，进行试验 5. 从使用者身高、人体活动范围、使用方便限度等方面进行评价，并预测还可能出现的问题，进一步确定人与物关系的可行限度，提出改进意见

(续)

设计阶段	人的因素
总体设计	用人因学原理进行全面分析,反复论证,确保产品使用方便、安全、舒适、有利于创造良好的使用环境,满足人的生理心理需要,提升人的价值和经济效益
生产设计	1. 研究制订安全、健康、高效的家具生产工艺方案,合理设计零部件的加工制作方法 2. 对试制出的家具样品进行全面人因学评价,提出修改意见,最后完善设计

1.5.2 人因学在工业工程中的地位和作用

(1) 制造业中的安全与健康以及效率等问题

作业现场的许多矛盾都与工效学有关。例如,物理环境因素、机器设备的设计与布置、换班制度等问题。依靠经验只能解决片面问题或表面问题,不能从根本上解决问题。

制造业中的安全与健康及工效等问题可以作为人因项目去策划和实施。随着新一代工人安全与健康意识与主张的增强,以及管理者出于对安全、健康与经济的平衡,人因项目将被提上日程。

(2) 人因学在制造工程中的地位和作用

人因学是生产作业管理与现场管理的需要。生产现场中的各种制度和规范、人员选拔和培训规范以及作业安排与轮岗、设备与工作地的设计与布局都要符合工效学原理。

人因学是"以人为本"管理的需要。现代工业企业管理突出人的因素,把人力资源作为管理的主体。在设计一个新系统或改善原有系统时,首先考虑如何以较小的成本挖掘人的潜力:减少浪费、避免事故,同时减少体力消耗,避免疲劳,保护作业者健康,最终实现安全、高效、高质量的生产。

人因学是标准化管理的需要。现代工业工程十分重视标准化工作,而人因学首先提出如何

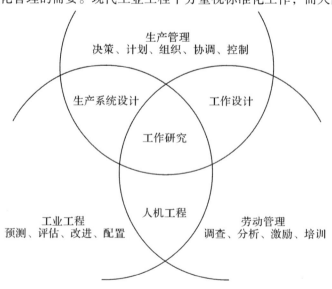

图1-4 人因学在制造工程中的地位

把工具、机器、设备、器具、环境的设计制造纳入标准化轨道。人因学中的一项重要任务就是人体测量，以人体测量数据为基准制造各种产品。人因学在制造工程中的地位，如图1-4所示。

总之，人因学与工业工程对生产系统所起的作用都是提高该系统的效率，而人因学更着重于研究如何以更小的人力资源投入来提高人机系统的效率，因此，凡在工业工程和工业管理工程中有人参与的操作、作业与工作，都渗透着人因学的原理。

表1-4为人因学在设计与工程中的应用。

表1-4　人因学在设计与工程中的应用

领域	对象/因素	实例
家具陈设设计设备设施设计	家具陈设 建筑设施 机械设备 物流工具 仪器仪表 器具 安全防护	电脑桌、按摩椅、沙发、护理床、整体厨房、衣柜、书架等 工业设施、工业与民用建筑等 机床、木工机械、动力设备、除尘设备、计算机等 叉车、输送装置等 计量仪表、显示仪表、检测仪表、照明器具、办公事务器械、家用电器等 工具、玩具、文体及生活用品等 安全帽、劳保服、劳保鞋、安全装置等
生活环境设计生产环境设计	声、光色、热、振动、粉尘、有毒气体、电磁等	办公室、教室、计算机房、餐厅等工作、生活室内环境设计 工厂、车间、控制中心、驾驶室及乘坐空间等的室内环境设计
作业研究	工具选用与配置 作业姿势、方法 工艺流程 作业测定	生产作业、监控作业、驾驶作业、搬运作业、办公作业、读写作业等
工业工程	人与组织 模式、职能 设备、技术 信息	流程再造、组织结构与部门界面管理、管理运作模式、决策行为模式、参与管理制度、企业文化、管理信息系统、企业资源管理系统、计算机集成制造系统（CIMS）、企业网络、模拟企业、程序与标准、沟通方式、人事制度、激励机制、人员选拔与培训、安全健康管理、技术创新、CI策划等

1.5.3　近年来人因学在木材工业领域的研究进展

近年来，国内人因学在木材工业领域进行研究并取得成果：

①木材环境特性对人生理、心理及健康的影响。
②沙发等家具的设计人因学，包括感性工学。
③木工机械的人因学评价。
④木材工业生产作业环境对工人身心健康的影响。
⑤木材工业劳动安全。
⑥家具生产作业研究。

美国家居联盟（American Home Furnishings Alliance）制定了家具制造业人因学应用指南，美国劳工部职业安全与健康管理局则制定了木工安全指南。尽快制定我国木工安全指南和家具制造业人因学应用指南，对保障家具产业健康发展具有重要意义。

思考与讨论

1. 人因学的研究对象、研究内容和研究目的是什么？根据人因学的不同名称、学科体系，借阅图书并进行阅读。
2. 谈谈人因学的定义。什么叫人因设计？举例说明。
3. 随着课程学习的深入，体会并寻找人因学的课外研究方向。
4. 了解人因学的研究方法和课程实践方法，并进行案例分析。
5. 预习课程体系，寻找感兴趣的设计对象或研究对象，分析其人因问题并搜集资料（图书期刊、中英文文献），初步拟定课外实践题目并提出初步设想。
6. 就近年来人因学在木材工业领域的研究进展当中的某一方面进行深入阅读和了解。
7. 如何在制造业当中策划、计划、执行、控制、评价一个安全与健康方面的人因项目？
8. 通过书刊和网络了解信息，然后对苹果公司标志的语意进行讨论。

参考文献

John R. Wilson. 2000. Fundamentals of ergonomics in theory and practice [J]. Applied Ergonomics (31)：557 – 567.

David C. Caple. 2010. The IEA contribution to the transition of Ergonomics from research to practice [J]. Applied Ergonomics (41)：731 – 737.

葛列众，李宏汀，王笃明. 2012. 工程心理学[M]. 北京：中国人民大学出版社.

简召全，许彧青. 2011. 工业设计方法学[M]. 3 版. 北京：北京理工大学出版社.

刘美华，左洪亮，康小平. 2008. 产品设计原理[M]. 北京：北京大学出版社.

柳沙. 2012. 设计心理学[M]. 2 版. 上海：上海人民美术出版社.

陈浩，高筠. 2009. 语意的传达 产品设计符号理论与方法[M]. 2 版. 北京：中国建筑工业出版社.

李月恩，王震亚，徐楠. 2009. 感性工程学[M]. 北京：海洋出版社.

丁玉兰. 2007. 人机工程学[M]. 3 版. 北京：北京理工大学出版社.

张广鹏. 2008. 工效学原理与应用[M]. 北京：机械工业出版社.

申黎明. 2010. 人体工程学[M]. 北京：中国林业出版社.

（美）尼贝尔，弗瑞瓦兹. 2007. 方法、标准与作业设计[M]. 11 版. 王爱虎，等译. 北京：清华大学出版社.

第 2 章　人的信息加工

本章主要阐述人在人机系统中的作用、人的信息加工模型与信息传递能力；信息输入：感觉系统及其特性、知觉加工方式及其特性、注意的机制与表现以及特性；信息处理：神经系统、记忆、思维、问题解决；信息输出：人体运动系统的机能、人体出力范围、运动输出参数（人的反应特征、运动速度与准确性）、行为及其习性和模式；信息加工调控：情绪、动机和个性。其中将心理物理学的阈限理论以及创新心理学、设计心理学、环境心理学的有关知识融入了本章内容之中。

2.1 概述

2.1.1 人在人机系统中的作用及其机制

(1) 人是人机系统中的重要环节

操作者是人机闭环系统中的两个重要环节之一。人与外界直接发生联系的主要是3个子系统：感觉系统、神经系统、运动系统。在操作过程中，机器通过显示器传递给人的感觉器官（如眼睛、耳朵等）的信息，经中枢神经系统处理后，再指挥运动系统（如手、脚等）操纵机器的控制器、改变机器所处的状态。要使上述闭环系统有效运行，就要求人体结构中许多部位协调发挥作用。首先是感觉器官，它是操作者感受人机系统信息的特殊区域，也是系统中最早可能产生误差的部位；其次，传入神经将信息由感觉器官传到大脑的理解和决策中心，决策指令再由大脑传出神经传到肌肉；最后，身体的运动器官执行各种操作动作，发挥作用。此外，人机所处的外部环境因素也将不断影响和干扰此系统的效率。

(2) 人的感知与反应机制

产生感觉的生理结构和机能就是感觉的生理机制。接受内外环境刺激产生感觉的全部神经系统成为分析器。神经系统是机体的主导系统，全身各器官、系统均在神经系统的统一控制和调节下相互影响、相互协调，保证机体的整体统一及其与外部环境的相对平衡。各种感觉的产生是在神经系统等支配下完成的。

反射是神经系统调节肌体对刺激作出反应活动的一种基本形式。神经系统调节机体的活动，对内外环境的刺激作出一定的反应，称为反射。参与一个反射活动的全部结构组成该反射的反射弧，如膝跳反射的反射弧。反射弧有5个基本环节，即感受器→传入神经元→中间神经元→传出神经元→效应器。

人机系统信息在人的神经系统中的循环过程形成信息链。感受器官从外界收集信息，经过传入通道①输送到中枢神经系统的适当部位，信息在此经过处理、评价并与贮存信息相比较，必要时形成指令，并经过传出神经纤维送到效应器而作用于运动器官。运动器官的动作由反馈来监控，内反馈确定运动器官动作强度；外反馈确定用以实现指令的最后效果。

2.1.2 人的信息加工模型

人的信息加工过程由信息输入、信息处理、信息输出3个阶段组成，包括感觉、知觉、记忆、思维、问题解决、决策、运动反应（人的行为或言语）等环节。心理学家们提出了一些人的信息处理模型，用以解释人的各种心理活动。

图2-1代表一种用于解释人如何处理信息的通用模型，由4个主要的阶段或组件构成：感知、决策和反应选择、反应执行、记忆以及注意力在各个不同阶段的分配。

---

① 认知心理学术语，通道是指人们接受外界刺激的不同感觉方式；人们的感觉通道对应各种感觉器，包括视觉、听觉、味觉、嗅觉、触觉等通道。

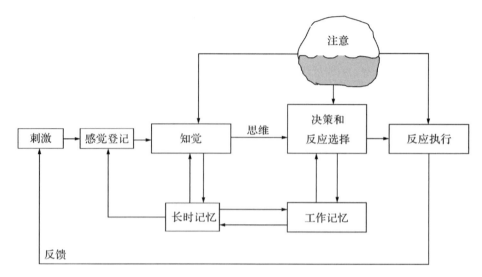

图 2-1　人类信息处理模型

2.1.3　人的信息传递能力

信息传递能力是指有效信息的接收和处理的能力。

（1）适宜刺激

刺激一词的含义十分广泛。围绕机体的一切外界因素都可以看成是环境刺激因素，同时也可以把刺激理解为信息。刺激源分类，如图2-2所示。

人体各种感官都有各自最敏感的刺激形式，这种刺激形式称为相应感官的适宜刺激，见表2-1。

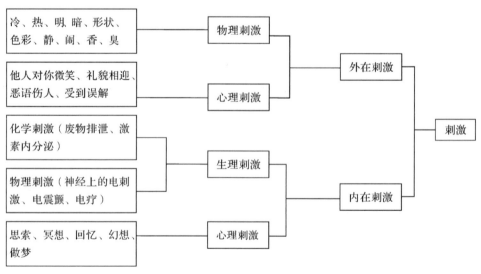

图 2-2　刺激的分类

表 2-1　不同感官的适宜刺激

感觉类型	感觉器官	适宜刺激	刺激源	识别外界的特征	作用
视觉	眼	可见光	外部	色彩、明暗、形状、大小、位置、远近、运动方向等	鉴别
听觉	耳	一定频率范围的声波	外部	声音强弱高低、声源方向位置等	报警、联络
嗅觉	鼻腔顶部的嗅细胞	挥发物、飞散物	外部	香气、臭气、辣气等挥发物的性质	报警、鉴别
味觉	舌面上的味蕾	被唾液溶解的物质	接触面	酸、甜、苦、辣、咸等	鉴别
肤觉	皮肤及皮下组织	物质对皮肤的刺激	直接和间接接触	触觉、痛觉、温度觉和压力等	报警
深部感觉	机体神经和关节	物质对机体的作用	外部和内部	撞击、重力和姿势等	调整
平衡感觉	半规管	运动刺激位置变化	外部和内部	旋转运动、直线运动和摆动等	调整

（2）感觉阈限

刺激必须达到一定强度方能对感觉器官发生作用。刚刚能引起感觉的最小刺激量，或有50%的次数能引起感觉，50%的次数不能引起感觉的那一种刺激强度，称为感觉阈下限；能产生正常感觉的最大刺激量，称为感觉阈上限。在不同条件下，同一感觉的感觉阈下限可能不同。人的活动性质、刺激强度、刺激持续时间、个体的注意和年龄等都会影响其大小。刺激强度不允许超过上限，否则不但无效，而且还会引起相应感觉器官的损伤。表 2-2 为各种感觉的阈限。

表 2-2　各种感觉的阈限

感觉	感觉阈下限	感觉阈上限
视觉	能量 $2.2 \times 10^{-17} \sim 5.7 \times 10^{-17}$ J	能量 $2.2 \times 10^{-8} \sim 5.7 \times 10^{-8}$ J
听觉	声强 1×10^{-12} W/m² (f = 1 000Hz)	声强 1×10^{-2} W/m²
触压觉	能量 2.6×10^{-9} J	
振动觉	振幅 2.5×10^{-4} mm	
嗅觉	相对密度 2×10^{-7} kg/m³	
温度觉	热辐射强度 6.28×10^{-9} kg·J/(m²·s)	热辐射强度 9.13×10^{-6} kg·J/(m²·s)
味觉	硫酸试剂浓度 4×10^{-7} mol/L	
角加速度	2.1×10^{-3} rad/s²	
直线加速度	减速时加速度 0.784 m/s²	加速时 $49 \sim 78$ m/s²；减速时 $29 \sim 44$ m/s²

能被感觉器官所感受的刺激强度范围称为绝对感觉阈值。感觉器官还能感受刺激的变化或差别。刚刚能引起差别感觉的刺激最小差别量称为差别感觉阈限，也称最小可觉差（Just Noticeable Difference，JND），有50%的次数能觉察出该差别，50%的次数不能觉察出该差别。不同感觉器官的差别感觉阈限不是一个绝对数值，而且是随着最初刺激强度变化而变化，且与最初刺激强度之比是个常数。对于中等强度刺激，其关系可用韦伯定律表示，即：

$$\frac{\Delta I}{I} = K$$

式中 ΔI——引起差别感觉的刺激增量；

I——最初刺激强度；

K——常数，又称为韦伯分数。

【案例】 实验表明，以 1 625.6mm 为最初标准刺激时，差别阈为 57.15mm，韦伯比为 0.035。以 150mm 为标准刺激时，差别阈为 3.4mm，韦伯比为 0.023。

心理物理学是一门应用数学方法和测量技术，研究心物之间函数关系的精密学科。费希纳将绝对阈下限作为等距心理量表的零点，差别阈作为心理量表单位，在韦伯定律的基础上推导出测量感觉阈下限之上感觉的公式：

$$R_k = \log S_k = \log S_0 + n\log(1+k)$$

式中 R_k——心理量；

S_k——物理量；

S_0——绝对阈下限或假定为零的特殊刺激值；

k——韦伯比；

n——从 S_0 到 S_k 之间的 JND 数目。

此即费希纳定律。

【案例】 GB 11533—2011 标准对数视力表就是根据费希纳定律提出的，其视标增率为 1：1.258 9（$=10^{1/10}$），视力（即主观识别感觉）成算术级数（0.1）变化。

2.2 信息输入

感觉是人脑对直接作用于感觉器官的客观事物个别属性的反映，或对自身感觉器官工作状况的反应。知觉是人脑对直接作用于感觉器官的客观事物和主观状况整体的反映。在生活中第一感觉很重要，但人往往以知觉的形式反映事物，在心理学中就把感觉和知觉统称为"感知觉"。

2.2.1 感觉及其特性

2.2.1.1 人的视觉特性

(1) 视觉刺激与视觉系统

形成视觉的三要素是光、视觉对象、视觉器官（眼睛）。人的两眼可以感受到的光波只占整个电磁光谱的一小部分，其波长为 380~780nm（紫—红），如图 2-3 所示。

视觉是由眼睛、视神经和视觉中枢的共同活动完成的。眼睛是视觉的感受器官，人眼是直径为 21~25mm 的球体，其基本构造与照相机类似。视网膜最外层细胞包括视杆细胞和视锥细胞，它们是接受信息的主要细胞。两眼各由一支视神经与大脑视神经表层相连。连接两眼的两支视神经在大脑底部视觉交叉处相遇，在交叉处视神经部分交叠，然后再终止到和眼睛相反方向的大脑视神经表层上。这样，可使两眼左边的视神经纤维终止到大脑左边的视神经表层上；而两眼右边的是神经纤维终止到大脑右视神经皮层上。

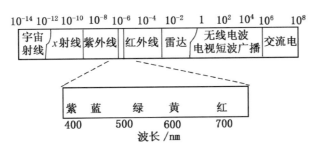

图 2-3 人眼可感受到的光的范围

(2) 视觉机能

① 视角与视力、视野与视距　视角是确定被看物尺寸范围的两端点光线射入眼球的夹角，如图 2-4 所示。视角的大小与观察距离及被看物体上两端点的直线距离有关，可用下式表示：

$$\alpha = 2 \arctan(D/2L)$$

式中　α——视角，用（′）表示；

D——被看物体上两端点的直线距离；

L——眼睛到被看物体的距离。

眼睛能分辨被看物体最近两点的视角称为临界视角。人眼的识别力标准为 1′视角。

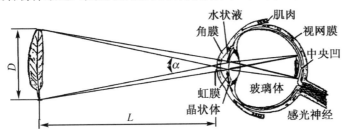

图 2-4　眼睛结构示意

视力表示人的眼睛识别物体形状的能力，是眼睛分辨物体细微结构能力的一个生理尺度，以临界视角的倒数来表示。

视力 = 1/能够分辨的最小物体的视角

视力的大小随年龄、观察对象的亮度、背景亮度及两者的亮度比而变化。物体的亮度增大，人的瞳孔缩小，视网膜上成像清楚，视力就好。

视野指头部和眼球不转动时，人眼所能观察的空间范围。视野以视角表示，并用视野计测定。视野分为水平视野（单视野/双视野）、垂直视野，如图 2-5 所示。各方面的视野都缩小 10°以内者称为工业盲。

视距是指人在操作系统中正常的观察距离。表 2-3 为不同工作任务视距的推荐值。

② 中央视觉和周围视觉　通常的视力是注视力，包括中央视力和周边视力。中央视力是指视网膜中心窝处的视力，由感色能力强、能清晰分辨物体的视锥细胞起作用。周围视力是指视网膜中心窝周围的视力，由观察空间范围的视杆细胞起作用，其特征是观察力非常敏锐，易发现运动物体。

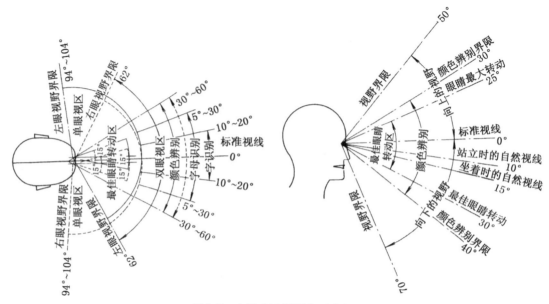

图 2-5　人的水平视野和垂直视野

表 2-3　不同工作任务视距的推荐值

任务要求	举例	视距（cm）	固定视野直径（cm）	备注
最精细的工作	装配表或电子元件	12～25	20～40	完全坐着，部分依靠视觉辅助手段（小型放大镜、显微镜）
精细工作	安装收音机、读写	25～35	40～60	坐着或站着
中等粗活	在印刷机旁工作	～50	～80	坐着或站着
粗活/视觉显示终端	包装、粗磨	50～150	30～250	多为站着/多为坐着
远看	看黑板、开汽车	150～	250～	坐着或站着

③双眼视觉和立体视觉　双眼视物时，人具有分辨物体深浅、远近等相对位置的能力，形成立体视觉。而立体视觉的效果并不全靠双眼，如物体大小、质地、遮挡、焦距、表面光线反射和阴影等客观线索都会加强立体视觉效果。大的物体、质地单元大的物体、阻挡其他物体的不透明物体、细节清晰的物体，相对来说都显得较近。生活经验也起一定作用。

④形状知觉　轮廓是一个较为突然的明度级差变化。形状是由轮廓形成的，从轮廓到形状有一个"形状构成过程"。轮廓是内敛的，形状有时是延展的，如图 2-6 所示。

在没有明度差别直接刺激情况下，由于某种原因而产生的轮廓知觉，为错觉轮廓或主观轮廓。产生这种错觉的原因一方面是存在有规则的空白；另一方面是人们试图赋予它意义。在观察物体表面轮廓时，在轮廓分界处或色彩变化处，由于视神经节细胞的作用而产生的明者更明、暗者更暗的视错觉，称为视驼峰现象（马赫带现象）。

⑤明暗视觉、视觉的适应性　白天正常照度下，人眼中的锥状细胞起作用，使人有色彩感觉，称为明视觉过程。当光线暗到一定程度时，人眼中的杆状细胞起作用，人眼不能分辨颜

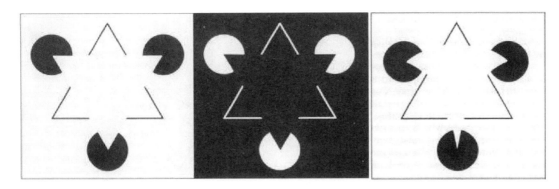

图 2-6　形状与轮廓

色,只有明暗条纹,称为暗视觉过程。

在刺激不变的情况下,人的感觉逐渐减少以致消失的现象称为人的适应。当外界光线亮度变化时,人眼的感受性也随之变化,这种顺应性变化叫视觉适应性。暗适应是指人从明亮环境突然变化到黑暗环境时,视觉逐步适应的过程。暗适应一般经历 4~6min 可基本适应,完全适应大约需经过 30~50min。暗适应过程中,瞳孔直径由 2mm 扩大到 8mm,光通量增加 16 倍。当人从暗环境进入明环境时,人眼出现暂时看不清视物的现象,称为明适应。明适应中人眼出现暂时看不清是人眼的感受性下降引起的,大约 30s 可基本适应,经过 60s 可达到完全适应,如图 2-7 所示。

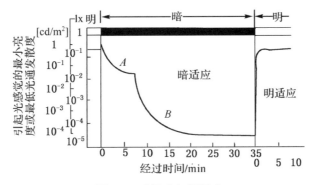

图 2-7　暗适应与明适应

【案例】　由于视觉的明暗适应性,要求工作地照度要均匀,避免阴影,否则,眼睛需要频繁调节,增加眼睛的疲劳感;车间局部照明和一般照明也不能相差太悬殊。室内过渡段应采用缓和照明。电焊作业者应配有色眼镜。

⑥色觉和色视野　色觉是视觉功能和客观对象(物体属性与照明条件)相作用的综合效果,是人眼在可见光谱范围内对光辐射的选择性反应,属心理物理现象,并随观察者的心理状态、记忆、观察时间以及观察的环境而有所不同。因此,色觉与光谱成分并不完全对应,但正常观察者的色觉与某些物理量之间存在一定的关系。色觉是明视觉过程,它产生于锥状细胞的红敏细胞、绿敏细胞和蓝敏细胞,大脑根据 3 种光敏细胞的光通量的比例决定人眼的色彩视觉。缺乏辨别某种颜色的能力称为色盲;若辨别某种颜色的能力较弱,则称色弱。这类人员不宜做油

漆工。

色视野是指颜色对眼的刺激能引起感觉的范围，如图2-8所示。

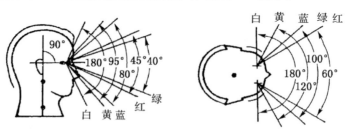

图 2-8　人的色视野

⑦对比效应　同一感受器官接受两种完全不同但属于同一类的刺激，而使感受性发生变化的现象称为对比效应。

同时对比主要指两种或两种以上的色彩并置在一起时，在色相、明度、纯度、冷暖、面积等方面产生的差异现象。如月明星稀、红肥绿瘦。同一灰色在白色背景下显得要黑，而在黑色背景下显得要白，此为无彩对比。同一灰色在红底上呈绿灰色，在绿底上呈红灰色，此为彩色对比。色彩之间对比的效应，见表2-4。

表 2-4　色彩对比的效应

类型	含义、原因及举例
明度对比	同一明度的色彩，在不同亮度背景下，亮背景下的注意对象感觉不如暗背景下的注意对象亮。因为周围亮环境使光敏细胞的视敏度下降；而暗环境使光敏细胞的视敏度上升
色调对比	同一色调靠近不同色调背景时，会感觉到色调偏移，造成视错觉。例如，橘红色纸片放在红色纸旁边观看时，显得更黄；放在黄色纸旁边观看时，显得更红。此现象可用色觉细胞视敏度变化和补色律解释
饱和度对比	在相同明度、不同色调背景下，与背景色调相同的注意对象，产生饱和度降低的视错觉现象。例如，把同样大小的红色纸片分别贴在明度相同的灰色和红色纸板上，会感觉红色板上的红色纸片不那么红了
面积对比	面积不同的相同色彩样品比较时，会产生不同色感的视错觉，面积大的样品更能给人以明度和饱和度增强的感觉
同化效应	一种色调包围另一种色调，当被包围的色调面积非常小时，则被包围的色调的主观效果有向包围色调偏移的视错觉现象

当看了一种色彩再看另一种色彩时，会把前一种色彩的补色加到后一种色彩上，此为继时对比。例如，看了绿色再看黄色时，黄色就有鲜红的感觉。这种现象是由是视觉残像引起的。

⑧视觉惰性与闪烁感觉　视觉惰性是指当一定强度的光突然作用于人眼的视网膜时，不能在瞬间形成稳定的主观亮度感觉，而存在一个暂短的过渡过程。主观亮度感觉由小到大，再由大变小，趋于稳定，因此某一瞬间亮度感觉比实际正常值的亮度感觉大得多。

视觉闪烁感觉是指低频断续光刺激，使人眼产生一明一暗的光感觉，达到更加醒目的目的。指示灯就是利用了视觉惰性，光感既不能瞬间形成又不能瞬间消失，要达到醒目的作用。

⑨视觉疲劳与残像　眼睛较长时间注视明亮的发光体或反射光体,然后闭上眼或转视到白墙上,开始时将出现与原物体的形状、色彩相同的像,称为正残像。正残像只保留极短的时间,随之出现原形、无彩色暗影,称为负残像。残像出现是视觉疲劳的表现。

正残像是由于明视觉锥状细胞或色觉细胞的视敏度下降引起的。而对负残像,可以用颉颃加工理论解释。该理论提出,所有视觉体验产生于3个基本系统,每个系统包含两种颉颃成分,红绿、黄蓝、黑白,它们也称为互补色。互补色之间具有颉颃作用,当一个成分疲劳或过度刺激时,就会增加颉颃成分的相对作用。这一理论也可以解释为什么色盲无法分辨成对色(红绿、黄蓝)。

⑩视错觉　视错觉是指人对观察注意对象的印象与实际注意对象之间出现差异的现象。常见的视错觉如长短错觉、大小错觉、方位错觉等几何图形错觉(图 2-9),以及远近错觉、色彩错觉等。

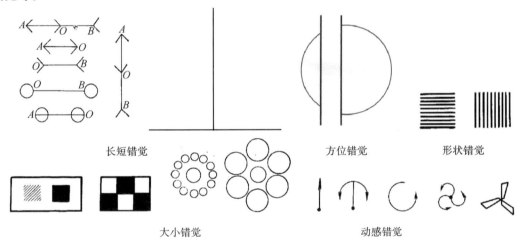

图 2-9　几何图形错觉

设计中有时考虑错觉辨认、利用和矫正。柜体底座容脚空间尺寸不仅考虑避免脚尖碰及柜体,还应考虑视错觉,因此容脚空间尺寸不宜过大。镜子仿佛能使房间变得更加宽敞。

(3)视觉特征

①人眼水平运动比垂直运动快,且不易疲劳。因此,仪表多为横向长方形。

②视线的变化习惯于从左到右,从上到下和顺时针方向运动。所以,仪表刻度方向遵循这一规律。

③人眼对水平方向的尺寸和比例的估计比垂直方向的尺寸和比例的估计要准确得多。

④当眼睛偏离视中心时,在偏离距离相等的情况下,观察的优先性依次是左上限、右上限、左下限、右下限。视区内的仪表布置必须考虑这一点。

⑤人眼对直线轮廓比曲线轮廓更易接受。

⑥双眼运动总是协调同步的。因而通常以双眼视野为设计依据。

⑦当人从远处辨认前方的多种不同颜色时,其易辨认顺序为红、绿、橙、黄、白。

在黑色、中灰色背景下的诱目顺序是黄、橙、红、绿、青、紫、蓝。

在白色背景下的诱目顺序则为青、绿、红、橙、黄。

人机系统设计时,要善于合理地利用人的视觉运动规律,以减轻操作者的视觉疲劳,避免误操作,提高作业效率。

【案例】 曲美家具专卖店的建筑装饰艺术

北京曲美家具集团股份有限公司专卖店的环境主色是黑色,黑墙、黑顶、黑地面,这是请商业设计师从曲美企业、产品、消费者等方面入手为曲美设计的商业形象。黑店的外墙加上富有韵律感的金属遮阳叶片在白天展现,而夜晚,黑墙融进夜色,玻璃窗内的桌、椅、床、榻像是浮在了空中。黑色的背景把黄色家具的形体衬托的异常清晰、华丽,如图2-10所示。一个家具店的标志让从车水马龙的四环上通过的人们过目不忘。公司网页基准色调也为黑色,网页中的文字色也主要选用黄色。

图 2-10 曲美家具专卖店

【案例】 青花在家具中的应用,如图2-11所示。

紫檀嵌瓷靠背扶手椅

红木青花瓷面圆桌

青花龙凤呈祥瓷板插屏

图 2-11 家具中的青花

2.2.1.2 听觉功能及其特性

听觉是仅次于视觉的重要感知途径,听觉有独特的感知方式,可以弥补视觉通道的不足。

(1) 听觉系统与听觉刺激

人耳分为外耳、中耳和内耳3个部分,其中主要是内耳的耳蜗起司听作用。人耳听觉的对声音具有选频功能。各种频率的声波,在从椭圆窗开始的基底膜上引起最大振动的位置不同,振动幅度也不相同。这相当于进行了编码处理。

振动的物体是声音的声源,振动在弹性介质中以波的方式进行传播,所产生的弹性波称为声波。

(2) 听觉的物理特性

音乐的音调、响度及音色与声音的频率、振幅及波形存在对应关系。人耳的生理构造决定了人耳对声音的主观感觉及与声音的物理度量为非线性关系。听觉与视觉特性相比,具有缓慢性和非直接性,具有如下的特性:

① 听阈 在无噪声的情况下,在最佳的听闻频率范围内,一个听力正常的人刚刚能听到给

定各频率的正弦式纯音的最低声强 I_{min}，称为相应频率下的听阈(下限)。对于感受给定各频率的正弦式纯音，开始产生疼痛感的极限声强 I_{max}，称为相应频率下的痛阈(听阈上限)。听阈等于正好可忍受的声强减去正好能听见的声强，由听阈下限和痛阈两曲线包围形成听觉区[1]，如图 2-12 所示。人耳能听闻的频率为 20~20 000Hz，比值为 $f_{min}/f_{max}=1:1\ 000$。人耳听不见低于 20Hz 的次声和高于 20 000Hz 的超声。用来测量人们对某一选定频率的听力阈值的仪器叫听力计。

在 800~1 500Hz 频率范围内，听阈无明显变化。低于 800Hz 时，可听响度的灵敏度随着频率的降低而明显减小。在 3 000~4 000Hz 之间达到最大的听觉灵敏度。超过 6 000Hz 时，灵敏度再次下降。

受过良好训练的被试者，在良好的声环境条件下，听觉器官能够觉察到 0.5dB 的强度变化。在人机系统设计运用声音强度变化传递信息时，或通过机器异常声音判断和确诊机器故障时，必须考虑没有接受过训练的作业者。

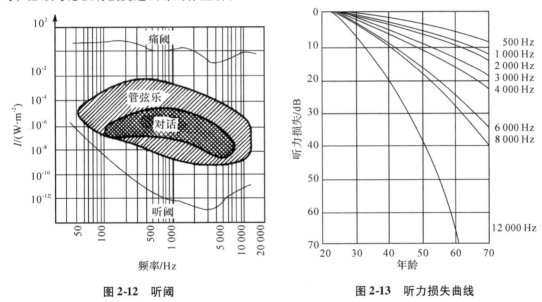

图 2-12　听阈　　　　　　　　图 2-13　听力损失曲线

②频率的辨别和响应　听阈下限与痛阈都与频率有关，是在某一频率下的听阈值或痛阈值。

人耳对声音频率变化的感觉符合指数递减规律。频率越高，频率的变化越不容易辨别。频率感受的上限随着年龄的增长而逐年连续下降，如图 2-13 所示。

③声音方位的辨别　听觉器官可以接收来自任何方向的声信号，但两耳之间会有一个时间差 30μs。听觉器官具有方向辨别能力，主要根据声信号到达两耳的强度差和时间差，而这是由于声源发出的声音到达两耳距离不同、传播途中屏障条件不同。人的听觉系统对于不同频率的声音在不同方向上的感受敏感度是不同的。右耳对不同频率纯音的方向敏感度，如图 2-14

---

[1] 参见 8.3.2 人耳对声音的主观感觉。

所示。对高频声信号是根据强度差判断,对低频声信号则根据时间差来判断。在自由声场中,距点声源的距离每增减1倍,声压级随之约增减6dB,所以声觉器官可以通过声强的变化判断声源的距离。

④掩蔽效应　一个声音由于被其他声音掩盖而使人的听觉发生困难,需要提高声音的强度才能产生听觉,这种现象称为声音的掩蔽。掩蔽效应是指由于干扰声的存在,致使声信号清晰度阈限升高的现象。掩蔽声去掉以后,掩蔽效应并不立即消除,人的听阈的复原需要一段时间,称为残余掩蔽或听觉残留,表示听觉

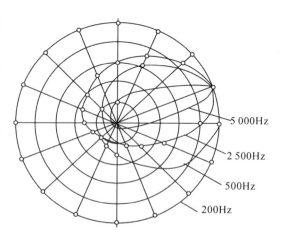

图 2-14　右耳对不同频率纯音的方向敏感度

疲劳。例如,当两个声音同时出现时,听觉选择强度大的一个。当两声音的响度相同、而频率不同时,听觉容易选择低频声。

⑤适应　环境太安静或者过于喧闹,人们都会感到不适。闹中取静,是人听觉适应性的一种表现。

⑥余觉　刺激取消后,感觉依然存在一段极短时间,这种现象称为余觉。与视觉的残像类似,听觉同样有余觉。所谓"余音绕梁,三日不绝"就是余觉的表现。

2.2.1.3　其他感觉机能及特征

(1) 肤觉

皮肤是人体很重要的感觉器官,感受着外界环境中与之相接触的物体的刺激。人体皮肤上分布着3种感受器:触觉感受器、温度觉感受器和痛觉感受器。

①触觉　触觉是微弱的机械刺激触及了皮肤浅层的触觉感受器引起的;而压觉是较强的机械刺激引起皮肤深部组织变形而产生的感觉,触觉与压觉总称为触压觉。触觉能准确地辨别物体的大小、形状、硬度、光滑度、表面肌理等机械性质的特性。

②温度觉　分为热觉和冷觉,这两种温度觉是由两种不同范围的温度感受器引起的,冷感受器在皮肤温度低于30℃时开始发动冲动;热感受器在皮肤温度高于30℃时开始发动冲动,到47℃时为最高。人体正常体温36.5~37.2℃。

③痛觉　凡是剧烈性刺激,无论冷、热接触,或是压力等,肤觉感受器都能接受这些不同的理化刺激而引起痛觉。

(2) 嗅觉

环境气味刺激鼻腔里的嗅感受细胞而产生嗅觉。人的嗅觉器官,即鼻子,能感知挥发性、可溶性物质的气味、流速及有害气体的含量等。

(3) 味觉

味觉是由于食物在人的口腔内对味觉器官化学感受系统的刺激而产生的一种感觉。可分为酸、甜、苦、咸、鲜等5种,辣不属于味觉而属于痛觉。

（4）本体感觉

本体感觉系统包括耳前庭系统和运动觉系统，前者保持身体的姿势及平衡，而后者感受并指出四肢和身体不同部分的相对位置。影响平衡觉的因素：酒、年龄、恐惧、突然的运动、热紧迫、不常有的姿势等。

2.2.1.4 感觉的相互作用

在一定条件下，各种感觉器官对其适宜刺激的感受能力都将受到其他（异类或同类）刺激的干扰影响而降低，这种现象称为感觉的相互作用。当视觉信息与听觉信息同时输入时，听觉信息对视觉信息的干扰较大。当某种感觉受损或缺失后，为适应生活的需要，其他感觉的感受性会提高的现象，称为感觉补偿。

通感是指由一种感官的适宜刺激而引起的另一感官的联想或反应，例如，色彩能使人产生味觉、嗅觉、听觉的对应联想。青绿色系比较容易让人联想到味觉上的酸涩感，黄色让人觉得有糖、奶油或柠檬的味道。粉红、浅黄等有清香感，红、橙、黄一类暖色有浓烈香味感，黑色、褐色有苦感，冷而浊的色彩则有腥臭、腐败等嗅觉感受。色彩治疗学家沃尔弗勒（Woelfle）把特定的颜色与特定的音调连在一起，见表2-5。

人的某一感官在受到适宜刺激时，不仅会产生相应的感觉，同时往往还会引发其他多种感官相互作用而产生诸多其他知觉和联想，这种现象称为共感觉[①]。这种共感觉是信息输入的综合反映。例如，色彩的冷暖感、轻重感、进退感、软硬感、兴奋与沉静感、华丽与朴素感等。

表2-5 颜色与音调的对应

红色	橙色	黄色	绿色	蓝色	紫色
Do	Re	Mi	Fa	Sol	Si

2.2.2 知觉及其特性

知觉包括物体知觉和社会知觉，前者又可分为视知觉、听知觉、触摸觉、味知觉、嗅知觉、时间知觉、运动知觉，后者则包括自我知觉、对他人的知觉、人际知觉。空间知觉（深度知觉）是一种视知觉，它处理物体的大小、形状、方位和距离的信息。时间知觉解决事物的延续性和顺序性。运动知觉处理物体在空间的位移。社会知觉是个体对客观事物社会性特征的知觉。

2.2.2.1 知觉加工方式

①数据驱动加工——自下而上的加工 由外界刺激物理特征转化为抽象表征的信息加工方式。

②概念驱动加工——自上而下的加工 从人的动机和有关知觉对象的背景及一般经验知识开始，并且形成期待或对知觉对象的假设，从而影响特征察觉器以及对细节注意的引导。

一般来说，两者相互结合，共同作用于统一的知觉过程。

2.2.2.2 识别理论

知觉包含知觉组织、辨认和识别两个阶段。知觉组织是对认知对象进行内部表征的过程，它将感受的输入材料与主体的经验、知识整合在一起。辨认和识别则是主体赋予知觉以意义，

---

① 共感也指人与人之间的情感共鸣。

它涉及主体的价值观、哲学态度、文化背景、对客体的态度和期待等认知背景和过程。

人们对外界刺激识别的过程中，有一个再认的过程，即将知觉到的信息与记忆中的表征相匹配的过程。关于再认，有4种基本模式：模板匹配模式与原型说、特征分析模式、结构描述模式、傅利叶模式。在此仅介绍两种：

(1) 模板匹配模式与原型说

模板说认为，人的记忆中贮存着各种经验知识的模板，识别时将刺激信息的编码与模板进行比较，若刺激与模板存在最佳匹配，再认对象就得到识别。

原型说认为，在记忆中贮存的不是与外部模式有一对一关系的模板，而是原型。原型是某一类客体的内部表征，反映该类对象的基本特征，是一个类型或范畴的所有个体的概括表征。识别是一种原型匹配的过程，当刺激与某一原型有最近似的匹配，即可将该刺激纳入此原型所代表的范畴，从而获得识别；即使某一范畴的个体之间存在着外形、大小等方面的一定差异，这些个体仍可与原型相匹配而得到识别。

(2) 特征分析模式

即根据对象的特征进行识别的分析模式。对象的物理、形态等方面皆有特征。这个模型以特征分析为基础，将模式识别过程分为4个层次，每个层次都有一些"鬼"来执行某个特定的任务，这些层次顺序地进行工作，最后达到对模式的识别。

第一层次：由"映像鬼"对外部刺激进行编码，形成刺激的映像。

第二层次："特征鬼"对刺激的映像进行分析，即将其分解为各种特征。每个"特征鬼"的功能是专一的，只寻找其负责的那一种特征（如字母的某个特征），并就刺激是否具有相应的特征及其数量做出明确报告。

第三层次："认知鬼"始终监视各种特征鬼的反应，每个"认知鬼"负责一个模式（如某个字母）。它们从"特征鬼"的反应中寻找各自负责的那个模式的有关特征，当发现有关特征时就会喊叫。发现的特征越多，喊叫声越大。

第四层次："决策鬼"根据这些"认知鬼"的喊叫，选择喊叫声最大的那个"认知鬼"所负责的模式作为所要识别的模式（与类似字母有别的特定字母）。

2.2.2.3 知觉的特征

(1) 选择性

在知觉时，把某些对象从其背景中优先的区分出来，并予以清晰反映的特性，称为知觉选择性，如图2-15所示。从知觉背景中区分出对象来，一般取决于下列条件：

①对象和背景的差别　颜色、形态、纹理、质地、香气、声光及其刺激强度的差别。

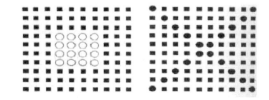

图2-15　知觉的选择性

②对象的运动或闪烁　在静止背景中,运动或闪烁的刺激物能引人注意,容易成为知觉对象。

③主观因素　当任务、目的、知识、经验、习惯、兴趣、情绪等因素不同时,选择的知觉对象便不同。人有兴趣,选择面就广泛,才会有所发现。

图与底是图像学中最基本也是最原始的一对范畴。通常,人们把知觉对象中的某一部分选择出来,视作图形,而把其余部分当作底子或背景。一般而言,图形是鲜明、积极、突出、有意义的,而作为背景的底子则相对模糊、消极,退隐其后,对图形起着衬托的作用。图与底的关系不明朗时,或主体意识迷糊时,某些底图关系是可以互相转换的。具有底图互换关系的图形、图像称为双关图。

(2) 整体性

在知觉时,把由许多部分或多种属性组成的对象看作具有一定结构的统一整体的特性,称为知觉的整体性。在感知熟悉对象时,只要感知到其个别属性或主要特征,即可根据累积的经验而知道其别的属性和特征,从而整体地感知它,如图 2-16 所示。

德国格式塔(gestalt,形状、形态)心理学派认为,完形是伴随知觉活动所形成的主观认识。其心理基础是人的推理、联想、完成化和美化的倾向。在感知不熟悉的对象时,人们倾向于把它感知为具有一定结构的有意义的整体。影响知觉整体性的因素有接近、相似、渐变、封闭、连续、方向、对称、美的形态。

图 2-16　知觉的整体性

(3) 理解性

在知觉时,人们往往用以往所获得的知识经验来理解当前的知觉对象的特征,称为知觉的理解性,如图 2-17 所示。有关知识经验越丰富,理解越深刻。语言的指导能唤起人们已有的知

图 2-17　知觉的理解性

识和经验，使人的理解更加迅速完整。注意不能扼杀理解的多样性和人的想象力。

（4）恒常性

知觉的条件在一定范围内发生变化，而知觉的印象却保持相对不变的特性，称为知觉的恒常性。恒常性是经验和记忆作用的结果。知觉的恒常性主要有大小、形状、亮度、颜色、方向等几个方面，如图2-18所示。"熟悉的脚步声"也是恒常性的表现。

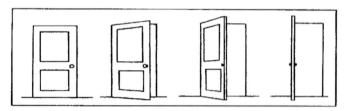

图2-18　知觉的恒常性

（5）错觉

错觉是人对外界事物不正确的知觉。错觉产生有客观、主观（人的生理心理特征）的原因。例如：①人的期待和感觉的相互作用，如形状与重量的错觉。②由于附加图形等引起知觉恒常性的破坏。③情绪态度等心理因素对底图关系的影响。

错觉可分为视错觉、听错觉、形重错觉、运动错觉、时间错觉等。小巧精致的包装使礼品显得贵重。"风声鹤唳、草木皆兵"就是一种听错觉。由于思维定势的影响，人们可能混淆重量与密度的概念，错误地认为一千克铁比一千克棉花重。逆向行车，感觉迎面而来的车速度更快。往事如梦、岁月苦短，则是一种时间错觉。同样一件商品，如果放在高档场所会使人感觉做工精湛；如果放在平价超市则会使人感觉廉价平常，这是自上而下的经验对人感知的影响。

2.2.3　注意的特性、机制及表现

注意是指一个人的心理活动对一定对象（主客）的指向和集中。注意有4大功能即分配、信号检测、搜索和选择。人们接受信息的方式有整体理解、顺序搜索和随机获得3类。

2.2.3.1　注意的种类及其特性

（1）注意的种类

无意注意是指由于刺激物（客体）的特点而无须人的意志努力而产生的注意。由于对刺激物的新异性而引起的意识集中，只能在短时间内形成对客体的注意。长时间把注意集中到另外客体上，相对注意对象而言是不注意，即无意注意。这与主体的需要、兴趣、意志有关。无意注意方式对于事故的预防是消极的，由于无意注意使作业者的意识集中对象的转移而酿成了事故。

有意注意是在预定目的和意识控制下，由活动条件所引起的对客体的注意。这种注意方式是需要主体意志上的努力才能完成的一种对客体的意识集中。明确的目的性有助于维持这种注意。

在工作和生活中，常常涉及注意力导向的场合或作业。有意注意又可分为4种类型，见表2-6。

表2-6 注意的类型

选择型注意	要求人们对几个信息来源进行监测，以确定某一特定事件有没有发生
聚焦型注意	要求人们必须只注意一个信息来源，而排除其他信息源的干扰
分割型注意	指必须同时执行两项或两项以上的单独作业，而又必须对它们都加以注意的情况
持续型注意	要求在一个比较长的时间内不休息地维持注意力，或保持警戒，以便发现偶尔出现的信号

（2）注意的特性

①注意的范围　指在一个很短的时间内所能知觉的对象数目，也称注意的广度。人在同一时间内能清楚地注意到的对象的数量，一般为7个单位。当注意对象呈现相似性、规律性和可比性等特点时，可以扩大注意的范围。此外，注意范围随知觉对象呈现的信息量多少而不同。例如，汽车速度计盘面的刻度，不标数值的间隔以10~30 km为宜，若不标数值的刻度过于精确，人的视觉接受的刻度线条太多，会超过可接受的信息量限度。

②注意的选择性　选择性体现为注意与不注意的同时性或排性，即一旦建立起对某一客体的意识集中（注意），则对其他客体表现为不注意；选择性还体现为对不同客体、不同感觉通道有不同的偏好。例如，新奇刺激比一般刺激更容易引起注意；声信号比光信号更容易引起注意。

③注意的活动性　持续性指主体对客体的不变刺激能够清晰明了地意识集中的时间。主观上想长时间注意某一对象物，但实际上总是存在着无意识的瞬间，即存在注意的不稳定性。由于作业条件或个人差异，一般条件下，对不变化的单一刺激能够清晰明了地意识到的时间，只有几十秒钟。注意的不稳定性实际上是大脑皮层的一种保护性抑制，因为对单调对象物持续注视会消耗大量的能量；大脑皮层抑制注意力可以防止过度疲劳。

2.2.3.2 注意的机制

（1）"注意"的生理机制

人必须处于觉醒状态，即大脑皮层处于一定的兴奋水平，才能使某些刺激在相应的区域内形成优势兴奋中心。在此区域上，暂时神经联系既容易建立，也容易巩固，对客观事物的反映也最清晰、最完全，记忆也最牢靠，思考也最有效。即注意对象已处于被"注意"之中了。

现代科学研究表明：人脑的额叶与人自觉地用某些语言动作刺激引起并维持的优势兴奋中心密切相关，它除了控制人的感觉器官，积极寻找所需要的信息，把人的注意力引向重要刺激和动作外（注意），还能抑制那些认为不需要的刺激所引起的注意，以控制或降低人的"分心"。

（2）"注意"的心理机制模型

"不注意"是"注意"转移，心理学家建立了许多模型从不同角度来描述注意的心理机制。

①选择注意模型（selective attention model）　由英国剑桥大学布罗德本特（D. E. Broadbont）创立的选择注意模型，如图2-19所示。布罗德本特认为，人对外界刺激的心理反应即人对信息处理过程的一般模式为：外界刺激→感知→选择→判断→决策→执行。"注意"就相当于该模式中的"选择"。

各种外部刺激并行输入到人的感觉器官，但受人的生理条件、环境条件和信息性质等因素的影响，只有部分外部刺激转化为神经中枢的输入信号，形成短期记忆；由于短期记忆容量有

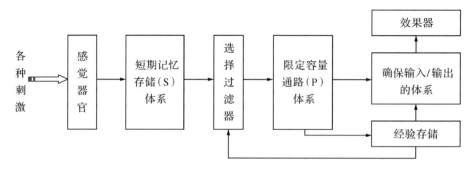

图 2-19　过滤模型

限，导致输入信息溢出，产生信息遗忘，使注意范围变小。当全部信息输入到神经中枢时，必须经过选择过滤器，过滤器的开关动作受中枢信息处理能力的限定，所过滤的信息和人的需要、经验等主观因素有关。

感觉器官受生理、心理机制的影响，不能把外界刺激全部转化为神经中枢的输入信号，就会使视觉对象改变（视错觉）和听觉对象转移（漏听、错误、阈限）。因此，过滤模型是一个单信道模型。短时记忆容量有限，使输入信号溢出，导致注意范围变小，对某些客体的刺激产生不注意。人的最大存储时间为 10~20s，同时还会受到外界新奇事物的干扰。中枢信息处理能力有限，使输入信息丢失，常剩下一些与主体习惯、兴奋、情趣等密切相关的信息。

②唤醒水平模型　唤醒水平模型由索科洛夫（N. Sokolov）创立，该模型从人的觉醒水平的提高这一观点来说明注意现象。如图 2-20 所示，外部刺激从神经通路 1、2 传入，在大脑皮层（Ⅰ系统）形成各种模型；在脑干网状体（Ⅱ系统）即脑干神经组织内白质与灰白质混同部分中，形成增幅作用。传入大脑皮层的刺激与大脑皮层已形成的模型对比，若是新奇、高强度刺激，则通过通道 4 把比较后的信息送入增幅系统，刺激网状组织。与此同时，增幅系统通过通道 2 接受来自感觉器官的刺激，把增幅信息通过通道 5 输入到模型形成系统，刺激大脑皮层兴奋，于是通道 6 在效果器上引起定位反应。增幅系统经通道 7 对自律神经的刺激，引起自律系统反应。模型形成系统再经通道 3 把模型与刺激对比。当两者连续相同时，大脑皮层送出去的信息将遮断从感觉器官传入大脑皮层的信息，这时已达到一个新的觉醒水平。

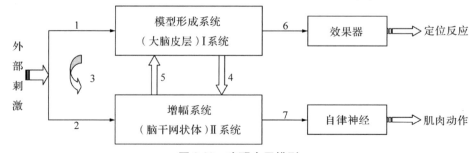

图 2-20　唤醒水平模型

从感觉器官传入大脑皮层的刺激会建立一个新的觉醒水平，于是引起人的注意。若刺激单调重复，会使注意力涣散；当一个新刺激出现时，将唤起一个新的觉醒水平，形成对新刺激的"注意"，相对原刺激呈现出"不注意"。

③意识层次模型　中枢系统能否意识集中而产生注意,依赖于意识水平或觉醒水平层次的高低。根据大量实验研究,得到大脑意识水平的5个层次,见表2-7。

表2-7　大脑意识层次

第0层次	无意识或神智丧失,注意力为零。生理状态表现为睡眠,大脑可靠性为零
第Ⅰ层次	意识水平低下,注意迟钝。生理状态表现为疲劳、瞌睡、单调刺激、药物或醉酒作用等
第Ⅱ层次	正常意识的松弛阶段,注意为消极被动,心不在焉。生理状态表现为安静、休息或按规定进行简单、熟练作业时的状态。例如,习惯性的工作和操作
第Ⅲ层次	正常意识的清醒阶段,注意的作用为积极主动,注意范围广泛。生理状态为精力充沛、积极进取
第Ⅳ层次	超常意识的意识极度兴奋和激动阶段,注意凝集于某一客体刺激上,几乎停止了判断意识。生理状态表现为紧急防卫反应时的恐慌、紧张等状态

第Ⅲ层次的意识行为是积极主动的,注意范围广泛,可靠性最高,除此以外均表现为注意的转移。实验表明,第Ⅲ层次的意识行为可持续30min,然后注意力显著下降,此称为"30min效应"。习惯性的操作多属于第Ⅱ层次意识水平,并持续时间也最长,但在此意识水平下常表现出"心不在焉"和不注意,此时预测力、创造力均很低下,因而比较容易产生错误和事故。

【案例】　在平坦高速公路上开车的司机,脑电波表明其处于第Ⅱ层次状态。随着驾驶时间的增长,昏昏欲睡,此时脑电波表明司机意识水平逐渐进入第Ⅰ层次状态。因此,设计高速公路时,有时故意设置一些弯坡道,并不断变换公路两侧的景观。

人们对新刺激、有兴趣或奇怪的事情、有一定难度的工作等,所表现的注意力特别集中,身心活动也大幅度提高。相反,对已习惯的老一套、单调重复、不感兴趣的工作,往往使注意力涣散、身体活动能力降低。为了引起注意,应分析人的兴趣爱好和需求,加强环境刺激变化性、新颖性、强度,注重产品性能、结构、材质、使用方式的有效信息。

2.2.3.3　"注意"的外部表现

注意力的集中程度(即意识水平的高低)可以从一些生理指标的变化上体现出来。

(1)脑电波(脑电波图)

人体存在生物电流,这是由各种带电离子活动产生的,带电离子的活动是因为细胞受到刺激,造成出入细胞的离子分布梯度的改变,而形成电位差造成的。

α波(8~13Hz):人在完全清醒、安静状态下,没有任何外界刺激时,经常出现的脑电波。

β波(18~30Hz):注意力集中或睁开眼睛受到外界光刺激时所出现的波。

θ波(4~8Hz):在入睡初期产生。随着睡眠加深,会变为14Hz左右的带有纺锤状的慢波。

(2)诱发电位

用光或声刺激被试者,会使被试者的感觉中枢相应产生电位变化。属于中枢神经系统的生物电位变化。按刺激性质不同,诱发电位分为视觉诱发电位与听觉诱发电位。

(3)眼球运动

眼球通过六根眼肌(内、外、上、下直肌,上、下斜肌)的收缩完成运动(瞳孔转向内上方、内下方、内侧、外侧、外下方和外上方)。通过虹膜的睫状肌的收缩与舒张使晶状体变厚,增加眼睛的折光能力，或使晶状体变薄，减弱折光能力，来调节眼睛看近物和远物的能力。括约肌或开大肌使瞳孔收缩和开大。瞳孔缩小，减少强光进入眼内，或使瞳孔开大，增加进入眼内的弱光。为了寻找注意对象，眼球在六根眼肌的作用下，进行内、外、斜侧方向的运动。

生理学研究表明，随着注意力的提高，单位时间的眼球的运动次数也增加。

2.3 信息处理

信息处理主要表现在记忆、思维和决策等过程中。信息经知觉加工后，有的存入记忆中，有的进入思维加工。思维活动需在知觉和记忆的基础上进行。

2.3.1 神经系统的机能

2.3.1.1 神经系统及其机能

神经系统是人体最主要的机能调节系统，人体各器官、系统的活动，都是直接或间接地在神经系统的控制下进行的。人的操作活动和行为也是通过神经系统的调节作用使人体对外界环境的变化产生相应的反应，从而与周围环境之间达到协调统一。

神经系统分为中枢神经系统和周围神经系统两部分。中枢神经系统包括脑和脊髓。脑位于颅腔内，脊髓在椎管内，两者在枕骨大孔处相连。覆在左右大脑半球表面的灰质层称为大脑皮层，它控制着脊髓和脑的其余部分，是调节人体活动的最高中枢所在部位。脊髓是初级中枢所在部位，它通过上下行传导束与脑部密切联系，其功能则受各级脑中枢的制约。周围神经系统是指中枢神经以外全部神经的总称。它起始于中枢神经，分布于周围器官。按起始中枢部位，周围神经系统可分为脑神经和脊神经；按分布器官结构，分为躯体神经和内脏神经；按传导冲动方向，则分为传入神经和传出神经。周围神经的基本功能是在感受器与中枢神经之间以及中枢神经与效应器之间传导神经冲动[①]。

2.3.1.2 人脑结构及其功能

人脑由大脑、小脑、间脑、脑干等组成。

大脑表面存在 3 条大的裂沟：外侧裂、中央沟、顶枕裂；外表可分为额叶、顶叶、颞叶、枕叶。从人体各部经各种传入神经传来的冲动向大脑皮层集中，在此会通、整合后产生特定的感觉；或维持觉醒状态；或获得一定的情调感受；或贮存为记忆；或进行分析综合等思维活动，影响其他脑部功能状态；或转化为运动性冲动传向低位中枢，藉以控制机体活动，应答内外刺激。

大脑皮层的不同功能往往相对集中在某些特定部位。躯体感觉区接受来自对侧半身外感觉和本体感觉的冲动，产生相应的感觉。躯体运动区接受来自肌腱和关节等处有关身体位置、姿

---

① 神经冲动源于信号系统。具体刺激，如声、光、电等，为第一信号；抽象刺激，即语言、文字等，为第二信号。对第一信号发生反应的皮质机能系统称为第一信号系统；对第二信号发生反应者称为第二信号系统，是人类特有的。

势以及各部位运动状态的本体感觉冲动,藉以控制全身运动。视区、听区、嗅区可接受相应的神经冲动,语言代表区又分为听、说、读、写 4 个中枢。此外,大脑皮质还有 3 个基本联络区:保证调节紧张度或觉醒状态的联络区(脑干网状结构、脑内侧皮层或嗅觉与味觉区—边缘皮层),接受、加工和储存信息的联络区(视觉区—枕页、听觉区—颞叶、肤觉区—顶叶),规划、调节和控制人复杂活动形式的联络区(高级心理中枢—额叶)。

大脑分为左右两个半球,其功能不一样,中间的胼胝体起协同左右脑的作用。左脑主要控制知识、判断、思考等如语言、理性、分析和逻辑思维等和显意识有密切关系的思维。右脑控制着自律神经与宇宙波动共振等和潜意识有关的形象思维、用表象代替语言来思维的非逻辑思维。左脑功能是智力活动的基础,右脑功能则是创造性的源泉。右脑在许多方面明显地优于左脑,许多较高级的认识功能,如具体思维能力、直觉思维能力、对空间的认识能力、对错综复杂事物的理解能力以及形象记忆、想象力等都集中在右脑。右脑还有复杂知觉再认、理解隐喻、发现隐藏关系、模仿功能等,是发散思维的中枢。新思路、新观点、新设想、新形象、新方法在右脑酝酿产生。在创新过程中,右脑功能起着主导性、决定性作用。

小脑位于后下方,小脑皮层维持身体平衡、调节肌肉紧张、协调人体随意运动。

间脑位于大脑中间,又称内脑。间脑分为丘脑、下丘脑,前者是神经冲动传入的转换站,具有对传入的冲动进行粗加工、选择的功能,是大脑皮层下高级感觉中枢;后者具有调节内脏和内分泌活动的功能,具有调节体温、摄取营养、平衡水和电解质等重要生理活动,对人的情绪反应和睡眠有密切关系。

脑干由中脑、脑桥、延脑 3 部分组成,是大脑、小脑和脊椎的联系通道,是生命中枢和许多重要的反射中枢所在地。中脑功能与视听、运动调节、姿势维持等反射活动有关。脑桥和延脑中有心跳、呼吸、血管运动等重要中枢,有吞咽、呕吐和唾液分泌等功能的中枢。

2.3.2 记忆

记忆是个体过去所经历的事物在大脑中留下的痕迹。人的记忆无法直接观测,但能通过个体的外显行为加以研究。

2.3.2.1 记忆的过程

普通心理学将记忆定义为"经验的印留、保持和再作用的过程",而认知心理学将其定义为"人脑对外界输入的信息进行编码、存储和解码的过程"。记忆可划分为识记、保持、回忆(包括再认、再现)3 个阶段,参见表 2-8。

表 2-8 记忆的解释

记忆的不同阶段	识记	保持	再认	再现
经典生理心理学解释	大脑皮层中暂时神经联系(条件反射)的建立	暂时神经联系的巩固	暂时神经联系的再活动	暂时神经联系的再活动或接通
信息论观点	信息获取	信息储存	信息辨识	信息提取和应用

2.3.2.2 记忆的种类和方法

(1) 记忆的种类

以持久性分①,记忆可分为瞬时记忆、短时记忆、长时记忆。

瞬时记忆又称感觉登记、感觉贮存。在视觉范围内,材料保持的时间不超过1s,信息完全依据其具有的物理特征编码,有鲜明的形象性。在听觉范围内,材料保持的时间约在0.25~2s之间,这种听觉信息的贮存也称回声记忆。瞬时记忆可以贮存大量潜在信息,其容量比短时记忆大得多,但其内容往往不被意识到,因此容易消失。

如果对象受到注意,则会转入短时记忆(工作记忆)。短时记忆一般保持1min以内。其内容主要是空间的和语言的,并经过了一定程度的加工编码,因而能被意识到,但如不加以复述将会消退且不能再恢复。短时记忆容量通常被认为有7±2个组块,现代研究指出可能是5个组块。

如果对短时记忆内容加以复述或编码,可以转入长时记忆。长时记忆一般保持1min以上乃至终生。有些长时记忆是由于印象深刻而一次直接形成的。长时记忆的信息主要为程序性、陈述性知识和原型,编码以意义为主,其广度几乎无限。

(2) 记忆的方法

①按在记忆中意志的参与程度分　记忆可分为有意(内隐)记忆和无意(外显)记忆。有意记忆对完成特定任务有利,而无意记忆对储存多种经验有益。优秀作品赏析与一般作品广泛涉猎分别是设计师践行有意记忆和无意记忆的一种有益形式。

②按记忆内容获取方式分　记忆可分为听觉记忆、动作记忆、形象记忆。人的大部分记忆内容是通过视觉获得的视觉形象,称为形象记忆;与此类似,也有通过听觉获得的听觉记忆。动作可以帮助记忆,在动作中人们会发挥多种感官作用,甚至心理认知活动。百闻不如一见,看十遍不如做一遍,即体现了实践对记忆的重要影响。

③按记忆的方法分　记忆可分为机械记忆和意义记忆。对不熟悉、难以理解的事物多采用机械记忆,而对较熟悉、可理解的事物采用意义记忆。好的品牌名称及其意义、产品语意都有利于消费者对品牌和产品的认知和记忆。

2.3.3 思维

思维是人脑借助于语言、符号、表象等对客观事物本质和规律进行认识的过程,是对进入人脑的各种信息进行加工、处理变换的过程。它主要表现在概念形成和问题解决的活动中。

2.3.3.1 思维的过程

思维的基本过程包括分析、综合、比较、分类、抽象、概括、具体化和系统化。

①分析　是在头脑中把事物整体分解为各个部分进行思考的过程。

②综合　是在头脑中把事物的各个部分联系起来的思考过程。

③比较　是在头脑中将事物加以对比,确定它们的共同点和不同点的过程。

④分类　是根据事物或现象的共同点和差异点,将其分为不同种类及其属性的思维过程。

---

① 记忆按形式和内容的分类方法,请参阅有关心理学书籍。

⑤抽象　是在头脑中把事物的本质特征和非本质特征区别开来的过程。

⑥概括　是把事物和现象中共同的和一般的东西分离出来，并以此为基础，在头脑中把它们联系起来的过程。

⑦具体化　是把理论和实践结合起来，把一般与个别结合起来，把抽象与具体结合起来，可以使人们更好地理解知识、检验知识，使认识不断深化的思维过程。

⑧系统化　是把学到的知识分门别类地按一定程序组成层次分明的整体系统的思维过程。

人在思维过程中表现出的不同特点，如敏捷性、灵活性、深刻性、独创性和批判性等称为思维的品质。

2.3.3.2　思维的特征

①间接性　即人们借助于已有知识和经验，去认识那些没有直接感知过的或根本不能感知到的事物，以及预见和推知事物的发展进程，从而对事物进行把握。

②概括性　人脑对于客观事物的概括认识过程。即抽取某类事物的一般和本质的属性进行认识，它反映认识的广度和深度。

③与语言的不可分割性　语言的基本构成是词语，而命名、术语、概念等词语都是概括化了的信息，它们反映的是一类事物的共有属性或本质特性。

2.3.3.3　思维的种类

(1) 按照思维的指向不同，分为发散思维和集中思维

发散思维又称辐射思维、求异思维、分殊思维，是指思维者根据问题提供的信息，从多方面或多角度寻求问题的各种原因和可能答案的一种思维模式，具有敏捷、灵活、独特性的特征。

集中思维又称辐合思维、聚合思维、求同思维、收敛思维，它是一种在大量设想或方案的基础上，引出一两个正确答案或引出一种大家认为是最好答案的思维方式，集中思维的特性是来自各方面的知识和信息都指向同一问题，目的在于通过对各相关知识和不同方案的分析、比较、综合、筛选，从中引出答案。

(2) 按照思维性质或思维所采用的形式，分为具体思维和抽象思维

具体思维包括动作思维和形象思维；抽象思维包括逻辑思维和直觉思维。

①动作思维　一边动作，一边思考。左右手都参与动作，可以促进左右脑协调发展。亲手拆装、调试机器，能使人对机器的工作原理和结构有深刻、真切的认识。通过模型试验或样机试验，才能对设计构思和技术原理做出正确评价。

②形象思维　以表象或"智力图像"进行思维。"形象"在认知心理学中称为"表象"或"意象"。设计中的构思、草图以及读图时的再造想象都是形象思维的表现形式。形象思维的特点是整体性、直觉性、跳跃性、模糊性。形象思维，不同于"知觉"或者单纯的直觉，它比知觉的形象暗淡、模糊，作为基本材料的"形象"不是原始的感觉素材，而是一种省略某些特征，突出重要特点的典型的、概括性的形象。形象思维使人们能创造出整体的、概括性的、典型的、具有某种风格的图像。"印象—意象—艺术形象"的逐步转化过程就是一个典型的形象思维过程。

③逻辑思维　推理性思维，包括演绎和归纳。逻辑思维以概念为思维的基本单元，以抽象为基本思维方法，以语言、符号为基本表达工具。逻辑思维的特点是概念性、抽象性、逻辑性

和语言符号性。逻辑思维主要通过已掌握的条件和信息，逐步做出识别和判断，借助推理的认知方式，最终达到目标。用逻辑思维求解问题，所有的人都得出同样的答案。

④直觉思维　非推理性思维。直觉是对表象的感知，对经验的共鸣。灵感是一种突发性的创造性思维，是直觉的一种境界。直觉是一种思维能力，而灵感则是一种思维状态。问题求解过程中的直觉源自经验丰富者累积了大量相关组块，组块能大大加速其搜索、区分、比对的过程。新的信息刺激大脑后，激荡了储存于长时记忆中暂时难以提取的信息，经过重新加工和组合，产生了灵感。顿悟是直觉的一种较高境界，是一种在情境的压力下，通过理解和洞察情境的能力或行为，对事物内在关系的完形的组织构造过程，但却对创造主体的知识、经验的作用有所忽视。

（3）按照思维的应用领域和表现形式不同，分为艺术思维与科学思维

一般认为，艺术思维以形象思维为主，科学思维则以逻辑思维为主，科学家借助于概念推理和论证假设，而艺术家则以形象表达情感、思想。设计思维在某种程度上就是一种有限理性下的问题求解过程。形象思维是艺术设计思维的基础，表象是设计主体进行思维活动的基本素材。

（4）根据思维的创新成分多少，分为常规思维和创新思维

创造性思维是人们在已有知识基础上，从某种事实中寻找新关系，找出新答案的思维活动。创造思维是形象思维与逻辑思维的结合。对于创新思维的本质，不同学派有不同解释，见表2-9。

表2-9　创新思维的本质

联想理论	创造来自不断尝试—错误的过程，带有渐进的性质。适宜的联系被保留和强化，不适宜的联系则逐渐消退
格式塔心理学流派	α 过程：一个模糊的情境S，通过创造者逐渐完善问题情境结构，结果的形象变得渐渐清晰，直到获得具体的S β 过程：在 α 过程中有纯粹回忆和盲目试错的操作夹杂其中的过程 γ 过程：完全依赖机遇，依赖重复、盲目的操作和试错
认知心理学	思维是"问题求解"的过程，只是一部分是定义良好的问题，可以通过规范的算法得到答案；另一部分定义并不明确的问题，如艺术创作、写作等，则是对备选方案的优选过程

2.3.4　问题求解

2.3.4.1　问题空间与问题求解

（1）问题空间（problem space）

西蒙和纽厄尔认为，问题定义或问题空间包括3个方面：①初始状态，一组对状态已知的关于问题条件的描述；②目标状态，即希望的或满意的状态；③操作状态，指为了从初时状态达到目标状态所可能采取的步骤。

（2）问题分类

西蒙进一步按照问题空间性质的不同，将问题分为两类：明确的问题和不清楚的问题。前

者类似于教科书上的问答题，对问题空间（初始条件、目标状态以及操作过程）都有明确的描述；后者主要是指创造性的问题，如设计一件物品，问题空间的3个要素都可能含糊、不明确，这时问题求解的第一步就是尽可能描述清楚这3个方面的问题。

（3）问题求解

从问题情景的初始状态开始，通过应用各种认知活动、技能等，以及一系列思维操作，达到目标状态。西蒙等学者认为，问题求解是一种对问题空间的搜索过程。一切设计都是对备选方案的筛选过程，而选择方案的标准往往不是所谓的最优方案，而是在当前约束条件下的最满意方案。

2.3.4.2 求解策略

（1）算法

把问题解决的方法一一进行尝试，最终找到问题解决的答案。当问题空间明确的时候，人们知道应该以何种程序或规则解决问题，这种规则被称为"算法"。只要算法正确，人们便确定会获得正确的结果，例如，四则运算、应力分析或尺寸配合等。

（2）手段目的分析

先把目标状态分解成若干子目标，通过一定的手段实现一系列子目标，最终达到总目标。

（3）逆向搜索

从问题目标状态开始搜索，直至找到通往初始状态的方法。面临定义不明确的问题，问题求解就是一种搜索性的活动。理论上，设计者应考察满足目标状态的所有可能状态（备选行动方案），然后在此集合中找到满足目标约束条件，又能使函数最大化的方案。在现实条件下，这几乎不可能。因此，设计永远不会是最好的，只能是较好满足约束条件的满意选择。

（4）爬山法

采用一定的方法逐步降低初始状态和目标状态的距离，以最终达到问题解决。

（5）启发式

指一些能够提供捷径的、非正式的经验法则，它们不是正规的逻辑思维程序，却能大大降低判断的复杂性。但启发式又易形成一些思维定势，所获得的判断有时不如按照正规搜索程序得到的判断客观、全面，甚至可能造成错误。启发式最早由美国认知心理学家特阿摩司·图伏尔斯基（Tversky）和丹尼尔·卡尼曼（Kahneman）于20世纪70年代提出。常用启发式：

①代表性启发式 是指人们根据代表性或类似的线索来做选择或判断。它会使人忽视其他类型的相关信息，而对设计师来说这些信息也许才是创意的突破点。

②可得性启发式 人们倾向于根据客体或事件在知觉或记忆中的可得性程度来评估其相对频率，容易知觉到的或回想起的客体或事件被判定为更常出现。为什么设计师喜欢收集图片资料？为什么设计师会产生直觉？为什么设计师的设计倾向于一种风格？

③锚定—调整启发式 最初的信息会产生"锚定效应"，人们会以最初信息为参照来调整对事件的估计。例如，"椅子设计"就会使人产生锚定效应，而"为坐而设计"则可以激发人的创意。

定势影响问题的解决。定势是一种由先前活动所形成的准备状态或行为倾向，决定着同类后续活动的趋势。定势有运动定势、知觉定势和思维定势等。人把某种功能赋予某种物体的倾向称为功能固着,是一种思维定势。

2.3.4.3 判断和决策

判断是对人、物、事件形成看法,做出评论性评估的过程,它是决策的准备阶段。决策是在备选项中做出选择。设计师的最终方案是对备选方案的判断和决策;用户(消费者)则通过观看、持有和使用对设计方案进行判断,并不断修正下次购买行为中的决策。

问题解决的方案是一系列决策的集合,存在优劣之分。设计师决策方案的优劣除了当时客观条件的局限(如成本、时间周期、技术水平等),也依赖于三点:发散性思维的充分展开,以获得尽可能多的备选方案;大量的经验知识;以及较精密的评价方案的准则(约束)。

2.4 信息输出

人体信息输出主要由人体运动系统来完成。手脚运动输出的质量评定指标是反应时间、出力范围、运动速度、运动准确性。行为则是心理活动的外在表现。

2.4.1 运动系统及其机能

人身之骨借关节连接构成骨骼。肌肉附着于骨,且跨过关节。由于肌肉的收缩与舒张牵动骨,人体通过关节活动而能产生各种运动。在运动过程中,骨是杠杆,关节是枢纽,肌肉是动力。

2.4.1.1 骨的功能与骨杠杆

骨所承担的主要功能包括:①构成人体骨架,支持人体软组织和全身重量;②构成体腔的壁,以保护人体重要内脏器官,并协助内脏器官进行活动;③红骨髓具有造血功能,黄骨髓有储存脂肪的作用,骨盐参与体内钙、磷代谢;④骨是人体运动的杠杆。

在骨杠杆中,关节是支点,肌肉是动力源,肌肉与骨的附着点称为动力点,而作用于骨上的阻力(如自重、操纵力等)的作用点称为重点或阻力点。

根据支点、动力点、阻力点三者不同的位置分布,骨杠杆分为:

①平衡杠杆 支点位于重点和力点之间,如通过寰枕关节调整头的姿势的运动。

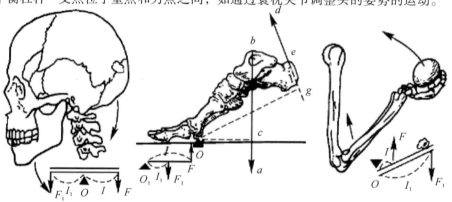

图 2-21 人体骨杠杆

②省力杠杆　重点位于力点和支点之间，如走路时踝关节的运动。

③速度杠杆　力点在重点和支点之间，阻力臂大于力臂。如手持重物时肘部运动。用力大，但运动速度快，如图 2-21 所示。

2.4.1.2　关节及其作用

骨连接分为直接连接和间接连接。前者是借结缔组织、软组织或骨而连接，其间不具腔隙，活动范围很小或完全不能活动，又称不动关节；后者是借膜性囊相互连接，其间具有腔隙，有较大活动性，称为关节，多见于四肢。

骨与骨之间除了由关节相连外，还由肌肉和韧带连接在一起。除了连接两骨、增加关节稳固性以外，韧带还有限制关节运动的作用。

2.4.1.3　肌肉及其工作机理

人体的肌肉依其形状构造、分布和功能特点，可分为平滑肌、心肌和横纹肌 3 种。其中横纹肌大都跨越关节，附着于骨，故又称骨骼肌。人体运动主要与横纹肌有关。每块横纹肌均由数量很多的肌纤维构成，并有一定的辅助装置及其自身的神经和血管。

肌肉运动的基本特征是收缩和放松。收缩时长度缩短，横断面增大，放松时则相反。肌肉的收缩和放松都是由神经系统支配而产生的，两者都是因肌纤维接受刺激后所发生的机械性反应。这种反应有两种表现，一种是肌纤维长度缩短；另一种是肌纤维张力增加。

肌肉在没有负荷而自由缩短的情况下，肌肉的长度缩短而张力不变的收缩，称为等张收缩。当肌肉在两端被固定或负有不能克服的负荷情况下，肌肉的长度不可能缩短，只能产生张力，这种长度没有改变而张力增加的收缩，称为等长收缩。在动力性运动中，肌肉长度缩短表现得很明显；而在静止用力下，张力的增加表现得很明显。

2.4.2　人对刺激的反应特征

反应时间由反应知觉时间（t_z）和动作时间（t_d）组成。即

$$RT = t_z + t_d$$

2.4.2.1　简单反应时间

给被试者一种突然出现的刺激，要求其以尽快的速度作出预知的、特定的反应。用"光电示速仪"可以测试简单反应时间。影响简单反应时间的因素有：

（1）刺激因素

信号刺激强度增加，简单反应时间减少，且呈负指数规律变化，见表 2-10。

表 2-10　不同刺激强度和刺激方式的反应时间　　　　　　　　　　　　　　　ms

刺激		对刺激开始的反应时间	对刺激终止的反应时间
声	中强度	119	121
	弱强度	184	183
	阈限	779	745
光	强	162	167
	弱	205	203

刺激变化也影响反应时间。以光刺激为例，消失比出现可缩短反应时间 13.5%；光强度增加比减少的反应时间长，而且变化幅度越大，反应时间越短；对光点运动速度的变化，正加速度比负加速度反应时间快 15%。表 2-11 为光刺激时间对反应时间的影响。

表 2-11　光刺激时间对反应时间的影响　　　　　　　　　　　　ms

光刺激持续时间	3	6	12	24	48
反应时间	191	189	187	184	184

（2）感觉器官

以触觉与听觉最优，视觉次之，见表 2-12。故报警信号用听觉刺激，常用信号用视觉刺激。

表 2-12　各种感觉器官的反应时间　　　　　　　　　　　　10^{-3}s

感觉器官	反应时间	感觉器官	反应时间
触觉	110～160	温觉	180～240
听觉	120～160	嗅觉	210～390
视觉	150～200	痛觉	400～1 000
冷觉	150～230	味觉	330～1 100

同一感觉器官接受的刺激不同，其反应时间也不同，例如，味觉对咸、甜、酸、苦的刺激反应时间依次为 308ms、446 ms、536 ms、1 082 ms。

对于眼睛，当刺激作用于眼球中央窝时，反应时间最短，作用于内侧比外侧短。相同的感觉器官，刺激部位不同，反应时间也会不同。其中以触觉的反应时间随部位的变化最明显，例如，对手和脸部的刺激反应时间最短，小腿的反应时间最长。

（3）运动器官

运动器官不同，简单反应时间不同，见表 2-13。

表 2-13　不同运动器官的反应时间　　　　　　　　　　　　10^{-3}s

反应的运动器官	反应时间	反应的运动器官	反应时间
右手	144	右脚	174
左手	147	左脚	179

2.4.2.2　选择反应时间

在多种刺激条件下，要求被试者根据不同刺激作出不同的反应，即刺激—反应间有一一对应关系，这种反应所需要的时间就是选择反应时间。它包括刺激辨认和反应选择两种过程。影响选择反应时间的因素：①选择反应时间随刺激信号的数目增加而延长，见表 2-14。②刺激信号之间的差异越大，选择反应时间越短。③信号的识别难度越大，选择反应时间越长。

表 2-14　可选择的刺激数目对反应时间的影响　　　　　　　　　　　　　　　　ms

刺激数目	1	2	3	4	5	6	7	8	9	10
反应时间	187	316	364	434	485	532	570	603	619	622

此外，在多种刺激条件下，要求被试者只对某种刺激作出预定的反应称为析取反应。

2.4.2.3　运动物体反应时间

被测试者大脑通过神经指挥肌肉对运动物体达到某指定地点时作出反应所需要的时间就是对运动物体的反应时间。在其他条件相同时，对运动物体的反应时间比简单反应时间短。与对运动物体的预测和预观察时间的长短有关。一般预观察时间 >300ms 时才有效。

2.4.2.4　反应时间的其他影响因素

(1) 刺激的环境影响反应时间

刺激的清晰度和可辨性影响反应时间。信号与背景的亮度、颜色、信噪比及频率的对比程度越强（甚至将其分隔开）越好。此外，显示器及操纵器的设计（形状、位置、大小、用力方向及大小等）也影响反应时间。

(2) 人的主体因素

一般来说，男性的反应比女性的反应快。14~18 岁是反应的最佳期。

群体习俗、操作者的个体差异、智力、素质、兴趣、经验、习惯、心理定势、个性、品格、健康、疲劳等对反应时间有影响。动机因素对反应时间影响很大。对于与自己关系不大的刺激，反应迟钝；而有兴趣、荣誉感、成就感时，大脑高度集中兴奋，可以明显缩短反应时间。

人的反应速度是有限的。连续工作时，人的神经传递存在 0.5s 左右的不应期。所以，需要感觉指导的间断操作的间隙期一般应大于 0.5s；复杂的选择反应时间达到 1~3s；要进行复杂判断和认知反应的时间平均达 3~5s。在人机系统设计时，必须考虑人的反应能力的限度。

2.4.2.5　提高人的反应速度，缩短反应时间的措施

① 合理选择感觉通道。例如，视听相结合，设计倒车器。
② 确定刺激信号的特点。例如，警车上的警笛，声光并用。
③ 合理设计显示装置和控制装置，使人容易辨别信号，方便操作。例如，机床上的数显装置。
④ 职业选择和适应性训练。训练可以形成条件反射，提高反应速度、动作准确度。

2.4.3　肢体的出力范围

肢体的力量来自肌肉收缩，肌肉收缩时所产生的力称为肌力。肢体所能发挥的力量大小首先取决于人体肌肉的生理特征：单个肌纤维的收缩力、肌肉中肌纤维的数量与体积、肌肉收缩前的初长度、中枢神经系统的机能状态、肌肉对骨骼发生作用的机械条件，以及性别、年龄等生理因素；其次取决于施力的姿势、部位、方式和方向，以及施力的持续时间。20~30 岁中等体力青年男女工作时，身体主要部位肌肉所产生的力，见表 2-15。

表 2-15　身体主要部位肌肉所产生的力　　　　　　　　　　　　　　　　N

肌肉部位		力的大小	
		男	女
手臂无约束时的肌肉	左	370	200
	右	390	220
肱二头肌	左	280	130
	右	290	130
手臂弯曲时的肌肉	左	280	200
	右	290	210
手臂伸直时的肌肉	左	210	170
	右	230	180
拇指肌肉	左	100	80
	右	120	90
背部肌肉（躯干屈伸的肌肉）		1220	710

女性肌力比男性低 20%～35%。一般右手比左手强 10%，而惯用左手者的左手肌力比右手强 6%～7%。男性力量在 20 岁左右达到顶峰并大约保持 10～15 年。60 岁的人手的力量下降 16%，而胳膊和腿的力量下降达 50%。

（1）坐姿手的操纵力

坐姿时，手臂操纵力见图 2-22 和表 2-16。

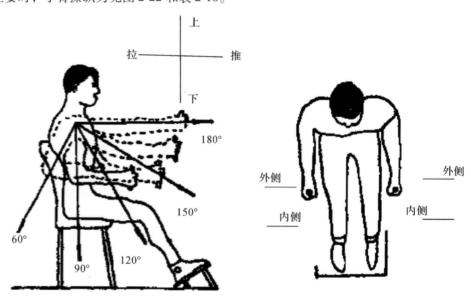

图 2-22　坐姿时手臂操纵力的测试方位

表 2-16　手臂在坐姿下对不同角度和方向的操纵力

手臂的角度(°)	拉力(N)		推力(N)	
	左手	右手	左手	右手
	向　后		向　前	
180	230	240	190	230
150	190	250	140	190
120	160	190	120	160
90	150	170	100	160
60	110	120	100	160
	向　上		向　下	
180	40	60	60	80
150	70	80	80	90
120	80	110	100	120
90	80	90	100	120
60	70	90	80	90
	向内侧		向外侧	
180	60	90	40	60
150	70	90	40	70
120	90	100	50	70
90	70	80	50	70
60	80	90	60	80

坐姿手的操纵力，右手一般比左手强。向上用力小于向下用力。向内用力大于向外用力。

（2）立姿手的操纵力

直立姿势手臂弯曲操作时，在不同方向、角度位置上的力量分布情况，如图 2-23 所示。

直立姿势手臂伸直操作时，在不同方向、角度位置上的拉力和推力的分布情况，如图 2-24 所示。

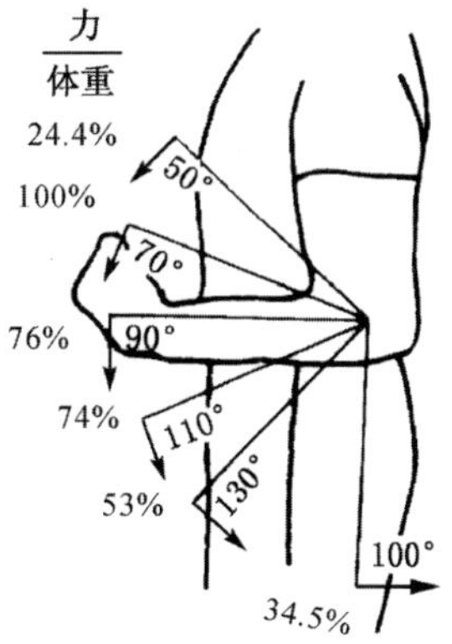

（3）坐姿足蹬力

如图 2-25 所示，坐姿最大蹬力一般在膝部屈曲 160°时产生。足蹬力与体位有关下肢离开人体中心对称线向外偏转约 10°时蹬力最大。一般而言，推拉力大于提力、握力，而小于蹬力、扭力。

（4）人体不同操作/活动姿势的施力

不同操作姿态和活动姿态下，人体施力大小及施力时相应的移动距离均不同。一般情况下，应按最小操作力设计，选择肢体施力的低百分位数为设计依据。

图 2-23　立姿弯臂时的力量分布

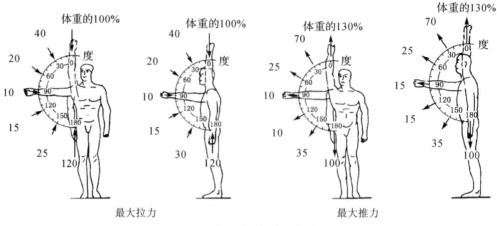

图 2-24 立姿直臂时拉力和推力分布

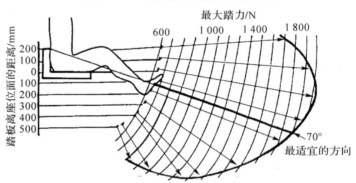

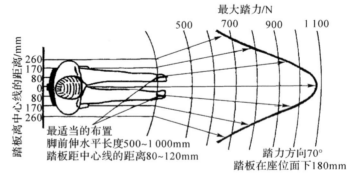

图 2-25 不同体位下的蹬力

2.4.4 动作灵活性

动作速度取决于肢体肌肉收缩的速度，而肌肉收缩速度取决于肌纤维和中枢神经系统，还取决于发力和阻力。此外，动作速度还取决于动作特点、动作方向和动作轨迹等特征。动作频率取决于动作部位和动作方式。表 2-17 为人体各部位动作速度与频率限度。

表 2-17 人体各部位动作速度与频率限度

动作部位	速度或频率	动作部位	速度或频率
手的运动(cm/s)	35	手控制的最大谐振截止频率(Hz)	0.8
控制操纵杆位移(cm/s)	8.8~17	手的弯曲与伸直(次/s)	1~1.2
旋转把手与方向盘(r/s)	9.42~29.46	前臂屈伸的最大频率(次/s)	3~6.5
手指敲击的最大频率(次/s)	3~5	上臂前后摆动(次/min)	99~340
手抓取的最大频率(次/s)	6~7	脚掌与脚的运动(次/s)	0.36~0.72
手打击的最大频率(次/s)	右5~14 左8.5	足蹬踩(以足跟为支点)(次/min)	300~380
手推压的最大频率(次/s)	右6.5 左5	腿抬放(次/min)	300~400
手旋转的最大频率(次/s)	右5 左6	身体转动(次/s)	0.72~1.62

(1)动作特点

人体各部位动作一次的最少平均时间,见表 2-18。动作特点不同,最少平均时间也不同。

表 2-18 人体各部位动作一次的最少平均时间 s

动作部位	动作特点		最少平均时间	动作部位	动作特点	最少平均时间
手	抓取	直线的	0.07	手	旋转	克服阻力	0.72
		曲线的	0.22			不克服阻力	0.22
脚	直线的		0.36	脚	克服阻力的	0.72
腿	直线的		0.36	腿	脚向侧面	0.72~1.46
躯干	弯曲		0.72~1.62	躯干	倾斜	1.26

(2)动作方向

如图 2-26 所示,右手从左下至右上的定位运动时间最短。如图 2-27 所示,对于重复运动,单手外侧 30°~60°区域内直线动作最快,效果最好;双手外侧 30°区域内同时直线动作快而且好。运动距离越大,这种差异越明显。

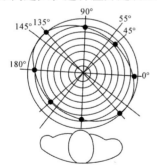

图 2-26 右手向各方向定位运动的时间差异

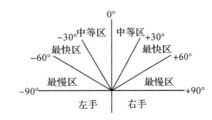

图 2-27 不同区域手指重复敲击运动速度差异

(3)动作轨迹

按人体生物力学特性对人体惯性特点进行分析,有如下结论:

①连续改变和突然改变的曲线式动作,前者速度较快;

②水平动作比垂直动作速度快,同时自上而下快于自下而上;

③一直向前的动作速度比旋转时的动作速度快1.5~2倍;
④圆形轨迹的动作比直线轨迹动作灵活;
⑤顺时针动作比逆时针动作灵活;
⑥手向着身体的动作比离开身体的动作灵活;前后往复运动比左右往复运动速度快;
⑦一般右手快于左手;右手向右快于向左;单手操作快且准。

(4) 目标距离与宽度

试验表明,随着目标距离增加,定位运动时间增长;随着目标宽度增加,定位运动时间缩短。

(5) 负荷重量

最大运动速度与被移动的负荷重量成反比;而达到最大速度所需的时间与负荷重量成正比。

2.4.5 运动准确性

影响运动准确性的主要因素有运动时间、运动类型、运动方向和操作方式等。

(1) 运动速度与准确性

运动速度与准确性两者之间存在着互补关系,速度越慢,准确性越高,但速度降到一定程度后,速度—准确性特性曲线趋于平坦,如图2-28所示。

(2) 盲目定位的准确性

有时需要根据对运动轨迹的记忆和运动觉反馈进行盲目定位运动。P. M. Fitts曾研究了坐姿情况下(左、前、右七个方向,每个方向上、中、下三种位置)手的盲目定位运动准确性,如图2-29所示。结果表明,正前方盲目定位准确性最高,右方、下中方较优。图中线性尺寸为手与目标的距离(英寸)。

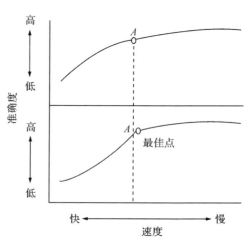

图2-28 速度—准确性特性曲线

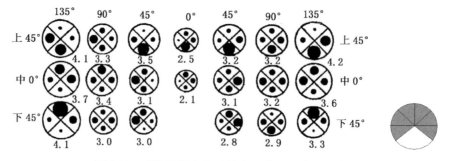

图2-29 坐姿不同方位手的盲目定位运动准确性

(3) 运动方向与准确性

图2-30为手臂运动方向对准确性影响的实验结果。由此可见,水平横线易画准确。

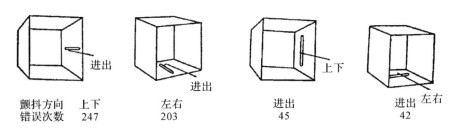

图 2-30 手臂运动方向对连续控制运动准确性的影响

(4) 操作方式与准确性

图 2-31 中上排控制操作方式较优，因为手的解剖学特点和手的不同部位随意控制能力不同。

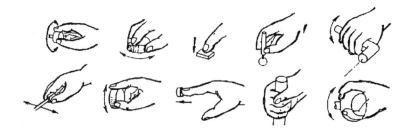

图 2-31 不同控制操作方式对准确性的影响

2.4.6 行为

2.4.6.1 行为构成和行为反应

社会心理学家列文（K. Lewin）认为，行为取决于个体本身的需要与其所处的环境。即

$$B = f(P \cdot E) \quad 或 \quad B = H \times M \times E \times L$$

式中　B——行为；
　　　P——人；
　　　E——环境；
　　　H——遗传；
　　　M——成熟；
　　　E——环境；
　　　L——学习。

心理学家将行为分解为刺激、生物体、反应 3 项因素研究。即

$$S \rightarrow O \rightarrow R$$

式中　S——外在、内在的刺激（信息）；
　　　O——人体；
　　　R——行为反应。

2.4.6.2 行为习性

人长期与环境的交互作用，形成了许多适应环境的本能，称为人的行为习性。

(1)心理空间、领域性、人际距离

心理空间是人心理感受所期望的空间。它没有清晰的边界和大小,是以人为中心的一系列椭球空间。人对正面的近身空间要求较大,后面次之、侧面较小。个人空间大小和心理环境有关。当个人空间受到干扰,就会产生不快和不安感。

领域是指被占有的一个范围。地域性是一种社会性约定俗成的行为规则,即为达到自己的目的而采用的相应方式。个体为了保护一定的物理空间或区域不受侵犯所采取的行为就是地域性表现;地域性有明显的标志和边界。为了生活或工作的需要,个人领域占有一定的社会空间。

不同的活动有其必需的生理和心理范围与领域,人们不希望其活动轻易地被外来的人与物所打破。根据不同的接触对象和不同场合,人际接触在距离上各有差异。根据人际关系的密切程度、行为特征,人际距离分为亲密距离、个体距离、社交距离、公众距离,见表2-19。

表2-19 人际距离及其行为特征 cm

亲密距离(45以内)	接近相 0~15	亲密、嗅觉、热辐射有感觉
	远方相 15~45	可与对方接触握手
个体距离(45~120)	接近相 45~75	促膝交谈,仍可与对方接触
	远方相 75~120	清楚地看到细微表情的交谈
社交距离(120~360)	接近相 120~210	社会交往,同事相处
	远方相 210~360	交往不密切的社会距离
公众距离(360~900)	接近相 360~750	自然语音的讲课,小型报告会
	远方相 750~	借助姿势和扩音器的讲演

(2)私密性与尽端趋向及趋光心理

私密性涉及相应的空间范围,包括视线、声音等方面的隔绝要求。

人们自由入座时,往往选择尽端位置。尽端可以是近门处、靠墙处。

向光性也是人类的本能。为了安全疏散,可采用闪烁安全照明指明疏散口。

(3)依托的安全感

在大型室内空间中,人们通常更愿意靠近有所"依托"物体。

(4)抄近路与识途性

当人们清楚地知道目的地的位置或是有目的地移动时,总是有选择最短路径的倾向。

当人们不熟悉路径时,会边摸索边到目的地,而返回时,为了安全省心又寻来路返回。

(5)从众习性与聚集效应

从众是动物的追随本能。在室内安全方面,对空间、照明、音响的设计应予足够重视。

当人群密度超过1.2人/m²时,步行速度有明显下降的趋势。当人群密度分布不均时,则会出现滞留现象。人的好奇心会加剧形成聚集效应。

(6)左侧通行与左转弯

在无汽车干扰的道路和步行道上、中心广场及室内,当人群密度达到0.3人/m²以上,行人通常会左侧通行。这可能是人类使用右手机会多,形成右侧防卫感强而照顾左侧习性的缘故。

同样，在展览场所会发现观众的行动有左转弯的习性。体育比赛跑道的回转方向等几乎都是左回转。这对展线布置及楼梯与疏散口的设置等均有指导意义。

（7）幽闭恐惧

坐在只有双门的轿车后座上、乘电梯或坐在飞机狭窄的舱里，总是或多或少有一种危机感，会莫名其妙地认为"万一"发生问题会跑不出去。原因在于人们对自己的生命抱有危机感，这些并非是胡思乱想，而是这几种空间形式暂时断绝了人们与外界的直接联系。

2.4.6.3 行为模式

人的行为模式就是人在环境中的行为特性，经概括总结，而呈规律化、模式化。人的行为模式可以为建筑创作、室内设计及家具设计及其评价提供理论依据和方法。

由于模式化的目的、表现方法和内容的不同，人的行为模式也各不相同。在此仅介绍按行为内容分类，分为秩序模式、分布模式、流动模式和状态模式。

（1）秩序模式

用图表记述人在环境中的行为秩序。如图 2-32 所示，人在厨房中的炊事行为：

图 2-32 炊事行为模式

因此，在厨房设计时，关于洗槽、台板、灶台等设备的布置，应遵照炊事行为秩序，以满足使用要求。

（2）分布模式

按时间顺序连续观察人在环境中的行为，并画出一个时间断面，将人们所在的二维空间位置坐标进行模式化。这种模式主要用来研究人在某一时空中的行为密集度，进而科学地确定空间尺度。

（3）流动模式

将人的流动行为的空间轨迹模式化。主要用于对购物行为、观展行为、疏散避难行为、通勤行为等，以及与其相关的人流量和经过途径、来往频率、停留时间等的研究，从而分析陈列布局是否合理以及吸引顾客的因素。

（4）状态模式

基于人的自动控制理论，采用图解法的图表来表示行为状态的变化。这种模式主要用于研究行为动机和状态变化的因素。

2.5 信息加工调控

2.5.1 动机

动机是由目标或对象引导、激发和维持个体活动的一种（由外而转化为的）内在心理过程或内部动力。动机分为内部动机和外部动机。内部动机是由好奇、好胜或互惠的个体需求驱动的、为达到一定目的而自发的一种动力，它起着激发、调节、维持和停止人的行为的作用。动机是一种内部心理过程，也是一种心理状态。这种心理状态称为激励，即指由于需要、愿望、责任感、兴趣和情感等内外刺激的作用，而引起的一种持续的兴奋状态，可以利用它作为促进行为的一种手段。

动机在人的活动中具有3种作用，①引发作用，即引起和发动个体活动；②抉择作用，即维持、增强或制止、减弱个体活动的力量；③选择作用，即引导个体活动朝向一定目标进行。动机影响情绪，其强度和问题解决效率之间的关系可以用倒 U 形曲线说明。

2.5.2 情绪

情绪是人对客观事物能否满足人的需要和愿望而产生的态度体验。因而，情绪具有驱动作用。美国心理学家伊扎德（C. Izard）认为，情绪由生理唤醒、外显行为和意识体验组成。

情绪状态分为心境、激情和应激[①]3 种。心境是一种比较平静而持久的情绪状态，它可以影响人对其他事物的态度和体验。心境持续时间与客观刺激物的性质、人的气质和性格有关。激情是一种强烈的、爆发性的、短暂的情绪状态，往往由对个人具有重大意义的事件引起。此时，人的意识狭窄，信息加工能力下降，行为反应容易失去控制。应激是在意外紧急情况下引起的情绪状态，此时会产生高度紧张体验，影响决策和行为。

情绪对信息加工具有组织作用（协调或破坏），它影响知觉对信息的选择，监视信息的流动，促进或阻止工作记忆，干涉问题推理和决策，从而驾驭行为。情绪强度和信息加工效率之间的关系也可以用倒 U 形曲线说明，中等强度愉快情绪有利于提高信息加工效果，而不良的情绪会导致压力体验，减小个人风险处理能力和危险知觉能力，引起并强化风险行为。

情绪具有适应作用，以便生存需要；情绪具有信号功能，影响交流氛围。

2.5.3 个性

(1) 能力

能力是指那些直接影响活动效率，使活动顺利完成的个性心理特征。能力可分为一般能力和特殊能力。

①一般能力包括观察力、记忆力、注意力、思维能力、感觉能力和想象力等。它适用于广泛的活动范围。一般能力和认识活动密切联系就形成了通常所说的智力。

②特殊能力是指在特殊活动范围内发生作用的能力，例如：操作能力、节奏感、对空间比例的识别力、对颜色的鉴别力等。

一般能力和特殊能力是相辅相成的。一般能力越是发展，就越为特殊能力的发展创造有利条件；反之，特殊能力的发展，同样也促进一般能力的发展。

(2) 气质

气质是指主要由生物遗传因素决定的、不以人的活动的动机、目的和内容为转移的、相当

---

① 关于应激的理论，将在第 4 章进一步阐述。

稳定的心理活动的动力特征。这些动力特征主要表现在心理过程的强度、速度、稳定性、灵活性以及指向性等，使其带有独特的个人色彩。

各个类型的气质都有各自的特点，并无优劣之分。每种气质类型都有自己的影响优势，而不同的职业又要求操作者具有不同的心理品质。因此，在职业选择和分配时，要考虑人的气质，尽可能使操作者的气质与其从事的工作相适应，以便扬长避短，提高工作效率。表2-20为人的气质类型及其工作适应性。

表2-20 人的气质类型及其工作适应性

气质类型	主要特征	工作适应性
胆汁质	属于神经活动强而不平衡型 兴奋性高，动作和情绪反应迅速而强烈，行为外向，但行为缺乏均衡性，自制力差，不稳定	适合做要求反应迅速、应急性强、危险性、难度较大且费气力的工作，不适应稳定性、细致性工作
多血质	属于神经活动强、平衡而灵活型 兴奋性高，动作言语和情绪反应迅速，行为均衡、外向且有很高的灵活性，容易适应条件的变化，机智敏锐，能迅速把握新事物，但注意力易转移	适合于多样多变、要求反应敏捷且均衡的工作，不太适应需要细心钻研的工作
黏液质	属于神经活动强、平稳而不灵活型 平稳、能在各种条件下保持平衡。冷静有条理，坚持不懈，注意力稳定，但不够灵活，循规蹈矩	较适合有条不紊、按部就班、刻板性强、平静且耐受性较高的工作，不太适合激烈多变的工作
抑郁质	属于神经活动弱型 情绪感受性高，强烈的内心体验，孤僻、胆怯，极为内向	能够兢兢业业工作，适合持久、细致工作，不适合要求反应灵敏、处理果断的工作

（3）性格

性格是指一个人在生活过程中所形成的对现实比较稳定的态度和与之相适应的习惯行为方式。例如，认真、马虎、负责、敷衍，细心、粗心、热情、冷漠、诚实、虚伪、勇敢、胆怯等就是人的性格的具体表现。性格是人个性中最重要、最显著的心理特征。它是一个人区别于他人的主要差异标志。性格特征：

①对现实态度的特征 表现为对社会、对工作、对他人、对自己的态度。如正直、诚实、积极、勤劳、谦虚等，或与其相反的圆滑、虚伪、消极、懒惰、骄傲等。

②意志特征 表现为独立性、自制性、坚持性、果断性等，或与其相反的易受暗示性、冲动性、动摇性、优柔寡断等。

③情绪特征 表现为热情、乐观、幽默等，或与其相反的冷漠、悲观、忧郁等。

④理智特征 表现为深思熟虑、善于分析与善于综合等，或与其相反的轻率、武断、主观、自以为是等。

2.5.4 心理调适

心理调适包括目标管理、情绪管理、压力管理和面对挫折的自我调适。

目标管理是用系统的方法，结合许多关键管理活动，高效率地实现组织目标和个人目标。自我目标管理是指确定自己所担负的主要职责，制定表现优差的标准，并根据这些标准衡量自己行为结果的一种管理方法。

自我情绪管理分为正确分析评价和完善自我、调整认知方式和宣泄不良情绪3个方面。

压力应对是指主体有意识地采取方式，来应付那些被感知为紧张或超出其以个人资源所能及的内在、外在要求的过程。应对压力时，正确认识和保持积极心态是最基础，也是最为关键的。压力应对包括两种主要途径：①问题指向性应对，即直接通过指向压力源的行为改变压力源或者与它之间的关系，包括斗争、逃避、解决问题等；②情绪指向性应对，即通过自己的改变来缓解压力，而不去改变压力源，包括使用镇静药物、放松方法、自我暗示和自我想象、分散注意力等。

面对挫折，则应保持乐观、合理归因、调整期望水平、合理应用心理防御机制、寻求社会支持并提高承受能力。

思考与讨论

1. 在竞争性商业场所中，如何使你要卖的商品引人注意？
2. 从字号、配色等角度谈谈如何在PPT文件及设计竞赛作品展示中做好视觉传达设计？
3. 感觉补偿对产品的无障碍设计有何启示？谈谈共感有几层含义？进一步学习感性设计。
4. 谈谈韦伯定律如何在产品营销中应用，进一步学习感性营销。
5. 夜晚驾车或驶入隧道应提前打开前照灯、示宽灯、尾灯，为什么？
6. 从人、红绿灯及环境出发，讨论中国式过马路中的人因学问题。
7. 音箱设置应具方向性，即在面前偏向一侧70°，这有道理吗？
8. 在不同的人与人的沟通中，如何选择不同的感觉通道？
9. 分析你的个性特点，自我进行性格测试，逐步使自己的职业规划趋向合理。
10. 何为工作记忆的容量？对你与人进行交流有什么启示？
11. 王国维在其《人间词话》中描述了文学创作的三重境界：向往——昨夜西风凋碧树，独上高楼，望尽天涯路；苦思——衣带渐宽终不悔，为伊消得人憔悴；惊喜——众里寻她千百度，蓦然回首，那人却在灯火阑珊处。哪重境界可以用来描述创作中灵感的出现？有人说：设计主要靠灵感。对此你有什么看法？如何获得灵感？
12. 什么叫青花？其图案之所以令人注目，是因为青花的配色符合什么色视觉运动规律？
13. 非智力因素有哪些？它们对信息加工以及个人成长有何作用？
14. 如何开发右脑潜能？如何使自己富有创造性？为什么有些人会大器晚成？
15. 调查显示，木材科学与工程专业的毕业生在就业半年后的跳槽率高居榜单前列，人们为什么要跳槽？

参考文献

柳沙. 2012. 设计心理学[M]. 2版. 上海：上海人民美术出版社.

韩维生，赵明磊，王宏斌. 2013. 基于阈限理论的设计尺度体系[J]. 西北林学院学报，28(1)：197-201.

(美)桑德斯，麦科密克. 2009. 工程和设计中的人因学[M]. 7版. 于瑞峰，卢岚译. 北京：清华大学出版社.

申黎明. 2010. 人体工程学[M]. 北京：中国林业出版社.

雍自鸿. 2007. 色彩的共感觉[J]. 苏州大学学报（工科版），27(5)：42-44.

葛列众，李宏汀，王笃明. 2012. 工程心理学[M]. 北京：中国人民大学出版社.

刘盛璜. 1997. 人体工程学与室内设计[M]. 北京：中国建筑工业出版社.

郭绍生. 2010. 大学生创新能力训练[M]. 上海：同济大学出版社.

第3章　人体测量数据及其应用

　　本章主要阐述人体尺寸测量的基本原理,包括基本术语、常用仪器与主要方法、主要统计函数;人体尺寸数据,分为结构尺寸与功能尺寸(包括主要姿势、关节活动范围);人体尺寸数据的应用,包括应用原则、应用方法、身高的应用方法。其中对 GB 10000—1988 中国成年人人体尺寸及 GB/T 26158—2010 中国未成年人人体尺寸作了简要介绍。

学生坐姿不良，易致颈、肩、腰、腿痛以及近视等健康问题，而课桌椅设计与使用的不合理是影响坐姿的重要原因。各种机械设备、设施和工具等设计对象也必须适合人的形态和功能范围的限度。否则就很可能使工人弯腰抬臂，造成操作困难，进而产生疲劳、影响其健康和作业效率，如图3-1所示。为使各种与人体尺度有关的设计对象能符合人的生理特点，让人在使用时处于舒适的状态，就必须在设计中充分考虑人体的各种尺度。在设计中所有涉及人体尺度参数的确定都需要应用大量人体构造和功能尺寸的测量数据。

图3-1　课桌椅、机床与人体尺度的关系

3.1　人体测量基本知识

3.1.1　人体测量概述

3.1.1.1　人体测量内容

人体测量内容一般有以下三类：

（1）形态测量

研究人体的基本尺度、体型和其他数据，主要有人体长度测定（包括廓径）、人体体型测定、人体体积和重量的测定、人体表面积的测定。

（2）生理测量

主要内容有人体出力测定、人体触觉反应测定、人体疲劳测定等。

（3）运动测量

主要内容有动作范围测定、动作过程测定、体型变化测定、皮肤变化测定等。

人体测量还包括循环机能测量、人体素质测量，甚至心理、精神、性格和智力的测定。

一般认为，人体测量学（anthropometry）是通过测量人体各部位尺寸，来确定个体之间和群体之间在人体尺寸上的差别，用以研究人的形态特征，从而为各种工业设计和工程设计提供人体测量数据。人体测量最早是从形态测量开始的，达·芬奇的人体比例图、勒·柯布西耶的人体模度都对设计界产生了深远的影响。

3.1.1.2　人体形态测量分类

在人因学范围内，人体形态测量数据分两类：

（1）人体静态测量

利用人体测量仪器，按照人体测量方法，使用人体测量术语，对被测者在静态立姿或坐姿条件下，进行人体各部分尺寸的测量，得到人体静态尺寸。

(2) 人体动态测量

动态数据涉及由四肢挥动所占有的空间体积与极限，一般具有三维空间，包括人在工作姿势下或某种操作状态下测量的尺寸，即人体功能尺寸。

3.1.2 人体测量术语

GB/T 5703—2010《用于技术设计的人体测量基础项目》规定了人体测量术语。

(1) 被测者姿势

①立姿　指被测者挺胸直立，头部以眼耳平面定位，眼睛平视前方，肩部放松，上肢自然下垂，手伸直，手掌朝向体侧，手指轻贴大腿侧面，自然伸直膝部，左、右足后跟并拢，前端分开，使两足大致呈45°夹角，体重均匀分布于两足。

②坐姿　指被测者挺胸坐在被调节到腓骨头高度的平面上，头部以眼耳平面定位，眼睛平视前方，左、右大腿大致平行，膝弯曲大致呈直角，足平放在地面上，手轻放在大腿上。

(2) 测量基准面

人体测量基准面的定位是由3个互为垂直的轴（垂直轴、纵轴和横轴）来决定的，如图3-2所示。

①矢状面　通过垂直轴和纵轴的平面及与其平行的所有平面称为矢状面。其中，把通过人体正中线的矢状面称为正中矢状面，它将人体分成左右对称的两部分。

②冠状面　通过垂直轴和横轴的平面及与其平行的所有平面称为冠状面。

③水平面　与矢状面及冠状面同时垂直的所有平面称为水平面。其中，通过左右耳屏点及眼眶下的水平面称为眼耳平面或法兰克福平面。

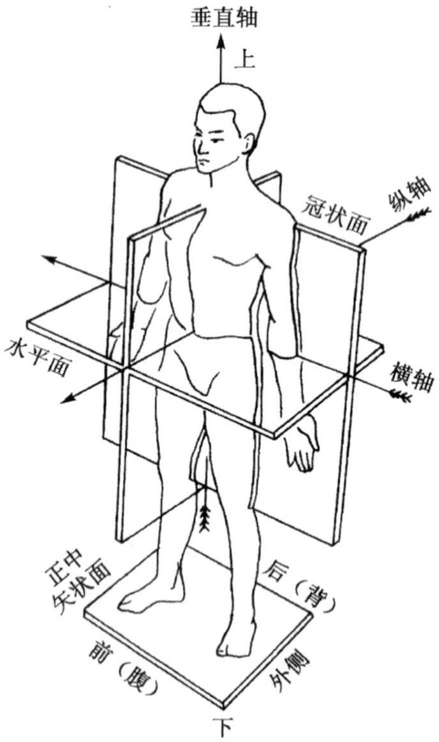

(3) 测量方向

在人体的上、下方向上，将上方称为头侧端，将下方称为足侧端。在人体的左、右方向上，将靠近正中矢状面的方向称为内侧，将远离正中矢状面的方向称为外侧。

在四肢上，将靠近四肢附着部位的称为近位，将远离四肢附着部位的称为远位。对于上肢，将桡骨侧称为桡侧，将尺骨侧称为尺侧。对于下肢，将胫骨侧称为胫侧，将腓骨侧称为腓侧。

图 3-2　人体测量基准面和基准轴

(4) 支承面、衣着和测量精度

立姿时站立的地面或平台及坐姿时的椅平面应是水平的、稳固的、不可压缩的。被测量者应裸体或穿着尽量少的内衣。线性尺寸测量精度为1mm，体重测量精度为0.5kg。

（5）基本测点与测量项目

GB/T 5703—2010 中规定了有关人体测量参数的测点和测量项目。

3.1.3 常用仪器与主要方法

人体测量是在规定的测量基准、测量方向、衣着条件等情况下，严格按照规定的测点位置和测量项目的定义，使用可靠的测量仪器进行的。

（1）普通测量法

直接测量法（丈量法）采用一般的人体生理测量仪器，包括人体测高仪、直角规、弯角规、三脚平行规、软卷尺、坐高椅、平行定点仪、医用磅秤等，如图 3-3 所示，主要测量人体结构尺寸。GB/T 5704—2008《人体测量仪器》规定了直接测量法 4 种常用人体测量仪器的结构、测量范围、技术要求等。

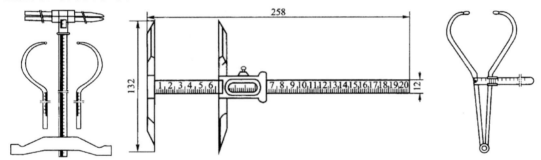

图 3-3　人体测量常用仪器

摄影/摄像法通过测量人的投影来确定其随姿势而变化的功能尺寸，如图 3-4 所示。

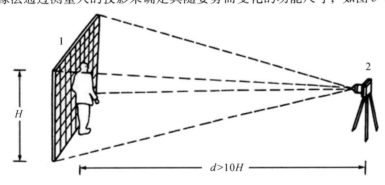

图 3-4　摄像法人体测量

普通测量法将获得的数据采用人工处理或人工输入与计算机处理相结合。

（2）三维数字化人体测量法

三维数字化人体测量分为手动接触式、手动非接触式、自动接触式、自动非接触式 4 种。接触式三维数字化扫描系统用探针感觉被测物体表面并记录接触点的位置，非接触式则用各种光学技术检测被测物体表面点的位置从而获取三维信息的输入。

非接触性人体测量方法以非接触的光学测量为基础,通过光(激光、远红外线或白光等)照射系统,使用视觉设备来捕获人体外形,然后通过系统软件来提取扫描数据,如图3-5、图3-6所示。这种方法精度高、速度快;但造价高、操作复杂,有的占地面积大。随着成本与便携性的问题得以进一步解决,这种方法的使用将更为广泛。

图 3-5　人体三维扫描系统

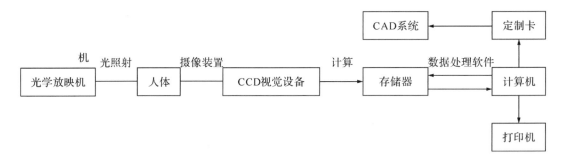

图 3-6　非接触性测量法原理示意

3.1.4　人体测量数据处理

人体尺寸近似于正态分布,人体测量数据特征参数:

(1)平均值

指测量值分布最集中区,反映测量值本质与特征,衡量一定条件下的测量水平。用 $\bar{X}$ 表示。

$$\bar{X} = \frac{x_1 + x_2 + \cdots + x_n}{n} = \frac{1}{n}\sum_{i=1}^{n} x_i$$

(2)标准差

标准差表明一系列变数距离平均值的分布状态或离散程度,常用于确定某一范围的界限。用 S_D 表示。

$$S_D = \left[\frac{1}{n-1}\left(\sum_{i=1}^{n} x_i^2 - n\bar{x}^2\right)\right]^{\frac{1}{2}}$$

(3)百分位数

k 百分位数(k percentile)或 P_k 为人体尺寸的一个界值,对 $0 < k < 100$,测量项目值不超过此值的概率恰为 $k\%$。在一般人因设计中,为了保证设计尺寸符合大多数人,经常使用5%、10%、50%、90%、95%五个百分比值。通常以第5百分位数代表小身材尺寸,以第50百分

位数代表中等身材尺寸,以第 95 百分位数代表大身材尺寸。如图 3-7 所示,第 5 百分位身高为 1 600mm。

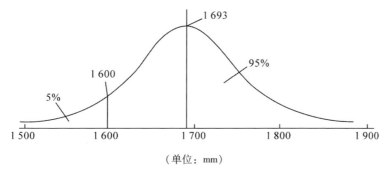

图 3-7 我国男性身高正态分布密度曲线

① 求某百分位数人体尺寸,可用下式计算:

$$x = \bar{X} \pm (S_D \times K)$$

式中,K 为变换系数,设计中常用百分比值与变换系数的关系见表 3-1。当求 1%~50% 百分比值处的尺寸时,式中取"−"号;当取 50%~99% 百分比值处的尺寸时,式中取"+"号。

表 3-1 百分比与变换系数

百分比(%)		变换系数 K	百分比(%)		变换系数 K
0.5	99.5	2.576	15	85	1.036
1.0	99	2.326	20	80	0.842
2.5	97.5	1.960	25	75	0.674
5	95	1.645	30	70	0.524
10	90	1.282	50		0.000

【例】 某一群体人身高均值为 1 670mm,标准差为 64mm,求第 5 和第 95 百分位数。

解:查表 3-1 知,5% 时 $K = 1.645$,95% 时 $K = 1.645$

第 5 百分位数 $P_5 = 1\,670 - 64 \times 1.645 \approx 1\,564.7$mm

第 95 百分位数 $P_{95} = 1\,670 + 64 \times 1.645 \approx 1\,775.3$mm。

【例】 设计适用于 90% 东南男性使用的产品,试问应按怎样的身高范围设计该产品尺寸?

解:由表 3-7 查得,东南男性身高平均值 $\bar{X} = 1\,686$mm,标准差 $S_D = 55.2$mm。要求产品适用于 90% 的人,故以第 5 百分位为下限和第 95 百分位为上限,据此由表 3-1 查得变换系数 $K = 1.645$。由此可求得第 5 百分位数值为:

$$P_5 = \bar{X} - (S_D \times K) = 1\,686 - (55.2 \times 1.645) = 1\,595.2 \text{ mm}$$

也可求得第 95 百分位数值为:

$$P_{95} = \bar{X} + (S_D \times K) = 1\,686 + (55.2 \times 1.645) = 1\,776.8 \text{ mm}$$

结论 按身高 1 595.2~1 776.8 mm 设计产品尺寸,将适用于 90% 的东南男性。

讨论:例中被排除的 10% 的人,是 10% 的矮小者还是 10% 的高大者或者大小各排除 5% 即取中间值,取决于排除后对使用者舒适性的影响、视觉效果及经济成本等因素的考虑。

②求某一人体尺寸所属百分率，可先按下式计算出 z 值：

$$z = \frac{(x_i - \bar{X})}{S_D}$$

当 z 值大于零时，根据 z 值在正态分布函数表上查得对应的概率数值 p，再按 $P_K = 0.5 + p$ 求百分位；当 z 值小于零时，根据其绝对值查得对应的概率数值 p，$P_K = 0.5 - p$。

【例】 已知某一群体人身高均值 $\bar{X} = 170$ cm，标准差 $S_D = 10$ cm。有多少百分比值的人身高不超过 164.76 cm？

解：$z = (x_i - \bar{X})/S_D = (164.76 - 170)/10 = -0.524$

查附录正态分布表，$p = 0.1985$，于是 $P_K = 0.5 - 0.1985 \approx 0.3$

即有 30% 左右的人身高不超过 164.76 cm。

3.2 常用人体测量数据

3.2.1 常用人体静态测量数据

3.2.1.1 中国未成年人人体尺寸

GB/T 26158—2010《中国未成年人人体尺寸》将未成年人按男女、各分为 5 个年龄组：4~6 岁、7~10 岁、11~12 岁、13~15 岁、16~17 岁，每个年龄组给出了 72 项人体尺寸所涉及的 11 个百分位数。该标准适用于未成年人(4~17 岁)用品的设计与生产，以及与未成年人相关设施的设计和安全防护。

表 3-2 为我国未成年人不同年龄段第 50 百分位人体高度，摘自 GB/T 26158—2010。

表 3-2 我国未成年人不同年龄段第 50 百分位人体高度 mm

年龄(岁)	4~6	7~10	11~12	13~15	16~17
男	1 113	1 320	1 466	1 638	1 706
女	1 109	1 306	1 487	1 573	1 590

3.2.1.2 中国成年人人体尺寸

GB10000—1988《中国成年人人体尺寸》所列数值代表从事工业生产的法定中国成年人(男 18~60 岁/女 18~55 岁)。该标准共列出 47 项人体尺寸基础数据的 7 个百分位数，按男、女性别分开，且各分 3 个年龄段：18~25 岁、26~35 岁、36~60/55 岁。该标准适用于工业产品、建筑设计及工业技术改造设备更新和劳动安全保护。

本章仅引用工业生产中法定成年人年龄范围内的人体尺寸，3 个年龄段的人体尺寸从略。

(1) 人体主要尺寸

除体重外，人体主要尺寸部位如图 3-8 所示，表 3-3 为我国成年人人体主要尺寸。

(2) 立姿人体尺寸

我国成年人立姿人体尺寸部位如图 3-8 所示，立姿人体尺寸见表 3-4。

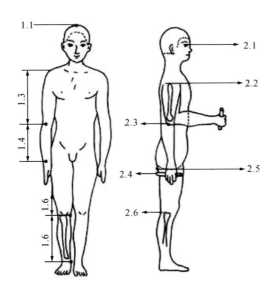

图 3-8 立姿人体尺寸

表 3-3 人体主要尺寸 mm/kg

百分位数	男(18~60岁)							女(18~55岁)						
	1	5	10	50	90	95	99	1	5	10	50	90	95	99
身高(mm)	1 543	1 583	1 604	1 678	1 754	1 775	1 814	1 449	1 484	1 503	1 570	1 640	1 659	1 697
体重(kg)	44	48	50	59	70	75	83	39	42	44	52	63	66	71
上臂长	279	289	294	313	333	338	349	252	262	267	284	303	308	319
前臂长	206	216	220	237	253	258	268	185	193	198	213	229	234	242
大腿长	413	428	436	465	496	505	523	387	402	410	438	467	476	494
小腿长	324	338	344	369	396	403	419	300	313	319	344	370	376	390

表 3-4 立姿人体尺寸 mm

百分位数	男(18~60岁)							女(18~55岁)						
	1	5	10	50	90	95	99	1	5	10	50	90	95	99
眼高	1 436	1 474	1 495	1 568	1 643	1 664	1 705	1 337	1 371	1 338	1 454	1 522	1 541	1 579
肩高	1 244	1 281	1 299	1 367	1 435	1 455	1 494	1 166	1 195	1 211	1 271	1 333	1 350	1 385
肘高	925	954	968	1 024	1 079	1 096	1 128	873	899	913	960	1 009	1 023	1 050
手功能高	656	680	693	741	787	801	828	630	650	662	704	746	757	778
会阴高	701	728	741	790	840	856	887	648	673	686	732	779	792	819
胫骨点高	394	409	417	444	472	481	498	363	377	384	410	437	444	459

(3) 坐姿人体尺寸

我国成年人坐姿人体尺寸部位如图 3-9 所示，坐姿人体尺寸见表 3-5。

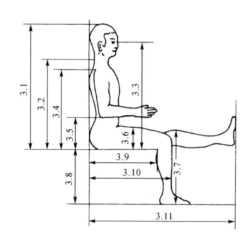
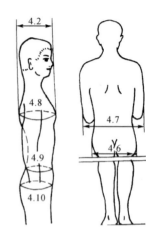

图 3-9　坐姿人体尺寸　　　　　　　图 3-10　人体水平尺寸

表 3-5　坐姿人体尺寸　　　　　　　　　　　　　　　　mm

百分位数	男(18~60岁)							女(18~55岁)						
	1	5	10	50	90	95	99	1	5	10	50	90	95	99
坐高	836	858	870	908	947	958	979	789	790	819	855	891	901	920
坐姿颈椎点高	599	615	624	657	691	701	719	563	579	587	617	648	657	675
坐姿眼高	729	749	761	798	836	847	858	678	695	704	739	773	783	803
坐姿肩高	539	557	566	598	631	641	659	504	518	526	556	585	594	609
坐姿肘高	214	228	235	263	291	298	312	201	215	223	251	277	284	299
坐姿大腿厚	103	112	116	130	146	151	160	107	113	117	130	146	151	160
坐姿膝高	441	456	464	493	525	532	549	410	424	431	458	485	493	507
小腿加足高	372	383	389	413	439	448	463	331	342	350	382	399	405	417
坐深	407	421	429	457	486	494	510	388	401	408	433	461	469	485
臀膝距	499	515	524	554	585	595	613	481	495	502	529	561	560	587
坐姿下肢长	892	921	937	992	1 046	1 063	1 096	826	851	865	912	960	975	1 005

(4) 人体水平尺寸

我国成年人人体水平尺寸部位，如图 3-10 所示，人体水平尺寸见表 3-6。

表 3-6　人体水平尺寸　　　　　　　　　　　　　　　　mm

百分位数	男(18~60岁)							女(18~55岁)						
	1	5	10	50	90	95	99	1	5	10	50	90	95	99
胸宽	242	253	259	280	307	315	331	219	233	239	260	289	299	319
胸厚	176	186	191	212	237	245	261	159	170	176	199	230	239	260
肩宽	330	344	351	375	397	403	415	304	320	328	351	371	377	387

(续)

百分位数	男(18~60岁)							女(18~55岁)						
	1	5	10	50	90	95	99	1	5	10	50	90	95	99
最大肩宽	383	398	405	431	460	469	486	347	363	371	397	428	438	458
臀宽	273	282	288	306	327	334	346	275	290	296	317	340	346	360
坐姿臀宽	284	295	300	321	347	355	369	295	310	318	344	374	382	400
坐姿两肘间宽	353	371	381	422	473	489	518	326	348	360	404	460	478	509
胸围	762	791	806	867	944	970	1 018	717	745	760	825	919	949	1 055
腰围	620	650	665	735	859	895	960	622	659	680	772	904	950	1 025
臀围	780	805	820	875	948	970	1 009	795	824	840	900	975	1 000	1 044

3.2.1.3 影响人体尺寸数据差异的因素

(1) 性别

在男性与女性之间，人体尺寸、重量和比例关系都有明显差异。男性的大多数人体尺寸都比女性的尺寸大些，但有4个尺寸——胸厚、臀宽、臀部及大腿周长，女性的尺寸比男性的尺寸大。男女即使在身高相同的情况下，身体各部分的比例也是不同的。同整个身体相比，女性的手臂和腿较短，躯干和头占的比例较大，肩较窄，骨盆较宽。皮下脂及厚度以及脂肪层在身体上的分布，男女也有明显差别。因此，以矮小男性的人体尺寸代替女性人体尺寸使用是错误的，特别是在腿的长度尺寸起重要作用的工作场所，如坐姿操作的工作，考虑女性的人体尺寸至关重要。

(2) 年龄

人体尺寸增长过程，一般男性20岁结束，女性18岁结束。通常男性15岁、女性13岁双手的尺寸就达到了一定值。成年人身高随年龄的增长而收缩一些，但体重、肩宽、腹围、臀围、胸围却随年龄的增长而增加了。在选用人体尺寸时，必须考虑工作和生活的环境适合哪些年龄组的人。儿童不是小大人，对于儿童用品的设计不能简单地使用成人人体尺寸。

(3) 地区和种族

不同的国家、地区、种族，人体尺寸差异较大。即是在同一国家、不同区域也有差异。表3-7为我国6个不同区域①的人体身高和体重的均值和标准差。进行产品设计时，必须考虑不同国家、不同区域和民族人体尺寸的差异。另一方面，随着国际间、区域间各种经贸活动的不断增大，不同民族、不同地区的人使用同一产品、同一设施的情况将越来越多，因此在设计中考虑产品的多民族的通用性也将成为一个值得注意的问题。

---

① 6个区域是：东北、华北区包括黑龙江、吉林、辽宁、内蒙古、山东、北京、天津、河北。西北区包括甘肃、青海、陕西、山西、西藏、宁夏、河南、新疆。东南区包括安徽、江苏、上海、浙江。华中区包括湖南、湖北、江西。华南区包括广东、广西、福建、台湾、海南。西南区包括贵州、四川、云南、重庆。

表 3-7 我国 6 个区域的人体身高、体重的均值和标准差

项目		东北华北区		西北区		东南区		华中区		华南区		西南区	
		均值	标准差	均值	标准差	均值	标准差	均值	标准差	均值	标准差	均值	标准差
身高 (mm)	男	1 693	56.6	1 684	53.7	1 686	55.2	1 669	56.3	1 650	57.1	1 647	56.7
	女	1 586	51.8	1 575	51.9	1 575	50.8	1 560	50.7	1 549	49.7	1 546	53.9
体重 (kg)	男	64	8.2	60	7.6	59	7.7	57	6.9	56	6.9	55	6.8
	女	55	7.7	52	7.1	51	7.2	50	6.8	49	6.5	50	6.9

(4) 年代

随着人类社会经济不断发展，卫生、医疗、生活水平提高以及体育运动开展，人类成长和发育也发生变化，呈代代增高趋势，也或有肥胖现象。此外，进行一次人体测量统计要耗费大量的人力、物力和时间。因此，在使用人体尺寸数据时必须考虑测量年代，对数据进行必要的修正。

(5) 职业

不同职业的人，在身体大小及比例上也存在差异。例如，一般体力劳动者平均身体尺寸都比脑力劳动者稍大些。在美国，工业部门的工作人员要比军队人员矮小；在我国，一般部门的工作人员要比体育运动系统的人矮小。也有一些人由于长期的职业活动改变了形体，使其某些身体特征与人们的平均值不同。

另外，被测者的样本大小及代表性特征不同等因素，也常常造成测量数据的差异。

3.2.2 常用人体动态测量数据

3.2.2.1 人体基本姿势及其尺寸

(1) 人体基本姿势

人的主要基本姿势有立、坐、跪（如设备安装作业中的单腿跪）、卧（如车辆检修作业中的仰卧）等。

(2) 人在不同姿势下的活动空间尺度

人在不同姿势下活动都需要有足够的空间。活动空间设计与人体的功能尺寸密切相关。根据 GB 10000—1988 中的人体测量基础数据，可以分析得到几种主要姿势活动空间设计的人体尺度。

①人体立姿的活动空间　立姿时人的活动空间不仅取决于身体的大小，而且也取决于保持身体平衡的微小平衡动作，以及肌肉松弛、脚的站立平面不变时，为保持平衡必须限制上身和手臂能达到的活动空间。图 3-11 主视图中，零点位于正中矢状面上。左视图中，零点位于人体背点的切线上。在贴墙站立时，背点与墙相接触。

②人体坐姿的活动空间　图 3-12 主视图中，零点位于正中矢状面上。左视图中，零点在经过臀点（坐骨结节点）的垂直线上。

③单腿跪姿的活动空间　采取单腿跪姿时，承重膝常更换，因此要求的活动空间比其基本静态姿势空间大。图 3-13 主视图中，零点位于正中矢状面上。左视图中，零点位于人体背点

的切线上。

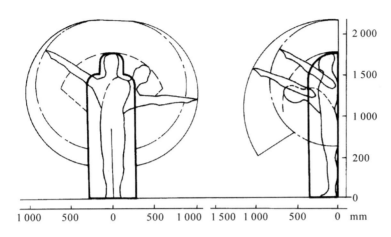

图 3-11　立姿活动空间

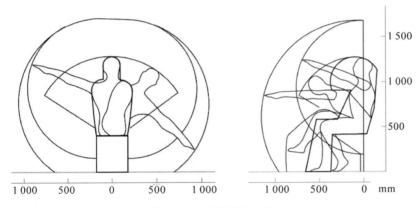

图 3-12　坐姿活动空间

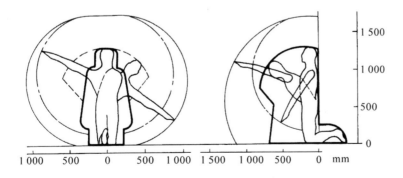

图 3-13　单腿跪姿活动空间

④人体仰卧的活动空间　图3-14主视图中,零点位于正中矢状面上。左视图中,零点位于经头顶的垂直切线上。

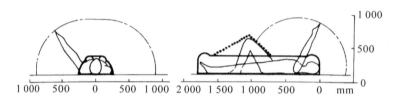

图3-14　仰卧活动空间

3.2.2.2　常用的功能尺寸

（1）工作空间人体尺寸

GB/T 13547—1992《工作空间人体尺寸》提供了我国成年人坐、立、跪、卧、爬等常取基本静态作业姿势功能尺寸数据,适用于各种与人体尺寸有关的操作、维修、安全防护等工作空间的设计及其人因学评价。工作空间坐姿、立姿、跪姿、俯卧姿、爬姿人体尺寸分别如图3-15、图3-16、图3-17所示。我国成年人男女功能尺寸见表3-8,表中数据均为标准姿势、裸体测量结果,使用时应增加修正余量。

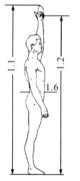 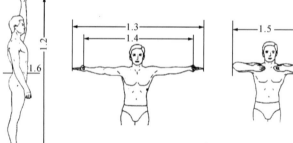 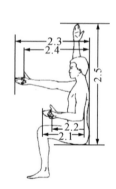

图3-15　工作空间立姿人体尺寸　　　　**图3-16　工作空间坐姿人体尺寸**

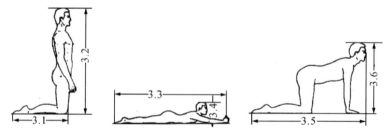

图3-17　工作空间跪姿、俯卧姿、爬姿人体尺寸（男）

表 3-8　我国成年人男女功能尺寸　　　　　　　　　　　　　　　　　mm

测量项目		男(18~60岁)			女(18~55岁)		
		P_5	P_{50}	P_{95}	P_5	P_{50}	P_{95}
坐姿	前臂手前伸长	416	447	478	383	413	442
	前臂手功能前伸长	310	343	376	277	306	333
	上肢前伸长	777	834	892	712	764	818
	上肢功能前伸长	673	730	789	607	657	707
	双手上举高	1 249	1 339	1 426	1 173	1 251	1 328
立姿	双手上举高	1 971	2 108	2 245	1 845	1 968	2 089
	双手功能上举高	1 869	2 003	2 138	1 741	1 860	1 976
	双手左右平展宽	1 579	1 691	1 802	1 457	1 559	1 659
	双臂功能平展宽	1 374	1 483	1 593	1 248	1 344	1 438
	双肘平展宽	818	877	937	756	811	869
	腹厚	160	192	237	151	186	238
跪姿	体长	592	626	661	557	589	622
	体高	1 190	1 260	1 330	1 137	1 196	1 258
俯卧	体长	2 000	2 127	2 257	1 867	1 982	2 102
	体高	364	372	383	359	369	384
爬姿	体长	1 247	1 315	1 384	1 183	1 239	1 296
	体高	761	798	836	694	738	783

(2) 肢体活动可达距离范围

人体处在不同的作业姿势时，手所能到达的范围包括最佳范围、最大可达范围等。根据人体姿势和肢体活动确定作业范围时，应考虑以下问题：

①眼高的变化。眼高决定着信息装置放置的中心位置，根据不同作业姿势需要增加修正值。

②手臂所及范围的变化。手臂所及范围不仅确定手操作的最远点，而且还影响操作的可靠性和效率以及用力情况，所以应考虑动态尺寸。

③手的尺寸及活动范围的变化。在设计手控制器和维修空间时，必须考虑手的动态尺寸。

④脚掌尺寸及下肢活动范围的变化。在进行脚控制时，则需考虑脚和下肢的活动范围。

⑤活动空间应尽可能适应于绝大多数人的使用，一般以高百分位人体尺寸为设计依据。

3.2.2.3　肢体的活动范围

(1) 关节的运动形式

关节是肢体活动的枢纽，它们有多种运动形式。

邻近两骨间产生角度改变的相对转动称为角度运动，通常有屈伸和收展两种形态。关节绕额状轴转动时，同一关节的两骨互相靠近，角度减小，谓之屈曲，反之则谓之伸展。关节绕矢状轴转动时，骨的末端向正中面靠近，谓之内收，反之谓之外展。

骨绕其自身垂直轴的运动称为旋转运动，其中骨绕垂直轴由前向内旋转，称为内转，反之称为外转。对于手及小臂的转动，内转是使掌心向下的转动，外转是使掌心朝上的转动。

整根骨头绕通过上端点并与骨成一角度的轴线的旋转运动称为环转运动，其运功表现如同画一个圆锥面。

（2）关节的活动范围

由于韧带作用，关节活动有一定限度；人体处于舒适状态时，关节必然处在一定的舒适调节范围内。人的肢体，如头、肩胛骨、臂、手、腿、脚等的活动角度和活动范围，如图3-18和表3-9所示。图中并列的3个数字分别表示最小值、平均值和最大值。

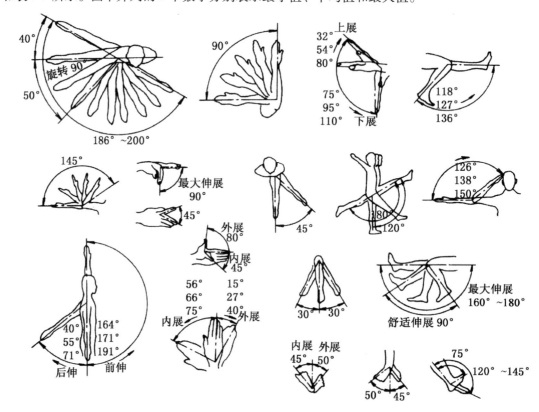

图3-18　人体各部分的活动范围

表3-9　人体主要关节的活动方向及活动范围

身体部位	关节	活动方向	最大角度(°)	最大范围(°)	舒适调节范围(°)
头至躯干	颈关节	低头，仰头 左歪，右歪 左转，右转	+40，-35① +55，-55① +55，-55①	75 110 110	+12～25 0 0
躯干	胸关节 腰关节	前弯，后弯 左弯，右弯 左转，右转	+100，-50① +50，-50① +50，-50①	150 100 100	0 0 0

(续)

身体部位	关节	活动方向	最大角度(°)	最大范围(°)	舒适调节范围(°)
大腿至髋关节	髋关节	前弯,后弯 外拐,内拐	+120,-15 +30,-15	135 45	0(+85~+100)② 0
小腿对大腿	膝关节	前摆,后摆	+0,-135	135	0(-95~-120)②
脚至小腿	脚关节	上摆,下摆	+110,+55	55	+85~+95
脚至躯干	髋关节 膝关节 脚关节	外转,内转	+110~-70①	180	+0~+15
上臂至躯干	肩关节 (锁骨)	外摆,内摆 上摆,下摆 前摆,后摆	+180,-30① +180,-45① +140,-40①	210 225 180	0 (+15~+35)③ +40~+90
下臂至上臂	肘关节	弯曲,伸展	+145,0	145	+85~+110
手至下臂	腕关节	外摆,内摆 弯曲,伸展	+30,-20 +75,-60	50 135	0③ 0
手至躯干	肩关节,下臂	左转,右转	+130,-120①④	250	-30~-60

注：给出的最大角度适于一般情况，年纪较高的人大多低于此值。此外，在穿厚衣服时角度要小一些。有多个关节的一串骨骼中若干角度相叠加产生更大的总活动范围(如低头、弯腰)。①得自给出关节活动的叠加值。②括号内为坐姿值。③括号内为在身体前方的操作。④开始的姿势为手与躯干侧面平行。

3.3 人体尺寸数据的应用

3.3.1 人体尺寸数据的应用原则

各种统计数据不能代替严谨的设计分析。当设计中涉及人体尺度时，设计者必须熟悉这些尺寸数据的测量定义、应用条件、百分位选择以及注意因素，进而才能正确使用有关数据，见表3-10。

表3-10 主要人体尺寸的应用原则

人体尺寸	应用条件举例	百分位选择	注意因素
身高	确定通道和门的最小高度，以及人体上方的障碍物高度	男性第99百分位甚至更高	鞋帽、心理空间
立姿眼高	确定展品和广告的布置，以及屏风和隔断的高度	有私密性要求，取男性第95百分位或更高；否则，取女性第5百分位或更低	鞋跟高；与视角相结合
立姿肘高	确定柜台、厨房案台、梳妆台等的高度。最舒适高度是低于肘高7.6cm。休息平面高度低于肘高2.5~3.8cm	女性第5百分位	鞋跟高；考虑活动的性质，如施力大小和视距要求

(续)

人体尺寸	应用条件举例	百分位选择	注意因素
立姿垂直伸手高度	确定开关、把手、架格等的最大高度	女性第5百分位	鞋跟高
立姿侧向手握距离	确定控制开关等装置的位置	女性第5百分位	考虑操作特点
手臂平伸手握距离	确定前向操作或取物距离	女性第5百分位	考虑操作特点
坐高	确定座椅上方障碍物允许高度，双层床高度，办公室、餐厅、酒吧的低隔断高度，以及火车座高度	男性第95百分位	座面倾斜、软垫弹性、衣服厚度、座间距离以及起身活动；挺直或放松的坐姿
坐姿眼高	剧院、礼堂和教室等需要有良好视听条件的场所	重点考虑女性第5百分位	考虑头部和眼睛的转动范围、前后排座位的交错与人的肩中部高度、座面高度、坐垫弹性、座椅的可调节性
坐姿肩中部高度	在有视听要求的空间，确定后排视线的障碍高度	男性第95百分位	前后排座位间距、坐垫弹性
最大肩宽	确定环绕桌子的或成排的座椅的间距，以及通道宽度	男性第95百分位	衣服厚度，以及转身的需要
肘间宽	确定会议桌、餐桌、柜台和牌桌周围座椅的位置	男性第95百分位	肘间宽小于最大肩宽，但双肘活动幅度大
坐姿臀宽	确定座椅内侧宽度	女性第95百分位	对于多人座椅，与肘间宽和最大肩宽结合使用
坐姿肘高	确定椅子扶手、桌台工作面的高度	第50百分位。这个高度一般在14~27.9cm之间，可以适合大部分使用者	坐姿变化、坐垫弹性、座面倾斜度
大腿厚度	确定座面高度以上的桌下空间高度，尤其是有直拉式抽屉的情形	第95百分位	腿弯高度、坐垫弹性、衣服厚度、活动余隙
膝盖高度	确定从地面到桌下的空间高度	男性第95百分位	座面高度、坐垫弹性、活动余隙
腿弯高度	确定座面高度，尤其是座面前缘最大高度	女性第5百分位到男性第95百分位	鞋跟高、坐垫弹性、活动余隙
臀部至腿弯长度	确定座深	女性第5百分位	座面倾斜度、活动余隙
臀部至膝盖长度	确定固定排椅的行间距	男性第95百分位	与臀部到足尖长度一起考虑
臀部至足尖长度	确定椅子到对面墙等的距离	男性第95百分位	与臀部至膝盖长度一起考虑
臀部至足后跟长度	设计搁脚凳、理疗和健身设施所需的空间	男性第95百分位	鞋袜
坐姿垂直伸手高度	确定头顶上方控制装置的位置	女性第5百分位	座面倾斜度、坐垫弹性
人体最大厚度	确定人的侧向通过的通道宽度，或在人们排队场合下的设计空间	第95百分位	衣服厚度、心理空间
人体最大宽度	确定门、通道、走廊的宽度	第95百分位	衣服厚度、人的活动

3.3.2 人体测量数据的应用方法

3.3.2.1 确定产品(设备或建筑物)的功能尺寸

设定产品功能尺寸的主要依据是人体尺寸百分位数,而人体尺寸百分位数的选用又与所设计产品的类型密切相关。因此,设定产品功能尺寸的一般步骤如下:

(1) 确定目标群体,并考虑性别、年龄、年代、地域、民族和职业的影响

不同产品、作业岗位及活动空间应考虑不同的使用者群体。随着性别、年龄、年代、地区、民族和职业的不同,人体尺寸也不同。图 3-19 婴儿床考虑了婴儿成长的需求。GB/T 3976—2002《学校课桌椅功能尺寸》规定了 10 种中小学校课桌椅型号,即考虑了不同年龄学生的使用需求。

图 3-19 成长婴儿床(邱麒、田壮、井九久等共同设计,2013)

(2) 确定所设计产品的主要功能尺寸及其类型

凡涉及人体尺寸的产品设计,首先应按 GB/T 12985—1991 标准中规定的产品尺寸分类方法,确定产品功能尺寸所属的类型,见表 3-11。

表 3-11 产品尺寸设计分类

产品类型	产品类型定义	说明
Ⅰ 型产品尺寸设计	需要两个人体尺寸百分位数作为尺寸上限值和下限值的依据	双限值设计
Ⅱ 型产品尺寸设计	只需要一个人体尺寸百分位数作为尺寸上限值或下限值的依据	单限值设计
Ⅱ$_A$ 型产品尺寸设计	只需要一个人体尺寸百分位数作为尺寸上限值的依据	大尺寸设计
Ⅱ$_B$ 型产品尺寸设计	只需要一个人体尺寸百分位数作为尺寸下限值的依据	小尺寸设计
Ⅲ 型产品尺寸设计	只需要第 50 百分位数作为产品尺寸设计的依据	平均尺寸设计

(3) 选择人体尺寸百分位数

产品按其重要程度分为涉及人的健康、安全的产品和一般工业品两个等级。

选择人体尺寸百分位数的依据是满足度。满足度(符合率)是衡量产品与人匹配、表示产品适应程度的一项指标,指所设计产品在尺寸上能满足多少人使用,通常以适合使用的人数占使用者群体的百分比表示。通用产品设计,一般应考虑使 90%、95% 或 99% 的人与产品相匹配,见表 3-12。

在考虑满足度的同时,需要考虑技术、经济因素。应该排除多少百分比的人,决定了设计的后果及经济效果。必要时考虑产品尺寸系列化和可调节性设计。

表 3-12 人体尺寸百分位数的选择

产品类型	产品重要程度	百分位数的选择	满足度(%)
Ⅰ型	涉及人的安全、健康 一般用途	选用 P_{99} 和 P_1 为尺寸上、下限值的依据 选用 P_{99} 和 P_5 作为尺寸上、下限值的依据	98 90
Ⅱ_A 型	涉及人的安全、健康 一般用途	选用 P_{99}、P_{95} 作为尺寸上限值的依据 选用 P_{90} 作为尺寸上限值的依据	99 或 95 90
Ⅱ_B 型	涉及人的安全、健康 一般用途	选用 P_1、P_5 作为尺寸下限值的依据 选用 P_{10} 作为尺寸下限值的依据	99 或 95 90
Ⅲ型产品	一般用途	选用户 P_{50} 作为产品尺寸设计的依据	通用
成年男女通用产品	一般用途	选用男性的 P_{99}、P_{95} 或 P_{90} 为尺寸上限值 选用女性的 P_1、P_5 或 P_{10} 为尺寸下限值	通用

(4) 确定功能修正量

在设计中考虑有关人体尺寸时，首先，应在人体尺寸上增加适当的着装修正量；其次，应考虑由于姿势不同引起的变化量；最后，还要考虑实现产品各种操作功能所需的修正量。所有这些修正量的总和为功能修正量。

表 3-13 正常人着装身材尺寸修正量　　　　　　　mm

项目	尺寸修正量	修正原因	项目	尺寸修正量	修正原因
身高	+25~38	鞋高	大腿厚	+10~13	裤厚
立姿眼高	+25~38	鞋高	臀膝距	+5~20	裤厚
立姿肘高	+25~38	鞋高	坐姿臀宽	+14~	裤厚
膝高	+25~38	鞋高	膝宽	+8	裤厚
坐高	+3~6	裤厚	两肘间宽	+20	衣厚
坐姿眼高	+3~6	裤厚	肩宽	+14	衣厚

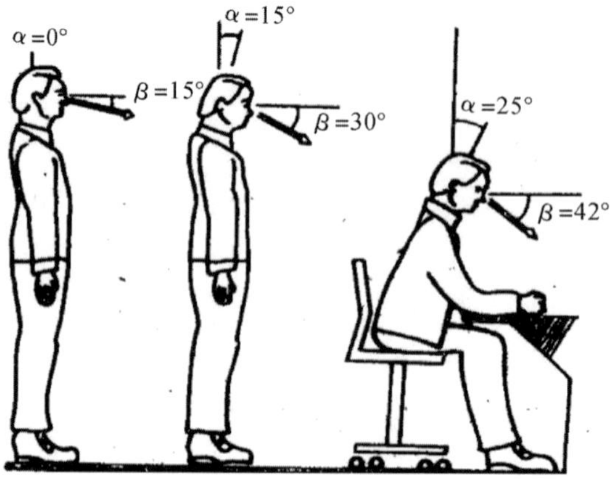

图 3-20 立正、放松站立、放松坐下时的自然姿势

功能修正量一般由实验方法求得,但也可从统计数据中获得。对于着装和穿鞋修正量,可参考表3-13中的数据确定。对姿势修正量,应考虑放松站立、放松坐下时的自然姿势,如图3-20所示;放松站着时,立姿身高、眼高均减19mm;放松坐着时,坐高、坐姿眼高均减44mm。考虑操作修正量时,应以上肢前展长为依据,而上肢前展长是后背至中指尖点的距离,因而对操作不同功能的控制器应作不同修正,如对按钮可减12mm,对推滑板推钮和搬动搬钮则减25mm;用食指和拇指操作时减76mm;用手抓握时减127mm。

(5) 确定心理修正量

为了满足不同人群的审美心理需求,在产品的最小功能尺寸上附加一项增量,称为心理修正量。心理修正量一般也由实验方法求得。尺度反映以尺寸为主的物理量与由视觉刺激引起的心理量之间的关系。根据费希纳定律,尺寸以不小于韦伯比的某一几何级数为递增率或其倒数为递减率进行变化,才能够被人察觉。心理修正量若以与最初刺激相应的差别阈的两倍为变化幅度,则不一定能被人察觉。在产品设计中,由雄伟的尺度、自然的尺度、亲切的尺度构成产品尺度体系。

(6) 设定产品功能尺寸

产品功能尺寸是指为确保实现某一功能而在设计时规定的产品尺寸,其设定方法如下:

最小功能尺寸 = 人体尺寸的分位数 + 功能修正量

最佳功能尺寸 = 人体尺寸的分位数 + 功能修正量 + 心理修正量

【案例】 班台常用台面规格尺寸为2 000mm×1 000mm、2 100mm×1 050mm、2 200mm×1 100mm、2 400mm×1 200mm、2 800mm×1 200mm、3 200mm×1 200mm等数种。根据韦伯定律和相关实验,对班台最小规格2 000mm×1 000mm,当韦伯比超过8%时,才使得所有人能明显感受规格的变化。因此,现有班台规格系列能使人感到不同规格产品尺寸的差异,能形成一种顺序量表,或表明一种等级秩序,但并不符合理想的功能尺度体系。班台规格过多并不能达到设计预期效果,仅需3~4个规格即可,这样既符合组织结构扁平化的民主管理模式,也符合标准化生产的要求。细节设计则应限于8%变化范围内,以视觉、触觉的舒适为原则。

3.3.2.2 用人体模板校核空间布置尺度

根据对人体测量数据所作的处理和选择,可得到标准人体尺寸[①]。GB/T 15759—1995规定了4个身高等级设计用人体立姿外形模板的尺寸数据及其图形,适用于与人体有关的工作空间、操作位置的辅助设计及其工效学评价。GB/T 14779—1993规定了男女各3种身高等级的成年人坐姿人体模板的功能设计基本条件、功能尺寸、关节功能活动角度、设计图和使用要求,适用于坐姿条件下确定座椅、工作面、支撑面及调节部件时的人因学设计要求,如图3-21所示。

3.3.2.3 数字化人体设计

数字化人体模型技术可通过计算机辅助设计(CAD)方法确定人在相应的工作环境下的性能,确定人体尺寸、形态、功能及其定位,满足舒适性和安全性标准的要求。在虚拟的CAD设计数据中,可调入此人体模型,完成操作任务和分析工作。CATIA软件中有人体模型模块,

---

① 标准人是一个统计意义上的概念,事实上不存在标准人或平均人。

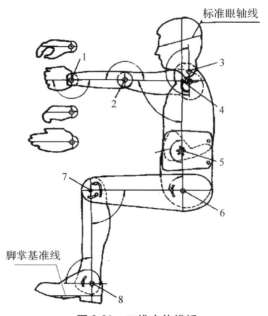

图 3-21　二维人体模板

通过该模块可以进行人体尺寸测量、视野分析、坐姿分析、运动舒适角度分析、伸及范围分析、升举搬运分析、干涉检查和运动模拟等。

3.3.3　身高的应用

(1) 利用身高推算其他形体参数

大量研究表示，人体其他形体参数与身高存在一定的比例关系。在人体尺寸数据不全时，可以根据身高推算其他形体参数，参见图 3-22、表 3-14。一般的衣服、各种器具的设计可以依据这样的人体尺寸比例。

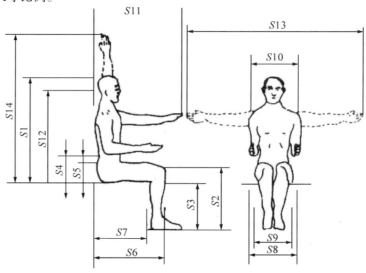

图 3-22　人体各部分尺寸计算标号

表 3-14　我国中等身材人体各部尺寸与身高(H)的比例

项目	公式(mm)	项目	公式(mm)
坐高	$S_1 = 0.525H$　女：$S_1 = 0.528H$	两手平举直线距离	$S_{13} = 1.032H$　女：$S_{13} = 1.01H$
膝高	$S_2 = 0.311H$	座面至手举竖直距离	$S_{14} = 0.795H$
坐姿臂高	$S_3 = 0.249H$	手掌长	$l_1 = 0.109H$
肘到座平面高	$S_4 = 0.135H$	前臂长	$l_2 = 0.157H$　女：$l_2 = 0.141H$
大腿厚	$S_5 = 0.086H$	上臂长	$l_3 = 0.172H$　女：$l_3 = 0.188H$
臀部到膝长度	$S_6 = 0.342H$	大腿长	$l_4 = 0.232H$　女：$l_4 = 0.242H$
臀部到小腿长度	$S_7 = 0.280H$	小腿长	$l_5 = 0.274H$　女：$l_5 = 0.234H$
肘与肘间宽度	$S_8 = 0.256H$	躯干长	$l_6 = 0.300H$
臀部宽	$S_9 = 0.203H$	肩峰至头顶高度	$l_7 = 0.176H$　女：$l_7 = 0.179H$
肩宽	$S_{10} = 0.229H$	上肢长	$l_8 = 0.442H$　女：$l_8 = 0.444H$
手前举水平距离	$S_{11} = 0.462H$	下肢长	$l_9 = 0.523H$　女：$l_9 = 0.520H$
"坐"位眼高	$S_{12} = 0.454H$		

（2）由身高推算设计尺寸

以身高为基准确定工作面高度、设备和用具高度的方法，通常是把设计对象归成各种典型类型，并建立设计对象的高度与人体身高的比例关系，以供设计时选择和查用。图 3-23 是以身高为基准的设备和用具的尺寸推算图，图中各序号的定义见表 3-15。

表 3-15　设备及用具的高度与身高的关系

序　号	所　指	设备高与身高之比
（1）	举手达到的高度	4/3
（2）	可随意取放东西的搁板高度（上限值）	7/6
（3）	倾斜地面的顶棚高度（最小值，地面倾斜度为 5°～15°）	8/7
（4）	楼梯的顶棚高度（最小值，地面倾斜度为 25°～35°）	1/1
（5）	遮挡住直立姿势视线的隔板高度（下限值）	33/34
（6）	直立姿势眼高	11/12
（7）	抽屉高度（上限值）	10/11
（8）	使用方便的搁板高度（上限值）	6/7
（9）	斜坡大的楼梯的天棚高度（最小值，倾斜度为 50°左右）	3/4
（10）	能发挥最大拉力的高度	3/5
（11）	人体重心高度	5/9
（12）	采取直立姿势时工作面的高度	6/11
（13）	坐高（坐姿）	6/11
（14）	灶台高度	10/19
（15）	洗脸盆高度	4/9

(续)

序 号	所 指	设备高与身高之比
(16)	办公桌高度(不包括鞋)。	7/17
(17)	垂直踏棍爬梯的空间尺寸(最小值,倾斜80°~90°)	2/5
(18)	手提物的长度(最大值)	3/8
(19)	使用方便的搁板高度(下限值)	3/8
(20)	桌下空间(高度的最小值)	1/3
(21)	工作椅的高度轻度工作的工作椅高度	3/13
(22)	轻度工作的工作椅高度*	3/14
(23)	小憩用椅子高度*	1/6
(24)	桌椅高差	3/17
(25)	休息用的椅子高度*	1/6
(26)	椅子扶手高度	2/13
(27)	工作用椅子的椅面至靠背点的距离	3/20

*座位基准点的高度(不包括鞋)。

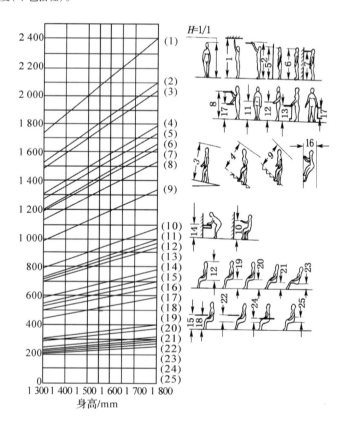

图 3-23　以身高为基准的设备和用具尺寸推算方法

思考与讨论

1. 计算自身人体身高数据所对应的百分位数。适合你的座面高度是多少？以中小学学生为例，讨论在实际生活中座面高度过高或过低的弊端。
2. 人体测量时，立姿、坐姿的尺寸基准分别在哪里？对家具设计有何启示？
3. 我国身高 1.1~1.5m 的儿童可以买半价火车票。请问这一政策可以惠及我国中西部区未成年人的百分之几？
4. GB/T 3326—1997《家具 桌、椅、凳类家具主要尺寸》中推荐的座面高度为 400~440mm，请问它对中国西北人群的满足度是多少？设计一种高度可以调节的坐椅，使之满足大约 90% 的中国西北区成年人。
5. GB/T 3327—1997《家具 柜类主要尺寸》建议，一般柜类家具顶层抽屉上沿离地高度≤1 250mm。中药店使用的百子柜，其抽屉高度往往高于视平线。在确定柜类家具主要尺寸时，应协调哪些尺寸关系？

参考文献

罗仕鉴，朱上上，孙守迁. 2002. 人体测量技术的现状与发展趋势[J]. 人类工效学，8(2)：31-34.

张颖，邹奉元. 2003. 三维人体测量技术的原理及应用[J]. 浙江工程学院学报，20(4)：310-314.

申黎明. 2010. 人体工程学[M]. 北京：中国林业出版社.

韩维生，赵明磊，王宏斌. 2013. 基于阈限理论的设计尺度体系[J]. 西北林学院学报，28(1)：197-201.

刘树森. 2001. 几种不同形式的标准正态统计数表的区别和联系[J]. 北京统计(11)：44-45.

张广鹏. 2008. 工效学原理与应用[M]. 北京：机械工业出版社.

丁玉兰. 2007. 人机工程学[M]. 3 版. 北京：北京理工大学出版社.

GB/T 10000—1988E 中国成年人人体尺寸.

GB/T 26158—2010 中国未成年人人体尺寸.

GB/T 5703—2010 用于技术设计的人体测量基础项目.

GB/T 13547—1992 工作空间人体尺寸.

GB/T 22187—2008 建立人体测量数据库的一般要求.

GB/T 12985—1991 在产品设计中应用人体尺寸百分位数的通则.

GB/T 15759—1995 人体模板设计和使用要求.

GB/T 14779—1993 坐姿人体模板功能设计要求.

第 4 章 工作负荷

本章主要阐述人体能量消耗机理与能量代谢测算；劳动生理变化特征、人的生物节律及其应用；应激源及其影响、工作负荷、劳动强度、疲劳；提高作业能力、降低作业疲劳的措施。

4.1 人体能量代谢

4.1.1 体力劳动过程中人体能量消耗机理

4.1.1.1 人体能量的产生机理

体力劳动时,骨骼肌的直接能量来源于肌细胞中的储能元——三磷酸腺苷(ATP)。肌肉活动时,肌细胞中的 ATP 与水结合(水解),生成二磷酸腺苷(ADP)和磷酸根(Pi),同时释放能量,即

$$ATP + H_2O \rightarrow ADP + Pi + 29.3 \text{ kJ/mol}$$

ATP 释放能量供肌肉收缩的时间仅为 1~3s。由于肌细胞中 ATP 储量有限,人体在能量释放过程中必须及时补充 ATP。补充 ATP 的过程称为产能。产能一般通过下述 3 种途径来实现:

(1)磷酸原供能系统(非乳酸供能系统、ATP - CP 供能系统)

$$CP(磷酸肌酸) + ADP \rightleftharpoons Cr(肌酸) + ATP$$

ATP - CP 系列提供能量的速度极快,但由于磷酸肌酸(CP)在人体内的贮量有限,产生的能量只能供肌肉进行大强度作业时维持 6~8s,因此在要求能量释放速度很快的情况下,肌细胞中的 ATP 由这种方式产生的。短跑运动员的百米跑就是通过这种方式提供能量的。

(2)乳酸供能系统,或糖酵解(Glycolysis)供能系统

一般大强度作业 6~8s 时,无氧糖酵解供能系统被激活

$$葡萄糖(糖元) \xrightarrow{糖酵解} ATP + 乳酸$$

糖酵解供能系统在 30~60s 时糖酵解速度最大,糖酵解供能系统所产生的能量可供肌肉收缩 1~3min 的时间。例如,800m 以下的全力跑、短距离冲刺都是通过这种方式供能。

乳酸是一种致疲劳性物质,堆积过多将破坏肌体内环境的酸碱平衡,进而限制糖的无氧酵解,这种供能的过程不可能持续较长时间。乳酸逐渐扩散到血液后,一部分排出体外,一部分在肝、肾脏内又合成糖元。在食物营养充足、合理的条件下,经过休息,可以较快地合成为糖元。

(3)需氧供能系统(有氧代谢供能系统、有氧氧化系统)

在中等劳动强度条件下,能量需求速度不太大时,ATP 是通过糖和脂肪以及蛋白质的氧化磷酸化合成予以补充的,即

$$葡萄糖或脂肪 + 氧 \xrightarrow{氧化磷酸化} ATP$$

最大供氧量是评价有氧代谢供能系统能力的主要生理指标。中等劳动强度条件下,该系统供能时间长。例如,5 000m 以上的跑步、慢跑、竞走,1 500m 以上的游泳、跳交谊舞、自行车骑行、打太极拳等活动是通过有氧代谢供能系统来供能的。

4.1.1.2 作业时人体的氧耗动态

(1)氧需与氧上限

①氧需 单位时间所需要的氧量。作业时氧需能否得到满足主要取决于血液循环系统功

能,其次是呼吸系统的功能。

②氧上限　血液在单位时间内能供应的最大氧量。成年人的氧上限一般不超过3L/min,锻炼有素者可达4L/min。

(2)氧债与补偿氧债

氧债是氧需与供氧量之间的差值,产生于作业开始的2~3min内。停止工作后,肌体还需消耗较多的氧以补偿氧债,以便重新储备劳动时消耗的能量物质及清除肌肉和血液中积累的乳酸。如图4-1所示,在作业停止后的数分钟内,氧消耗不仅不像动态作业那样迅速下降,反而先升高后再逐渐下降到原有水平。

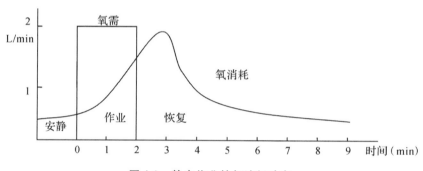

图4-1　静态作业的氧消耗动态

稳定氧消耗量与劳动强度呈比例关系,这种劳动只需测定劳动时的耗氧量就可得到参加该项劳动的能量消耗;对于过强劳动,除测定劳动时的耗氧量外,还需测定劳动后的氧债。

静态作业能量消耗水平不高却容易疲劳,它与作业者的姿势、工具、操作方法、作业熟练程度等有关。通过动作分析和改革工具等方法途径,采用正确作业姿势,改进操作方法,提高操作熟练程度,可以大幅度地减少不必要的静态作业成分。

4.1.2　人体的能量代谢

4.1.2.1　能量代谢的概念

人体能量产生、转移和消耗称为能量代谢(energy metabolism)。按机体所处状态分为3种:维持生命所必需的基础代谢量、安静时维持某自然姿势时的安静代谢量和作业时的能量代谢量。

(1)基础代谢率(Basal Metabolic Rate)

在室温20℃条件下,被试者处于清醒、空腹(食后10h以上)、安静卧床时,在单位时间、单位体表面积上所消耗的能量,称为基础代谢率,记为B,单位$kJ/(m^2 \cdot h)$。表4-1为我国正常人的基础代谢率的平均值。

基础代谢量(kJ/h) = 基础代谢率$[kJ/(m^2 \cdot h)]$ × 身体表面积(m^2)

我国人体表面积常用计算式:

$$S = 0.61 \times H + 0.0128 \times G - 0.1529$$

式中　S——体表面积(m^2);

H——身高(m);

G——体重(kg)。

表 4-1　我国正常人的基础代谢率的平均值　　　　　　　　kJ/(m²·h)

年龄(岁)	11~15	16~17	18~19	20~30	31~40	41~50	50以上
男性	195.4	193.3	166.1	158.6	157.7	154.0	149.0
女性	172.4	181.6	154.0	146.8	146.4	142.2	138.5

(2)安静代谢率(repose metabolic rate)

机体为保持各部位的平衡及某种姿势,在单位时间、单位体表面积上所消耗的能量称为安静代谢率,记为 R。一般取作业前后的坐姿进行测定。通常以基础代谢率的120%作为安静代谢率。

(3)能量代谢率(energy metabolic rate)

人体进行作业或运动时,在单位时间、单位体表面积上的总能量消耗称为能量代谢率,记为 M。它是计算作业者一天的能量消耗和能量补给的依据,也是评价劳动强度合理性的重要指标。

(4)相对代谢率(relative metabolic rate)

由于作业者个体体质差异,即使是同样的劳动强度,不同作业者的能量代谢率也不相同。为了消除作业者之间差异因素,常采用相对代谢率指标来衡量劳动强度,记为 RMR。即

$$RMR = (M - 1.2B)/B \text{ 或 } M = (RMR + 1.2)B$$

4.1.2.2　能量代谢的测定方法(表4-2)

能量代谢的测定方法有两种(表4-2)。

表 4-2　能量代谢的测定方法

方　法		准确度	作业现场调查
估算法	根据活动种类估算		不必。参见 GB/T 17244—1998
	根据职业种类估算	数据粗略,误差大	需要有关技术设备和工作组织的信息
	应用组群评价表		需要工时信息
	应用特定活动评估表	误差较大,准确度±15%	
	在规定条件下应用心率		不必
测量法		误差小,准确度±5%	需要工时信息

(1)估算法

在考虑相关因素的基础上,根据已有的并经过实验验证过的能量代谢数据,对能量代谢进行估算。不同工作的代谢率结合基础代谢率、身体姿势、工作类型、工作速度等进行估算。

(2)测量法

①直接测量法　在绝热室内,通过热量计测定流过人体周围的冷却水的温升,然后换算成代谢率。

②间接测量法　测定人体氧消耗量(及二氧化碳呼出量),再乘以氧热价,换算出能量代谢率。表4-3为能量代谢的测量指标。

表 4-3 能量代谢的测量指标

指 标	单位	定 义	举 例
热价	kJ	1g 供能物质氧化时所释放出的能量,又称为该物质的卡价(Caloric Value)	1g 糖平均产生热量 17.2 kJ;1g 脂肪平均产生热量 39.8 kJ;1g 蛋白质在体外燃烧产生 23.4 kJ,在体内不完全氧化时只产生 18 kJ,其余 5.4 kJ 的热量是以尿素形式排泄到体外产生的
氧热价	kJ/L	物质氧化时,每消耗 1L 氧所产生的热量	1g 糖完全氧化消耗约 0.83L 氧,根据 1g 糖的热价(17.15 kJ/g),可以算出每消耗 1L 氧可产生 20.66 kJ 的热。同理可得脂肪和蛋白质的氧热价
呼吸商	无	人体在同一时间内产生的 CO_2 量与消耗的 O_2 量的摩尔比值	一般混合食物的呼吸商约为 0.80。通常以混合食物每消耗 1L 氧产生 17.94kJ 的热量(氧热价)近似计算能耗

4.2 劳动生理变化特征与人的生物节律

4.2.1 劳动生理变化特征

无论体力劳动还是脑力劳动,人体都要发生一系列适应性变化。研究人体在作业过程中的生理变化规律有助于发挥作业者的作业能力、保护其身体健康,为制定更合理的劳动制度提供依据。

4.2.1.1 体力作业过程中机体的调节与适应性变化

体力劳动过程中,机体通过"神经—体液"的调节来实现能量供给和协调各器官,这时机体会发生一些调节与适应性变化,主要表现在机体的一些生理指标发生变化。

(1) 大脑皮层神经系统的调节与适应

每一个有目的的操作动作,既取决于从机体内外感受器传入的各种神经冲动,又取决于中枢神经系统的调节作用,在大脑皮层经综合分析而形成一时性共济联系,以协调各器官适应作业活动的需要,维持机体与外界环境的平衡。

长期在同一环境中从事同一作业,通过复合条件反射会逐渐形成一种对该项作业操作自觉习惯的逻辑平衡潜意识,称为动力定型(Dynamic stereotype)。定型化刺激—反应系统,即连锁式条件反射系统,表现为一系列习惯性行为和动作。动力定型的形成分 3 个阶段:

①兴奋过程扩散 培养动力定型的初期阶段,主要是通过指导教师的讲解、操作示范和自己的实践,获得一种感性认识,对技能的内在规律没有完全理解。这时条件反射暂时建立不起来,在操作上表现为动作僵硬、肌肉不协调、无效动作多、操作费力。

②兴奋过程逐渐集中 通过反复练习和教师指导,对操作的内在规律有了初步理解,大部分错误动作得到纠正,多余动作逐渐消除,能够连贯地完成整套技术动作,初步建立动力定型。所建立的动力定型不稳定,一旦遇到新的刺激,精神紧张,多余动作和错误又会重新出来。

③动力定型的巩固、完善和自动化 经过一定时间的反复训练,条件反射得到巩固,大脑

皮层的兴奋与抑制在时空上的联系更加集中和精确,这时动作准确、姿势优美、失误率减到最小限度,出现下意识动作,即使有新的刺激技术动作也不易被破坏,操作显得轻松省力。

动力定型不仅能提高作业能力,还会使机体各器官从一开始就去适应作业需要,使操作协调、轻松,反应迅速,能耗经济。建立动力定型应循序渐进,注意节律性和重复性。改变动力定型,用新的动力定型替代,对大脑皮层细胞是一种很大的负担,若转变过急可能导致高级神经活动紊乱。因此,当作业性质或操作复杂程度需要作较大变动时,必须进行重新训练。大强度体力活动时,大脑皮层兴奋性下降;中、轻度活动,反射性良好;长期不参加活动,则动力定型退化。

(2)心血管系统的调节与适应

①心率 作业开始后 30～40s 内心率迅速增加,然后缓慢上升,一般经 4～5min 后便可达到与劳动强度相适应的稳定水平。心脏每搏输出量安静时为 40～70mL,大强度作业时则为 150mL。一般正常人心脏输出量的增加主要靠心率增加的方式来产生;经常锻炼的人则主要靠增加每搏输出量。一般人作业时的心率未超过其安静时心率 40 次/min 时,则可胜任该项作业。

②血压 人的正常舒张压和收缩压分别为 80mmHg 和 120mmHg[①]。脉压 = 收缩压 - 舒张压。作业开始后,脉压增大或维持不变,是体力劳动可以继续有效进行的标志,而继续紧张劳动,当脉压小于其最大值的一半时,则表示作业者已经疲劳或糖元储备接近衰竭。图 4-2 为体力劳动时心率与血压(收缩压与舒张压)变化的比较。

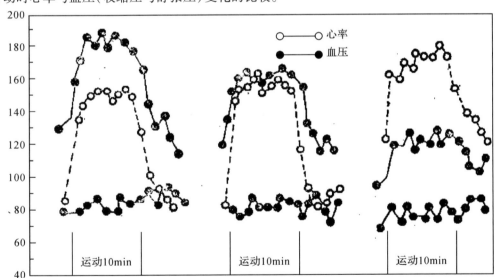

图 4-2 体力劳动时心率与血压(收缩压与舒张压)变化的比较

③血液再分配 安静时,血液流入肾、肝、胃、肠和脾等内脏器官的量最多;其次是肌肉和脑;再次是心、皮肤(脂肪)和骨。体力劳动时,肌肉的血量增多;流入心肌的比例未变,但血量增加 4～5 倍;入脑的血量维持不变或稍有增加;内脏、肾、皮肤和骨的血量有所减少。

---

① 换算关系为 血压 760mmHg = 1.013×10^2 kPa。

④血液成分血糖和乳酸的变化　安静时，机体血糖含量为100mg/100mL；轻度劳动时，肝糖元不断补充能量消耗，血糖含量不变；中等劳动时，血糖含量高；大强度劳动、持续时间长时，肝糖元储备不足，出现低血糖。当血糖降至正常含量的一半(50mg/100mL)时，即表明糖元储备耗竭而不能继续作业。安静时，血液中乳酸含量为10~15mg/100mL；中等强度作业开始时，乳酸略有增高，其后基本维持不变；较大强度作业，乳酸含量可增到100~200mg/100mL或更高。

(3) 呼吸系统的调节与适应

作业时呼吸频率随作业强度的增强而增加。重强度作业时可达30~40次/min，极大强度作业时可达60次/min。肺通气量也由安静时的6~8L/min增加到40~120L/min以上。锻炼有素者的肺通气量增加主要靠肺活量增加来适应，一般作业者则靠加快呼吸频率来适应。肺通气量的变化在一定程度上能反映机体的需氧，因此，肺通气量可作为作业能力和劳动强度的评价指标。

(4) 排泄系统

正常条件下每昼夜排尿量为1~1.8 L，体力劳动后尿量减少50%~70%。尿液成分随劳动强度变化而变化。安静时肾脏每小时排出乳酸约20mg，作业时可排出乳酸100~1 300mg。

汗腺具有调节体温和排泄代谢物的双重功能。体力劳动时汗液中的乳酸含量增多。一般可以用每小时的排汗量来衡量劳动强度的大小。

(5) 体温

体力劳动后一段时间内，体温略有升高，这种升高有利于全身各器官系统活动。正常作业时，体温不应超过安静时体温1℃；超过这一限度，人体不能适应，作业也不能持久。

4.2.1.2　脑力劳动与神经紧张型作业的生理变化特点

脑的氧代谢较其他器官高，安静时约为等量肌肉耗氧量的15~20倍，占成年人体总耗氧量的10%。脑力劳动时心率减慢，但特别紧张时心跳加快、血压上升、呼吸频率提高、脑部充血，而四肢及腹腔血液减少。葡萄糖是脑细胞活动的最主要能源，靠血液输送葡萄糖，通过氧化磷酸化过程来提供能量。脑组织对缺氧、缺血非常敏感。

4.2.2　人的生物节律

4.2.2.1　人的生物节律及其特点

人体内的各项生理、心理活动，存在明显的周期性。例如，人的心跳和呼吸就是受人体内生物钟操纵和控制的，因为它们都不受人的意识的支配，但却非常有规律地进行着。一旦这种规律遭到破坏，人体就出现病态，就会感到不舒服、不适应。

人体生物节律周期不同，有的以秒计(心跳、脑电等)；有的以时计；有的以日计(如睡眠与觉醒)；有的以月或年计。日节律是一种与太阳紧密相关的人体机能的周期性变化，可能与人类在电灯发明以前，一直过着日出而作、日落而息的劳动生活方式有关。例如，属于生命特征的体温、脉搏、血压等项指标在16：00达到最高值；体现体力、动作协调性、计算速度等项指标在14：00~15：00达到最高值；作为活动能源的糖元、脂肪质或血中蛋白浓度在17：00左右达到最高值。与劳动效率、生产安全关系明显的是日节律和月节律。

每个人的生命活动,从出生日起均受到 3 种循环的影响,即体力循环,周期为 23 天;情绪循环,周期为 28 天;智力循环,周期为 33 天。这些周期性变化可以用曲线来表示,并且都从出生日算起,起点在中线,先进入高潮期,再经历临界期,而后转入低潮期,如此周而复始。不同时间段的生物节律曲线,如图 4-3 所示。每一循环的前半段是积极的,对活动有促进作用;后半段是消极的,会降低相应机能水平。这种从积极阶段向消极阶段转化,或者从消极阶段向积极阶段转化的日期,被认为是临界日。在体力和情绪循环的临界日期内,事故发生的概率最大。临界日期重合时,事故发生的概率会更高。

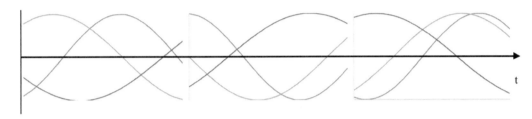

图 4-3 不同时间段的生物节律曲线

4.2.2.2 人的生物节律的计算

在测算人的生物节律时,须使用公历。

首先,计算从出生那天到现在想测算这天的总天数。注意不要遗忘四年一次的闰年天数(农历转换公历,及哪年是闰年可查阅万年历)。

$$X = 365A \pm B + C$$

式中　X——出生日到预测日的总天数;

　　　A——预测年份与出生年份之差;

　　　B——预测年生日到预测日的总天数(已过生日取"+",未过生日取"-");

　　　C——所经历的闰年数。

然后,分别用 23、28、33 除以总天数,得到体力余数、情绪余数、智力余数,这 3 个余数就是预测日这天在 3 个周期中分别处于第几天。

【例】 推算 1962 年 12 月 25 日出生的人在 2006 年 3 月 2 日生物节律。

解:此人刚过生日不久,总天数计算如下:

$X = 365 \times (2005 - 1962) + (2 + 28 + 31 + 6) + (2006 - 1962)/4 = 15\,773$(天)

体力:15 773 /23 > 685,余 18,大于体力半周期数,处于低潮期。

情绪:15 773 /28 > 563,余 9,小于情绪半周期数,处于高潮期。

智力:15 773 /33 > 477,余 32,接近智力周期数,处于临界期。

4.2.2.3 人的生物节律的应用

利用人的生物节律,对提高工作效率、减少事故发生具有重要意义。

【案例】 某厂把职工的出生年、月、日存入计算机,每周打印出每个职工的临界日期,通知班长和个人,并适当调整工作,达到安全生产,无重大伤亡事故。

4.3 应激、工作负荷、劳动强度与疲劳

4.3.1 应激

应激既可以看作工作负荷及疲劳的影响因素,也可以看作工作负荷的结果,甚至应激本身就是心理负荷。应激的定义或含义至少有 4 种。

① 物理学认为 应激是外部压力或负荷,是那些使人生理和/或心理感到紧张的时间、要求或环境条件刺激,即应激源。而紧张是应激对人的个体特性和能力的影响。

② 生理学认为 应激是躯体唤醒,是躯体对施加于其上的任何需求所做出的非特异性反应。

③ 心理学认为 应激是某种情形下的一种精神紧张、焦虑甚至惊恐的内部心理状态。

④ 认知心理学认为 应激是交互作用,是个体与外部环境交互作用的结果,即只有当个体的认知评价认为环境事件是于己不利的,且其需求超过了自己的处理能力时才会产生应激,其结果是导致身心疲惫及身心疾病风险的增大。

4.3.1.1 应激源

应激源是指能引起机体应激反应的因素。应激源既有工作特征与环境条件方面的因素,也有家庭、组织与社会文化方面的因素;既有物理的、生理的,也有心理的;既有诸如自然灾害、重大疾病、离婚、失业等大的生活事件,也有像钥匙、证件或手机一时找不到、事情太多做不完、与人争吵、做事总被打扰一类的生活中经常发生的小困扰,见表 4-4。

表 4-4 应激源

应激源种类	举 例
工作因素	长期固定的作业位置和姿势、较高的工作速率、较长的工作时间、繁重的体力负荷、信息超负荷、对信息缺乏的警戒
物理环境因素	噪声、高温高湿或低温高湿、振动、有害气体、粉尘、有毒物质、辐射
组织与社会环境因素	责任心、态度、人际关系、组织气氛和政策、领导行为、薪酬待遇、社会压力、舆论、竞争等
个体因素	生理节奏不规则、睡眠剥夺

应激是由于人机系统偏离其最佳状态,且作业要求与个体能力之间出现不平衡所致。心理压力是个体面对不能处理而又破坏其生活和谐的刺激事件所感受到的心理状态及表现的行为模式。心理压力的大小取决于个体对刺激事件的评估,刺激事件对个体的威胁越大,带给个体的心理压力也就越大。设计师压力特指那些主要从事设计工作的人们所承受的与其职业相关的压力,例如,短期创意压力、设计方案竞标压力、知识和体验更新压力,如图 4-4 所示。

4.3.1.2 应激的影响

(1) 生理效应

应激的生理效应又称一般适应综合症,它包括 3 阶段:警觉、抵抗和衰竭。应激的生理效

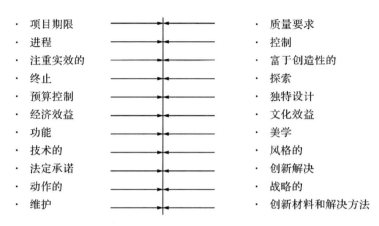

图 4-4　设计管理者的力场

应体现在生理生化指标上,这些指标的表现为应激效应测量提供了重要依据。

（2）心理效应

应激的认知效应主要表现为应激对知觉、注意和记忆的影响。应激状态下个体的知觉注意广度缩小,此时若个体集中注意的不是应被注意的对象,则会导致该被注意对象得不到应有的关注,从而导致危险后果。应激状态下工作记忆受损,使得个体难以据此进行相关决策和操作;而个体知识技能的长时记忆却很少受到影响,有时甚至有所提高,因此个体往往会基于以往经验下意识地采取最常用的"优势"行为,但这种习惯反应往往不一定准确,这也是误操作的主要成因。

应激状态下情绪反应包括紧张、焦虑、挫折感以及害怕或恐惧等,同时还表现出情感淡漠、神经紧张和思维混乱、疲劳感增强、乏力、情绪恶劣、攻击性增强等。应激时个体在态度方面主要表现为对工作不满意、失去工作动机和工作信心等。

当心理压力在主体承受力的一定范围内时,它能促使主体集中注意、克服困难,是推动前进的助力;而过度的心理压力会给主体带来身体上不适、精神紧张、焦虑、苦闷、烦躁,长期还会导致人们意志消沉、不思进取、逃避现实。

（3）行为影响

应激情况下,人的行为策略及方式、作业绩效发生变化,不良行为会出现。

急性高强度应激状态下,个体往往会牺牲行为准确性而立即采取行动,从而会导致操作失误。因此,在出现紧急情况的最初几秒甚至几分钟内不应急于采取行动,而要先选择适当的行为。当作业难度过大时,作业者可能通过降低内部绩效标准来减少所受到的工作压力,或通过攻击性行为来释放内部心理压力。

应激强度与作业绩效之间的关系因工作性质与难度而异,基本符合耶克斯—多德森定律（The Yerks-Dodson Law）,一般是呈倒 U 形曲线,即中等强度的应激最有利于任务的完成。

应激情况下,个体的助人行为减少,攻击性行为增加,更倾向于自我中心,忽视他人的线索,协作行为减少,导致团体绩效降低。在工作中还会表现出行为失序、注意力不集中、旷工率和离职率增大等。另外,药物滥用、暴食或厌食等异常行为也会出现。

设计师往往具有完美主义情结,其压力外显的典型现象就是拖沓效应[①]。

4.3.2 工作负荷(workload)

工作负荷是单位时间内个体所承受的工作量,或指人完成任务所承受的工作负担与压力以及人所付出的努力与注意力大小。在确保协调整体产出、工作速度、运行精度以及运行可靠性处于正常水平的条件下,工作负荷水平成为衡量人机环境系统性能优劣的关键评价指标。

4.3.2.1 生理工作负荷(体力负荷)

(1)概念与分类

生理工作负荷是单位时间内人体所承受的体力活动工作量。由于人的体力活动主要是通过人体肌肉骨骼协调完成,因而体力负荷直接表现为肌肉骨骼系统的负荷量及相应的肌肉活动水平。

物体作用于肌肉上的阻力称为负荷,而作业时肌肉的收缩力称为肌张力。

肌张力与负荷平衡而使肌张力保持不变的肌肉收缩称为等张收缩。以等张收缩为主的作业称为动态作业(又称动力作业),如运用关节活动的作业。

当人的躯体和肢体长时间维持某种姿势或体位,并运用肌张力将负荷支撑在某一位置时,肌纤维长度不变,这种肌肉收缩称为等长收缩。肌肉以等长性收缩为主的作业称为静态作业(又称静力作业)。静态作业能量消耗水平不高却容易疲劳。

根据工作持续时间长短,体力负荷分为瞬时工作负荷和持续工作负荷。根据工作所涉及的肌肉活动部位,体力负荷分为全身性体力负荷和局部性体力负荷。根据主要涉及的肌肉在工作时的活动状态,体力负荷分为动力性负荷和静力性负荷。

(2)致因与效应

表4-5为影响生理工作负荷的水平及其效应的因素。

表4-5 影响生理工作负荷的水平及其效应的因素

工作因素	负重水平、姿势与动作、持续时间、所用技术、负荷相对位置、作业重复性或速度
环境因素	工作空间尺寸、布局、噪声、振动、粉尘、有害气体、微气候(温度、湿度、通风)等
个体因素	年龄与性别、人体尺寸、健康程度、体质、适应性训练

生理工作负荷的影响随着负荷强度增高及暴露时间延长而逐渐增强。这一进程分为热身启动、最佳稳态、疲劳和劳损4个阶段。

若体力负荷强度在人有疲劳感之后继续增加或暴露时间继续延长,则负荷将会导致机体出现一定程度的病理性改变或损伤。如极强体力负荷水平下的肌肉拉伤、韧带撕裂等急性反应以及有静力性负荷或动力性负荷长期作用所导致的累积性肌肉骨骼系统疾患。

职业性肌肉骨骼疾患(occupational musculoskeletal disorders, OMD)主要是一些与职业有关的慢性肌肉骨骼损伤,或称累积性损伤(cumulative trauma disorders, CTDs),如慢性腰痛(chro-

---

① 拖沓效应:当设计师接受一个创意任务时,虽然希望能尽可能快地完成,但却不由自主拖沓到最后时限,通过通宵达旦的熬夜来完成设计。

nic low back pain，CLBP)、肩颈痛以及"网球肘"、"高尔夫肘"、"妈妈手"、"扳机指"、肌腱炎、腕管炎等。这些多是由工作中长期处于不良体位和姿势、不正确的工作施力方式及重复性动作所导致的慢性累积性疲劳损伤，往往要经过很长时间才逐渐显露出来。

（3）测定方法与减轻措施

生理工作负荷可以通过作业分析来直接测量，或通过测定工作对操作者的影响效应来间接地评估。前者主要通过时间动作分析等方法对工作的负重水平、动作、姿势、工作时间、速度和作业重复性等工作因素来进行分析确定；后者则主要通过对操作者伴随的生理生化指标(肌电值等)变化、主观感觉的测定来确定工作负荷对操作者的实际影响。

在工作中要尽量减少静态作业成分。操作的熟练程度越高，不必要的静态作业成分越少。通过动作分析和改革工具、改进操作方法，可以大幅度地减少不必要的静态作业成分。

4.3.2.2 心理工作负荷（脑力负荷、精神负荷）

随着计算机和自动化技术的广泛应用，现代人—机—环境系统的复杂化大大提高，加上社会生活节奏加快、社会环境日趋复杂等因素，工作者的体力负荷已大为减轻，但心理负荷却日益增高。

（1）概念与分类

心理工作负荷分为智力负荷和心理负荷。脑力负荷(智力负荷)主要源自工作对人的智力活动强度、难度和持续时间的要求。此时，心理工作负荷是工作者在完成任务时所使用的那部分信息处理能力，或在工作中脑力资源的占用程度。心理负荷(精神负担)主要源自工作对人的心理要求和对人体产生的心理应激，如作业单调性、孤独性、限制性、持续性和潜在的危险性对工作者造成的负面心理刺激等。此时，心理工作负荷是工作者在工作中所感受到的工作压力的大小。总之，心理负荷表现为感知、注意、记忆、思维、推理、决策等方面的认知负荷和情绪压力负荷。

（2）致因与效应

表4-6为影响心理工作负荷水平及其效应的因素。

表4-6 影响心理工作负荷水平及其效应的因素

工作因素	工作任务的难度、强度、持续时间、单调性
环境因素	工作空间尺寸、布局、照明、噪声、振动、粉尘、有害气体、微气候(温度、湿度、通风)以及相应工作仪器设备性能、物理干扰等物理环境因素 人际关系、组织文化氛围、管理机制、激励机制、人为干扰等社会环境因素
个体因素	健康程度、知识技能水平、认知方式、情绪管理应对能力、社会支持情况、工作动机与责任心等

心理负荷对协调工作绩效、工作态度与动机以及身心健康产生了负面影响。心理负荷水平与工作绩效之间呈倒U形曲线关系。心理负荷水平还会影响工作者对其工作的态度和满意度，进而影响其工作动机水平。高心理工作负荷条件下的工作者更倾向于认为工作单调、令人厌烦，对上班感到苦恼和忧虑，也会出现更多的随意离职与旷工等行为。高心理工作负荷水平会引发注意窄化、认知偏见、决策延缓与失误等认知问题，以及自尊降低、攻击性增强等不良情绪和社会行为，长此以往会导致偏头疼、神经性头疼等神经系统问题、胃溃疡等消化系统问题

以及高血压、冠心病等心血管系统问题。

(3)测定方法

心理工作负荷测量主要有主任务测量、次任务测量、生理测量和主观测量4类常用方法。眼动追踪技术通过对眼睛状态及运动轨迹的记录，从中提取瞳孔直径、眨眼次数、注视点、注视时间、眼跳等数据，可以对个体内在认知过程进行研究。目前这种技术已广泛应用于心理学的基础研究和各类应用研究领域。眼动仪是记录人眼运动（诸如跳动数目与幅度、注视时间与次数、瞳孔大小、视觉轨迹等）的仪器，该系统包括测试计算机、图像显示计算机和测试托架等，其中测试计算机与图像显示计算机之间可进行同步通讯。

4.3.3 劳动强度

劳动强度是指作业者在生产过程中体力消耗及紧张的程度。用能量消耗划分劳动强度等级，只适用于以体力劳动为主的作业。

(1)国际上的劳动强度等级划分

①克里斯坦森(Christensen)标准，以能耗量和氧耗量为分级标准来划分劳动强度等级。该标准以欧美人的平均值（体重70 kg、体表面积1.84m^2）为依据将劳动强度分为5个等级。

②国际劳工局1983年的划分标准，按能耗量和氧耗量、心率、直肠温度、排汗率等将劳动强度分为6个等级。

③日本能率协会按照作业时的相对代谢率将劳动强度分为5个等级。

(2)我国劳动强度等级划分

GB 3869—1997《体力劳动强度分级》按劳动强度指数来划分体力劳动强度等级，见表4-7。

表4-7 体力劳动强度分级

劳动强度级别	劳动强度指数	劳动强度级别	劳动强度指数
Ⅰ	≤15	Ⅲ	>20~25
Ⅱ	>15~20	Ⅳ	>25

在GB 3869—1997中，劳动强度指数计算公式：

$$I = T \cdot M \cdot S \cdot W \cdot 10$$

式中 I——劳动强度指数；

T——净作业时间比率；

M——8h工作日的平均能量代谢率[kJ/(min·m^2)]；

S——性别系数，男性系数为1，女性系数为1.3；

W——体力劳动方式系数，搬方式系数为1，扛方式系数为0.4，推（拉）方式系数为0.05；

10——计算系数。

净作业时间比率为工作日内的净作业时间与工作日总时间的比值：

$$T = 工作日内净作业时间/工作日总工时$$

净作业时间是指一个工作日内的作业时间减去休息和工作中持续1min以上的暂停时间。

通常采用抽样方法测其平均值。

某工种工作日平均能量代谢率$[kJ/(min·m^2)]$计算：

①当肺通气量 X 值在 3.0~7.3 L/min 时，
$$\lg M = 0.094\,5x - 0.537\,94$$

式中　M——能量代谢率$[kJ/(min·m^2)]$；

　　　x——单位时间、单位体表面积上的肺通气量$[L/(min·m^2)]$。

②当肺通气量在 8.0~30.9 L/min 时，
$$\lg(13.26 - M) = 1.164\,8 - 0.012\,5x$$

③当肺通气量在 7.3~8.0 L/min 时，M 由上述二式的均值确定。

某工种工作日平均能量代谢率等于将一个劳动日内各种活动与休息加以归类，按上述方法求各单项活动与休息的能量代谢率，再分别乘以从事各类活动与休息的累计时间，合计求得一个工作日的总能耗，最后除以工作日总时间。

除根据能量消耗外，劳动强度等级划分还应考虑作业物理环境条件和心理因素等进行调整。测定体力劳动能量消耗可用来划分和鉴定劳动强度等级，为制定合理的劳动制度和膳食供应以及劳保用品、补助等提供依据。

4.3.4　疲劳机理与疲劳测定

疲劳是工作负荷作用的结果，是工作紧张引起的局部性或全身性的非病理表现。

4.3.4.1　疲劳的特点

疲劳时，生理状态发生特殊变化。例如，心率、血压、呼吸及血液中的乳酸含量等发生变化。

人在主观上能够感受到疲劳状态的存在，有自觉的不适反应，如感到头晕、头痛、注意力涣散、控制力下降、信心不足，缺乏继续工作的动机。进行特定作业的能力下降，例如，对特定信号的反应速度、正确率及感受能力等下降。人对疲劳有一个从轻微疲倦到精疲力竭的感受过程，这一过程所经历时间长短因人而异。有时人主观上已有疲倦感，而实际上机体尚未进入疲劳状态。它是由人的心理作用所致，与人的工作动机、兴趣、事业心等有关。有时则对疲劳的感受比较迟钝，虽然主观上尚未感受到疲劳，但机体早已进入疲劳状况。体质较好的人或活动时注意力较集中的人能抑制疲劳感。此外，积极的自我暗示①能使人废寝忘食，消极的疲劳暗示易使人疲劳。某人对疲劳的感受也会通过暗示传播给他人。如在紧要关头，领导者的坚持往往会使下属克服疲劳感而完成任务。疲劳的可耐性和滞后性有时会造成人的过度疲劳，甚至会积劳成疾。

4.3.4.2　疲劳的类型

（1）生理疲劳

根据人体产生疲劳的部位不同，生理疲劳有以下几种：

①体力疲劳　是指由于肌肉的长时间重复收缩而引起的疲劳。在个别器官或肢体参与紧张

---

① 自我暗示是一个人在某项活动中，自己向自己发出某种指令。

活动时，身体局部产生疲劳，一般不影响其他部位的功能，称为局部性体力疲劳。例如，计算机操作带来的手臂、视觉疲劳。全身参加繁重体力劳动引起的疲劳，称为全身性体力疲劳，表现为全身肌肉、关节酸痛、疲乏、不愿动等主观疲倦感和客观的工作能力下降、误操作增加、反应迟钝、打瞌睡等。例如，长时间的游泳运动。

②脑力疲劳　由于长时间从事紧张的脑力劳动而引起的第二信号系统机能减退，表现为头昏脑胀、全身乏力、失眠或瞌睡等。例如，参加各种考试。

③技术性疲劳　主要出现脑力和体力劳动均有的、神经系统高度集中作业中，疲劳表现为头昏脑胀、全身乏力、瞌睡等。例如，汽车驾驶等。

根据引起疲劳的原因和状态的不同，生理疲劳有以下几种：

①急性疲劳　短时间过重活动引起。只要及时减轻或消除活动负荷，适当休息，即可恢复。

②慢性疲劳　长时间活动累积而成。这种疲劳恢复较慢，要长期治疗和休养，如果得不到妥当处理，就会积劳成疾。

③姿势疲劳　由于某一姿势活动持续较久，又没有注意合理调节，从而引起某些器官的疲劳。这种疲劳的产生过程较长，未能引起操作者本人的注意，如长期伏案写字引起胸痛、颈椎腰椎疲劳、肩部不适，时间久了会引起疾病。

④缺氧疲劳　由于长期营养不足或氧气供应不足所造成的疲劳。这种疲劳表现为乏力无劲，有的会造成疾病。如睡眠时间太长，就会引起缺氧疲劳，这在医学上称为久卧伤身。

⑤病理疲劳　指由于疾病造成的疲劳。如感冒发烧或肝炎病人在发病期和恢复期，都会感到四肢酸痛、浑身乏力。

（2）心理疲劳

在日常工作生活中，虽然劳动强度不大，但由于神经系统过于紧张或长时间从事单调、厌烦的工作而使操作者表现出较强的疲劳症状，如感觉体力不支、注意力不集中、反应迟缓、情绪低落，心烦意乱，并往往伴随着工作效率低下、错误率上升等现象。心理疲劳症状进一步发展，将导致头痛、眩晕、心血管和呼吸系统功能紊乱、食欲下降、消化不良以及失眠等。

心理疲劳常常带有主观体验的性质，并不完全是客观生理指标变化的反映。心理疲劳的产生与工作特征和操作者个体因素均有关系。过高的心理负荷会造成操作者高度的心理应激，而单调乏味的长时间操作会引起操作者极度厌烦，从而会诱发或加速操作者心理疲劳的产生。操作者对工作的态度、动机、期望以及操作者的情绪状态等对心理疲劳的产生和积累程度也有重大影响。

4.3.4.3 疲劳产生的机理

疲劳产生的因素，见表4-8。

表4-8　疲劳产生的因素

个体因素	力量、耐力、健康状况等身体素质，饮食习惯等营养与睡眠状况
工作因素	作业强度和持续时间，单调重复而枯燥的工作节奏及不合理作息制度等
环境条件	照明、色彩、气候、噪声、温度、振动等

人如同一个弹性"容器"，其内的液体就是疲劳的积累。容器的大小取决于个体因素。在一定工作条件和环境条件下，随着时间的延续，疲劳程度将不断增大。疲劳达到一定程度，必须进行休息，犹如打开容器的排放开关。否则，疲劳程度若超越人体极限，会对机体造成严重危害。

(1) 疲劳物质累积机理

短时间大强度体力劳动所引起的局部肌肉疲劳是由于乳酸在肌肉和血液中大量积蓄引起的。这与机体的供能方式有关。

(2) 力源耗竭机理

较长时间从事轻或中等强度体力劳动引起的疲劳，既有局部肌肉疲劳，又有全身性疲劳。此时的疲劳是由于肝糖元贮备耗竭引起的，故称为力源耗竭机理。

(3) 中枢变化机理

对于全身或中枢性疲劳的机理有两种观点。前苏联学者认为，强烈或单调的劳动刺激会引起大脑皮层细胞贮存的能源迅速消耗，这种消耗会引起恢复过程的加强；当消耗占优势时，会出现保护性抑制，以避免神经细胞进一步耗损并加速其恢复过程，这种机理称为中枢变化机理。

(4) 生化变化机理

英、美学者认为，全身性体力疲劳是由于作业及其环境所引起的体内平衡状态紊乱，引起这种平衡紊乱的原因除包含局部肌肉疲劳外，还有许多其他原因，如血糖水平下降、肝糖元耗竭、体液丧失(脱水)、电解质丧失(Na^+和K^+)、体温升高等，这称为生化变化机理。

(5) 局部血流阻断机理

长时间静态作业，身体局部会产生血流阻断或阻滞现象，进而出现局部机体疲劳。

实际上，疲劳是体内神经、生理、心理、能量变化、血液循环、物质消耗等的综合反应。

4.3.4.4 疲劳测定

疲劳测定旨在研究疲劳与劳动产量和质量、疲劳与舒适感之间的关系，测量人体对不同劳动强度和紧张水平以及环境条件的反应，为发展生产和改善劳动、生活条件提供依据。疲劳测定结果应能客观、定量描述疲劳程度，而不依赖于研究者的主观解释。疲劳测定过程中不能导致被测者附加疲劳或造成反感，如分神、造成心理负担而加重疲劳。

(1) 生化法

检查作业者的血液、尿液、汗液、唾液、血糖、乳酸等成分的变化，进行疲劳判断。这种方法缺点是必须终止作业，易造成作业者带来反感和不适。

(2) 生理心理测试法

①膝腱反射阈限法 用医用小硬橡皮锤按照规定冲击力敲击受试者的膝盖部四头肌，根据膝跳反射引发的小腿弹起角度大小评价疲劳大小。锤长15cm、重150g时，一般认为作业前后反射角变化5°~10°时为轻度疲劳；10°~15°时为中度疲劳；15°~30°时为重度疲劳。

②两点阈法 用针状物同时刺激被试者皮肤的两邻近点，被试者能将刺激区分成两点的最小距离称为皮肤敏感距离。疲劳愈严重，皮肤敏感距离越大。

③频闪融合阈限检查 受试者观看一个频率可调的闪烁光源，先从低频起，使视觉可见仪

器内光点不断闪烁；当增大频率，视觉刚刚出现闪烁消失时的频率值称闪光融合阈。光点从融合阈值以上降低闪光频率，当视觉刚刚开始感觉到光点闪烁时的频率值称闪光阈。闪光阈与融合阈的平均值称临界闪光融合值。记录工作前后受试者可分辨闪烁的频率数，利用视觉对光源闪变频率的辨别程度判断机体疲劳。适于测试视觉疲劳、中枢神经疲劳。疲劳愈严重，频闪融合阈越低。

④连续色名呼叫法　给出 100 个红、黄、蓝、白、黑的色块，令被试者识别颜色，记录其呼出全部色块所需要的时间和错误率。疲劳愈严重，回答速度越慢，出错率越高。

⑤反应时间测定法　测量被试者对光、声音等刺激信号所作出简单反应或选择反应的时间，以判断其疲劳程度。疲劳愈严重，反应时间越长。

⑥勾销字符测定法　给出 5 种字符共 200 个随机排列，在规定时间内勾销一种符号，记录完成的时间和错误率。

⑦心率、血压检查法　通过心率、血压的变化判定被试者的疲劳。可以不用终止工作，用"遥测"的方法。疲劳严重时，脉压小于 1/2 最大脉压，心率超过正常值 40 次以上。

⑧脑电图、肌电图检查法　用脑电图判断脑疲劳程度，用肌电图检测局部肌肉的疲劳程度。疲劳越严重，放电振幅越大，节律变缓。

(3) 主观评价法

通过各种量表和调查表记录被试者的主观感受并对其赋值，通过统计分析对疲劳进行评估。

①身体疲劳部位调查法　将身体分成许多小区域，在作业前后针对这些小区域进行问卷调查，并将感觉不舒适或疼痛的部分记入问卷，然后进行分析评价。

②皮尔逊疲劳量表法　皮尔逊疲劳量表是一种单位量表，它将疲劳分为 13 等级，并对人体疲劳进行评定。

③疲劳自觉症状调查法　应用多维疲劳量表，通过对被试者本人主观感受（主诉症状）进行调查统计，来判断被试者疲劳程度，见表 4-9。调查应在作业前、中、后至少进行两次。

表 4-9　疲劳自觉症状调查表

群　组	序　号	自觉症状
困倦感	1	犯困
	2	想躺下来
	3	打哈欠
	4	没干劲
	5	浑身无力
不安定感	6	感觉不安
	7	心情忧郁
	8	心神不定
	9	脾气急躁
	10	思路混乱

(续)

群　组	序　号	自觉症状
不适感	11	头疼
	12	头重
	13	心情不好
	14	精神恍惚
	15	头晕
乏力感	16	手臂无力，发酸
	17	腰疼
	18	手或手指疼
	19	腿脚发酸
	20	肩膀发酸
模糊感	21	眼睛疼
	22	眼睛疲劳
	23	眼睛干涩
	24	眼睛有些睁不开
	25	视线模糊

要求被试者对每个症状进行打分，完全不适合为 1 分，稍微适合为 2 分，有点适合为 3 分，相当适合为 4 分，非常适合为 5 分，然后进行综合评价。

(4) 他觉观察法

选定若干被试者，在不被其发觉的条件下对他们进行若干天的跟踪调查(或立体扫描、录像)，把被试者在每个时间段的体验(疲劳特征、表情、态度、姿势、动作轨迹、单位动作所需时间、工作数量和质量)进行统计分析，计算每个时间段的平均数，以平均数判断疲劳的方法称为他觉观察。

随着疲劳程度的加深，操作者的工作能力将会明显下降，所以操作者的工作绩效，包括完成产品的数量、质量、反应速度以及出错率或者发生事故的概率等，都可以作为疲劳评定的指标。这种方法又称工作绩效测定法。

4.4 提高作业能力，降低作业疲劳

4.4.1 作业能力

作业能力是指作业者完成某种作业所具备的生理、心理特征，综合体现了个体所蕴藏的内部潜力。在以体力劳动为主的作业中，如流水线作业，作业能力可以从作业者单位作业时间内生产的产品产量和质量间接地体现出来。在以脑力劳动和神经紧张型为主的作业中，如仪表监视、汽车驾驶等，其作业能力可以用误动作率、感受性、视觉反应时间等作为衡量指标。

4.4.1.1 作业能力的动态变化规律

轻或中等劳动强度条件下白班作业能力变化，如图4-5所示。通过作业能力变化规律调查分析，可以找到疲劳周期，合理安排作息时间。脑力劳动稳定期较短，应安排短暂休息。

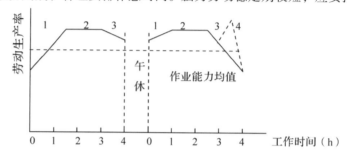

图4-5 轻或中等劳动强度条件下白班作业能力变化
1. 入门期 2. 稳定期 3. 疲劳期 4. 终末激发期

生产成果（产品的产量和质量）除受作业能力的影响外，还受作业动机等因素的影响，因此生产成果可以用下面的表达式来表示：

$$生产成果 = f(作业能力 \times 作业动机)$$

4.4.1.2 影响作业能力的主要因素

影响作业者能力的因素有很多，主要有素质、知识、教育、环境和实践等因素。

(1) 人的生理、心理因素及熟练效应

①身体条件 体力劳动能力与劳动者的身材、年龄、性别、健康和营养状况等有关。在25～35岁以后，心血管功能和肺活量开始下降，氧上限逐渐降低，作业能力也相应减弱。由于生理差异，男性的心脏每搏输出量、肺的最大通气量等均较女性大，作业能力比女性强。对于脑力劳动，智力发育在20岁左右才达到完善程度，一般20～40岁是脑力劳动效率最高阶段。智力高低和脑力劳动效率与身材、性别基本无关系。

②情绪 客观的工作条件、人际关系、个人及家庭的生活状况、健康状况、成熟程度、性格、责任、疲劳等都能影响人们的情绪。积极情绪能对人的神经系统增加新的活力，刺激人的大脑皮层，发挥人体的潜在能力，提高人们的作业能力和工作效率，对人的生命活动产生极为良好的作用。消极情绪会使人失去心理上的平衡，削弱机体潜力发挥的能力，产生肌肉的紧张度和负荷感，降低作业能力。

③锻炼和熟练效应 锻炼可以巩固动力定型，使肺活量增加，判断及时而准确，动作敏捷、准确、协调，使所从事的作业有良好的适应性和持久性。锻炼对脑力劳动来讲，可以开发潜在的智力。通过熟练效应可以使人对所进行的动作产生预定位，预定位是指人脑高级神经活动配合作业过程所产生的预先意识的生理和心理现象。

(2) 环境因素

一般指工作场地的物理环境因素以及劳动组织制度和企业文化，有时则指海拔高度、气压、热度、寒冷、噪声及大气污染等因素。它对脑力和体力劳动都有直接或间接的影响。

(3) 工作条件和性质

生产工具按照工效学原则设计，既有利于提高工效，又有利于减轻劳动强度、减少静态作业成分和作业的紧张程度。

根据不同的作业技术性质、强度大小,合理制订作业时间,安排作业节奏和进度。

现代企业是集体协作的行为,要综合考虑社会、家庭、生物节律等多种因素,制定合理科学的作业制度。

避免作业单调,以免身心受到抑制。考虑职能丰富化、职务扩大化。

4.4.2 作业姿势的重要性

4.4.2.1 作业姿势与人体机能的关系

人的姿势是在操作过程中必然呈现的,是人机关系的纽带。作业姿势设计的目标,是使人在作业过程中采取最为合理、最少疲劳和高效率的姿势。立姿与人体机能的关系,如图 4-6 所示。

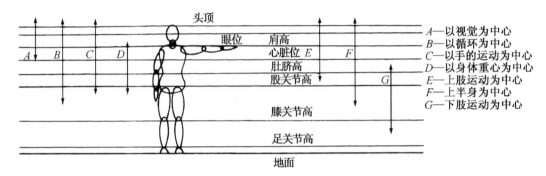

图 4-6 立姿与人体机能的关系

①与视觉的关系 在作业过程中需要考虑适宜的眼高和视距,否则就会形成蹲下、前屈、侧屈的姿势,或者足尖踮起的姿势。保持或反复做这样的姿势,是引起过早疲劳和降低能力的原因。

②与循环的关系 在远离心脏部位的身体上部或下部的地方,由于重力缘故,血液流动往往变得恶化,手脚因而会发麻、浮肿。所以,应避免手的操作点过高的姿势,或蹲下的姿势、把头低下的前屈姿势、长时间站立的姿势。

③与手、上下肢、上半身等的运动关系 手指作业的场合,肘关节是运动中心;上肢运动时,肩关节是运动中心;下肢运动时,股关节、膝关节是运动中心;上半身运动时,股关节是运动中心。运动的中心及范围取决于作业点的位置。为使身体各部的运动自由进行,需要考虑运动中心。

④与身体重心的关系 为了保持身体平衡,作业者在劳动过程中往往会倾斜身体;施力越大,倾斜程度越大。

4.4.2.2 人体各部位姿势

在生产活动中,为了避免造成不必要的伤害,还应了解人体各部位的各种不当姿势,见表 4-10。

表 4-10 人体各部位姿势识别表

身体部位	姿　　势			
背	中立	前屈	向后伸展	扭转
颈	中立	前屈	向后伸展	侧向弯曲/扭转
肩	中立	肘部离身大于30°	前伸	后伸
肘	中立	弯曲	伸展	
前臂	中立	掌心向下	掌心向上	
腕	中立	弯曲	伸展	尺偏 / 桡偏

4.4.3　提高作业能力及降低疲劳的措施

疲劳会造成作业能力下降，甚至诱发事故。延长作业时间，疲劳增加，产量直线下降。经验证明，缩短工作时间，生产率会大大提高，而且劳动强度越大，缩短工时使得生产率提高得越大。

4.4.3.1 基于解剖学、生理学和生物力学，改进操作方法、合理应用体力

（1）合理选择作业姿势和体位

避免和减少静态作业，尽量采用随意姿势。不同的姿势，人体肌肉活动度差异很大。不同的作业对象，其操作姿势完全不同，当然操作者的能耗也就不同；从坐姿操作到搬运重物，其能耗范围为 6.72~68.04kJ/min。固定姿势、静态作业能耗水平不高，却容易疲劳。

①避免弯腰及其他不自然的姿势，如图 4-7 所示。当身体和头向两侧弯曲造成多块肌肉静态受力时，其危害性大于身体和头向前弯曲所造成的危害性。避免其他不良体位，例如，静止不动的立位；长期或反复弯腰超过 15°；弯腰并伴有躯干扭曲；经常或反复单侧负重或让单侧下肢承担重；长期双（单）手前伸等。否则，能耗大，易疲劳。

②避免长时间抬手作业，如图 4-8 所示。抬手过高不仅引起疲劳，而且降低操作精度，影响人的技能发挥和作业效率。

图 4-7 弯腰作业　　　图 4-8 抬手作业　　　图 4-9 视觉作业

③用眼观察时，平视效果好。最佳视野纵向在水平线视向下 30°范围内，横向 60°范围内。作业台面高度应按工作者的眼高和视距来设计。视距越近，作业位置越高，如图 4-9 所示。

④利用重力作用。当一个重物被举起时，肌肉必须举起手和臂本身的重量。应当尽量在水平方向上移动重物，并考虑利用重力作用。有时身体重量能够用于增加杠杆或脚踏器的力量。在有些工作中，如油漆，重力起着较为明显的作用。当要从高到低改变物体位置时，可以采用自由下落的方法。如是易碎物品，可采用软垫，也可使用滑道，把物体的势能变为动能，如图 4-10 所示。

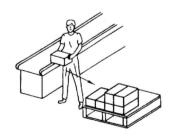 

图 4-10 从高向低卸载货物

⑤坐姿工作比立姿工作省力,设计便于调节、容易起立的两用凳,以减少由于反复变换姿势而引起的疲劳。

⑥双手同时作业时,手的运动方向应相反或对称。单手作业易造成背部肌肉静态施力。

⑦常用工具、零件、材料与操作者的远近位置关系应反映作业(使用/操作)频率。为了保证手的用力和技能发挥,操作时手最好距眼睛 25~30cm。

⑧手在较高位置作业时,应增设肘关节、前臂和手的支承物。支承物表面应为毛巾或其他较为柔软而且不凉的材料。支承物应可调,以适合不同体格者。脚的支承物不仅应能托住脚的重量,而且应允许脚做适当的移动。

⑨避免弯腰提起重物。由于脊柱曲线形态和椎间盘的作用,整个人体脊柱富有一定的弹性,人体跳跃奔跑时完全依靠这种结构吸收冲击能量。脊柱承受的重量负荷由上至下逐渐增加,第五块腰椎处负荷最大。在提起重物时,重物负荷和人体本身负荷共同作用,使腰椎承受极大负担,因此人们腰椎病发病率极高。直腰弯膝提起重物时,椎间盘内压力较小;而弯腰直膝提起超重物,会导致椎间盘内压力突然增大,尤其是椎间盘的纤维环受力极大,如图 4-11 所示。若椎间盘已有退化现象,则这种压力最易引起突发性腰部剧痛。

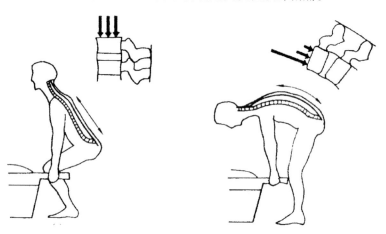

图 4-11 直腰弯膝与弯腰直膝

(2)合理设计作业中的用力方法

①合理安排负荷。例如,负重步行时,当负荷小于体重的 40% 时,氧耗量基本不变,否则,氧耗量剧增。并非负重越轻,能耗越少。

②按生物力学原理,将力用于完成某一动作的做功上去。例如,扁担软一些较好。

③利用人体活动特点获得力量和准确性。大肌肉关节弯曲时产生大的爆发力,适宜立姿操作。围绕关节的对抗肌肉群可获得准确性,如坐姿手臂操作。

④利用人体动作的最经济原则,使动作自然、对称、有节奏。利用最适合运动的肌肉群,符合自然位置的关节参与动作,否则耗能较大。保证用力后,不破坏身体的平衡和稳定。使能量不至于因肢体过度减速而浪费,如有预知。注意肌群轮换着工作。

⑤降低动作能级。用手能完成的不用手臂动作,用手臂完成的不用全身动作。

⑥充分考虑不同体位的用力特点。

⑦负荷方式不同,能耗也不同,见表4-11。

表4-11 不同负荷方式下的相对能耗

负荷方式	肩挑(基准)	一肩扛	双手抱	两手分提	头顶	一手提
能量消耗	1.00	1.07	1.10	1.14	1.32	1.44

4.4.3.2 改善工作内容,合理调节作业速率

单调工作是指内容单一、动作短暂而高度重复的作业,或长年累月干同样的工作。例如,流水线作业、劳动分工过细的作业。限制作业者创造力发挥的作业都是单调乏味的,没有成就感的,它使人产生不愉快的情绪。单调感使作业节奏发生变化,工作质量下降,工作不能坚持下去。单调感还使作业能力动态曲线发生变化,稳定期过早变成疲劳期,仿佛工作时间延长了,下班前以为该完成工作量实际却完不成,有时出现终激发现象。单调作业能耗不多,但容易精神疲劳。

克服单调感可以采取如下措施:

①操作再设计。将若干操作时间短的工序合并为一个长工序,可以使作业内容丰富,克服单调感,提高质量和效率,减少缺勤、工伤和事故率,有成就感。

②作业变换。从一种单调工作变换到另一种单调工作,从心理上克服了单调感,并可以促使工人丰富技能,促进其职业发展,同时提高作业效率和产品质量。

③突出目的性。操作中设置阶段性目标,会使人感到鼓舞;达到目标后,有进步感。

④向工人报告作业完成情况。例如,在生产车间黑板上张贴日报表。

⑤实行自主速率(它往往优于规定速率),工人满意度提高,干活轻松,同时生产率提高。

每个人在生理上都有一个最经济的工作速率,例如,平均体力的男子,不带任何负荷,在平直道路上正常速度80m/min,负重步行时的最经济速率为60m/min。工作速率对疲劳和单调感影响很大。经济速率下工作,氧需最低,不易疲劳,并且效率高。工作速率高而无暇休息,单调感体验越强烈,疲劳增加。监控高速运转的自动化设备时,脑力劳动强度很高。若工作速率太低,工人情绪冷淡,工作感到贫乏,能力发挥不出来。流水线节拍慢会使工人注意力分散,废品增加。

4.4.3.3 合理安排作业休息制度

安排作业休息制度主要考虑休息时间的长短、休息的频率、什么时候休息。

(1)合理确定休息时间

有学者提出,8h 工作日的合理能源消耗极限是 22.386kJ/min(Bink,1962)。德国学者 E. A. 米勒提出以下基本假设:①一般人不休息而连续作业 8h 的最大能耗界限为 16.75kJ/min,若作业时超过此水平,就必须动用机体的能量储备。②机体的标准能量储备为 100.47kJ。休息可以补充能量储备。为了避免累积性疲劳,一般要求工作时间加上休息时间的平均能耗不能超过 16.75kJ/min。

设作业时能量消耗量为 M,制度劳动时间为 T,持续劳动时间为 T_L,休息时间为 T_x,则有 $T = T_L + T_x$,休息率 $Tr = T_x/T_L$,实际劳动率 $T_W = T_L/T$。

持续劳动时间是指体内标准贮能（100.47kJ）被耗尽的时间，即能量耗尽后必须休息。

$$T_L = \frac{100.47}{M - 16.75}$$

工作时间加上休息时间的平均能耗不能超过 16.75kJ/min。见公式：

$$T_L M = (T_L + T_X) \times 16.75$$

$$T_X = \frac{T_L M}{16.75} - T_L = \left(\frac{M}{16.75} - 1\right) T_L$$

$$T_r = \frac{T_X}{T_L} = \frac{M}{16.75} - 1$$

通过上述公式可以计算出体力劳动过程中的休息时间。

【例】 8 h 工作制中，作业开始前和作业结束前，某工人各用0.5h准备和整理工作地，中午有 1 h 的午饭时间。作业时的能量消耗为 32 kJ/min，安静时的能量消耗为 6 kJ/min。试分析该工作进行过程中至少应安排几次休息时间？

解：劳动时间 $T_L = \dfrac{100.47}{M - 16.75} = \dfrac{100.47}{32 - 16.75} \approx 6.6 (\min)$

休息率 $T_r = \dfrac{M}{16.75} - 1 = \dfrac{32}{16.75} - 1 = 0.91$

休息时间 $T_X = T_r \cdot T_L = 0.91 \times 6.6 \approx 6 (\min)$

休息次数 $N = \dfrac{T - (T_{准} + T_{整} + T_{午})}{T_L + T_X} = \dfrac{(8-2) \times 60}{6 + 6.6} \approx 29 (次)$

工间休息是必要的，不是工人偷懒，而是生理需要。工人有时擦擦汗、挪动一下位置等，试图表明这是技术上的需要，掩盖了所需的工间休息。实际生产中，尤其是流水线作业，自动化程度高，工人心理紧张，单调感增加，容易形成心理疲劳；高温、强辐射、高噪声等环境也会产生精神疲劳。因此，适当安排工间休息对恢复、缓解疲劳有好处。

休息次数和时间，应视作业类型及强度大小而定。

(2) 换班制度

生产中由于设备连续运转等原因，作业者可能需要轮班，这样会造成人体生物钟紊乱，导致工作效率下降等。若长期晚班作业，而在白天得不到充分的休息和恢复，作业者的健康以及家庭、社会生活等将受到负面影响。因此，应尽量取消不必要的换班；若必须换班，应适当改善作业和生活条件，采用"四班三转"或"五班四转"，逐步过渡，减少工人的不适应性。

【案例】 制定"四班三运转"班历：在 8：00～16：00、16：00～24：00、24：00～8：00，3 个时间段，分别轮流安排"早班—中班—晚班—休息"四个班次，即将工人分为甲、乙、丙、丁 4 个班组进行轮班，每班工作 8h，每两天按顺序或逆序进行倒班，每 8d 中上班 6d、轮休 2d。

(3) 休息日制度

一般轻度、中等劳动，作业1d后，第二天可以恢复，而重体力劳动连续工作5～6d，需休息 1～2d 才能恢复，因此必须安排休息日制度。休息日主要用以消除操作者的累积疲劳。对于不同的工作性质，休息时间也不同。

思考与讨论

1. 什么叫产能？什么叫作业能力？比较产能与生产管理中的产能、作业能力与质量管理中的工序能力。
2. 动力定型对员工培训程序和方法有何启示？课外进一步学习什么叫学习曲线。
3. 结合日历，具体制定的"四班三运转"班历。在学习劳动法的基础上，进一步探讨该班历的可行性和相关法律问题。
4. 谈谈作业变换与轮岗的区别？进一步了解什么是管理培训生？
5. 什么叫过劳死？搜集脑力劳动者过劳死的案例，并就这一现象进行小组讨论。
6. 如何利用人的生物节律管理自己及自己的日常生活？
7. 什么是应激？工业生产中工作地的主要应激源有哪些种类？应激理论对心理和行为以及安全、健康有何启示？
8. 讨论脑力劳动作业能力与身材、性别有无关系？

参考文献

葛列众，李宏汀，王笃明. 2012. 工程心理学[M]. 北京：中国人民大学出版社.

张广鹏. 2008. 工效学原理与应用[M]. 北京：机械工业出版社.

（美）尼贝尔，弗瑞瓦兹. 2007. 方法、标准与作业设计[M]. 11版. 王爱虎，等译. 北京：清华大学出版社.

GB 3869—1997 体力劳动强度分级.

第 5 章 家具设计

本章主要阐述椅类、沙发、床具等供人坐卧的人体类家具的设计；桌台等供人工作的准人体类家具的设计；柜类、架格等供人存放或展示物品以及观赏的建筑类家具的设计。在阐述家具设计的同时，涉及相关物品的尺度以及家具设计的评价，并介绍相关的国家标准。

家具是人们生活的必需品，它直接、间接与人体接触，并作用于人，这正是家具的主要功能。

根据家具与人之间关系的密切程度，家具可分为：

(1) 人体类家具

又称支承系家具，是与人体关系密切，对人体起支撑作用的家具，如椅子、凳子、沙发和床榻等。这类家具可供人坐、卧，直接影响人体健康与舒适性。

(2) 准人体类家具

又称为凭倚系家具，它是部分功能与人体有关，部分与物体有关的家具，如桌台类家具。这类家具可供人们凭依、伏案工作或生活，同时可部分地陈放和储存物品。

(3) 建筑类家具

又称贮存系家具，是与人体接触时间较短而与物的关系比较密切的家具，功能上又分为收纳类家具以及装饰类家具，形式上则分为厨柜类、箱类及架格类家具。

人的感知、动作和情感与家具的"接触"面，称为家具的界面。较复杂的家具系统由多人、多个家具单元构成。例如，某个组织的办公系统家具，其界面设计包括各种工作关系。

5.1 坐具设计

坐具的历史源远流长，人类坐的方式也经历了由席地而坐到垂足而坐的缓慢变化。但直到1948年，瑞典整形外科医生阿克布罗姆(Bent Akerblom)的《站与坐的姿势》一书问世，才有了历史上第一本分析坐姿解剖特性的专著，奠定了用人体解剖学理论指导座椅功能设计的基础。

5.1.1 坐具设计的主要依据

当站立时，人体的足踝、膝部、臀部和脊椎等关节部位受到静肌力作用，以维持直立状态；血液和体液会向下肢积蓄。而坐着时，可免除这些肌力，减少人体能耗，消除疲劳；肌肉组织松弛，使腿部血管内血流静压降低，血液流回心脏的阻力减少，因此更有利于血液循环；此外，有利于保持身体稳定，对精细作业更适合，也有利于提高工作效率。人一生中的很大一部分时间是在座位上度过的；随着技术的进步，越来越多的劳动者采取坐姿作业。但久坐也有弊端，如脊柱呈弧形，内脏受压，第三腰椎压力加重等。因此，研究坐姿和座位设计的工效学问题，对提高人们的生活、工作质量具有重要意义。

正确坐姿为：头部不过分弯曲，颈部向内弯曲；胸椎向外弯曲；上臂和前臂之间约成90°，而上臂近乎垂直；腰椎向内弯曲；大腿下侧不受压迫；脚平放于地板或脚踏板上。

5.1.1.1 坐姿生理学

(1) 脊柱结构(图5-1)

在坐姿状态下，支持人体的主要结构是脊柱、骨盆、腿和脚等。人体脊柱由33块短圆柱状椎骨组成，包括7块颈椎、12块胸椎、5块腰椎、5块骶骨、4块尾骨，相互间有肌腱和软骨连接。

(2) 腰曲弧线(图5-2)

脊柱侧面有4个生理弯曲：颈曲、胸曲、腰曲和骶曲，其中与坐姿舒适性直接相关的是腰曲。正常姿势下，脊柱的腰椎部分前凸，而至骶骨时则后凹。图5-2中，人体正常腰曲弧线是松弛状态下侧卧的曲线(B)；躯干挺直坐姿和弯腰时的腰曲弧线(F、G)会使腰椎严重变形。欲使坐姿能形成几乎正常的腰曲弧线(C)，躯干与大腿之间必须有大于90°的角度，且在腰部有所支撑。

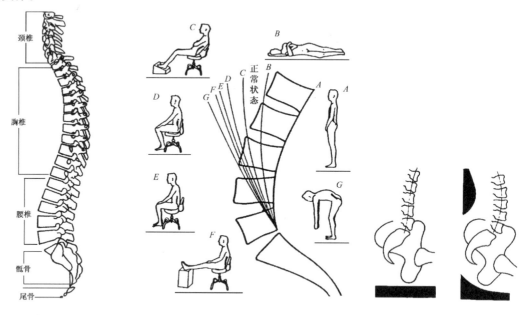

图 5-1　脊柱的形状及组成　　图 5-2　不同姿势下所产生的腰曲　　图 5-3　腰椎后突和前突

(3) 腰椎后突和前突(图5-3)

若没有腰靠，腰椎会后突；而腰靠过分突出，则腰椎会前突。为使坐姿下的腰曲弧线变形最小，座椅应设两点支承。设置在第4、5腰椎之间的高度上的第一支承，称为腰靠。第5、6胸椎高度相当于肩胛骨的高度，肩胛骨面积大可承受较大压力，所以第二支承应位于第5、6胸椎之间，称为肩靠。腰靠和肩靠一起组成靠背，腰靠和肩靠之间形成靠背曲线，以便支承人体。

5.1.1.2　坐姿生物力学

(1) 脊椎肌肉活动度

脊椎上活动最频繁的部位是颈椎和腰椎。当脊椎偏离自然状态时，其附近的肌腱组织就会受到相互拉压作用，使肌肉活动度增加，招致疲劳酸痛。肌腱组织受力时，产生一种活动电势。根据肌电图记录结果，在挺直坐姿下，腰椎部位肌肉活动度高，因为腰椎前向拉直使肌肉组织紧张受力。提供靠背支撑腰椎后，活动力明显减小。当躯干前倾时，背上方和肩部肌肉活动度高，以桌面为前倾时手臂的支撑并不能降低活动度，如图5-4所示。

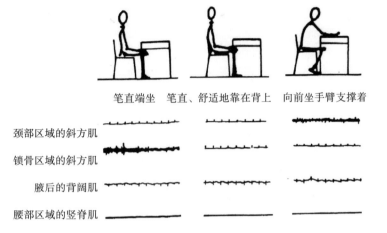

图 5-4　坐姿与颈背部受力

（2）体压分布

人体结构在骨盆下面有两块圆骨，称为坐骨结节。人体在坐姿状态下，与座面紧密接触的实际上只是臀部的两块坐骨结节，其上只有少量肌肉，人体重量的 75% 左右由约 25cm^2 的坐骨周围的部位来支承，这样久坐足以产生压力疲劳，导致臀部痛楚麻木感。测试研究表明，支承面积增大 10cm^2，臀部压力值将会降低 20%，并使压力分散。研究指出，坐骨处压力值以 8～15kPa 为宜，在接触边界处压力降至 2～8 kPa 为宜。

人体坐骨粗壮，与其周围肌肉相比，能承受更大压力；而大腿底部有大量血管和神经系统，压力过大会影响血液循环和神经传导而感不适。所以座垫上的压力应按臀部不同部位承受不同压力的原则来设计，即坐骨处压力最大，向四周逐渐减小，至大腿部位时压力降低至最低值，此即坐垫设计的压力分布不均匀原则，如图 5-5 所示。

当人跷起二郎腿的时候，体压分布主要集中在被压大腿的一侧，如图 5-6 所示。长期跷二郎腿，由于骨盆乃至脊柱发生旋转、脊柱变形、骨质增生的危险性会增大。

不同姿势时，体重在椅子不同部位上的分布，参见表5-1。人体在靠背上的体压分布，如图 5-7 所示。

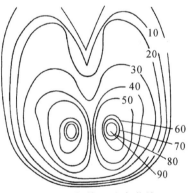

图 5-5　理想体压分布曲线
（单位：10^{2}Pa）

表 5-1　不同姿势时，体重在椅子不同部位上的分布（全部体重的百分率%）

坐　姿	座面向后倾斜的椅子			座面向前倾斜的椅子		
	座面上	靠背上	踏脚上	座面上	靠背上	踏脚上
笔直坐	76		24	64		36
向后坐（全部靠在后面）	68	15	17	63	10	27
向前坐（骨盆被旋转）	60	10	30	57	5	38

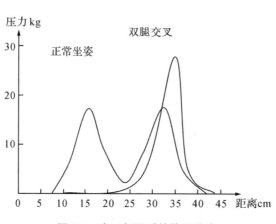

图 5-6 跷二郎腿时的体压分布

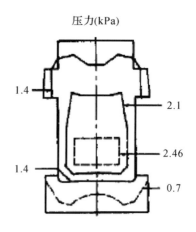

图 5-7 人体在靠背上的体压分布

（3）股骨受力分析（图 5-8）

坐骨结节下的座面呈近似水平时，压力集中于臀部，两坐骨结节外侧的股骨处于正常位置而不受过分压迫，大腿内侧无压力，坐感舒适。弧形座面会使压力略微分散，但大腿内侧受较大压力；斗形座面会使股骨受压向上转动，髋部肌肉承受反常压迫，并使肘部和肩部受力，引起不适。

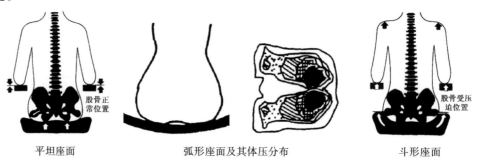

平坦座面　　　弧形座面及其体压分布　　　斗形座面

图 5-8 不同座面形状及其对股骨受力的影响

（4）椎间盘受力分析（图 5-9）

脊柱具有负重、减震、保护和运动等功能。腰椎、骶骨及其椎间盘、软组织承受大部分负荷，并实现弯腰扭转等动作。

当坐姿腰曲弧线正常时，各椎间盘上受的压力均匀而轻微，韧带几乎不受推力，韧带不拉伸，肌肉组织承受均匀的静负荷，腰部无不舒适感。当人体处于前弯坐姿时，椎骨之间的间距发生改变，相邻两椎骨前端间隙缩小，后端间隙增大；椎间盘在间隙缩小的前端受推挤和摩擦，迫使它向韧带作用一推力，从而引起腰部不适、酸痛、疲劳等感觉，长期累积作用则容易引发椎间盘病变。图 5-9 为驾驶员舒适驾驶

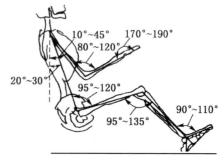

图 5-9 驾驶员舒适驾驶姿势

姿势。

5.1.1.3 坐姿人体测量尺寸

坐姿人体测量尺寸是坐具静态尺寸设计的主要依据，相关的人体测量主要尺寸如图5-10所示。

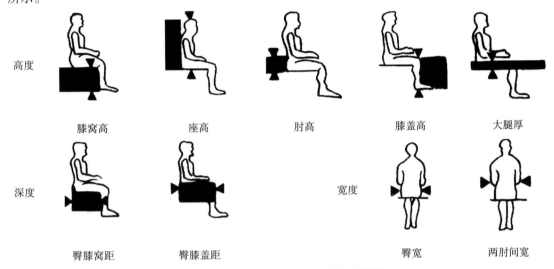

图 5-10　座椅静态尺寸设计的主要依据

5.1.1.4 人椅界面

人椅界面，简称椅面，包括与人体接触的座面、靠背及扶手表面等，而座面仅指座平面。除了体压分布的因素，椅面或坐垫、靠垫的触感及保温性、透气性也应予以适当考虑。

所谓正确坐姿是相对的。采取后靠坐姿，人体腰部和颈背部肌肉受力较小；前倾坐姿，人体腰部受力最大；而平直坐姿，背部和肩颈部最易疲劳。无论座椅设计多么"合理"，久坐就会不舒服，人就想站起来活动一下身体，使各部分的体压状况有所调节，骨骼肌肉的状态有所变化，这才更符合人的自然要求。

5.1.2　坐具功能设计

5.1.2.1 坐具的分类

人们在不同场所从事不同的工作或活动，往往采用不同类型的坐具。由于使用目的不同，坐具的功能就有差异，人们采取的姿势及其影响也不同。椅子是常用的坐具，见表5-2。

（1）工作用坐具

以舒适、稳定、便于工作为主要设计目的，座面要求受力均匀，腰部一般有所支撑。

（2）休息用坐具

专供休息用的坐具，注重舒适性，使人坐在上面姿势自然，感到轻松、舒服。

（3）多功能坐具

有按摩或视听等功能的椅子，或指可供多种场合使用的座椅（图5-11）。

表 5-2　椅子种类

类别	品种	功能及用途
工作椅	学习椅	提供给人们特别是孩子学习时使用的一类坐具。正在发育期的孩子身体尺寸变化很快，且个体差异大。除课椅以外，阅览室和书房的椅子也属此类
	办公椅	与办公桌配套使用。强调舒适性和便捷性，椅子多有靠背，常用滑轮。秘书用办公椅小巧灵活，无扶手；经理人用办公椅尺度相对较大，且有扶手，并设置可调式的腰背靠和头靠
	作业椅	在工厂较高工作强度时使用，分坐姿工作椅和立姿工作椅
	餐椅	用餐时使用。设计不合理的餐椅会压迫人的消化系统，间接导致食欲不高，长期使用会产生生理、心理问题。快餐椅在座面设计等方面降低了使用者的舒适度
	平衡椅	利用人的生物力学和平衡原理进行设计；使用时腹部舒适，但起身不变。一般为座面前倾30°左右，设膝靠或脚踏，往往没有靠背
休息椅	休闲椅	轻度休息椅，可供阅读、机场航站楼、医疗候诊室、飞机座舱、列车的座椅、会客椅等
	摇椅	高度休息椅。摇椅腿部弧线的曲率、摇摆的频率和幅度、平衡定位能力都影响舒适度。或称之为逍遥椅、安乐椅
	躺椅	高度休息椅，放松作用更加明显。靠背倾角很大，人视线向上，因而不适合看电视时使用
	沙发	高度休息（软体）椅，一般分为单位、双位和多位沙发，用于客厅、接待室和公共大厅
多用椅	多用椅	设计这类座椅要突出通用性，并要设计成便于折叠或移动的。例如，餐厅、会议室、候车候机室使用的座椅以及从事一般家务工作时使用的座椅
	多功能椅	兼有睡床功能的多功能沙发等

折椅
通过连杆机构，不用时可节省空间；使用时可转至室外，享受午后暖阳

小姐椅
比一般椅子较低，椅座下的抽屉用来放置金莲小鞋，朱红色表现喜庆气氛

多功能休闲椅
将摇椅和转椅合为一体。造型源于飞鸟，更具动态美感，兼与功能相合；座面外形流线优美，以人体放松时的身体曲线为参照

马桶椅
老人用坐便椅。靠背、扶手能给老人在如厕、起身时带来方便

图 5-11　多功能坐具

凳子与椅子的区别在于有无靠背。根据凳子高度和人体压力分布，凳子可分为矮凳和高凳。前者在使用中臀部压力较集中。墩、杌也属此类。增设腰靠后为矮椅。当人坐上高凳时，凳子上有搁脚之处。如吧凳，增设腰靠后为吧椅，如图 5-12 所示。沙发则是以木质、金属或其他刚性材料为主体框架，表面覆以包覆弹性材料或其他软质材料构成的家具。

图 5-12　吧椅

5.1.2.2 坐具设计的内容和功能要素设计

坐具是由座面、靠背和扶手及底座等组成的。

(1) 座面

① 座面高度　是指座面中轴线前部最高点至地面的距离。对沙发而言，指人体落座后的高度。

如图5-13、图5-14所示，座面过低时，坐骨结节点处局部压力过大，持续受力也产生疲劳感，甚至疼痛感。座面过高时，座面前沿会压迫大腿后侧的血管和神经，造成血流不畅和麻木感；同时腿部肌肉得不到充分放松，血流下沉，会造成腿部肿胀。因此，椅子座面高度应略低于小腿高度，以减少臀部的压力，同时避免椅面前沿压迫大腿，使下肢着力于整个脚掌，并有利于两脚前后移动。

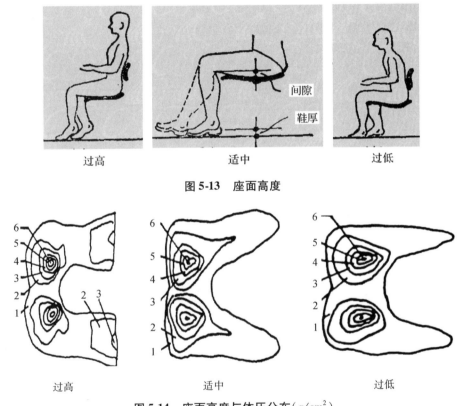

图5-13　座面高度

图5-14　座面高度与体压分布(g/cm^2)

1. 0~50　2. 51~150　3. 151~250　4. 251~350　5. 351~550　6. 1000~2000

坐在不同高度的凳子上，人的腰椎活动度是有差异的，如图5-15所示。研究表明，座面高度为400mm时，活动度最高，疲劳感最强；稍高稍低，活动度都会下降，舒适度也随之增大。

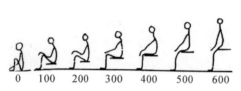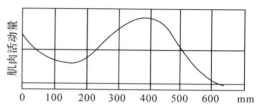

图 5-15　座面高度与腰肌活动度的关系

相关人体尺寸　小腿加足高,即坐者小腿腘窝到地面的垂直距离。足高是足底到地面的距离。

百分位的选择　一般按低身材人群设计,即取下限第 5 百分位,保证较矮的人的足跟能够接触地面。若座面高度可调,则取 90% 的满足度,取上限第 95 百分位。

计算公式:座面高度 = 腘窝高 + 鞋跟高 - 适当余量

其中,一般鞋跟高为 25~35mm;余量取 10~20mm。

座面高度参考尺寸,见表 5-3。

表 5-3　座面高度参考尺寸　　mm

小腿加足高	工作椅	高度可调椅	休息椅	沙发
342~448	400~480	380~500	330~370	420~500

注:以第 5 百分位女性至第 95 百分位男性人体尺寸值为依据。座高调节方式可以是无级或有级,有级调节以 20mm 为间隔设置档次。软硬适中的座垫,其下沉量一般为 50~60mm,沙发座面高度约为 420~430mm。

②座宽　是指座面前沿(扶手内侧)的座面宽度;若座面为梯形,座宽则分为座前宽和座后宽。

相关人体尺寸　坐姿臀宽,指臀部左右向外最突出部位间的横向水平直线距离。若为双人或多人沙发,以及成排相邻放置的座椅,则以肩宽为相关人体尺寸。

百分位的选择　按大身材人群设计,一般以女性臀宽尺寸第 95 百分位数为设计依据,而且要使绝大多数人有足够的空间能自如地调整坐姿。对于多人沙发或成排相邻放置的座椅,以使用群体肩宽的平均值为设计依据。

计算公式:座宽(最小) = 坐姿臀宽 + 棉衣厚度 + 活动余量　　　　　　(1)

座宽 = 肩宽 + 衣服厚度 + 活动余量　　　　　　(2)

(1)式适用于无扶手座椅;(2)式适用于扶手椅和连排椅。

座宽参考尺寸,见表 5-4。

表 5-4　座宽参考尺寸　　mm

坐姿臀宽	靠背椅	扶手椅	单位沙发	双位沙发	三位沙发
382(第 95 百分位女性)	380~450	460~510	510~650	950~1 150	1 350~1 650

③座深　是指座面前沿中点至座面与背面前相交线的距离。

正确的座深应使靠背有效地支撑腰椎部位,座面前沿与膝窝保持一定间隙。若座深过小时,臀部得不到充分支撑;若座深过大,座面前端将压迫膝窝处压力敏感部位,坐者必须向座

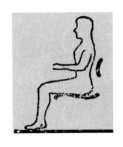 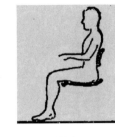 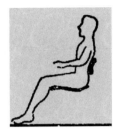 

| 背部悬空 | 适中 | 膝窝受压 | 沙发过深 |

图5-16 座 深

面前沿移动以免压迫膝窝，此时背部支撑点悬空，使靠背失去作用，如图5-16所示。

相关人体尺寸　座深，即从臀部后缘至膝窝的水平直线距离。

百分位的选择　对于靠背直接支撑人体的椅子、沙发，其座深按低身材人群设计，即取下限第5百分位的数值作为设计基准，保证较矮的人能够有效地使用到靠背。若座深可调，则同时考虑上限第95百分位的数值。

计算公式：座面深度 = 座深 + 衣服厚度 − 适当余量

座深参考尺寸，见表5-5。

表5-5　座深参考尺寸　　　　　　　　　　　　　　　　　　　　　　　　mm

座　深	工作椅	休息椅	沙　发
401～469 第5百分位女性至第95百分位女性	360～430 或大腿长3/4	400～500	普通沙发的座深一般为500～520。对于使用腰枕辅助支撑人体的沙发，一般为580～650

注：对于座深可调的座椅，座深调节方式可以是无级或间隔10mm为一档的有级调节。沙发靠背倾角越大，座深也越大。高度休闲沙发的座面能够将腿部托起，使人呈半躺状态。还可增添一个独立脚踏，以提供足部支撑。

④座面倾角　是指座面与水平面之间的夹角。对于沙发而言，是指在座面中轴线上对臀部后端对应的弧作切线，其与水平线之间的夹角。

座面一般具有向后倾斜的座角，使就座者自然地后倚；通过靠背的支持，可减少背部肌肉的静负荷，使人感到放松和舒适。休息椅座面倾角较大，座面倾角与靠背倾角构成趋于平坦的形态有利于人的休息，使人身心松弛。靠背倾角越大，座面倾角也越大。若座面倾角可调，则可以1°或2°为一档进行有级调节，或无级调节。

工作椅座面不能过度后倾，否则会引起工作者上身不必要的向前弯曲，脊椎会因身体前屈作业而被拉直，从而破坏正常腰椎曲线，形成一种费力姿势，如图5-17所示。采用座面适当前倾的工作椅会更适合工作，譬如写字或绘图。当座面高度较高时，对于倾斜式绘图桌用椅，前倾角应达到15°以上，若靠背角为90°，则相当于座面与靠背夹角为105°，这是坐姿比较舒适的一个角度。以打字时的笔直坐姿为参考，当采取实际阅读和书写姿势（即坐在座位前缘，眼睛距离书面30cm）时，背部肌肉拉伸4.8cm。如果座位向前倾斜后，肌肉的伸长减少到不足原来的一半；如果将桌面再倾斜10°，肌肉就几乎不伸长了。对于实际的阅读与书写姿势，由于坐在座位前缘，大部分压力都集中在前部区域，以致久而久之磨损座位前缘。当座面倾斜后，前、中、后压力分布比较均匀。

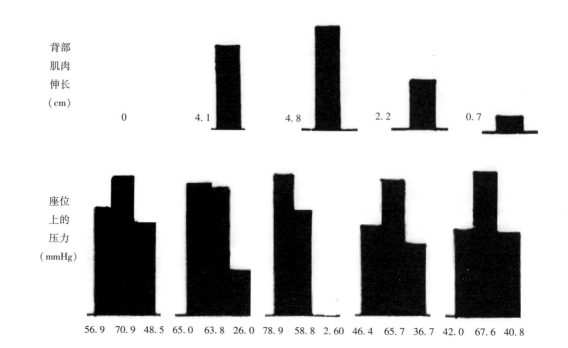

图 5-17 座面倾角的影响

座面倾角参考角度，见表 5-6、表 5-7。

表 5-6 座面倾角参考角度(°)

工作椅				躺椅
课椅	餐椅	办公椅	平衡椅	
0～2	3～4	2～4	−25～−30	10～15

表 5-7 座面倾角和靠背倾角参考角度(°)

坐具	工作椅	轻工作椅	轻休息椅	休息椅	沙发	高度休闲沙发	带枕躺椅
α	0～5	5	5～10	10～15	5	10～15	15～23
β	100	105	110	110～115	105～110	125～135	115～123

⑤座面曲度　直接影响体压分布，从而引起坐感的变异。椅座面多用半软稍硬的材料，坐骨结节点前后可略呈微凹曲形或平坦形，以利于肌肉松弛，便于起坐。沙发座面则中间凸起，但也不宜曲度太大，如图 5-18、图 5-19 所示。

图 5-18 沙发座面曲度过大

图 5-19 沙发曲线过分内弯

（2）靠背

①靠背高度与支撑位　背面上沿中点至背面与座面相交线的垂直距离称为靠背高度。靠背按其高低和作用分为低靠背、中靠背和高靠背。仅提供腰靠的座椅靠背称为低靠背，同时提供腰靠和肩靠的座椅靠背称为中靠背，再高则称之为高靠背。低靠背不高于坐姿肩胛骨的下角，以保证上肢手臂可以灵活地活动；中靠背不高于颈椎点，以保证头部可以灵活地转动；高靠背提供腰、背和头颈三处支撑。

一般按平均身材人群设计，即取第 50 百分位数值为设计依据。靠背计算公式：

低靠高 = 坐姿肩胛骨下角高 − 坐垫下沉量 − 适当余量（余量一般取 50 ~ 100mm）

中靠高 = 坐姿颈椎点高（沙发）或坐姿肩高（椅子）− 坐垫下沉量 − 适当余量

高靠高 = 座高 − 坐垫下沉量 − 适当余量

靠背设计关键在于支承点。腰部支承点高度为 310 ~ 360mm，背部支承点高度为 360 ~ 410mm，如图 5-20 所示。作业场所使用腰靠较多，腰靠不宜太高，要柔软且与人的腰曲相符。腰靠自身高度为 130mm 左右。为了配合落座时人体向后突出的骶骨和臀部的需要，同时使腰部能坚实地依靠于腰靠上，在座垫后上方的腰靠应该有一开口区域或向后倾斜退缩，其高度约为 2 ~ 12.5cm。靠背曲线以及肩靠设计须有一定的灵活性。靠背后倾角大的座椅，如躺椅等，必须设有头部支撑，否则人体为支撑头部、颈背部持续施力，将使肌肉受拉而得不到休息。座椅的头部支撑称为头靠。

为了探求椅子的最佳支撑条件，日本家具工作者选择了近 200 种单支点和双支点的支撑条件，对人在该支撑条件下的肌肉活动进行测定，得出椅子的最佳支撑条件，如图 5-21、表 5-8 所示。

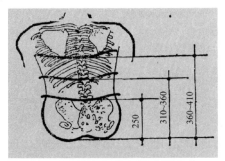
图 5-20 腰部与背部的支撑高度

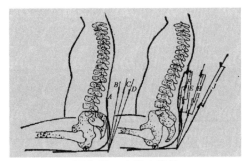
图 5-21 十种支撑位

表 5-8　十种最佳支撑位条件

支承	条件	人体上体角度(°)	上部		下部	
			支承点高度(mm)	支承面角度(°)	支承点高度(mm)	支承面角度(°)
单支承点	A	90	250	90		
	B	100	310	98		
	C	105	310	104		
	D	110	310	105		
双支承点	E	100	400	95	190	100
	F	100	400	98	250	94
	G	100	310	105	190	94
	H	110	400	110	250	104
	I	110	400	104	190	105
	J	120	500	94	250	129

对于沙发靠背高度，低靠为 310~350mm；中靠为 400~450mm；高靠为 490~550mm。腰部、背部、颈和头部三个支撑区域中心点高度分别为 150~180mm、380~420mm、450~480mm。

②靠背倾角　是指背面与水平面之间的夹角，如图 5-22 所示。对于沙发而言，是指经过座面中线上臀部后端对应的点对腰靠弧面作切线，其与水平线之间的夹角。

从图 5-23 可知，靠背倾角较大，对人有利；但倾角过大时，人难以坐立，如图 5-24 所示。通常靠背倾角为 90°~120°，其中一般工作椅 95°~105°，休息椅 105°~115°，高度休息椅 115°~125°。长时间手作业用椅，靠背倾角最小；高度休息椅，靠背倾角最大。靠背与座面的角度要有弹性或可调性，可随人的背部活动而改变角度。若靠背倾角可调，则调节方式可以是无级或以 1°、2°为一档的有级调节。

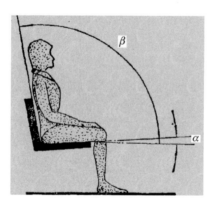

图 5-22　座面倾角和靠背倾角

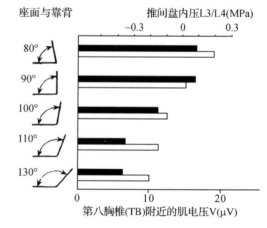

图 5-23　靠背倾角与椎间盘内压力及胸肌收缩电压的关系

基于以上要求，设计靠背曲线，如图 5-25 所示。

图 5-24　沙发靠背过于倾斜　　　　图 5-25　休息椅的轮廓设计

③靠背宽度　是指靠背水平方向的线性尺寸。

相关人体尺寸　肩宽。肩宽是指左右肩峰之间的水平距离。

百分位的选择　一般按大身材人群设计，即取男性第 95 百分位肩宽（403mm）为设计依据；对于成排相邻放置的座椅，如剧场观众椅，则以使用群体肩宽平均值为设计依据。

计算公式：靠背宽度 = 肩宽 + 适当余量（余量一般取 100～200mm）

参考尺寸：一般座椅靠背宽度为 380～480mm。

座椅设计中靠背造型各异，因此靠背宽度可根据情况进行调整，但一般不小于人体肩宽尺寸，同时对于工作椅靠背宽度不能过大，以免妨碍手臂自由活动。

（3）扶手

座椅的扶手为肘部支撑，其作用是为手臂提供依靠，以支撑人体而减轻双肩、背部以及臀部的压力，也有助于上肢肌肉的休息。同时使操作者能够坐稳并且有充分的安全感。在站立时，肘部支撑又可以作为一个支点或拉拽施力部位，减少起立的难度。

①扶手高度　是指扶手前沿与座面前沿的垂直距离。

若扶手过高，迫使肘部抬高，肩部与颈部肌肉拉伸，引起酸痛，同时限制了双臂自由活动，妨碍作业；若扶手过低，则必须弯腰弓背才能使两肘起到支撑身体的作用，此时腰部和背部肌肉活动度大，容易疲劳，如图 5-26 所示。

 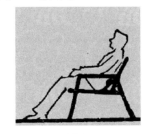 

　　过高　　　　　　　适中　　　　　　　过低

图 5-26　扶手高度

相关人体尺寸　坐姿肘高。坐姿肘高是指上臂自然下垂，前臂水平前伸，手掌朝向内侧时，从肘部最下点至座面的垂直距离。

百分位的选择　取群体平均身材坐姿肘高为设计依据，同时考虑休息需要；若扶手高度可调，则采用双限值设计。

计算公式：扶手高度 = 坐姿肘高 - 适当余量

对于带软垫的休息椅，扶手高度一般在座垫下沉高度以上 210～220mm。

②扶手间距　是指扶手内宽,且是扶手间最窄处的水平间距。

若扶手间距过小,人局促在座位里,不利于调整坐姿,容易出现静态疲劳。若扶手间距过大,肘部必须侧向伸展或躯干向一侧倾斜以寻求支撑,肩背肌肉活动度大,容易引起疲劳,如图 5-27 所示。

　　过窄　　　　　适中　　　　　过宽

图 5-27　扶手间距

相关人体尺寸　坐姿两肘间宽。坐姿两肘间宽是指上臂下垂,前臂水平前伸,手掌朝向内侧时,左右肘部向外最突出的部位间的横向水平直线距离。

百分位的选择　一般按大身材人群设计;若扶手间距尺寸可调,则采用双限值设计。

计算公式:扶手间距 = 坐姿两肘间宽 + 适当余量　　　　　　　　　　　　　　　(1)

　　　　　　扶手间距 = 肩宽 + 适当余量　　　　　　　　　　　　　　　　　　(2)

(1)式适用于一般座椅,增加适当余量是为了保证人自由起坐。(2)式适用于有扶手的连排椅。

扶手高度和间距,见表 5-9。

表 5-9　扶手高度和间距　　　　　　　　　　　　　　　　　　　　　　　　mm

	坐姿肘高	工作椅扶手高度	休息椅扶手高度
高度	215~298 第 5 百分位女性~第 95 百分位男性	220~250,不超过 280 平坦,或前低后高	230~260,不超过 290 平坦,或前高后低
	坐姿两肘间宽	扶手间距	
宽度	489(第 95 百分位男性)~348(第 5 百分位女性)	460~500(连排椅)460~600(一般扶手椅)	

③扶手的倾角与张角　是指扶手表面与水平面之间的夹角。扶手张角则指两个扶手之间的夹角。

扶手随座面与靠背的夹角变化而略有不同程度的倾斜,通常取 ±10°~±20°,一般最好与座面平行。左右扶手应前后平行,或前端略有张开,其偏角在 ±10° 范围内为宜,如图 5-28 所示。

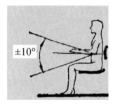

图 5-28　扶手倾角与张角

④撑台　为了方便做笔记，有的课椅或观众椅在右扶手上设有撑台。

(4) 底座

在坐姿状态下，腿脚不会保持一种姿势不变，而是通过前伸、后屈、架搭等动作不断调整。因此，在设计底座时，应考虑动态人体测量尺寸，以确保给腿脚留有足够的活动空间。

有时在座椅（如吧椅）腿部设置横档作为搭脚使用。工作椅或设有前上方略高的足支撑（搁脚台），它可以方便操作者脚踩地板，同时使小腿前伸，大腿与小腿、小腿与脚面之间保持合适的夹角，以获得舒适的坐姿。半立姿座椅的足支撑则可以使人通过足蹬力减轻臀部受力，分担身体重量。

对于带有脚轮的转椅，为防止倾斜和滑动，应设置5只脚，每只脚上安置脚轮。底座倾覆直径等同或略大于座面幅度。

(5) 坐垫与靠垫

坐垫与靠垫统称为椅垫或沙发垫。

垫性是接触并支撑人体的垫层的特性。评定座椅垫性的项目包括表层特性，即触压感和触摸感以及感受柔软性、压座感、依靠感等；浅层特性，即受外力时的荷重特性、反弹特性与摇动感；深层特性，即支撑人体后的最终的落座感和依靠感。

椅垫结构有两种：第一种简单经济，用于普通座椅，是一层耐磨面料里面装一块软垫子。若垫材为松软的泡沫塑料，厚度为40~80mm，靠垫则应比坐垫薄一些；若垫材为相对密实一点的乳胶类材料，厚度为20~40mm，靠垫较薄。第二种稍微讲究，用于沙发、汽车座椅，由蒙面材料和基体构成，前者为浅层材料，厚度为1~5mm；后者为弹簧阵列、弹簧网或深层软材料，厚度取决于实际需要。

沙发座由骨架、内填充结构和外包结构组成，如图5-29所示。弹簧结构沙发的垫性由这3个部分共同决定。其中木架的功能尺度、蛇簧（用弹簧钢丝弯曲成连续S形的弹簧）和松紧带的松弛度、海绵的搭配和造型、外包材料的柔韧度以及扪工的松紧度等起主要作用。沙发座面、靠背、扶手等支撑部位不同，体表感觉与压力分布均存在着差异，因而对垫性的要求也各不相同。一般沙发靠背应比坐垫柔软，靠背头颈支撑区比腰、背区柔软，沙发座前侧与膝窝和小腿接触部位应较为柔软。

沙发的坐垫和靠垫有弹簧结构、海绵结构、流体式结构（以空气、水、弹性凝胶、黏性液

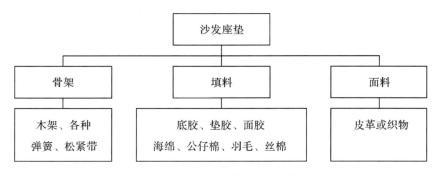

图5-29　沙发座垫结构组成

体等作为填充材料)、混合式结构(由两种或两种以上的材料组合而成)。

①弹簧结构 在钢丝弹簧上包覆多层保护垫,如乳胶层、棕丝、棉花、泡沫塑料等。弹簧垫弹性好,承托性佳;不易断裂、变形和塌陷,因而耐久;内部结构中留有透气孔道,方便防潮、散热,不易霉变。串联式弹簧结构是用螺旋钢丝把双锥形弹簧串绕成一张弹簧芯子,若一处受压,附近弹簧会相互牵扯。独立袋装式弹簧结构是将每一个螺旋形弹簧经压缩后分别藏于纤维袋中,互不连接,单独伸缩,每个弹簧能分别承担身体各部分的重量,使身体每一部分得到适当的支撑。

②海绵垫 以沙发座框和靠背为底架,并采用尼龙袋和蛇簧交叉网编结构,上面分层铺垫高弹泡沫、喷胶海绵和轻体泡沫。这种结构弹性好,坐感舒适。中档沙发多以胶合板为座框和靠背的底板,上面分层铺垫中密度泡沫和喷胶绵,这种垫层坐感偏硬,回弹性稍差。高档沙发坐垫应使用密度在 30kg/m³(背垫 25kg/m³)以上的高弹泡沫海绵。

③流体结构 以流动性材料(空气、水、黏性液体、弹性凝胶体等)为填充物,制造成软包。气体软垫又分为间隔式和蜂窝式。液体和凝胶体软垫是将液体和凝胶体装在尼龙外裹材料里制作而成。流体结构坐垫可以有效分散人体压力,尤其是凝胶体,其黏性及连续性类似于人体软组织,可以使人体获得较舒适的坐感。但这类坐垫可能发生爆炸,且其重量大、易泄漏,形状不宜控制。

5.1.2.3 坐具的舒适性评价

座椅软垫能改善体压分布,还能使人体采取一种较稳定的姿势,同时便于改变体位。座面应平整并略有弹性,不可太软,以保证人以臀部两坐骨承重,且坐姿可以自由调节。沙发过软时,人体会有陷落感,且不利于调整坐姿,如图 5-30 所示。

图 5-30 沙发靠垫过软

(1)客观评价

椅垫的力学性能(软硬性能)以及椅垫材质的生理舒适性评价可采用客观评价方法。这些方法包括体压分布评价方法、表面肌电图评价方法等。

(2)主观评价

椅垫材质的皮肤触感取决于椅垫蒙面材料的材质和制作工艺。椅垫微气候是指就座后在人体(含衣着)与椅垫之间形成的温度和湿度状况,它与椅垫蒙面材料的透气性和保温性有关。座面材料最好采用纤维材料(如藤),既可透气,又减少身体在座面上的滑动。

沙发垫性的评定包括触感、落座感和倚靠感等。在设计实务中可以通过简单的试验测定垫层的下沉量,将该数据作为软垫设计的基本参考依据,见表 5-10。

表 5-10 沙发弹性尺度 mm

	合适的座面下沉度	合适的靠背弹性压缩度	
		上半部	托腰部
小沙发	70 左右	30~45	<35
大沙发	80~120		

5.1.3 坐具分类设计

5.1.3.1 常用坐具

(1) 靠背椅与折椅

靠背椅尺寸如图 5-31、表 5-11 所示。折椅尺寸如图 5-32、表 5-12 所示。

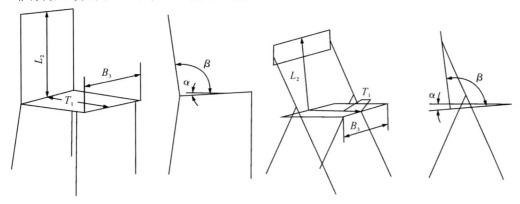

图 5-31　靠背椅尺寸示意　　　　　　　图 5-32　折椅尺寸示意

表 5-11　靠背椅尺寸　　　　　　　　　　　　　　　　　mm

座前宽 B_3	座深 T_1	背长 L_2	尺寸级差 ΔS	背斜角 β	座斜角 α
≥380	340~420	≥275	10	95°~100°	1°~4°

表 5-12　折椅尺寸　　　　　　　　　　　　　　　　　mm

座前宽 B_3	座深 T_1	背长 L_2	尺寸级差 ΔS	背斜角 β	座斜角 α
340~400	340~400	≥275	10	100°~110°	3°~5°

(2) 扶手椅

扶手椅尺寸如图 5-33、表 5-13 所示。

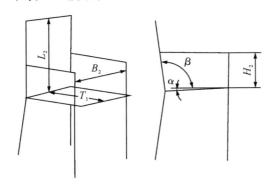

图 5-33　扶手椅尺寸示意

表 5-13　扶手椅尺寸　　　　　　　　　　　　　　　　　　　　　　　　　mm

扶手内宽 B_2	座深 T_1	扶手高 H_2	背长 L_2	尺寸级差 ΔS	背斜角 β	座斜角 α
≥460	400~440	200~250	≥275	10	95°~100°	1°~4°

(3) 沙发

沙发主要功能尺寸，见表5-14。

表 5-14　沙发主要功能尺寸　　　　　　　　　　　　　　　　　　　　　mm

座前宽 B	座深 T	座前高 H_1	背高 H_2
单人沙发≥480；双人沙发≥960；三人以上沙发≥1 440	480~600	340~440	≥600

【案例】　形如棒球手套的 Joe 沙发（为了赞颂棒球冠军 Joe Di Maggio），如图 5-34 所示。Joe 沙发相当幽默，而且符合人体构造，柔软的座面使坐者深陷其中，身体的每个部位与座面都有舒适的接触。靠背和扶手造型恰似五个手指，使不同体形、尺寸的人的头部、肩部、肘部、手部都可以得到有效支撑(J·德·帕斯、D·杜尔比诺、P·罗马兹，1971)。

图 5-34　Joe 沙发和贵妃沙发

(4) 中小学校课椅

中小学校课椅，如图 5-35、表 5-15 所示。其中座面向后下倾斜 $\alpha = 0° \sim 2°$，靠背点以上向后倾斜 $\beta = 6° \sim 12°$，靠背凹面的曲率半径 $r \geq 500$ mm。靠背点是在椅子正中线上，靠背向前最凸的点。

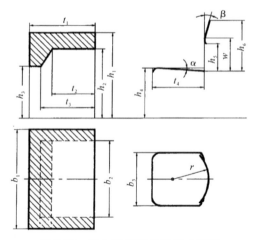

图 5-35　中小学校课桌椅尺寸示意

表 5-15　中小学校课椅的尺寸　　　　　　　　　　　　　　　　　　　　mm

尺寸名称	1号	2号	3号	4号	5号	6号	7号	8号	9号	10号
座面高(h_4)	440	420	400	380	360	340	320	300	290	270
靠背上缘距座面高(h_6)	340	330	320	310	290	280	270	260	240	230
靠背点距座面高(ω)	220	220	210	210	200	200	190	180	170	160
靠背下缘距座面高(h_5)	180	180	170	170	160	160	150	140	130	120
座面有效深(t_4)	380	380	380	340	340	340	290	290	290	260
座面宽(b_3)	≥360	≥360	≥360	≥320	≥320	≥320	≥280	≥280	≥270	≥270

摘自 GB/T 3976—2002 学校课桌椅功能尺寸。

（5）一般工作场所座椅

一般工作场所座椅适用于计算机房、打字室、控制室、交换台等工作场所，不适用于办公室和家庭用椅、安装在生产设备上的固定式工作座椅、驾驶员座椅和在狭小作业空间使用的工作座椅。工作座椅必须具有座面、腰靠、支架等构件，扶手视情况而定。

① 设计要点　工作座椅的结构形式应尽可能与坐姿工作的各种操作活动要求相适应，应能使操作者在工作过程中保持身体舒适、稳定并能进行准确地控制和操作，如图 5-36 所示。

座面高度和腰靠高必须可调节。座面高度调节范围在 360～480mm 之间（依据 GB 10000—1988 "小腿加足高"，女性第 5 百分位数～男性第 95 百分位数）。座面高度的调节方式可以是无级的或间隔 20mm 为一档的有级调节。腰靠高度的调节方式为 165～210mm 之间的无级调节。

工作座椅可调节部分的结构构造，必须易于调节，必须保证在椅子使用过程中不会改变已调节好的位置并不得松动。

工作座椅各零部件的外露部分不得有易伤人的尖角锐边，各部结构不得存在可能造成挤压、剪钳伤人的部位。无论操作者坐在座椅前部、中部还是往后靠，工作座椅座面和腰靠结构均应使其感到安全、舒适。

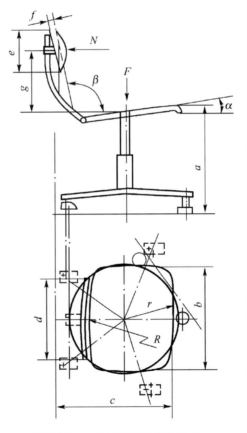

图 5-36　一般工作座椅结构形式

工作座椅座面，在水平面内可以绕座椅转动轴回转，也可以不回转。工作座椅腰靠结构应具有一定的弹性和足够的刚性。在座椅固定不动的情况下，腰靠承受 250N 的水平方向作用力时，腰靠倾角 β 不得超过 115°。工作座椅一般不设扶手。需设扶手的座椅必须保证操作人员作业活动的安全性。

工作座椅的结构材料和装饰材料应耐用、阻燃、无毒。座垫、腰靠、扶手的覆盖层应使用柔软、防滑、透气性好、吸汗的不导电材料制造。

②座椅主要参数(表5-16)

表5-16 一般工作座椅主要参数

参数	符号	数值	测量要点
座面高度(mm)	a	360～480	在座面上压以60kg、直径350mm半球状重物时测量
座宽(mm)	b	370～420,推荐值400	转动轴与座面交点处或座面深度方向1/2处
座深(mm)	c	360～390,推荐值380	腰靠高$g=210$mm处,测量时为非受力状态
腰靠长(mm)	d	320～340,推荐值330	
腰靠宽(mm)	e	200～300,推荐值250	
腰靠厚(mm)	f	35～50,推荐值40	腰靠上用直径400mm半球状物施以250N力时测量
腰靠高(mm)	g	165～210	
腰靠弧半径(mm)	R	400～700,推荐值550	
倾覆半径(mm)	r	195	
座面倾角(°)	α	0～5,推荐值3～4	
腰靠倾角(°)	β	95～115,推荐值110	

注:表中所列参数a、f、g、α、β为操作者坐在椅上之后形成的尺寸、角度。表中参数的确定,考虑了操作者穿鞋(女性鞋跟高20mm,男性鞋跟高25～30mm)和着冬装的因素。摘自GB/T 14774—1993。

③各部分要求 座面纵向平展(其倾角为0～5°)或前缘起拱,如图5-37所示。其横向高度差$h_1 \leqslant 25$mm,前缘起拱高度h_2最小应为40mm,起拱半径$40\text{mm} \leqslant R_1 \leqslant 120\text{mm}$。座面前缘纵向起拱时,前部倾角$\alpha_1 = 4° \sim 5°$,后部倾角$\alpha_2 = 10° \sim 15°$。座面前缘纵向起拱时,纵向高度差$h_3$不得大于40mm。当座垫为弹性结构时,最下层支撑部分应有一定刚性,座垫厚度不宜大于30mm。

腰靠应能调节高度。腰靠的形状应保证使人体压力尽量分布均匀。腰靠若装有软垫,在其沿座深方向垂直剖面内的曲率半径必须大于1 400mm。

工作座椅支架至少有5个支点。支架支点可以使用球形或鼓形小轮,也可以在某一个或某几个支点使用滑块。空椅滑移阻力应不小于15～20N。

工作座椅若设扶手,扶手上缘与座面的垂直距离为230±20mm;两扶手内缘间的水平距离最大500mm;扶手长度200～280mm,扶手前缘与座面前缘的水平距离90～170mm;扶手倾角固定式0～5°;可调式0～20°。

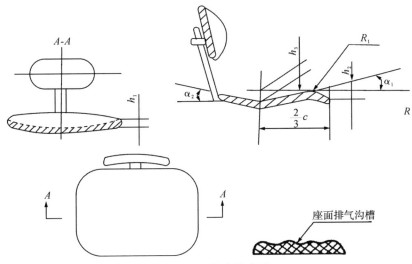

图 5-37　工作座椅座面

【案例】　根据日本人体测量数据设计的办公用椅原型,如图 5-38 所示。其座面高 370 ~ 400mm,座面倾角 2°~5°,上身支撑角约 110°。靠背点以上的弯曲圆弧在人体后倾稍作休息时能起支撑作用。

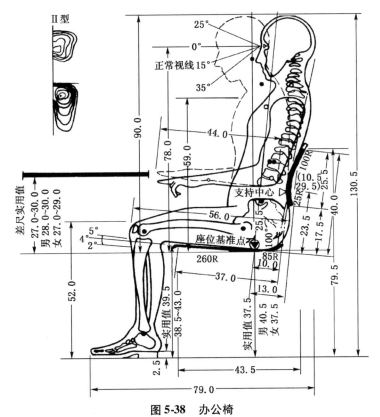

图 5-38　办公椅

【例】 设计安排一个培训场所的座位,以使大多数受训人员能够方便地看到屏幕。

①确定对设计重要的身体尺寸:直立坐高 B 和坐姿视线高度 C,如图 5-39 所示。

②定义所应用的群体:我国成年男女。

③选择一个设计原则和所适用群体百分比:极端设计并满足 95% 的群体。设计要点是使第 5 百分位的女性坐在第 95 百分位的男性后面时,视线无阻碍。

④从表 3-5 中查找合适的人体测量值。第 5 百分位女性坐姿视线高度是 695mm,而第 95 百分位男性直立坐高是 958mm。这样,要让矮小女性的视线越过前面高大的男性,相邻两排高度差需达到 263mm,这是一个非常大的上升高度,会引起很陡的坡度。因此,通常的做法是把座位错开,以使坐在后面的观众的视线越过坐在两排前的观众头顶,从而可把座位上升的高度降低一半。

⑤增加裕量和测试。考虑穿厚衣服、戴帽子或穿鞋所引起的裕量可能是必要的。

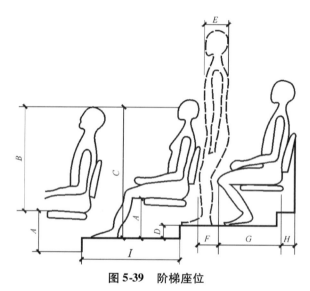

图 5-39 阶梯座位

5.1.3.2 其他工作坐具

在一些特定工作岗位,由于上身前倾或需要随时变换体位,经常采用一些灵活性较强的坐具,如图 5-40 所示。

立姿用凳	坐姿用凳	支承旋转凳	单边支凳	支承凳	回跳凳	支架转椅
高度适宜座面平坦	形似自行车座,且向前倾斜	高度可调。用于坐立交替作业	可调节高度和角度,使操作者便于改变姿势和作业	平衡操作者身体,使其便于改变姿势	不用时自动弹回,节省空间	用于坐姿作业

图 5-40 工作坐具

5.1.3.3 新概念坐具设计

近年来，座椅设计从设计观念和功能要求的角度出发，力求突破与创新，见表 5-17。

表 5-17 新概念坐具

种类	特 点	说 明	图 例
动感座椅	①座椅能对坐者的动作与姿势做出自动响应。座面下设置液压缸，以便调整座椅角度；而液压缸的动作由坐者重心移动来实现。设有锁紧装置和缓冲提升机构 ②根据影片情节，由计算机控制做出不同运动方式，如升降、俯仰、摆动等，再配上精心设计的烟雾、雨、光电、气泡、气味等，营造一种与影片内容相一致的全感知环境	分为气动，液压和电动 3 种	
前倾式座椅	当要求座面高度较高时，对于倾斜式绘图桌用椅，前倾角应达到 15°以上。如果靠背角为 90°，则相当于座面与靠背夹角为 105°，这是坐姿最小舒适角度。靠背对脊椎都能起适度支持作用，肌肉紧张较小，背部压力在椎骨上分布也较均匀	采用座面适当前倾设计的工作椅会更适合于作业，尤其是办公室工作，比如对写字和绘图用椅的设计	
平衡椅	膝靠式座椅，可以分担身体重量，使背部、腹部、臀部肌肉群全部放松，保持脊柱自然形状，减少背部疲劳、慢性背痛、臀部或大腿压力、坐骨神经痛，有利于食物消化，降低受伤风险。有助于经期女性健康	根据需要，可加腰靠坐姿固定，起身和入座不变	
鞍椅	鞍椅坐姿脊柱曲线(后)与立姿脊柱曲线(中)相近，而旧式椅坐姿脊柱曲线变形很大(前)	考虑了坐者变换各种不同姿势的需要	

5.2 卧具设计

5.2.1 人的睡眠规律与卧姿人体特性

5.2.1.1 睡眠规律与人体尺寸

睡眠是一种生理调节机制，也是一种人的行为习惯。它受神经系统和生物钟控制，以防人因活动过量而衰竭。人熟睡时，脑电波为 δ 波，频率约为 $1\sim4$ Hz；清醒时为 α 波，约为 $7\sim13$ Hz。睡眠深度为 δ 波与 α 波成分之比。入眠时，睡眠深；而觉醒前，睡眠浅，如图 5-41 所示。

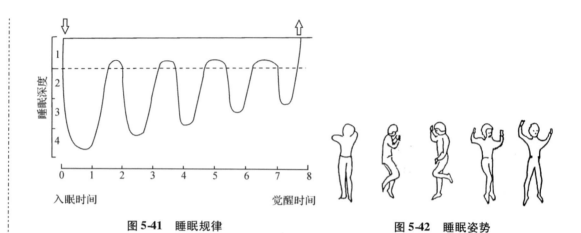

图 5-41 睡眠规律　　　　　图 5-42 睡眠姿势

人体睡眠姿势多种多样，如图 5-42 所示，相应的卧姿人体活动尺寸也不同，它们大于人体静态尺寸。人在睡眠状态时，每晚会有 20 余次翻身。若床面过窄，就会使人处于紧张甚至警觉状态而减少翻身次数，从而得不到充分休息。为了不影响睡眠深度和安全舒适性，同时考虑非睡眠时活动的自由便利性，床垫应有足够的幅面尺寸。

5.2.1.2　人体卧姿脊柱形态

站立时，人体上半身重力方向基本上是重合的，脊柱形态基本上是自然的 S 形。卧姿时，人体重力方向是平行的，人体脊柱形态发生变化，使人醒来后有腰部疼痛的感觉，如图 5-43 所示。仰卧时，人体与床的接触面积较大，但对于身体曲线明显的人，其背部下方是空的，腰部没能得到很好的支撑；较软的床可以缓解这一现象，但由于身体各部分重量分布不均匀，臀部下陷较深，使腹部相对上浮造成身体呈 W 形，使椎间盘内压力增大，结果难以入睡。侧卧时，人体与床接触面积较小，肩部、臀部受力集中，手臂处由于血液循环不畅，产生麻木感，很容易感到疲劳，同时由于人体肩宽、腰宽、臀宽不一致，脊柱就会发生变形。

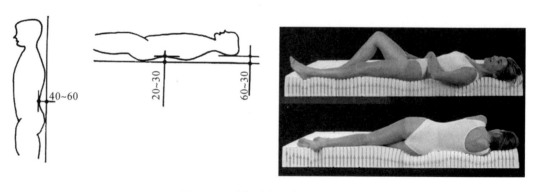

图 5-43　站与卧的脊背形状差异

用脊柱棘突探测法、胸椎/盆骨倾角仪测试法、三维立体扫描法①测定人体侧卧时的脊柱形态。

5.2.1.3 人体卧姿体压分布

人体头部占总体重的10%，背部占15%，腰部占25%，臀部占40%，脚部占10%。人体受力状况应与人体生理构造和各部位的负荷能力相适应，如图5-44所示。

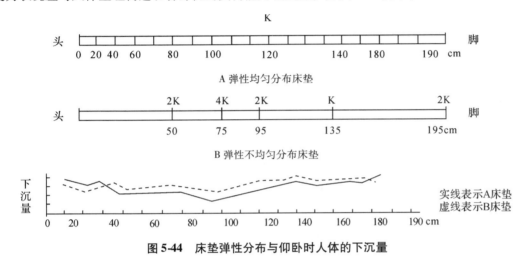

图5-44 床垫弹性分布与仰卧时人体的下沉量

若床垫太硬，背部接触面积减小，肌肉收缩增强，局部压力增大，血液循环不好。如果床垫太软，腰椎曲线会变直，也产生不适感，进而影响睡眠质量，如图5-45、图5-46所示。

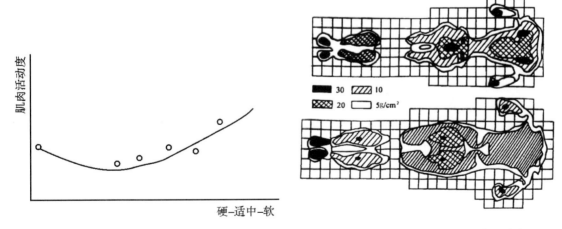

图5-45 床面软硬与翻身难易程度　　**图5-46 不同床垫上的卧姿体压分布**

人体压力分布测试仪适用于各种结构、质地的床垫、软体沙发、躺椅、座椅、轮椅等。

---

① 陈玉霞，申黎明，郭勇，等. 2013. 床垫支撑性能评价方法探讨[J]. 家具，34(1)：19~23.

5.2.2 床具功能设计

5.2.2.1 床具种类与功能（表 5-18）

表 5-18 常用床具种类与功能

种类	说明	备注
单人床	多为单身人群、青少年广泛使用 又分为单层床、双层床	单层床包括普通折叠床 双层床用于集体宿舍、儿童房以及列车上
双人床	供两个人共同使用	注重一人的动作对他人的影响
婴儿床	婴儿睡觉、休息以及活动的空间	要保证婴儿睡眠的舒适和活动安全
多功能床	满足坐、卧、储物、摆放饰品等多种用途 包括多功能床桌、组合床、多功能护理床	多功能床桌满足读写需求 组合床以双人床（沙发）、转角沙发等形式出现

此外，医用床有很多种，如平型病床、二折病床、三折病床、诊察床、腰椎颈椎整体牵引床、产床、多功能医用床、陪客床等，如图 5-47 所示。

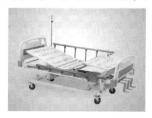
手动三摇护理床

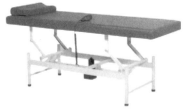
诊察床

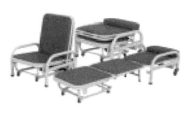
陪护床（椅）

图 5-47 医用床

近年来国际上出现了许多电子床。例如，可以告诉人睡姿是否正确和应该如何调整睡姿的电脑睡床，床垫上装有微型振荡器的按摩床，可在预定起床时间抖动甚至倾斜的减肥床，加有塑料充水袋、电子控温装置的控温床，会自动演奏催眠音乐的催眠床，具有按摩等多功能的摇摆床。

5.2.2.2 床具构成与功能要素设计

（1）床垫

为满足舒适性，床垫材料应具有缓冲性和振动性。一般情况下，加载与还原曲线差异越小，缓冲性越好。振动衰减曲线比较平缓的弹簧较好，泡沫材料次之，泡沫橡胶最差。一般床垫种类见表 5-19。生态床垫有山棕床垫、天然乳胶床垫、竹制床垫、秸秆床垫等。

表 5-19 一般床垫种类

种类	材料与构造	特点
弹簧床垫	垫芯由弹簧及软质衬垫物组成，表面罩以织物面料或软席等材料	现代常用、性能较优，具有弹性好、承托性较佳、透气性较强、耐用等特点
棕榈床垫	由棕榈纤维编制而成。现代棕床垫由山棕或椰棕添加胶黏剂制成，具有环保性	质地较硬，或硬中稍软。有天然棕榈气味，耐用程度差，易塌陷变形，承托性能差，易虫蛀或发霉等

(续)

种类	材料与构造	特 点
乳胶床垫	由聚氨酯类化合物制成，又称PU泡沫床垫	柔软度较高，吸水力强 弹性和透气不足，床垫容易潮湿
气床垫	气袋用PVC制成，有蜂窝式和拉带式两种，内置或外置气泵	材料精良，柔韧而富有弹性，具有环保安全、健康保健、易于收藏、携带方便等特点，用久了会膨胀
水床垫	装满水的橡胶水袋置于床框之中，通电之后保持一定温度	利用浮力原理，有浮力睡眠、动态睡眠、冬暖夏凉、热疗按摩作用等特点
磁床垫	在弹簧床垫的基础上，在床垫的表层置有一块特制的磁片，以产生稳定的磁场	利用磁场的生物效应，以达到镇静、止痛、改善血循环、消肿等作用，属于保健性床垫

弹簧床垫采用3层结构模式：面料层、铺垫层、弹簧层，以及钉、绳、底带、底布、胶黏剂、五金件等辅助材料，见表5-20。冬夏两用的床垫，采用基本对称的构造。

表5-20 弹簧床垫3层结构模式

复合面料层	将纺织面料与泡沫塑料、絮用纤维、海绵、无纺布等材料绗缝在一起。纺织面料有经编印花布、提花布、针织布等，防静电、防虫蛀、防霉菌的纺织面料也广为应用	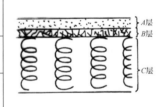
铺垫层	防火的泡沫阻燃海绵、高密度海绵、波浪海绵、乳胶棉、记忆海绵（慢回弹、零压力）、毛毡、椰丝垫等又分单层、二层或多层	
弹簧层	分为一线通弹簧床网、中凹形双锥弹簧床网、袋装独立桶弹簧床网等。其中袋装弹簧分区床垫可以按头、肩背、腰、臀、腿分区，不同分区根据需要分布不同硬度和弹性的弹簧，弹簧平行排列或以蜂窝结构排列。	

如图5-48所示，床长 $L = h \times 1.05 + a + b$；$a$ 为头部余量，b 为脚后跟余量，h 为平均身高。

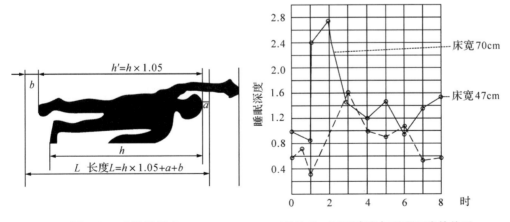

图5-48 床具的长度　　图5-49 不同床宽与睡眠深度的关系

科学家通过脑波（EEG）观测睡眠深度与床宽的关系发现，床宽的最小界限应是700mm，如图5-49所示。通过摄像机对睡眠时的动作进行调研后发现，无论是软床还是硬床，人体翻身所需要的幅宽约为肩宽的2.5~3倍。因此，床宽 $W = 2.5 \sim 3$ 肩宽。

弹簧软床垫主要设计尺寸,见表 5-21。

表 5-21　弹簧软床垫主要设计尺寸　　　　　　　　　　　　　　　　　mm

产品分类	主要设计尺寸	
	长度 L	宽度 W
单人床垫	1 900, 1 950, 2 000, 2 100	800, 900, 1 000, 1 100, 1 200
双人床垫		1 350, 1 400, 1 500, 1 800

摘自 QB/T 1952.2—2011《软体家具 弹簧软床垫》。

(2) 床箱与床架

床架要有一定的强度,以有效支撑床垫和人体重量;还要有良好的弹性,缓解由床垫传来的震动;同时应在稳定性、透气性等方面有良好的表现。床架主要有木床板、板条床板(排骨床架,图5-50)、套床式软床板、钢丝及棕绳织就的床架等。

图 5-50　排骨床架

(3) 床屏设计

床屏是床的视觉设计中心。

床屏设计还要考虑到其对人体的舒适支撑,涉及头部、颈部、肩部、背部、腰部等身体部位。床屏的第一支承点是腰部,腰部到臀部的距离是 230~250mm;第二支承点是背部,背部到臀部的距离是 500~600mm;第三支承点是头部。以床铺高度 420mm 为基础,有背部支撑的床屏的设计高度为 920~1 020mm(儿童床床屏高度为 800~1 000mm)。床屏设计应将人体舒适感的 3 个支承点作为首要考虑要素。

床屏的弧线倾角取 90°~120°,若角度大于 110°,一般要有头部支撑。躺在床上看书以及近年来出现的"手机控"夜间玩手机的行为对青少年的视力影响严重,为此可设计一个角度为 90°的床屏。

(4) 床梯与护栏

床梯是双层床或者高架床特有的一个构件。在保证其强度的前提下,应考虑人的上下活动的便利性和舒适性。床梯设计主要是确定床梯的内宽、脚踏和床梯立杆的尺寸及形状以及床梯的高度。床梯内宽由人的脚部尺寸(表 5-22)及脚的活动空间确定,一般取 300mm。脚踏形状应考虑使脚底受力不要过于集中。床梯立杆最好是圆形,并且应根据人体手部尺寸确定适当的直径,在强度牢靠的前提下,一般取 25~75mm,以 30~40mm 为佳。在确定床梯高度时,第一个踏脚高度应距离地面 500mm 左右,不可再高。

表 5-22 足部尺寸　　　　　　　　　　　　　　　　　　　　　　　　　　　　　mm

百分位数	男(18~60岁)							女(18~55岁)						
	1	5	10	50	90	95	99	1	5	10	50	90	95	99
足长	223	230	234	247	260	264	272	208	213	217	229	241	244	251
足宽	86	88	90	96	102	103	107	78	81	83	88	93	95	98

护栏用于高架床、双层床、婴儿床中，以防人从床上掉下来以及婴儿从床上爬出来。床栏一般设计在床的中部，长 600~700mm，高 250mm。护栏可采用 $\varphi25mm \times 1.2mm$ 的圆管，采用插入方式一端插于床头的不贯通的孔内，另一端用防松螺栓与床帮固定。床头和护栏内的栏杆采用 $\varphi19mm \times 1.2mm$ 的圆管。婴幼儿床的护栏一般高出床垫 500mm，护栏内栏杆间距不超过 60mm。

5.2.2.3 床垫评价和睡眠质量指数

（1）床垫评价

床垫评价包括客观评价和主观评价两个方面，见表 5-23。

表 5-23 普通床垫的评价及要求

项目	人的基本要求	影响因素	材料要求
功能性	支撑性以及其他一般的使用及审美特性	稳固性、垫子与垫套之间的摩擦特性、适宜的重量、厚度、外观	密度、硬度、回弹性、阻尼、包封
舒适性	仰卧时能保持腰椎生理前凸，身体曲线正常；侧卧时以不使腰椎弯曲、侧弯为宜	压力及其分布、压力作用时间、剪切力/摩擦力、睡眠湿度、睡眠温度等	床垫的硬度及其分布、减压性、支撑度、弹性、滞后性、服贴性、透气性、床面张力等
安全性	安全、阻燃、环保、耐用	稳定性、压力分布、剪切力/摩擦力、传染源控制、螨虫防杀、保洁	床垫的耐疲劳性等

（2）睡眠质量指数

床垫的好坏在一定程度上影响人们的睡眠质量。此外，人的生理、心理，以及环境温度、湿度、通风、照明、安静程度等，都会对人的睡眠质量造成影响。

衡量人们是否拥有"健康睡眠"的标志是：睡眠充分，时间足，质量好，效率高；入睡容易；睡眠连续，不会中断；睡眠深适，醒来倦意全消等。表 5-24 为 2014 年喜临门中国睡眠指数指标体系。

匹兹堡睡眠质量指数（Pittsburgh sleep quality index，PSQI）是美国匹兹堡大学精神科医生 Buysse 博士等人于 1989 年编制的。PSQI 用于评定被试最近 1 个月的睡眠质量。其一级指标有睡眠质量、入睡时间、睡眠时间、睡眠效率、睡眠障碍、催眠药

表 5-24 2014 年喜临门中国睡眠指数指标体系

总体	一级指标	二级指标
睡眠品质	充足感	白天精力充沛程度
		睡眠饱足程度
	支配力	及时入眠能力
		规律睡眠能力
		情绪控制能力
		（环境）适应能力
	健康度	睡眠问题严重程度

物、日间功能障碍共 7 项；二级指标由 19 个自评和 5 个他评条目构成，其中第 19 个自评条目和 5 个他评条目不参与计分。

5.2.3 床的分类设计

床的尺寸与床垫、床架的尺寸与形式有关。

（1）单层床

单层床主要尺寸，如图 5-51、表 5-25 所示。

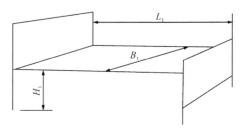

图 5-51 单层床主要尺寸示意

表 5-25 单层床主要尺寸　　　　　　　　　　　　　　　　　　　　mm

床面长 L_1		床面宽 B_1		床面高 H_1	
双床屏	单床屏			放置床垫	不放置床垫
1 920 1 970 2 020 2 120	1 900 1 950 2 000 2 100	单人床	720 800 900 1 000 1 100 1 200	240~280	400~440 可略低于座高 儿童床 400 老人床 420
		双人床	1 350 1 500 1 800		

摘自 GB/T 3328—1997《家具 床类主要尺寸》。

（2）双层床

双层床主要尺寸，如图 5-52、表 5-26 所示。

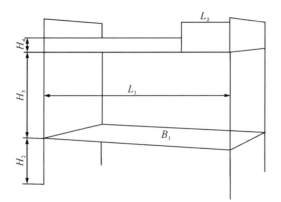

图 5-52 双层床主要尺寸示意

表 5-26　双层床主要尺寸　　　　　　　　　　　　　　　　　　　　　　　　　mm

床面长 L_1	床面宽 B_1	底床面高 H_2		层间净高 H_3		安全栏板缺口长度 L_2	安全栏板高度 H_4	
		放置床垫	不放置床垫	放置床垫	不放床垫		放置床垫	不放床垫
1 920 1 970 2 020	720 800 900 1 000	240~280	400~440	≥1 150	≥980	500~600	≥380	≥200

摘自 GB/T 3328—1997《家具 床类主要尺寸》。

（3）儿童床

儿童床要生动形象、趣味十足。儿童床的尺寸，见表 5-27。对于成长期的儿童，可以考虑可调节式设计。

表 5-27　儿童床的尺寸　　mm

年龄段	学前儿童(3~6 岁)	学龄儿童(7~12 岁)
长度	1 000~1 200	1 920
宽度	650~750	800、900、1 000

（4）卧铺

不同的使用环境对床具尺度有不同要求。卧铺长度应≥1 800mm，卧铺宽应≥450mm。卧铺客车双层布置时，上铺高≥780 mm，铺间高≥750 mm（摘自 GB/T 16887—2008《卧铺客车结构安全要求》）。

（5）病床

病床的基本尺寸，见表 5-28；床面各床框折起角度，见表 5-29。

表 5-28　病床的基本尺寸

名称	床面长度（不含床架）	床面宽度	床面离地高
尺寸(mm)	1 900~2 000	900~1 000	480~630

表 5-29　床面各床框折起角度(°)

基本参数	背框最大折起角 α	腿框最大折起角 β	脚框最大折起角 γ（$\beta=50$ 时）
二折病床	≥65	—	—
三折病床	≥65	≥50	≥120

摘自 YY 0003—1990《病床》。

5.3　准人体类家具的设计

准人体类家具，即桌台类家具，古称承具。

5.3.1　准人体类家具与人的关系

5.3.1.1　准人体类家具与人体尺度及活动范围

（1）水平面工作区域

坐姿作业时，身体常直立或前倾 10°~15°，大腿自然平放，小腿垂直或稍向前伸，这时操作者上肢运动范围被限制在工作台面以上的空间范围内。

水平作业面必须位于作业者舒适的手工作业空间范围内。最典型的平面作业范围，就是人坐在工作台前，以肩峰点为轴心，在水平台面上运动手臂所形成的轨迹。对于正常舒适作业区域(3/5 手臂长所画弧范围)，作业者应能在小臂正常放置而上臂处于自然悬垂状态下舒适地操作。对最大作业区域，应使在臂部伸展状态下能够操作，且这种作业状态不宜持续很久。图 5-53 中 65°粗实线是考虑肘部与小臂运动关联的舒适尺寸。

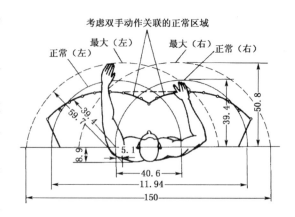

图 5-53　手臂水平作业空间尺度(单位：cm)

(2) 垂直面工作区域

作业面高度是必须抉择的要素之一。作业面太低，则背部过分前屈；若太高，则必须抬高肩部，超过其松弛位置，引起肩部和颈部不适。一般来说，作业面高度应在肘部以下5～10cm。

作业面高度的确定应遵从下列原则：

①如果作业面高度可调节，则必须将高度调整至适合作业者身体尺度及个人喜好的位置。若在同一作业面内完成不同性质的作业，则作业面高度应可调节。

②应使上臂自然下垂，处于放松状态，前臂一般应接近水平状态或略下斜；任何场合都不应使前臂上举太久。

③不应使脊柱过度弯曲。

垂直面最大工作区域是以肩峰点为轴，上肢伸直在矢状面上移动时，手的移动轨迹所包含的范围。正常工作区域是上臂自然下垂时，以桡骨点为轴，前臂在矢状面上移动，手的移动轨迹所包含的范围，如图 5-54 所示。

图 5-54　坐姿作业活动空间(每格为200mm)

5.3.1.2　人桌界面

在使用桌类家具的过程中，人的感知、思维、动作和情绪等都会与其相互"接触"而发生各种关系。人桌界面包括信息性界面、工具性界面和环境性界面。

木质材料具有较好的冷暖感和温湿特性，是桌台类家具的主要材料。桌面不宜选择光泽度太高的材料,以免产生眩光。木材可以吸收有害于人眼的紫外线,并且反射率小,有利于降低人眼的疲劳。

5.3.2 准人体类家具的功能设计

5.3.2.1 准人体类家具的分类与功能

准人体类家具包括桌、台、几等品种。桌和台并无区分,都是以凭依为主,可统一分为坐姿用桌、立姿用桌、坐立姿两用桌,如图5-55所示。这类家具包括会议桌、电脑桌、课桌、绘图桌、办公桌、餐桌、阅览桌、讲台、梳妆台、写字台、班台、柜台、账台、陈列台、实验台、厨房操作台、餐台、控制台等。几则以陈放物品以及装饰为主,如茶几、炕几、香几、花几、凭几等。

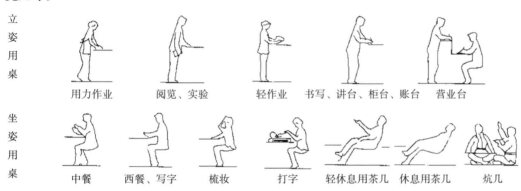

图 5-55 人体活动与桌子的功能

5.3.2.2 坐姿用桌功能要素设计

桌台类家具的构成形式有单体式、组合式、折叠式、调节式。其组成可分为面板、支架、抽屉、附加柜体等。

(1) 桌面

①桌面高度 坐姿肘高是确定手作业桌面高度的主要依据,而对视作业桌面高度则常以差尺为设计依据。差尺是桌面工作面到座位基准点的垂直距离,反映桌面高度与座面高度的差值。差尺过小,会使人驼背、腹部受压,从而引起肌肉紧张和疲劳;差尺过大,则容易引起耸肩、低头和肘部低于桌面等弊病或弊端,如图5-56、图5-57所示。

桌面高度可用下式计算。面向群体设计时,按较高百分位数值确定。

$$桌面高度 = 座面高度 + 差尺$$
$$差尺 = 坐姿眼高 - (S \times \sin\alpha + H)$$

式中 S——视距;

α——视角;

H——物品高度。

  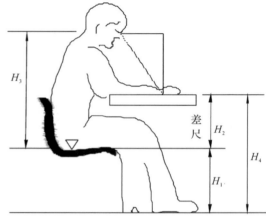

图 5-56 桌子与椅子高度的不匹配　　　　图 5-57 工作面高度与座椅高度的关系

S、α、H 都与作业性质有关。

表 5-30 为坐姿作业的作业面高度参考尺寸。

图 5-58 和表 5-31 为国家标准推荐的桌高、座高及其配合高差。

表 5-30 坐姿作业的作业面高度参考尺寸 mm

作业类型	男	女
精密作业，近距离观察	900 ~ 1 100	800 ~ 1 000
读、写、会议	740 ~ 780	700 ~ 740
打字，手工用力	680	650

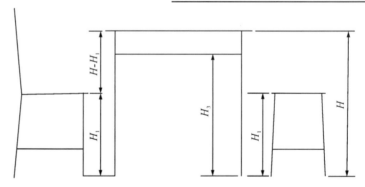

图 5-58 桌面高、座面高、配合高差示意

表 5-31 桌高、座高及其高差　　　　mm

桌面高 H	座面高 H_1	桌面与椅凳座面高差 $H-H_1$	尺寸级差 ΔS	中间净空高 H_3
680 ~ 760	400 ~ 440，软面时可达 460（包括下沉量）	250 ~ 320	10	≥580

摘自 GB/T 3326—1997《家具 桌、椅、凳类主要尺寸》。

② 桌面幅度　桌面幅度除了考虑手臂的活动范围外，还需考虑人的视野、桌面上物品的类型和放置方式、使用人数。座椅与桌面之间的差尺也对桌面幅度的确定有一定程度影响。

一般来讲，桌面宽度、桌面深度分别以人体手臂侧展长、前展长为设计依据。桌面最小宽度应在 500 ~ 600mm 之间；仅当写字桌用，桌面深度最小 305mm，最佳 405mm；作办公桌用，深度可达 910mm。

③桌面倾角 适度倾斜的桌面更适合于阅读、写作之类的工作。视觉作业应考虑采用倾斜桌面。当桌面倾斜 12°~24°时，人的姿势较自然，躯干的移动次数和幅度小，与水平作业面相比，疲劳与不适感会减小。作业时，人的视觉注意区决定头的姿势。头部姿势要舒适，坐姿时视线向下倾斜不超过 32°~44°。视线倾斜角度包括头部倾斜和眼球转动两个因素，实际上头部倾斜角度为 17°~29°。

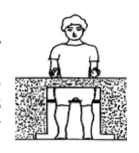

图 5-59 坐姿容膝空间

（2）容腿空间

容腿空间高度过小时，腿部活动受到限制，大腿受压，导致腿部血液循环减少，从而影响局部神经末梢，产生疼痛、麻木及疲劳。理想的桌下净空高度应该略高于膝盖高度加上大腿厚度，这个高度可以使两腿在桌下交叉而不受影响，如图 5-59 所示。

人体坐姿大腿厚最大值 160 mm，抽屉下沿至座面的高度 > 178 mm。容膝空间净高 > 580mm，容膝空间净宽 > 520mm，桌下空间深度 > 600 mm。

如果桌面下方设置抽屉或键盘支架，则抽屉高度为：

$$x = a - b - c - d - e$$

式中 x——抽屉面板高度；

a——差尺；

b——桌子面板厚度；

c——坐姿大腿厚度；

d——着装修正量；

e——活动余隙。

（3）屏风

屏风主要用于隔断，兼有观赏或存物的功能。屏风将办公区分隔成若干单元，同时屏风与办公桌及配套板式家具共同组成大空间办公家具。经过特殊处理和设计，屏风可悬挂各种办公用品，且悬挂高度可任意调节，办公用品可任意布置。屏风的设计有不透明、半透明和透明 3 种形式。

屏风尺度与室内净空空间大小、室内办公人员的工作位置及数量有关。目前企业用屏风尺度主要有以下规格：矩形宽度 400、600、800、1 000 和 1 200 mm；弧形半径 600、800 mm；高度一般在 1 000~2 000 mm 之间，常用 1 010、1 310、1 610、1 910 mm 等。一般设计为可拆装型，设走线槽、滑道槽、调节杆。屏风材料主要有吸音棉（或布质面料）包覆刨花板、双层中空玻璃板和混合型 3 种，均须防火处理。横向连接主要用铝质材料，与桌面的连接主要通过扣件来实现。

5.3.2.3 立姿用桌功能要素设计

（1）桌面

①桌面高度 立姿用桌高度与立姿肘高及作业对象、施力大小以及作业精细程度有直接关系，而与身高有间接关系，如图 5-60、图 5-61 所示。立姿身体前后倾斜均不超过 10°~15°，台面高度为操作者身

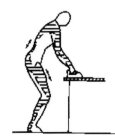

图 5-60 立姿台面过低

高的60%或低于肘高50~100mm。立姿肘高一般取第95百分位数值,桌上空间涉及垂直作业范围时肩高取第5百分位数值。表5-32为立姿用桌的桌面高度。

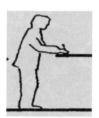

用力作业　　平面阅览　　不用力作业　　平面书写　　　营业桌　　　视觉作业

图 5-61　作业性质与工作台面的关系

表 5-32　立姿用桌的桌面高度

类型	用力工作	阅览、实验	不用力工作(书写桌、讲台、柜台、账台)	精密工作台
高度(mm)	760~800	850~920	900~1 000	900~1 100

说明：第95百分位男性/女性立姿肘高为1 096/1 023mm。控制台面上可设置倾斜面板。

②桌面幅度　与坐姿用桌的幅面相同,或者略大些。

③桌面倾角　当桌面倾斜12°~24°时,为保持头部姿势舒适,站姿时视线向下倾斜不超过23°~34°；考虑眼球转动的因素,实际头部倾斜角度为8°~22°。对于轻度用力的桌子,倾斜程度可以更大,如图5-62所示。绘图桌如果桌面水平或太低,因头部倾角不超过30°,绘图者就必须身体前屈(躯干弯曲7°~9°为宜)。为了适应不同使用者,绘图桌面应设计成可调式：绘图桌高66~133cm,角度0~75°。

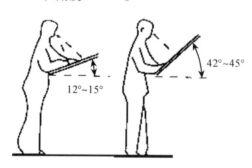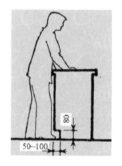

图 5-62　站立用斜桌面　　　　图 5-63　容足空间

（2）容足空间

立姿用桌一般设容足空间,如图5-63所示。桌下采用柱脚时,进深可以适当增大。

5.3.2.4　坐立姿两用桌功能要素设计

工作面高度以立姿作业工作面高度为准,同时为了适合坐姿操作,需提供较高椅子。椅高以68~78cm为宜。此外,还要提供脚踏板。根据工作性质,采用倾斜台面。

5.3.3　常用桌台的主要尺寸和案例

5.3.3.1　未成年人用桌

(1) 儿童桌椅

表 5-33 为儿童桌椅的主要尺寸，表 5-34 为儿童桌椅各型号的标准身高及身高范围。

表 5-33　儿童桌椅的主要尺寸[①]　　　　　　　　　　　　　　　　　　　　　　mm

尺寸名称	幼 1 号	幼 2 号	幼 3 号	幼 4 号	幼 5 号	幼 6 号
桌面高(h_1)	520	490	460	430	400	370
桌下净空高(h_2)	≥450	≥420	≥390	≥360	≥330	≥300
座面高(h_4)	290	270	250	230	210	190
座面有效深(t_4)	290	260	260	240	220	220
座面宽(b_3)	270	270	250	250	230	230
靠背上缘距座面高(h_6)	240	230	220	210	200	190
靠背下缘距座面高(h_5)	130	120	120	110	100	90

摘自 GB/T 3976—2002《学校课桌椅功能尺寸》。

表 5-34　儿童桌椅各型号的标准身高及身高范围　　　　　　　　　　　　　　　mm

桌椅型号	幼 1 号	幼 2 号	幼 3 号	幼 4 号	幼 5 号	幼 6 号
标准身高	1 200	1 125	1 050	975	900	825
身高范围	1 130 ~	1 050 ~ 1 190	980 ~ 1 120	900 ~ 1 040	830 ~ 970	750 ~ 890

摘自 GB/T 3976—2002《学校课桌椅功能尺寸》。

(2) 中小学课桌

表 5-35 为中小学课桌尺寸，表 5-36 为中小学课桌椅尺寸及与之相匹配的身高和身高范围。

表 5-35　中小学课桌尺寸　　　　　　　　　　　　　　　　　　　　　　　　　mm

尺寸名称	1 号	2 号	3 号	4 号	5 号	6 号	7 号	8 号	9 号	10 号
桌面高(h_1)	760	730	700	670	640	610	580	550	520	490
桌下净空高 1(h_2)	≥630	≥600	≥570	≥550	≥520	≥490	≥460	≥430	≥400	≥370
桌下净空高 2(h_3)	≥490	≥460	≥430	≥400	≥370	≥340	≥310	≥280	≥250	≥220
桌面/桌下净空深 1(t_1)	400									
桌下净空深 2(t_2)	≥250									
桌下净空深 3(t_3)	≥330									

[①] 参见图 5-35 中小学校课桌椅尺寸示意。

(续)

尺寸名称	1号	2号	3号	4号	5号	6号	7号	8号	9号	10号
桌面宽(b_1)	单人用600，双人用1 200										
桌下净空宽(b_2)	单人用≥440，双人用≥1 040										

摘自 GB/T 3976—2002《学校课桌椅功能尺寸》。

表 5-36　中小学课桌椅尺寸及与之相匹配的身高和身高范围　　cm

尺寸名称	1号	2号	3号	4号	5号	6号	7号	8号	9号	10号
标准身高	180.0	172.5	165.0	157.5	150.0	142.5	135.0	127.5	120.0	112.5
身高范围	173~	165~179	158~172	150~164	143~157	135~149	128~142	120~134	113~127	~119

（3）中小学实验桌

表5-37为中小学校实验桌平面尺寸。

表 5-37　实验桌平面尺寸　　m

类别	长度	宽度	类别	长度	宽度
双人单侧实验桌	1.20	0.6	气垫导轨实验桌	1.50	0.60
四人双侧实验桌	1.50	0.9	教师演示桌	2.40	0.70
岛式实验桌(6人)	1.80	1.25			

摘自 GB 50099—2011《中小学校设计规范》*。

5.3.3.2　成年人用桌

（1）单层桌

单层桌尺寸，如图5-64、表5-38所示。

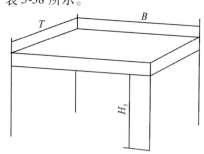

图 5-64　单层桌尺寸示意

---

* GB 50099—2011《中小学校设计规范》共分10章，主要技术内容包括总则、术语、基本规定、场地和总平面、教学用房及教学辅助用房、行政办公用房和生活服务用房、主要教学用房及教学辅助用房面积指标和净高、安全、通行与疏散、室内环境、建筑设备等。GB/T 21747—2008《教学实验室设备》实验台(桌)的安全要求及试验方法也推荐了大中小学实验桌的尺寸。

表 5-38　单层桌尺寸　　　　　　　　　　　　　　　　　　　　　　　　　　　　　　　　mm

宽 B	深 T	宽度极差 ΔB	深度极差 ΔT	中间净空高 H_3
900～1 200	450～600	100	50	≥580

摘自 GB/T 3326—1997《家具 桌、椅、凳类主要尺寸》。

(2) 单柜桌和双柜桌

单柜桌尺寸，如图 5-65、表 5-39 所示。双柜桌尺寸，如图 5-66、表 5-40 所示。

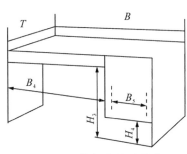
图 5-65　单柜桌尺寸示意

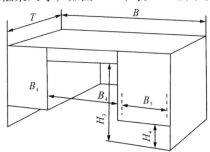
图 5-66　双柜桌尺寸示意

表 5-39　单柜桌尺寸　　　　　　　　　　　　　　　　　　　　　　　　　　　　　　　　mm

宽 B	深 T	宽度极差 ΔB	深度极差 ΔT	中间净空高 H_3	柜脚净空高 H_4	中间净空宽 B_4	侧柜抽屉内宽 B_5
900～1 500	500～750	100	50	≥580	≥100	≥520	≥230

摘自 GB/T 3326—1997《家具 桌、椅、凳类主要尺寸》。

表 5-40　双柜桌尺寸　　　　　　　　　　　　　　　　　　　　　　　　　　　　　　　　mm

宽 B	深 T	宽度极差 ΔB	深度极差 ΔT	中间净空高 H_3	柜脚净空高 H_4	中间净空宽 B_4	侧柜抽屉内宽 B_5
1 200～2 400	600～1 200	100	50	≥580	≥100	≥520	≥230

摘自 GB/T 3326—1997《家具 桌、椅、凳类主要尺寸》。

(3) 梳妆桌

梳妆桌尺寸，如图 5-67、表 5-41 所示。

表 5-41　梳妆桌尺寸　　　　　　　　　　　　　　　　　　　　　　　　　　　　　　　　mm

桌面高 H	中间净空高 H_3	中间净空宽 B_4	镜子上沿离地面高 H_6	镜子下沿离地面高 H_5
≤740	≥580	≥500	≥1 600	≤1 000

摘自 GB/T 3326—1997《家具 桌、椅、凳类主要尺寸》。

梳妆桌桌面高度一般取 700mm，宽度分 700、800、1 200 mm 3 种，深度相应地分 400、500、600 mm 3 种规格。

(4) 餐桌

餐桌尺寸，如图 5-68、表 5-42 和表 5-43 所示。

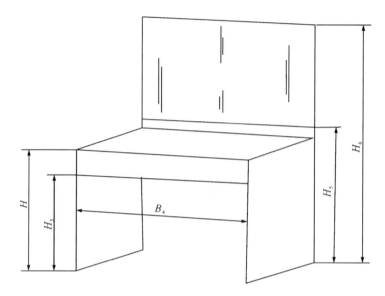

图 5-67　梳妆桌尺寸示意

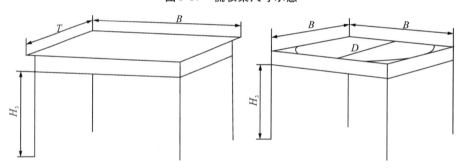

图 5-68　餐桌(长方桌、方桌、圆桌)尺寸示意

表 5-42　长方桌尺寸　　　　　　　　　　　　　　　　　　　　mm

宽 B	深 T	宽度级差 ΔB	深度级差 ΔT	中间净空高 H_3
900～1 800	450～1 200	50	50	≥580

摘自 GB/T 3326—1997《家具 桌、椅、凳类主要尺寸》。

表 5-43　方桌、圆桌尺寸　　　　　　　　　　　　　　　　　　mm

桌面宽(或直径)B(或 D)	中间净空高 H_3
600、700、750、800、850、900、1 000、1 200、1 350、1 500、1 800(方桌边长≤1 000)	≥580

摘自 GB/T 3326—1997《家具 桌、椅、凳类主要尺寸》

使用时,根据餐饮种类和就餐人数进行选择,如图 5-69、表 5-44 和表 5-45 所示。

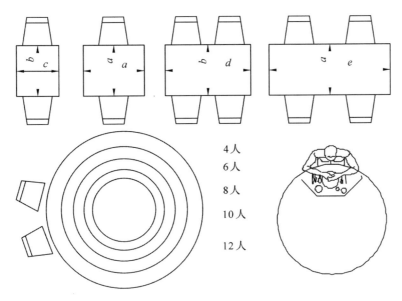

图 5-69 餐桌及其适用性

表 5-44 （长）方形餐桌尺寸 mm

类型	a	b	c	d	e
进餐	850~1 000	800~850	650	≥1 300	1 400~1 500
小吃	750~800	700	600	1 000~1 200	

表 5-45 圆形餐桌尺寸及其适应人数

人数	4	6	8	10	12
规格(ϕ)(mm)	750~900	1 000~1 200	1 200~1 350	1 350~1 500	1 500~1 800

（5）会议桌、茶几和炕桌

表 5-46 为会议桌、茶几和炕桌的尺寸。

表 5-46 会议桌、茶几和炕桌的尺寸 mm

尺寸	会议桌			长茶几(轻休息用)			茶几(休息用)			炕桌		
	高	宽	深	高	宽	深	高	宽	深	高	宽	深
大	≤3 000	1 400	750	1 100	550	500	650	460	580	1 000	600	350
中		1 000	750	1 000	500	450	600	420	550	850	600	320
小	≥600	600	750	900	450	450	560	400	500	800	600	320

【案例】 美国罗德岛设计学院学生设计的一款多功能桌，如图 5-70 所示。做电脑桌使用时，桌面下方偏左为键盘区，充分考虑了右手使用鼠标或进行其他活动的需要。桌面右下方可放置机箱。上面的两层搁架可放置音响等物。坐姿时伸手就可以摸到下层搁架。同时还可以作为装饰桌使用。

图 5-70　多功能桌　　　　图 5-71　整洁办公桌

【案例】　整洁办公桌，如图 5-71 所示。功能通过结构实现，结构影响尺度设计。

【案例】　办公系统家具，如图 5-72 所示。

在集体办公室，每位工作人员都有一个办公单元（屏风、办公桌等）。通过拆装结构，办公单元便于安装与组合；同时它集成了现代办公所需的各种线路。根据工作需要各单元可组合成直线形、T 形、十字形、L 形、工字形、王字形、波浪形等。

图 5-72　办公系统家具

【案例】　Use Any Chair with Ergonomic Computer Desk，如图 5-73 所示。

ergonomic chair　　　rocking chair　　　reclining chair　　　your couch

old chair　　　wheel chair　　　stool　　　no chair / standing

图 5-73　Use Any Chair with Ergonomic Computer Desk

5.4 建筑类家具的设计

建筑类家具的设计不仅要考虑人的因素,更多的是考虑物品和环境的因素。

古人所称的皮具包括了柜(北方人称为柜,南方人称为厨)和箱。柜子和箱子的区别在于,柜是横拉门的,箱子是上开盖的。大者为箱,稍小为匣,最小的称为棱。架格则为开放式家具。

5.4.1 柜类家具

柜类家具是收纳、收藏、展示日常生活中的器物、衣服、书籍等物品的家具。日常生活用品的存放和展示,应根据人体操作活动的可能范围及人的行为习惯,并结合物品的特性、使用频率、存放形式去考虑。

5.4.1.1 柜类家具设计中人的因素

柜类家具设计时考虑的人,一般指使用者,或观赏者;更系统的考虑则还应包括其他人:制造者、销售者、搬运者。考虑制造者和搬运者,体现在零件和产品的结构设计中,在此不予讨论。

(1) 可达性

①使用者的上肢关节与尺寸　上肢动作最重要的尺寸基准点是肩关节、肘关节、腕关节,相应的尺寸是上臂长、前臂长、手长。此外,上肢动作的协调还与肩峰宽有关。表5-47为柜类家具设计所涉及的立姿人体尺寸。

表5-47　柜类家具设计所涉及的立姿人体尺寸　　　　　　　　　　　　cm

性别	男			女		
百分位	5	50	95	5	50	95
身高	158.3	167.8	177.5	148.4	157.0	165.9
眼高	147.4	156.8	166.4	137.1	145.4	154.1
肘高	95.4	102.4	109.6	89.9	96.0	102.3
指尖高(单手上举高)	198	213	228	180	200	213
直臂抓摸高(功能上举高)	186	201	216	174	188	201
手功能高	68.0	74.1	80.1	65.0	70.4	75.7
肩宽	34.4	37.5	40.3	32.0	35.1	37.7
最大肩宽	39.8	43.1	46.9	36.3	39.7	43.8

②不同体位时上肢的动作范围　人与柜类家具的尺度关系是以人站立时手臂的上下动作幅度为依据。按方便程度,可分为舒适便利范围和一般可达范围。通常以肩为轴,以上肢为半径的范围为舒适便利范围,使用次数也最多,又是人的视线容易看到的区域,如图5-74、图5-75所示。同时,要考虑物品的使用性质、存放习惯和收藏形式。

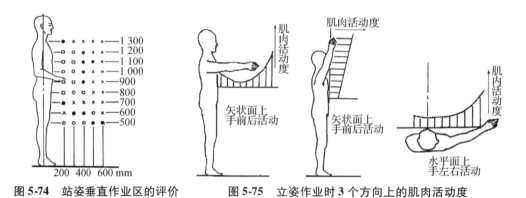

图 5-74 站姿垂直作业区的评价　　图 5-75 立姿作业时 3 个方向上的肌肉活动度

人在不同姿势时手臂的最大活动范围不同，而上肢的最大动作范围可以根据上肢关节、上肢长度用图式来求取。人在前俯和低蹲、翘足立和正立、单腿跪和直身跪、躬身和半蹲、半蹲前俯和屈膝跪、伏跪时，手臂的活动范围都可以用图式表示。以肩关节为圆心，上肢回转所形成的动作空间可以分为三个方向，即通过左右肩峰点的冠状面、包含肩峰点的矢状面、通过左右肩峰点的水平面，如图 5-76 所示。

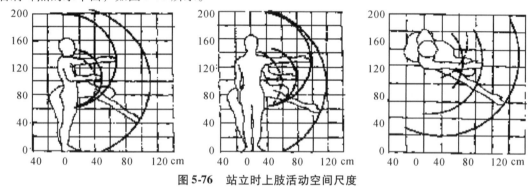

图 5-76 站立时上肢活动空间尺度

表 5-48 为搁板高度可达性的区域划分。

表 5-48　搁板高度可达性区域划分　　mm

A	B	C	D	E	F	G
1 800 ~ 2 000	1 500 ~ 1 800	900 ~ 1 500	600 ~ 1 200	600 以下	1 700 ~ 1 950	1 500 ~ 1 700

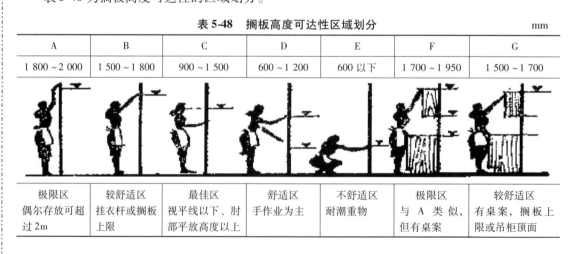

A	B	C	D	E	F	G
极限区 偶尔存放可超过2m	较舒适区 挂衣杆或搁板上限	最佳区 视平线以下、肘部平放高度以上	舒适区 手作业为主	不舒适区 耐潮重物	极限区 与 A 类似，但有桌案	较舒适区 有桌案，搁板上限或吊柜顶面

（2）可视性

①视高　一般视点高度无论男女都在头顶下方约15cm处。表5-49为人体不同体位时的视高。

对至今仍保留席地而坐习惯的国家和地区，柜类家具设计应考虑不同的视高。

②柜体深度与视线区域　人的视线范围与眼高、体位、姿势有关，同时与搁板间距和层数有关；而搁板间距与存放物品的分类与尺寸有关，如图5-77所示。在设计实践中，既要考虑可视性，又要避免空间浪费。

表5-49　人体不同体位时的视高

姿势	视高（cm）	
	男	女
立	156.8	145.4
坐	116.5	109.5
屈膝跪	84.1	78.6
盘腿坐	76.1	71.0
席地而坐	75.3	70.3

5.4.1.2　柜类家具的储物特性

柜类家具基本设计思路是"先内后外"，即首先考虑储存物，如衣服、书籍、餐具、文件等的储存方式及数量、大小、位置等；其次是考虑其他媒介物，如拉篮等五金配件；在保证内部空间的前提下，考虑产品结构、制造模数、板材的合理利用；然后着重考虑人因设计、产品视觉感受；在整体家居中考虑使用环境，如室内开间或进深尺寸；最后是设计标准化、系列化及其调节。

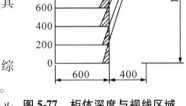

图5-77　柜体深度与视线区域

（1）柜类家具储物方式

储物方式按储存物品的开放程度，分为封闭式、开放式和综合式。采用哪种形式取决于内存物品性质、空间形式和大小等。

①封闭式　内存物种类繁杂而数量庞大时，或室内空间较为狭小、造型复杂时，采用封闭式为宜。衣柜一般是封闭式的。

②开放式　起展示作用。一般玻璃厨、壁架或搁架采用开放式。原则上展示物品应具有观赏价值且数量较少，其托架应单纯而富于秩序。

③综合式　根据实际需要和视觉要求，合理安排封闭部分与开放部分的空间分配。应注意使用的实用性以及造型的比例、秩序、虚实。

（2）物品尺度

①衣物类　图5-78为衣服的存放类型，图5-79为挂放与折叠的衣物的尺度。

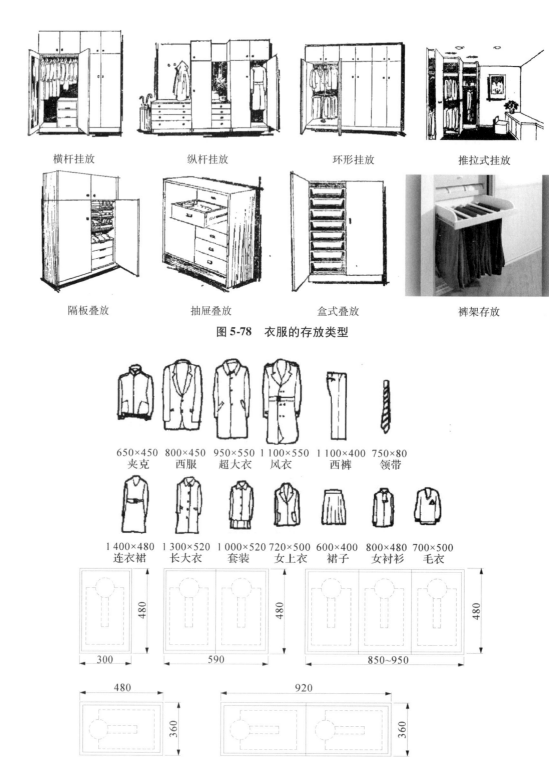

图 5-78 衣服的存放类型

图 5-79 挂放与平放的衣物的尺度（单位：mm）

② 书刊类　图 5-80 为书籍的存放方式，书刊等的规格见表 5-50 ~ 表 5-53。

书的竖放

线装书叠放

图 5-80　书籍的存放方式

表 5-50　各种报纸的规格

种类	尺寸(mm)
中文报(对开)	550×390
中文报(四开)	395×275
外文报	550×415
	585×420
	640×440

表 5-51　线装书的规格

线装书的规格(mm)
100×170
126×195
130×200
150×270
170×295
210×340

表 5-52　一般图书和杂志开本及其幅面尺寸

系列	开本		系列	开本	
	代号	公称尺寸(mm)		代号	公称尺寸(mm)
A	A4	210×297	B	B5	169×239
	A5	148×210		B6	119×165
	A6	105×144		B7	82×115

摘自 GB/T 788—1999《图书和杂志开本及其幅面尺寸》。

表 5-53　各种资料集规格

名称	宽(mm)×高(mm)	名称	宽(mm)×高(mm)
档案袋	230×350　260×370	影集(大)	255×295
图纸夹	230×320	影集(中)	175×250　170×300(袋式)
自由夹	215×300	影集(小)	104×205
图纸登记本	200×265	集邮簿	160×200
账簿夹	200×275	集邮簿(小)	130×180

③餐厨用品 图 5-81 为炊具的存放方式和常用炊具规格。表 5-54 为饮食品规格。

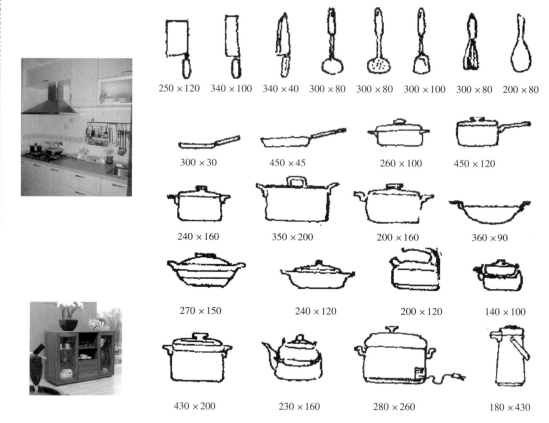

图 5-81 炊具的存放和炊具规格（单位：mm）

表 5-54 饮食品规格

名称	长(mm)×宽(mm)×高(mm)	名称	长(mm)×宽(mm)×高(mm)
麦乳精	Φ90×155	特号酒瓶	Φ90×390
麦乳精	Φ130×170	啤酒瓶	Φ70×290
麦乳精	Φ160×235	酒瓶	Φ75×240
饼干听	270×270×45	茶叶听(方)	90×90×160
饼干听	150×150×220	茶叶听(圆)	Φ90×145
饼干听	175×175×220	茶具	Φ320×290
糖果听	140×150×160	茶杯	Φ75×110
糖果听	165×110×230	热水瓶	Φ130×360

④出行用品　图5-82为鞋的存放方式，图5-83为雨具和鞋子等的尺寸。

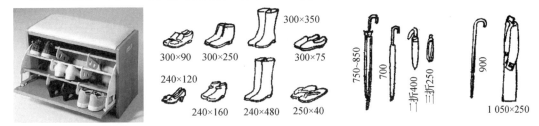

图5-82　鞋的存放　　　　图5-83　鞋靴、雨具和拐杖、大衣（单位：mm）

（3）储物空间分割

储物空间分割大致可按物品的体积、质量、性质、使用频率等来考虑。

高度按3级划分：0~600mm，放置时间性、季节性大型用品；600~1 800mm，放置常用、美观整齐的物品；1 800~2 400mm，放置冬夏衣服和不常用物品。或按4、5级划分，如图5-84、图5-85所示。

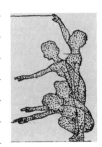

		1 900
第四区	不良区	1 550
第二区	良好区	1 200
第一区	最佳区	900
		600
第三区	不良区	300
第五区	不良区	0

图5-84　储物区域与人体动作特征

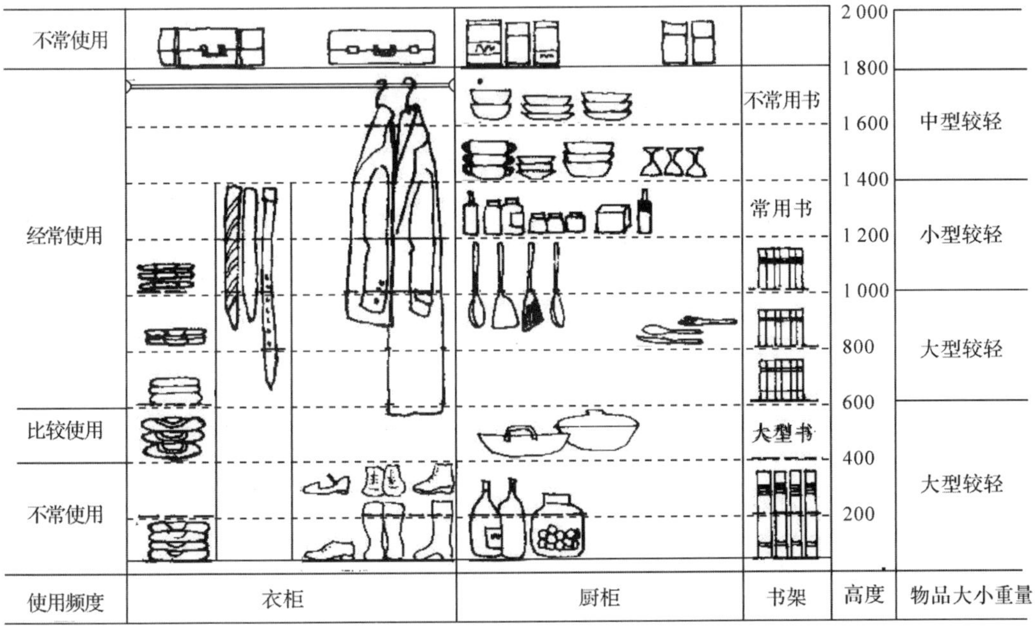

使用频度	衣柜	厨柜	书架	高度	物品大小重量
不常使用				2 000	
				1 800	中型较轻
			不常用书	1 600	
经常使用				1 400	
			常用书	1 200	小型较轻
				1 000	
				800	大型较轻
				600	
比较使用			大型书	400	大型较轻
不常使用				200	

图5-85　物品贮存高度分区示意（单位：mm）

深度按 4 级划分：深度 160mm，放置书籍、酒具、银器、茶具、衬衣、袜子；深度 280mm，放置期刊、唱片机、收音机、电话机、食用器皿；深度 450mm，可放置拎包、大件衣服、被褥；深度 600mm，适于衣柜，可存放各种家居物品。

柜体宽度一般取 50mm 的倍数，柜体内部空间宽度可灵活划分。

5.4.1.3 柜类家具的功能设计

（1）柜类家具功能及设计要求

柜类家具内部追求储物的实用性，外部讲究装饰性。为此应做到尺度适宜、选材用材和结构合理、形态美观、装饰恰当。

（2）柜类家具的主要部件和功能尺寸设计

①搁板　灵活应用搁板，间距可调节化，可以有效地分隔柜体内部空间。这种设计有利于使用者根据自己的需求来自行设置搁板的高度、间距，具有灵活性和实用性。

为了便于存取，一般来说，搁板放置的最大高度不超过 1 800mm。搁板间距与储物类别及其大小有关，主要由物品高度加适当活动空间决定。一般来说，先确定常用的一层搁板高度，再由间隔确定上下层搁板的高度。搁板跨度不宜过大，要确保承载强度。

②抽屉　抽屉的宽度和深度一般由内置物品的尺寸决定。内部空间分隔要适合人们在站立或弯腰时观察物品和存取物品的活动范围。抽屉不能太深，否则会影响抽屉内部空间的可视性。在坐、立、弯腰状态下，抽屉深度 420mm 比较适宜；蹲跪时，抽屉深度以 330mm 较适宜。

抽屉高度设计与其特殊的储藏形式和载荷有关。抽屉高度的立姿舒适范围为 1 100～1 600mm，坐姿舒适范围为 400～1 000mm。抽屉高度的设计应综合考虑内存物的使用需求以及柜体外部造型和比例的审美需求。

③门　门的把手一般设置在人体能发出最大操纵力的位置。一般靠近面板边缘，且把手与开启方向要匹配。超越此范围的，在上面的尽量靠下，在下面的则尽量靠上。一般来说，把手的设计及安置高度为 1 100～1 250mm 较为适宜。柜体宽度不同，门的数量也不同，一般有单门、双门、三门、四门之分。门的宽度不能大于 600mm，否则影响结构强度，在其开启时也会占用较大空间。

表 5-55 为柜类家具部件尺寸设计规范。

建议采用 32mm 和 50mm 双模数进行柜类家具设计，其中 32mm 用于柜体高度和深度尺寸设计，而 50mm 用于柜体宽度设计。门和抽屉等主要部件应按其功能进行标准化、系列化、通用化设计。门和抽屉的把手有多种形式，应综合考虑手的尺度以及审美的需要。

此外，亮脚产品底部净高≥100mm，包脚（围板式底脚）产品底面净高≥50mm。

5.4.1.4 常用柜类家具的尺寸与标准

常用柜类家具有衣柜、书柜、文件资料柜、餐厨柜、陈列柜、电器柜、鞋柜等。

表 5-55　柜类家具部件尺寸设计规范*　　　　　　　　　　mm

高度	搁板			抽屉			侧开门		上翻门		下翻门		玻璃推拉门	
	适用范围	舒适范围		适用范围	舒适范围		适用范围	舒适范围	适用范围	舒适范围	适用范围	舒适范围	适用范围	舒适范围
		立	坐		立	坐								
2 200	■													
2 100	■						■							
2 000	■						■							
1 900	■						■							
1 800	■			■			■						■	
1 700	■	■		■			■	■					■	
1 600	■	■		■			■	■					■	■
1 500	■	■		■	■		■	■	■				■	■
1 400	■	■		■	■		■	■	■	■			■	■
1 300	■	■	■	■	■		■	■	■	■			■	■
1 200	■	■	■	■	■	■	■	■	■	■			■	■
1 100	■	■	■	■	■	■	■	■	■		■		■	■
1 000	■	■	■	■	■	■	■	■	■		■		■	■
900	■	■	■	■	■	■	■	■			■	■	■	■
800	■	■	■	■	■	■	■				■	■	■	■
700	■	■	■	■	■	■	■				■	■	■	■
600	■	■		■	■	■	■				■	■	■	
500	■			■	■	■	■				■		■	
400	■			■		■	■				■		■	
300	■			■		■	■				■		■	
200	■			■			■						■	
100	■													
位置	搁板顶面			抽屉上沿			拉手		门上沿		门下沿		拉手	

（1）衣柜和床头柜

图 5-86 为衣柜尺寸示意图以及单体衣柜和步入式衣帽间的实例。表 5-56 为衣柜内部空间尺寸。

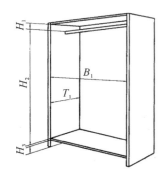

图 5-86　衣　柜

---

* GB 3327—1982《柜类主要尺寸》已被 GB/T 3327—1997《家具　柜类主要尺寸》取代，但旧标准规定的柜类家具部件尺寸规范仍有参考意义。

表 5-56　衣柜内部空间尺寸　　　　　　　　　　　　　　　　　　mm

柜体空间深或宽		挂衣棍上沿至顶板内表面间距离 H_1	挂衣棍上沿至底板内表面间距离 H_2	
挂衣空间深 T_1 或宽 B_1	折叠衣物放置空间深 T_1		适于挂长外衣	适于挂短外衣
≥530	≥450	≥40	≥1 400	≥900

摘自 GB/T 3327—1997《家具 柜类主要尺寸》。

普通服装长度在 1 250mm 以内,加上挂衣杆至柜顶的内部距离、衣架尺寸和应留空间,再加底座高,衣柜高度可确定为 1 800~1 900mm。按悬挂衣服件数和每件衣服的空间位置 80~100mm 来确定内部宽度尺寸。深度则按人体最大肩宽 469mm(第 95 百分位男性)加余量,≥530mm。

图 5-87 为床头柜尺寸示意及实例,表 5-57 为床头柜尺寸。

图 5-87　床头柜

表 5-57　床头柜尺寸　　　　　　　　　　　　　　　　　　mm

宽 B	深 T	高 H
400~600	300~450	500~700

摘自 GB/T 3327—1997《家具 柜类主要尺寸》。

(2)书柜与文件柜

图 5-88 为书柜、文件柜的尺寸示意图及实例,表 5-58 为书柜、文件柜的尺寸。

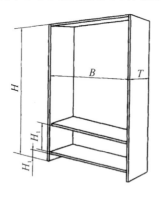  

图 5-88　书柜、文件柜

表 5-58　书柜、文件柜尺寸　　　　　　　　　　　　　　　　　　　　mm

类别	项目	宽 B	深 T	高 H	层间净高 H_5
书柜	尺寸	600~900	300~400	1 200~2 200	(1) ≥230 (2) ≥310
	尺寸级差 ΔS	50	20	第一级差 200 第二级差 50	
文件柜	尺寸	450~1 050	400~450	(1) 370~400 (2) 700~1 200 (3) 1 800~2 200	≥330
	尺寸级差 ΔS	50	10	—	—

摘自 GB/T 3327—1997《家具 柜类主要尺寸》。

(3) 厨柜

厨房主要有三个操作功能区：水槽（清洗）、案台（备餐）、炉灶（烹饪），另外还有储藏空间。人在厨房的活动遵循一定的秩序模式*，合理的厨柜设计应遵循这一顺序进行安排。

按布置形式，厨柜分为单排形、双排形、L字形、U字形、岛形及其他，如图 5-89 所示。按操作台面，分为分体式和整体式。按所处的空间位置，分为地柜、吊柜、中柜、高柜。地柜是放置在地面上起操作台作用的厨柜。吊柜是安装在墙面上，地柜台面以上的厨柜。中柜放置在地柜台面上。高柜则指放置在地面上，高度高于地柜且不起操作台作用的厨柜。按功能分为灶具柜、水槽柜、操作台柜、调料柜、米柜、抽屉柜、拉篮柜、吸油烟机柜、调味架、钢瓶柜、贮藏柜等。

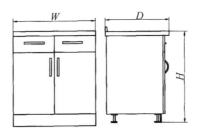

图 5-89　厨　柜

厨柜设计尺寸用宽（W）、深（D）、高（H）表示，并采用国际通用的建筑模数符号 M 表示，1M = 100mm。优先采用 1M 和 1.5M 系列，并应考虑和电器件模数相协调，如图 5-92 和表 5-59 所示。

---

* 参见 2.4.6 行为的模式。

表 5-59　厨柜尺寸（模数）系列

分类		代号	模数	外形尺寸系列
吊柜	普通吊柜	W	M	1.5M，2M，3M，4M，4.5M，5M，6M，7M，7.5M，8M，9M
		D	M	3M，3.5M，4M
		H	M	4M，5M，6M，7M
	吸油烟机吊柜	W	M	6M，7.5M，9M
		D	M	3.5M，4M
		H	M	3M，5M，7M
	调料柜	W	M	3M，5M，6M，7M，8M，9M
		D	M	1.5M，2M，2.5M，3M
		H	M	2.5M，3M，3.5M
地柜	操作台柜	W	M	1.5M，2M，3M，4M，4.5M，5M，6M，7M，7.5M，8M，9M，10M
		D	M	4.5M，5.5M，6M，6.5M（台面深）
		H	M	8M，8.5M，9M
	灶具柜	W	M	6M，7.5M，8M，9M
		D	M	4.5M，5M，5.5M，6M（台面深）
		H	M	6.5M，8M，8.5M，9M
	水槽柜	W	M	6M，8M，9M，10M
		D	M	5M，5.5M，6M（台面深）
		H	M	8M，8.5M，9M
高柜(mm)				$W \times D \times H$：$(300\sim 900) \times (350\sim 600) \times (1000 \times 2300)$
中柜(mm)				$W \times D \times H$：$(300\sim 900) \times (200\sim 600) \times (600 \times 1500)$

摘自 GB/T 18884.1~4—2002《家用厨房设备》。

吊柜底面距地面距离≥1 400mm，吊柜底面距操作台面≥500 mm，吊柜顶面距地面距离≥2 100 mm。

（4）其他柜类家具

①收纳柜　图 5-90 为收纳柜。在抽屉柜中，一般较大的抽屉居于柜体下部。鞋柜用以陈

中药百子柜

电子鞋柜

时钟柜

图 5-90　收纳柜

列、收藏闲置的鞋及其他用品。可分为传统鞋柜、电子鞋柜两类。图中的时钟柜，正面是一块可以向下拉开的活页门，同时下拉门板上可以放置一些轻而不易碎的物品。

②展示柜　这类家具包括食品柜、酒柜、装饰柜、电视柜以及陈列柜等。无论电视机是放在电视柜上，还是采用壁挂方式，人在看电视时，坐姿应自然放松，电视屏幕中心应位于视平线以下。以此为出发点，根据电视机规格确定电视柜的格局和尺寸，如图5-91、5-92所示。

设计 Amando Dandrea（德国，1999）

图5-91　黑白多格电视柜　　　图5-92　电视组合柜

③多功能柜　家庭常用的玄关柜，或兼具酒柜、陈列柜、鞋柜的功能。图5-93中的Samuro框柜，柜门可完全封闭，而其关闭后的整体外形浑然天成；柜内空间分隔合理，柜中有柜。

玄关柜　　　　　　　　　Samuro柜

图5-93　多功能柜

5.4.2　架格

架格与厨柜并无严格划分。图5-94中几种家具多设有柜门或抽屉，而电话架、书架的造型则更像桌子。人在坐或立时，需要不同的架格，用以陈列不同的物品。

图 5-94　架　格

思考与讨论

1. "为坐而设计"体现了什么设计理念？如果举办"为存放而设计"的设计竞赛，你有何想法？
2. 椅子的第三支承点在哪里？设计一款听音乐的休闲椅。
3. 偶尔跷二郎腿是人体平衡调节的需要，经常跷二郎腿有什么健康害处？中小学课桌椅的设计应为跷二郎腿留有桌下容腿空间吗？容腿空间净深如何考虑？
4. 常用屏风高度是多少？它们与坐姿眼高是什么关系，为什么？它们会不会影响办公人员之间的工作关系？
5. 应用控制台设计知识，分析多媒体讲台的适应性和设计要领。
6. 在人因学教材中，推荐的抽屉高度上限值为身高的 10/11，有研究认为抽屉高度的立姿舒适范围为 1 100～1 600mm，而在 GB/T 3327—1997《家具 柜类主要尺寸》中推荐顶层抽屉上沿离地高度≤1 250mm。在家具设计中，一般需要协调哪些方面的尺寸关系？
7. 高等院校课桌椅有固定式课桌椅和非固定式课桌与课椅两种。请分析和测量其主要尺寸，然后对照 GB/T 3976—2014《学校课桌椅功能尺寸及技术要求》进行分析总结。
8. 根据中小学课桌椅尺寸以及与之相匹配的标准身高，绘制一张诺模图。
9. 西餐桌和中餐桌应有何区别？
10. 调查电脑、电视、冰箱、燃气灶等常用家用电器的品牌型号、规格，以备家具设计之用。
11. 请调研整体厨房（集成厨房）、智能衣柜、整体衣柜、步入式衣帽间等家具新品种，写一篇小论文。

参考文献

阮宝湘,邵祥华.2005.工业设计人机工程[M].北京:机械工业出版社.

上海家具研究所.1989.家具设计手册[M].北京:轻工业出版社.

(美)尼贝尔,弗瑞瓦兹.2007.方法、标准与作业设计[M].11版.王爱虎,等译.北京:清华大学出版社.

王琨,白爱利,李小生,等.2008.不同坐姿下腰部负荷及竖脊肌活动的生物力学研究[J].西安体育学院学报,25(1):67-72.

徐明,夏群生.1997.体压分布的指标[J].中国机械工程,8(1):65-68.

周敏.2011.座椅舒适度的评价方法与应用[J].人类工效学,17(3):64-65,53.

张鄂,洪军,梁建,等.2007.汽车人机接触界面体压分布的实验与评价研究[J].西安交通大学学报,41(5):538-542.

陈玉霞,申黎明,郭勇,等.2012.床垫舒适性评价与睡眠质量关系的研究[J].安徽农业大学学报,39(3):435-440.

GB/T 14774—1993 工作座椅一般人类工效学要求.

GB/T 3326—1997 家具 桌、椅、凳类主要尺寸.

GB/T 3327—1997 家具 柜类主要尺寸.

GB/T 3328—1997 家具 床类主要尺寸.

GB/T 21747—2008 教学实验室设备 实验台(桌)的安全要求及试验方法.

GB 50099—2011 中小学校设计规范.

YY 0003—1990 病床.

QB/T 1952.2—2011 软体家具 弹簧软床垫.

QB/T 1952.1—2012 软体家具 沙发.

GB/T 3976—2014 学校课桌椅功能尺寸及技术要求.

GB/T 16887—2008 卧铺客车结构安全要求.

GB/T 18884—2002 家用厨房设备.

第6章 人机系统与工作场所设计

本章主要阐述视听显示界面设计；手脚控制界面设计；显示与控制组合设计；人机系统设计、分析和评价；工作场所(空间与岗位)的分析设计。

人与机器、空间及环境的对应关系，如图 6-1 所示。人机界面分为多种。信息性界面是指人眼与屏幕、桌面等之间的视觉界面、桌面与上肢之间的触觉界面、组织内部的管理界面。工具性界面是指手与工具之间以触觉为主的界面。环境性界面则反映人与环境之间的关系。

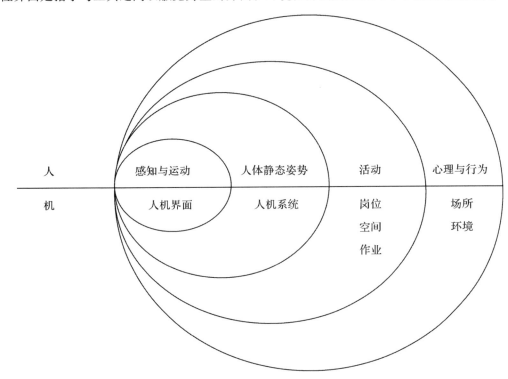

图 6-1　广义人机系统

6.1　视听显示界面设计

人的感觉器官各有其适应能力。信息传递方式的选择主要依据所传递信息的内容和性质，见表 6-1。对于一定的刺激，选择合适的感觉通道和信息传递方式，能获得最佳的信息处理效果。

表 6-1　3 种显示方式传递的信息特征

显示方式	传递的信息特征
视觉显示	1. 传递图表、公式等比较复杂的或抽象的信息 2. 传递比较长的或需要延迟的信息 3. 传递的信息以后还要引用 4. 传递的信息与空间方位有关 5. 传递不要求立即作出响应的信息 6. 所处环境不适合使用听觉通道的场合 7. 虽适合听觉传递，但听觉通道已过载的场合 8. 作业情况允许操作者保持在一个位置上

(续)

显示方式	传递的信息特征
听觉显示	1. 传递比较简单的信息 2. 传递比较短的或无须延迟的信息 3. 传递的信息以后不再需要引用 4. 传递的信息与时间有关 5. 传递要求立即作出响应的信息 6. 所处环境不适合使用视觉通道的场合 7. 虽适合视觉传递，但视觉通道已过载的场合 8. 作业情况要求操作者不断走动的场合
触觉显示	1. 传递非常简明的、要求快速传递的信息 2. 经常要用手接触机器或其装置的场合 3. 其他感觉通道已过载的场合 4. 使用其他感觉通道有困难的场合

在生产过程中，信息的传递、处理和反馈的速度和质量，在一定程度上取决于操作者对信息的接受、处理、反馈的速度及相应的准确程度，它们与显示装置的质量和布置有密切关系。在机器和设备中，专门用来向人表达机器和设备的性能参数、运转状态、工作指令等信息的装置称为信息显示装置。对显示装置的选择、设计、布置要符合操作者的生理和心理特征。

6.1.1 视觉显示界面设计

6.1.1.1 视觉显示装置的类型及其特点

① 数量型显示界面　主要提供变量或过程的量化信息，并有明确的显示单位，如温度值、压力值等。数量型显示界面可采用指针移动型、刻度标尺移动型、直读型 3 种方式。

② 性状型显示界面　主要用来显示变量的状态或性质，如正常状态、危险状态等，如图 6-2 所示。性状型显示界面一般采用指针移动型显示装置。

图 6-2　性状型显示界面　　图 6-3　飞机姿势的再现显示

③ 再显型显示界面　再现方法可以采用完全重现或是符号和图形。其优点是观察时不需要或者只需要很少的解释过程。如图 6-3 所示为飞机姿势的再显型显示。

④ 警报与信号显示界面　按照功能划分，警报与信号显示界面主要有两类：一类是提醒监控者注意或指示监控者应执行什么操作；另一类是向监控者报告人机系统的运行状态或异常情况等。警报与信号显示界面的主要目的是指示运行状态，引起人注意。

6.1.1.2 仪表显示的种类和设计原则

(1) 仪表显示的种类

按显示功能，仪表可分为以下 5 种：

①读数用仪表　用具体数值显示机器的有关参数和状态。如汽车、摩托车的速度表。

②检查用仪表　用以显示系统状态参数偏离正常值的情况，但一般不读其确切值，而是为了检查仪表指针的指示是否偏离了正常位置，如示波器类仪表。

③警戒用仪表　用以显示机器是否处于正常区、警戒区或危险区。一般用绿、黄、红3种不同的颜色分别表示正常区、警戒区、危险区。

④追踪用仪表　追踪操纵是动态控制系统中最常见的操纵方式之一，它根据显示器所提供的信息进行追踪操纵，以便使机器按照所要求的动态过程工作。因此，这类显示器必须显示实际状态与需要达到的状态之间的差距及其变化趋势。宜选择直线形仪表或指针运动的圆形仪表，最好选用荧光屏，它可以实时模拟显示机器动态参数。

⑤调节用仪表　只用以显示操纵器调节的值，而不显示机器系统运行的动态过程。一般采用指针运动或刻度盘运动方式，但最好采用由操纵者直接控制指针刻度盘运动的结构性形式。

按认读特征，仪表可分为两类：数字显示器和模拟显示器。其特点见表6-2。

(2) 仪表显示设计的一般工效学原则

仪表显示设计应以人的视觉特征为依据，确保使用者迅速准确地获取所需要的信息。同时，显示的精确程度和质量应与人的辨别能力、认读过程、舒适性和系统功能的要求相适应。仪表显示的信息种类和数目不宜过多。仪表的指针、刻度标记、字符等与刻度盘之间在形状、颜色、尺度等方面应保持适当的对比关系，以使目标清晰可见。显示格式应简单明了，显示的意义应明确易懂，以利于使用者正确理解。具有良好的照明，保证人眼对目标的辨认。

表6-2　模拟式与数字式显示器的特点

特征＼类型	模拟式显示仪表		数字式显示仪表
	指针运动式	指针固定式	
数量信息	中：指针活动时读数困难	中：刻度移动时读数困难	好：读数精确，快速，差错少
质量信息	好：易判定指针位置，不需读出数值和刻度就能迅速发现指针变动趋势	差：未读出数值和刻度时，难以确定变化方向和大小	差：必须读出数字，否则难以得知变化的方向和大小
调节性能	好：指针运动与调节活动有简单而直接的关系，便于调节和控制	中：调节运动方向不明确，指示的变动难控制，快速调节时不易读数	好：数字调节的监测结果精确，数字调节与调运运动无直接关系，快速调节时难以读数
跟踪控制	好：能很快确定指针位置并进行监控，指针与调节监控活动关系最简单	中：指针无变化有利监控，但指针与调节监控活动的关系不明显	差：不便按变化的趋势进行监控
一般情况	中：占用面积大，刻度长短有限，尤其使用多指针显示时认读性差	中：占用面积小，仪表需局部照明，只在很小一段范围内认读，认读性好	好：占用面积小，照明面积也最小，表盘的长短只受字符的限制
综合性能	可靠性好，稳定性好 易于显示信号的变化趋向 易于判断信号值与额定值之差	精度高，认读速度快，无插补误差；过载能力强；易于计算机联用	

(续)

类型\特征	模拟式显示仪表		数字式显示仪表
	指针运动式	指针固定式	
局限性	显示速度较慢 易受冲击和振动的影响，环境因素影响较大 过载能力差，质量控制困难	显示易跳动或失效 干扰因素多 需内附或外附电源	
发展趋势	提高精度和显示速度；采用模拟与数字混合型仪表	提高可靠性；采用智能化仪表	

6.1.1.3 指针式仪表设计

（1）刻度盘的设计

① 刻度盘的形状　仪表的形式因用途而异。常见刻度盘如表 6-3。

表 6-3　不同形式的读数仪表

类别	圆形显示器			弧形显示器	
刻度盘	圆形	半圆形	偏心圆形	水平弧形	垂直弧形
简图					

类别	直线显示器			说明
刻度盘	水平式	垂直式	开窗式	开窗式刻度盘也可以是其他形式
简图 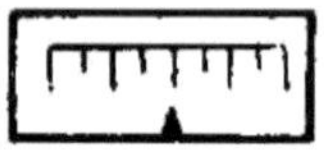  				

开窗式刻度盘优于其他形式，因为开窗显露的刻度少、识读范围小、视线集中、识读时眼睛移动的路线也短，它误读率最低。观察窗口内至少可以看到相邻两个刻有数字的刻度线，否则会引起混淆。圆形、半圆形刻度盘识读效果优于直线形刻度盘，因为眼睛对圆形、半圆形的扫描路线短，视线也较为集中，所以识读准确些。水平直线式优于竖直直线式，因为其更符合视觉规律。

②刻度盘的大小　刻度盘大小随标记数量和观察距离增加而增大，见表 6-4。当盘上标记数量多时，增大刻度盘尺寸将导致眼睛扫描路线和仪表占用面积增加，而缩小刻度盘又会使标记密集不清晰。

表 6-4　观察距离和标记数量与刻度盘直径的关系

刻度标记数量	刻度盘最小允许直径(mm)	
	观察距离 500	观察距离 900
38	25.4	25.4
50	25.4	32.5
70	25.4	45.5
100	36.4	64.3
150	54.4	98.0
200	72.8	129.6
300	109.0	196.0

刻度盘的最佳直径与监控者的视角有关。实验证明：最佳视角为 2.5°~5°。因此，已知视距和最佳视角便可推算出仪表刻度盘的最佳直径，或由最佳直径和最佳视角便可确定最佳视距。怀特(W. J. White)等人对圆形刻度盘最优直径做过实验，将仪表安装在仪表盘上，然后测试反应速度和误读率。结果表明，圆形刻度盘的最优直径是 44 mm，见表 6-5。

表 6-5　认读速度和准确度与直径大小的关系(视距 750mm)

圆形度盘直径(mm)	观察时间(s)	平均反应时间(s)	误读率(%)
25	0.82	0.76	6
44	0.72	0.72	4
70	0.75	0.73	12

(2)刻度与刻度线的设计

识读速度和准确性还与刻度的大小、刻度线的类型、宽度和长短有关。

①刻度的大小　刻度盘上最小刻度线间的距离称为刻度。刻度大小可根据人眼最小分辨能力(视角 10°)和刻度盘的材料性质来确定。人眼直接识读刻度时，最小刻度 >0.6~1 mm，一般在 1~2.5 mm 之间选取。必要时可采用放大镜读数，如镗床上的光学放大装置。

②刻度的类型　常见刻度线有单刻度线、双刻度线和速增式刻度线，如图 6-4 所示，其中递增式刻度线识读率高。

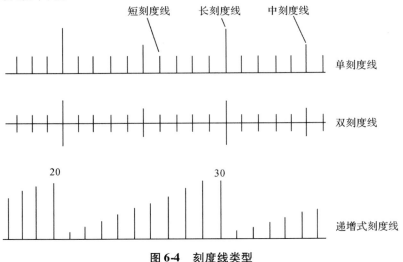

图 6-4　刻度线类型

③刻度线的宽度　刻度线的宽度取决于刻度的大小,当刻度线宽度为刻度的10%左右时,读数的误差最小。一般普通刻度线宽度通常取 0.1mm±0.02 mm；远距离观察时,可取 0.6~0.8 mm；精度高的测量刻度线宽度取 0.001 5~0.1mm(放大镜观察)。

④刻度线长度　刻度线长度选择得是否合适,对识读准确性关系甚大。刻度线长度受照明条件和视距的限制,见表6-6。

表 6-6　不同照度下的最小可辨视角和颜色分辨能力

时间	照度(lx)	最小可辨视角(′)	颜色分辨能力
白天	$1\times10^3 \sim 1\times10^5$	0.7	能分辨各种颜色
黄昏或黎明 (一般场所)	1×10^2	0.8	能分辨各种浓的颜色 对浅颜色分辨不清
	10	0.9	
	1	1.5	
夜间	1×10^{-4}	50	不能分辨颜色

当视距为 L 时,刻度线最小长度为:长刻线 = $L/90$,中刻线 = $L/125$,短刻线 = $L/200$,刻度线间距 = $L/600$。

⑤刻度方向　刻度盘上刻度值的递增顺序称为刻度方向。刻度方向必须遵守视觉规律,水平直线型应从左至右,圆形刻度应按顺时针方向安排刻度值,竖直直线型则应从下到上。

⑥数字累进法　一个刻度所代表的被测值称为单位值。表 6-7 为不同数字累进法的比较。

表 6-7　数字累进法

优					可				差			
1	2	3	4	5	2	4	6	8	10	3	6	9	12
5	10	15	20	25	20	40	60	80	100	4	8	12	16
10	20	30	40	50	200	400	600	800	1000	1.25	2.5	3.75	5
50	100	150	200	250						15	30	45	60

⑦刻度设计　不要以点代替刻度线,那样看不清楚；刻度线的基线用细实线为好；刻度线不可太长、太密；刻度间距要均匀。

(3) 指针设计

指针用于指示信息。为了使监控人员能准确而迅速地获取信息,要求指针的大小、宽窄、长短和色彩配置等都必须符合人的生理与心理特征。

①指针形状:头尖、尾平、中间等宽或狭长三角形等,如图 6-5 所示。

图 6-5　常用的指针形状

②指针尖宽应与最短刻度线等宽(或取刻度大小的 10^{-n} 倍)。
③指针与刻度盘的配合应尽量贴近,避免指针在刻度盘上产生投影误差。
④指针尖距刻度 1.6 mm 左右为宜。

6.1.1.4 可视信息设计

(1) 文字标记

文字标记用于识别显示面板、控制面板(单元、按钮)、组件等,标明其名称、功能(除非其功能非常明显),传达简明信息(如警示标志)。文字标记应简明、清晰,尽量不用缩写。对于控制件,根据其位置是否高于眼高,将文字标记标明在其下方或上方;文字标记应尽量标在水平方向。表 6-8 为文字标记的设计原则。

表 6-8 文字标记的设计原则

	装置	推荐文字标记
内容	转速计(汽车)	RPM
	声音控制(音响)	音量
	速度计(汽车)	km/h
	恒温器(家用)	温度
	调节旋钮(电视)	频道
	调速器(割草机)	慢…快
文字的推荐高度(cm)	控制板名称	0.47
	组件图形符号	0.32
	控制单元	0.40
	组件小标题	0.24
	副标题	0.32

(2) 字符设计

数字、字母、汉字和一些专用符号,统称为字符。一般来讲,字符的形状、大小和立位(方向)直接影响着识读效率。字符设计要求清晰表达(显示)信息,给人以深刻印象。

①字符的形体 为使字符形体简明醒目,必须加强各字符的特有笔画,突出"形"的特征,避免字体相似性造成误读。例如,"3"字的设计易与"8"字混淆。数码管 7 段字体,各数字字体相似,快速识读时误读率高。此外,若正体字误读率为 100%,则隶书字体误读率可达 154%,因此应避免字形的修饰。

②字符的大小 字符高度 $H = L/200$,也可按下面近似公式计算:

$$H = \frac{L}{3\,600}\alpha$$

式中 H——字符高度(mm);

L——视距(mm);

α——最小视角(′),一般取 $\alpha = 10' \sim 30'$。

字符宽高之比一般取 0.6~0.8,笔画宽与字高之比一般取 0.12~0.16。

③标度数字的原则

a. 指针运动、盘面固定,数字应正立位;盘面运动、指针固定,数字辐射定向安排。

b. 指针在表内,若盘面空间大,则数字在表外;指针在表外,则数字应标在表内。

c. 数字标注应便于识读(正立位标度);最小刻度不标度数字,最大刻度必须标度数字。开窗式仪表窗口应能显示出被指示数字及相邻两个数字,如图6-6所示。

　　　　指针运动型　　　　　　　　指针固定型　　　　　开窗式

图6-6　刻度标数优劣比较

(3) 图符设计

图形符号具有形、意、色等多种刺激因素,传递的信息量大,抗干扰力强,易于接受。图符的辨认速度和准确性与图符的特征数量有关。简单符号只有必要的形状特征;中等符号除主要特征外,还有辅助特征以表示内外细节,辨认效果好①;复杂符号有若干个彼此混淆的辅助特征。若必须精确知道被调节量,则用数字加以补充。

标志是给人以行为指示的符号和(或)说明性文字。图形标志则是图形符号、文字、边框等视觉符号的组合,以图像为主要特征,用以表达特定的信息。根据图形符号设计国家标准,图形标志设计原则如下:

①图形标志首先要满足醒目清晰和通俗易懂两个基本要求。

②图形应只包含所传达信息的主要特征,减少图形要素,避免不必要的细节。

③标志图形的长和宽宜尽量接近,长宽比一般不得超过1:4。

④标志图形不宜采用复杂多变和凌乱的轮廓界限,即应注意控制和减小图形周长/面积比。

⑤优先采用对称图形和实心图形。

图形符号作为一种视觉显示标志时,总是以某种与被标识的客体有含义联系的颜色表示。

(4) 色彩匹配

为了精确判读,仪表指针、刻度线和字符的颜色应与刻度盘的颜色有较为鲜明的对比,即选择最清晰的配色(表6-9),避免模糊的配色(表6-10)。表6-11为仪表配色与误读率的关系。

---

① 图式是围绕某一主题,按照一定的结构而组织起来的知识的表征和储存方式,既描述事物的必要特征,又包括其非必要特征。在皮亚杰认知发展理论中,图式是指一个有组织、可重复的心理结构或行为模式。皮亚杰将认识活动分析为"刺激→图式→反应"的连续过程。图式可分为概念性图式、公式和经验性图式、传统和风格的图式、理想图式。图式一旦形成就具有相当的稳定性、激发执行性,决定人们对信息内容的选择和倾向偏好,引起对原有对象进行新的信息加工和认识,推动事物的发展。图式影响注意对象的选择,起着引导组合作用,影响人对事物的记忆。由于图式与心理定势有共同之处,认知往往需要突破固有的图式。

表 6-9 清晰的配色

顺序	1	2	3	4	5	6	7	8	9	10
底色	黑	黄	黑	紫	紫	蓝	绿	白	黑	黄
被衬色	黄	黑	白	黄	白	白	白	黑	绿	蓝

表 6-10 模糊的配色

顺序	1	2	3	4	5	6	7	8	9	10
底色	黄	白	红	红	黑	紫	灰	红	绿	黑
被衬色	白	黄	绿	蓝	紫	黑	绿	紫	红	蓝

表 6-11 仪表颜色与误读率

仪表面颜色		刻度线颜色		误读率(%)
颜色	标记	颜色	标记	
墨绿	2.5B2/2	白	N9	17
淡黄	2.5Y8/4	黑	N1	17
天蓝	10G8/2	黑	N1	18
白	N9	黑	N1	19
浅绿	7.5BG7/6	黑	N1	21
深蓝	5PB2/2	白	N9	21
黑	N1	白	N9	22
灰黄	5Y7/4	白	N9	25

6.1.1.5 视觉显示界面的设计与选择原则

(1) 视觉显示界面设计原则

为保证满足能见性、清晰性、可识性的基本要求，视觉显示界面设计须遵循以下原则：

①选用最适宜的刺激维度，并将信息代码数目限制在人的绝对辨别能力允许范围内。
②显示界面精度与人的视觉辨别能力相适应。
③尽量采用形象直观且与人的认知特点相匹配的显示格式。
④根据任务的性质和使用条件，确定显示界面的尺寸和安装位置。
⑤对同时出现的相互关联的信息，尽可能综合显示。
⑥与系统中其他界面在空间和运动关系上相合。
⑦目标与背景之间有适宜的亮度、色彩和形状对比；具有良好的环境照明条件。

(2) 视觉显示界面选择原则

依据人机系统的任务、人的作业特点和显示界面本身的物理特性进行选择。

①确定显示界面的功能要求。包括必须显示的信息、是否需要动态显示、信息编码形式、作业空间对界面的限制、周围环境照明特点等。
②考虑人的感知特征和显示界面的物理特性，以确定具体的设计要求。
③根据设计要求与各种显示界面物理特性的比较，选择符合要求的显示界面。

6.1.2 听觉显示界面设计

6.1.2.1 听觉显示界面的种类

(1)声音听觉显示界面

常见声音听觉显示界面如蜂鸣器、铃、角笛、汽笛、警报器、哨笛、枪声等。

蜂鸣器是声压级最低,频率也较低的听觉显示装置。其声柔和,不会使人紧张或惊恐,适用于较宁静环境。蜂鸣器常配合信号灯一起使用,具有指示性。它还可以做报警器用。

铃的用途不同,其声压级和频率有较大差别。电话铃声是在宁静环境下让人注意,而用作指示上下班和报警的铃声,其声压级和频率就较高,可在有较高强度噪声的环境中使用。

角笛的声音有吼声(声压级90~100dB、低频)和尖叫声(高声强、高频)两种,常用作高噪声环境中的报警装置。汽笛声频率高,声强也高,较适用于紧急事态的音响报警装置。

警报器声音强度大,可传播很远,频率由低到高,发出的声音富有调子的上升和下降,可以抵抗其他噪声的干扰,特别能引起人们的注意,并强制性地使人们接受。它主要用作危急事态的报警,如防空报警、救火警报等。

(2)言语听觉显示界面

受话的麦克风是言语传示装置,而扬声器是言语显示装置。常用的言语传示系统有广播、电视、电话、报话机和对话器及其他录音、放音和电声装置等。用言语作为信息载体,可使传递和显示的信息含意准确、接收迅速、信息量较大等,但易受到噪声的干扰。

6.1.2.2 听觉显示界面的设计原则

(1)声音听觉显示界面的设计原则

①听觉刺激所代表的意义,一般应与人们的习惯或自然倾向相一致。

②采用声音的强度、频率、持续时间等维度作为信息代码时,应避免使用极端值,而且代码数目不应超过使用者的绝对辨别能力。

③信号强度应高于背景噪声,要保持足够的信噪比,以防掩蔽效应带来的不利影响。

④尽量使用间歇或可变的声音信号,避免使用稳定信号。

⑤不同声音信号应尽量分时段呈现,其时间间隔不宜短于1s。

⑥显示复杂信息时,可采用两级信号。第一级是为了引起注意,第二级则作为精确指示。

⑦对不同场合使用的听觉信号尽可能标准化。

(2)言语听觉显示装置设计要点

①言语的清晰度 即人耳对通过它的语音(音节、词语)中正确听到和理解的百分数。言语传示装置的清晰度必须在75%以上,才能正确传示信息。

②言语的强度 语音的平均感觉阈限为25~30dB(测听材料有50%被听清楚),而汉语的平均感觉阈限是27dB。

6.1.2.3 听觉显示界面的选择原则

(1)声音听觉显示界面的选择原则

①在有背景噪声的场合,要把声音听觉显示装置的频率选择在掩蔽效应最小的范围内。

②对于仅仅引人注意的声音显示装置,最好使用断续的声音信号;而对报警装置最好使用

变频的方法。另外，报警装置最好与信号灯一起作用，组成视、听双重报警信号。

③要求声音信号传播距离较远和穿越障碍物时，应加大声波的强度，使用较低的频率。

④在小范围内使用声音信号，应注意声音信号装置的多少，避免互相干扰、混淆。

（2）言语显示界面的选择原则

①需显示的内容较多时，用一个言语传示装置代替多个声音显示装置。

②言语传示装置所显示的言语信息，表达力强，较一般的视觉信号更有利于指导检修和保障处理工作。用语言信号指导操作者进行某种操作，有时会比视觉信号更为细致、准确。

③在某些追踪操纵中，言语传示装置的效率并不比视觉信号差。

④在一些领域中，如广播、电视等，采用言语传示装置比声音装置更符合人们的习惯。

6.2 手脚控制界面设计

控制装置是将人的信息输送给机器，用以调整、改变机器状态的装置。根据操作控制器的身体器官，控制器分为手控制器、脚控制器、言语控制器、眼动控制器以及脑机接口。手脚控制装置的设计应充分考虑操作者的体形、生理、心理、体力和能力。

6.2.1 控制器的类型、编码和设计要求

6.2.1.1 控制器的类型

手脚控制器按功能分为：①阶跃控制，如开关；②连续控制，如旋钮、手柄；③间断控制，如系统作业状态转换开关；④定量控制，如手柄、曲柄；⑤信息输入控制，如键盘。表6-12为常用控制器的使用功能。

表 6-12 常用控制器的使用功能

名称	功能				
	启动	不连续调节	定量调节	连续调节	输入数据
按钮	○				
板钮开关	○	○			
旋钮选择开关		○			
旋钮		○	○	○	
踏钮	○				
踏板			○	○	
曲柄			○	○	
手轮			○	○	
操纵杆			○	○	
键盘					○

6.2.1.2 控制器编码

设计控制器时，应当考虑其形状、纹理、大小、位置、操纵力、运动方向、运动范围、色

彩、字符和环境条件与系统反应的关系等。将控制器进行合理编码，便于操作者辨认和记忆，可以有效减少误操作。控制器编码方式一般有 8 种：

（1）形状编码

按照控制器的性质，设计成不同的形状，并与控制器的功能相联系，这样可以用视觉辨认，也可以用触觉辨认，如盲人识别钱币等。编码形状不可太复杂。

（2）表面纹理编码

控制器的表面纹理可以通过触觉加以辨认，因此可以用不同的表面纹理对控制器进行编码。光滑的、带槽纹的和压花纹的三类表面纹理可用作控制器的纹理编码。

（3）大小编码

大小编码是通过尺寸差异来分辨控制器。控制器的尺寸级差必须达到触觉的识别阈限。实验表明，当小旋钮的直径为大旋钮直径的 5/6 时，彼此之间即可被人们所识别。可用的代码数目不宜超过 3 个，一般可分为 3 级。大小编码不如形状编码有效，通常两者一起使用。

（4）位置编码

利用控制器之间的相对位置以及控制器与操作者体位之间的相对位置进行编码。利用位置编码，在没有视觉辅助的情况下，操作者能够准确地搜索到所需要的控制器。控制器之间应有足够的间距，以防控制器使用时发生置换错误。在不用视觉的情况下，对垂直布置的控制器的操作准确性优于水平布置控制器的操作。

（5）颜色编码

将不同功能的控制器，涂以不同的颜色，以示区别，称为颜色编码。颜色编码分为两种形式：①对一个控制器用一种颜色，相互区分，这适合于控制器比较少的产品。②把功能相近或功能上有一定联系的控制器放置在一种颜色区域内，作为控制器使用功能的区分，这种情况适合于控制器较多的产品。

通常使用红、橙、黄、蓝、绿 5 种色调，色调多了易引起混淆。一般最好使用代码颜色所具有的标准意义，如紧急关闭控制器采用红色。颜色编码必须凭借视觉分辨，应有良好的照明条件。

（6）标记编码

在不同控制器的上方或旁边，标注不同的文字或符号，以标示控制器的使用功能。这种编码需要占有一定的控制面板空间。注意以下几点：①标记要简明、通用，尽可能不使用抽象符号；②标记应清晰、可读；③标记位置应有规则性，并在操纵时仍处于视野范围内，尽量把标记放在控制器上方；④应有良好的周围照明条件，也可用局部照明或者自发光标记。

（7）声音编码

对不同的控制器，在操纵过程中给予不同的声音，加以区别，即为声音编码。声音编码也不能单独使用，同样需要与其他编码方式结合使用。

（8）操作方法编码

利用每个控制器所具有的独特的操作方法进行编码。例如，按钮只有上下变换，旋钮只有旋转变换，而且控制器只有按照这种唯一的操作方法才能实现其控制功能。

控制器所用代码首先应该是可觉察、可辨认的。重要的控制器应予以突出。为便于对编码所标志的控制功能的理解，代码应与功能在概念上相合①，功能意义简单明了。为了促进对编码的记忆，减少习惯的干扰，尽量采用标准化的代码。可采用编码组合。

6.2.1.3 控制器设计的一般要求

①控制器设计要适应人体运动特征。对要求快速准确的操作，应采用手动控制或指动控制器，如按钮。对用力较大的操作，则应设计为手臂或下肢操作的控制器，如手柄或转轮。

②控制器操纵方向应与预期的功能方向和机器设备的被控方向相一致。

③控制器要利于辨认和记忆。当控制器较多时，要从外形、大小和颜色上区别，并尽量与其功能有逻辑上的联系。

④尽量利用控制器的结构特点进行控制（如弹簧、点动开关等），或借助操作者某一体位的重力进行控制（如脚踏开关）；对重复性或连续性控制，不应集中在某一部位施力。

⑤尽量设计多功能控制器，或显示、控制相结合。前者如车床进给箱上的手柄，后者如计算机主机开关。

6.2.2 手工具与操纵器的设计

接触是操作和动作的基础，尤其是在不能用视觉判断的情况下，动作必须根据触觉来产生。触觉能感知物体的特性（形状及立体感、重量和温度等），还能产生压力和痛觉。

6.2.2.1 手工具与操纵器的设计依据

（1）人手尺度

人手尺度包括手长、手宽、食指长、食指近位/远位指关节宽 5 项尺寸，如图 6-7、表 6-13 所示。

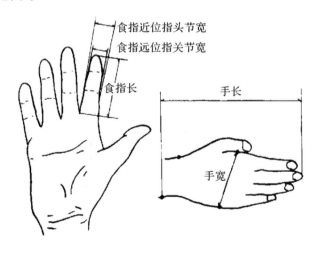

图 6-7 手部尺寸

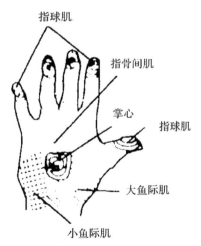

图 6-8 人手生理结构

---

① 概念相合性是指编码和符号与人们所具有的概念联想（功能、意义）的一致性程度。

表 6-13　手部尺寸　　　　　　　　　　　　　　　　　　　　　mm

百分位数	男(18～60岁)							女(18～55岁)						
	1	5	10	50	90	95	99	1	5	10	50	90	95	99
手长	164	170	173	183	193	196	202	154	159	161	171	180	185	189
手宽	73	76	77	82	87	89	91	67	70	71	76	80	82	84

摘自 GB 10000—1988《中国成年人人体尺寸》。

(2) **人手生理特点**

如图 6-8 所示，人的手掌心部位肌肉最少，指骨间肌和手指部分是神经末梢满布的区域，而指球肌、大鱼际肌和小鱼际肌是肌肉丰满的部位，是手掌上的天然减振器。

(3) **手的解剖学因素**

人手是由骨、动脉、神经、韧带和肌腱等组成的复杂结构。手指由小臂的腕骨伸肌和屈肌控制，这些肌肉由跨过腕道的腱连到手指，而腕道由手背骨和相对的横向腕韧带形成，通过腕道的还有各种动脉和神经。腕骨与小臂上的桡骨及尺骨相连，桡骨连向拇指一侧，而尺骨连向小指一侧。手部关节活动可分为腕关节活动和指关节活动。腕关节只能在两个面动作，这两个面各成 90°。一面产生掌屈和背屈；另一面产生桡偏和尺偏，如图 6-9 所示。与手掌相连的指关节有两个自由度的活动：一是手指握拳或伸开的伸屈活动；二是指间张开或并拢的张合活动。不与手掌相连的指关节只能作伸屈活动。小臂的尺骨、桡骨和上臂的肱骨相连。肱二头肌、肱肌和肱桡肌控制肘屈曲和部分腕外转动作，而肱三头肌是肘伸肌。

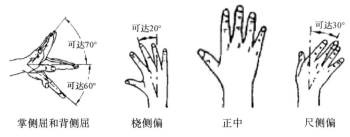

图 6-9　腕关节动作状态

人手的抓握动作可以分为着力抓握和精确抓握。前者又分为力与小臂平行(如锯)、与小臂成夹角(如锤击)及扭力(如使用螺丝起子)；后者一般用于控制性作业(如雕刻)。

与工具有关的人手疾患有腱鞘炎、腕道综合症、狭窄性腱鞘炎、网球肘、腱炎、滑囊炎、滑膜炎、痛性腱鞘炎等，统称为重复性累积损伤病症①。

---

① 腱鞘炎——当手腕处于尺偏、掌屈和腕外转状态时，腕肌腱受弯曲，肌腱及鞘处容易发炎；或因慢性寒冷刺激而引起。重复性动作和冲击振动使之加剧。本病在作业训练工人中常出现。腕道综合症——腕道内正中神经损伤引起的不适。手腕过度屈伸造成腕道内腱鞘发炎、肿大，从而压迫正中神经并使之受损。其表征为手指局部神经功能损伤或丧失，引起麻木、刺痛、无抓握感觉，肌肉萎缩失去灵活性。网球肘(肱骨外踝炎)——由手腕过度桡偏引起；当桡偏与掌内转和背屈状态同时出现时，肘部桡骨头与肱骨小头之间的压力增加，引起网球肘。狭窄性腱鞘炎(扳机指)——由手指反复弯曲、指端用力引起。

6.2.2.2 手工具与操纵器的设计原则

工具是人类四肢的扩展。长期使用不合理的手工具与操纵手把，可使操作者产生痛觉，出现老茧甚至变形，乃至残疾，影响劳动情绪、效率和质量。因此手工具与操纵手把的外形、大小、长短、重量以及材料等，除应满足操作要求外，还应符合手的结构、尺度及其触觉特征。

（1）手握式工具设计原则

手握式工具应有效实现预定功能；与操作者身体成适当比例；按照作业者的力度和作业能力设计，适当考虑性别、训练程度和身体素质差异；工具要求的作业姿势不能引起过度疲劳。重点考虑如下解剖学因素：

①避免静肌负荷　使用工具时，若臂部上举或长时间抓握，会使肩、臂及手部肌肉承受静载荷，导致疲劳，降低作业效率。将直杆式工具改为弯把式工具，可有效解决这一问题，如图6-10所示。

不良设计　　　　优良设计

图 6-10　避免静肌负荷

②保持手腕处于顺直状态　手腕顺直操作时，腕关节处于正中的放松状态，但当手腕处于掌屈、背屈、尺偏等别扭状态时，就会产生腕部酸痛、握力减小，如长时间这样操作，会引起腕道综合症、腱鞘炎等症状，如图6-11所示。一般将工具把手与作业部分弯10°左右为佳。

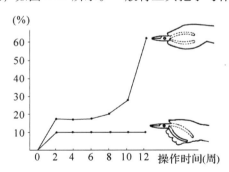

图 6-11　不同操作的腱鞘炎患者

③避免掌部组织受压力　若手工具设计不当，可能会在掌部和手指处造成很大压力，妨碍血液在尺动脉的循环，引起局部缺血，导致麻木、刺痛感等。好的把手设计应该增大接触面，使压力能分布于较大的手掌面积上，或使压力作用于不太敏感的区域，如拇指和食指之间的虎口位，如图6-12所示。若无特殊作用，把手上最好不留指槽，不合适的指槽可能引起手指局部应力集中。

④避免手指重复动作　若反复用食指操作扳机式控制器，就会导致扳机指。其症状在使用

气动工具或触发器式电动工具时常会出现。以拇指操作或指压板控制是一种改良方法，如图 6-13 所示。

图 6-12 避免掌部压力的把手

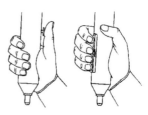
图 6-13 避免手指重复动作

（2）操纵手把设计的合理性

①手把形状应与手的生理特点相适应　避免将手把丝毫不差地贴合于手的握持空间，更不能紧贴掌心。手把着手方向和振动方向不宜集中于掌心和指骨间肌。若掌心长期受压受振，可能会引起难以治愈的痉挛，至少也容易引起疲劳和操作不准确。图 6-14 中前 3 种手把优于后 3 种。

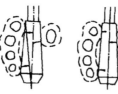 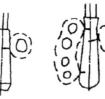  

图 6-14　各种手把形状设计优劣比较

②手把形状应便于触觉识别　在使用多种控制器的场合，每种手把必须有其特征形状，以便操作者确认。手把形状必须尽量反映其功能，同时考虑操作者戴上手套也能分辨和操作。

③尺寸应符合人手尺度　合理的手把设计必须考虑手幅长度、手握粗度、手宽、握持状态和触觉的舒适性。通常，手把长度略超过手幅长度，使手有一个活动和选择的范围。手把的径向尺寸必须与正常的手握尺度相符或小于手握尺度。另外，手把的结构必须能够保持手的自然握持状态，以使操作灵活自如。手把的外表面应平整光洁，以保证触觉舒适性。

6.2.2.3　手工具与操纵器的设计

（1）单把手工具

单把手工具的操作方式是掌面与手指周向抓握，其设计要素为把手直径、长度、形状、弯角。对于螺丝起子，直径大可以增大扭矩，但直径太大会减小握力，降低灵活性和作业速度，并使指端骨弯曲增加，长时间操作则导致指端疲劳。通常着力抓握的把手的直径为 30~40mm，精密抓握则为 8~16mm。由于第 5 百分位女性至第 95 百分位男性的掌宽一般在 71~97mm 之间，因此把手长度为 100~125mm。把手截面形状视用途而定。对于着力抓握，较大圆形截面为好；为防止工具与手掌相对滑动，可采用三角形或矩形；对于螺丝起子，可采用丁字形把手增大扭矩 50%，其最佳直径为 25mm，斜丁字形的最佳夹角为 60°。把手最佳弯角为 10°左右。此外，大约 10% 的人使用左手，设计时应予适当考虑，如图 6-15 所示。

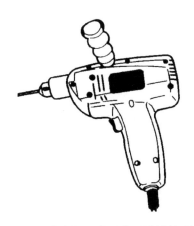 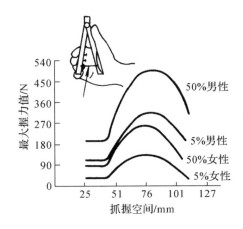

图 6-15　只考虑惯用右手者而设计的手电钻　　图 6-16　双把手工具抓握空间与握力的关系

（2）双把手工具

双把手工具的主要设计因素是抓握空间。当抓握空间宽度为 45～80mm 时，抓力最大。其中若两个把手平行时为 45～50mm，当把手向内弯时则为 75～80mm。女性平均手长约比男性短 2cm，握力只有男性的 2/3。最大握力应限制在 100N 左右（第 5 百分位，女性），如图 6-16 所示。

（3）扳动开关

扳动开关只有开和关两种功能。扳动开关操作简便、动作迅速。图 6-17 中，船形开关翻转速度最快，推拉开关和滑动开关由于行程和阻力的原因，动作时间较长。

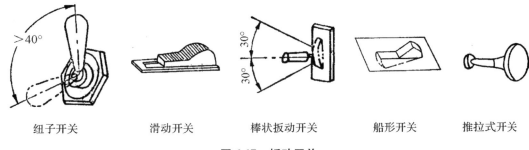

纽子开关　　　滑动开关　　　棒状扳动开关　　　船形开关　　　推拉式开关

图 6-17　扳动开关

（4）按钮

按钮或按键是用手指按压，且仅在一个方向进行操作的控制器。按其形状可分为圆柱形、方柱形、椭圆形、弧面形和其他异形键。按用途可分为代码键（数码键和符号键）、功能键和间隔键。按开关接触情况可分为接触式（如机械接触开关）和非接触式（如霍尔效应开关、光电开关等）。按键尺寸主要根据人的指端尺寸来确定。例如，用拇指操作的按钮，其最小直径建议为 19mm；用其他指尖操作的按钮，其最小直径建议为 10 mm。按钮应采用弹性阻力，阻力不宜过小，以防无意驱动。按钮可用咔嚓声、指示灯或阻力的变化向操纵者提供到位反馈信息。按钮节省空间，便于操作和记忆。

（5）旋钮

旋钮形状很多，圆形旋钮可以做成同心成层式多功能旋钮，但必须解决"层与层的直径比或厚薄比"问题，以防无意接触造成误操作，如图6-18所示。旋钮的尺寸与用力也有一定的比例关系，一般用力大的尺寸也大。旋钮用形状编码，便于识别。

（6）杠杆控制器

杠杆控制器通常用于机械操作，具有前、后、左、右、进、退、上、下、出、入等控制功能，其操纵角度通常为30°~60°。例如，机床变速换向操纵杆。杠杆控制器的突出优点是可以实现盲目定位操作，还具有力放大功能。

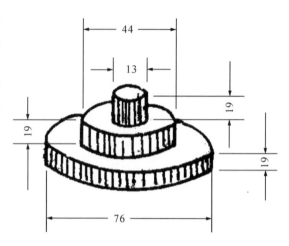

图6-18 同心成层旋钮建议尺寸（单位：mm）

（7）转轮、手柄和曲柄

转轮、手柄和曲柄主要用于需要较大操作扭矩的情况。转轮可以单手或双手操作，可自由地进行连续旋转操作，没有明确的定位值。例如，方向盘、机床上的手轮等。

6.2.3 脚动控制器

当用手操作不方便，或用手操作工作量大难以完成控制任务，或操纵力超过50~150N时才采用脚动控制器。如图6-19所示，脚动控制器按功能和运动机构分为3种：

①往复摆动式　如摩托车上的启动和换挡脚踏板。
②回转式　如自行车上的双曲柄脚踏板。
③直动式　如汽车加速、制动踏板，剪板机上的制动器，空气锤上的制动器。

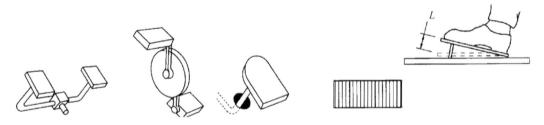

图6-19 脚动控制器种类及尺寸

为了保持身体平衡和出力容易，脚动控制器尽量采用坐姿操作。座椅要有靠背。单脚操作时，另一只脚应有脚靠板。当操纵力大于50N时宜用脚掌着力，操纵力小于50N或需快速连续点动操作时宜用脚尖着力，并保持脚跟不动。脚踏板离地不宜超过15cm，踏到底时应与地面相平。通常设计为长方形，其宽度宜与脚掌等宽，一般大于25mm；脚踏时间较短时最小长度为60~75mm，脚踏时间较长时为280~300mm；厚度大于25mm，踏下行程$L=60~175$mm。

【案例】 板式家具生产中使用三排钻,并在立姿下用脚进行辅助控制,如图 6-20 所示。

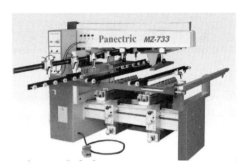

图 6-20 三排钻

6.3 显示与控制组合设计

6.3.1 控制—显示比

控制—显示比(C/D 比)是指控制器的位移量与对应显示器可动元件的位移量之比。控制—显示比表示系统的灵敏度。C/D 比低,表明系统的灵敏度高;反之,表明系统灵敏度低,如图 6-21 所示。

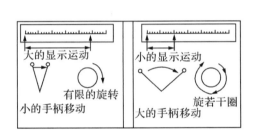

图 6-21 控制—显示比

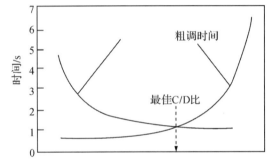

图 6-22 粗调时间与微调时间和 C/D 的关系

在操纵—显示界面中,人们对操纵器的调节有两种功能:粗调和精调。在选择 C/D 比时,对此须加以考虑。粗调时,要求 C/D 比低一些;精调时,要求 C/D 比高一些。最佳的 C/D 比是两种调节时间曲线的相交处,这样可以使得总调节时间降到最低,如图 6-22 所示。

6.3.2 显示器与控制器的相合性

相合性(compatibility)是指刺激与人类期望的反应之间的关系,既符合规定情景又符合人的习惯定型。它隐含着信息转化或者再编码的过程。

(1)空间相合性

空间相合性是指控制器和与之相关的显示器在空间位置上的物理排列和布局。这种相合性直接影响系统运行的效率。如图 6-23 所示为灶眼和开关位置的 4 种排列方式比较。

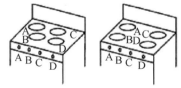

图 6-23 灶眼和开关位置的 4 种排列方式

（2）运动相合性

运动相合性是指显示器与控制器的移动之间的关系以及被显示或控制的系统的反应。这种相合性对于提高操作质量、减轻人的疲劳，尤其是对于防止人紧急情况下的误操作，具有重要意义。

最佳运动相合性随两者的相对位置、运动方式等因素而改变，一般遵循如下原则：

①同一平面上的旋转式控制器与旋转式显示器最佳运动相合，如图 6-24 所示。

②同一平面上的旋转式控制器与直线型显示器最佳运动相合（瓦里克原则），如图 6-25 所示。

③不同平面上的控制器与显示器的最佳运动相合性，如图 6-26 所示。

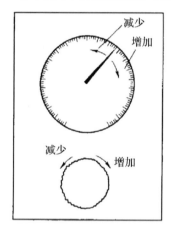

图 6-24　旋转式控制器与旋转式显示器

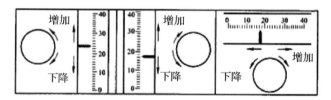

图 6-25　旋转式控制器与直线型显示器

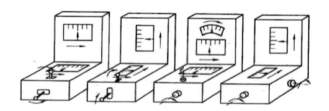

图 6-26　不同平面上的控制器与显示器的最佳运动相合

（3）控制—显示的编码和编排的相合性

控制器与显示器的编码一致（概念相合），排列对应（空间相合），甚至控制钮本身带有灯光信号，对提高工作效率具有重要意义。

6.4　人机系统设计、分析与评价

系统设计是在系统分析和功能分配的基础上，着重解决人机匹配和人机界面的设计问题。系统分析是应用系统的方法，对系统和子系统的可行设计方案进行定性和定量的分析与评价，以提高对系统的认识，选择优化方案的技术。系统评价是根据系统的目标、类型和性质，用有效的标准测定出系统的状态，用一定的评价准则进行比较，并作出判断的活动。

6.4.1　人机系统设计

6.4.1.1　人机系统类型

（1）按人在系统中的作用分类

①手工作业系统　由人和手工工具或辅助机械构成。由人提供作业动力，人是系统的控制

者并直接把输入转变为输出，系统的效率主要取决于人。

②机械化作业系统　由人和机械设备构成。由机械系统提供动力，人是控制者或操作者，系统的输入输出及其效率主要由机械提供，人机交互频繁。

③半自动化作业系统　由人和半自动化机械设备构成。人是控制者，由机械系统提供主要动力，主要由机械完成系统的输入输出作业，人被机器胁迫。

④自动化系统　由人和自动化机械设备构成闭环系统。人只是监管者，负责启动、制动、编程、维修和调试。系统从外部获得能源，能完成信息的接受、储存、处理和执行等工作，如图 6-27 所示。

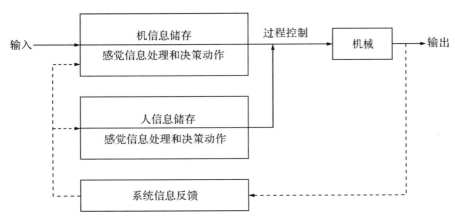

图 6-27　自动化系统

目前在家具生产中，各种人机关系并存，各工序、设备的劳动条件和劳动内容差别较大。表 6-14 为家具制造中的人机系统。

表 6-14　家具制造中的人机系统

人机类型	体力劳动型	人机协作型	技术密集型	高技术密集型
表现形式	手动为主	机械化	半自动化	自动化
结构特点	作业简单	主机复杂，控制简单	配套及控制系统复杂	外设和控制系统复杂
代表机器	简单工具	普通机床	数控机床	柔性加工系统
举例	贴纸工具	推台锯	裁板中心	CNC
人机关系	人为主体	人机互动、人为主体	人机互动、机器为主体	机器为主体
控制方式	人工	人工为主	数控系统	计算机集中控制
能源	人为动力	人与外部动力	外部动力为主	外部动力
操作者	普工	技工	高级工	知识型技术员
人的作用	发挥体能	需要教育培训	强制性作业	管理监督为主
操作技能	手脚利落	手眼协调	中间技能	概念技能
作业性质	体力	体力和技能	技能和脑力	脑力
作业负荷	体力负荷大	体力负荷为主	体力和脑力负荷	脑力负荷大

(续)

人机类型	体力劳动型	人机协作型	技术密集型	高技术密集型
最小阶次	人的动作	操作与走刀	机器工步	机器作业
定额形式	单件工时定额	工时或台时定额	批量台时定额	看管定额
产能主因	体力及技巧	技能	硬件系统	软件系统

（2）按有无反馈控制分类

①开环人机系统　指系统中没有反馈回路，或输出过程虽可提供反馈信息，但无法用这些信息进一步直接控制操作，如图6-28所示。操作普通车床加工工件，就属于开环人机系统。

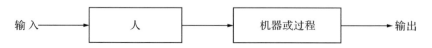

图 6-28　开环人机系统

②闭环人机系统　指系统有封闭的反馈回路，输出对控制作用有直接影响，如图6-29所示。若由人来观察和控制信息的输入、输出和反馈，如在普通车床上加工工件，再配上质量检测构成反馈，则称为人工闭环人机系统；若由自动控制装置来代替人的工作，如利用自动车床加工工件，人只起到监督作用，则称为自动闭环人机系统。

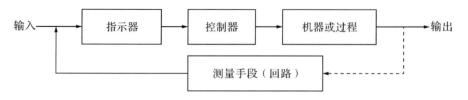

图 6-29　闭环人机系统

（3）按人机结合方式分类

①人机串联方式　人通过机器的作用产生输出，人和机器的特性互相干扰。

②人机并联方式　人通过显示装置和控制装置，间接地作用于机器产生输出。

③人机串并联方式　又称混合结合方式，是最常用的结合方式，如图6-30所示。

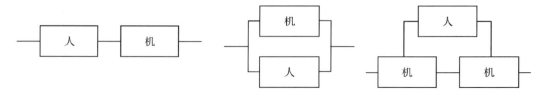

图 6-30　人机结合方式

表6-15为不同人机系统及其例子。

表 6-15　不同人机系统及举例

分类依据	人机结合方式			
人机结合数目	单人单机	一人多机	多人一机	多人多机
	下轴铣床	CNC	排钻	热压机
人机联结关系	串联		并联	
	裁板中心		素板贴纸或覆面	
有无反馈	开环		闭环	
	平刨		直线封边机	

现代生产以机器取代人的体力,但是人的智力劳动和精神负担加重了。机器系统越来越复杂,操作者了解机器规律和掌握操作技术的难度也相应增加。现代生产过程,使作业者直接参与和观察加工对象、控制加工过程的机会减少了,取而代之是在人与被控对象之间"插入"了一套信息传递装置。信息通常以编码方式提供,要求作业者译码,同时也以编码方式对机器系统进行控制,改变了作业者的活动方式。因此,必须研究译码和作业者的训练问题。由于机械化和自动化的发展,使管理对象、监控对象及其参数的数量增加,信息传递在时间上和空间上渐趋密集化,致使作业者对系统状态的分析复杂化。因此,需要确定人的功能限度问题。

6.4.1.2　总体设计目标和原则

"安全、健康、舒适、效率"是人机系统总体设计的一般目标。"方便"可视为效率的子目标。"经济"则是人机系统商业化的目标。家具设计的基本目标有 4 个:"功能、舒适、耐久、美观",当然也可以有不同的理解。

人机系统的设计应按工作系统来要求。工作系统是为了完成工作任务,在所设定的条件下,由工作环境、工作空间、工作过程中共同起作用的人和工作设备组合而成的系统。工作任务是工作系统所要达到的结果。工作设计是在各独立任务的时间和空间中组织和排序。

(1) 工作空间和工作设备的设计

工作空间是为了完成工作任务,在工作系统中分配给一个或多个人的空间范围。工作设备是在工作系统中所使用的工具、机器、运载工具、器件、设施、装置和其他要素。

① 与身体尺寸有关的设计　工作高度应适合于操作者的身体尺寸及所要完成的工作类型。座位、工作面和/或工作台应设计得能保证适宜的身体姿势,即身体躯干自然直立,身体重量能适当地得到支撑,两肘置于身体两侧,前臂呈水平状。

座位装置应调节到适合于人的解剖、生理特点。

应为身体的活动,特别是头、手臂、手、腿和足的活动,提供足够的空间。

操纵器应设置在人的功能可达的范围内。把手和手柄应适合于手功能的解剖学特性。

② 有关身体姿势、肌力和身体动作的设计　工作设计应避免肌肉、关节、韧带以及呼吸和循环系统不必要的或过度的紧张,力的要求应在生理条件所允许的范围内。身体的动作应遵循自然节奏。身体姿势、力的使用与身体的动作应互相协调。

操作者应能交替采用坐姿和立姿。如果必须施用较大的肌力,则应通过采取合适的身体姿势和提供适当的身体支撑,使通过身体的力链或力矩矢量最短或最简单。避免因身体姿势造成长时间静态肌紧张所致的疲劳。应该可以变换身体姿势。

力的要求应与操作者的肌力相适合，所涉及的肌肉群必须在肌力上能满足力的要求。如果力的要求过大，则应在工作系统中引入助力装置。应该避免同一肌肉群处于长时间静态性紧张状态。

身体各动作间应保持良好的平衡，为了长时间能维持稳定，最好能变换动作。动作的幅度、强度、速度和节拍应相互协调。对高精度要求的动作，不应要求使用很大的肌力。如适当的话，应设置引导装置，以便于动作的实施并明确其先后顺序。

③有关信号、显示器和操纵器设计　信号与显示器应以适合于人的感知特性的方式来加以选择、设计和配置。信号和显示器的种类和数量应符合信息的特性。当显示器数量很多时，为了能清楚地识别信息，其空间配置应保证能清晰、迅速地提供可靠信息。对它们的排列可根据工艺过程或特定信息的重要性和使用频度进行安排，也可依据过程的功能、测量的种类等来分成若干组。信号和显示器的种类和设计应保证清晰易辨，这对于危险信号尤其重要。应考虑强度、形状、大小、对比度、显著性和信噪比。信号显示的变化速率和方向应与主信息源变化的速率和方向相一致。在以观察和监视为主的长时间工作中，应通过信号和显示器的设计和配置来避免超负荷和负荷不足的影响。

操纵器的选择、设计和配置应与人体操作部分的特性（特别是动作）相适合，并应考虑到技能、准确性、速度和力的要求。操纵器的类型、设计和配置应适合于控制任务。应考虑到人的各项特性，包括习惯的和本能的反应。操纵器的行程和操作阻力应根据控制任务和生物力学及人体测量数据加以选择。控制动作、设备响应和信息显示应相互适应。各种操纵器的功能应易于辨别，避免混淆。在操纵器数量很多的场合，其配置应能确保操作的安全、明确和迅速，并可根据操纵器在过程中的作用和使用的顺序等将它们分组，其方法与信号的配置相似。关键的操纵器应有防误操作保护装置。

（2）工作过程设计

工作组织是在一个或多个工作系统中，人与人之间的关系和相互作用。工作过程是在工作系统中，人、工作设备、材料、能量及信息在时间和空间上相互作用的顺序。

工作过程的设计应当保证工作者的健康和安全，改善他们的生活质量，增进工作绩效。超越了操作的生理和/或心理机能范围的上限或下限，会形成超负荷和/或负荷不足。躯体的或感觉的超负荷使人产生疲劳，而负荷不足或使人感到单调的工作会降低警觉性。生理和心理上的压力不仅有赖于在设备与环境设计中所考虑的因素，而且也有赖于操作的内容和重复程度，以及操作者对整个工作过程的控制。

采用下列方法中的一种或几种，以改善工作过程的质量：①由一名代替几名操作者来完成属于同一工作职能的几项连续操作（职能扩大）。②由一名代替几名操作者来完成属于不同工作职能的连续操作。例如，组装作业后的质量检查可由次品检出人员来完成（职能充实）。③变换工作，如在装配线上或在工作班组内组织工作者自愿变换工种。④有组织的或无组织的工间休息。

在采用上述方法时，应该特别注意下列各点：①警觉性的变化和工作能力的昼夜变化。②操作者之间工作能力上的差异以及随年龄的变化。③个人技能的提高。

(3) 工作环境设计

工作环境是在工作空间中,人周围的物理的、化学的、生物学的、社会的和文化的因素。工作环境的设计应以客观测定和主观评价为依据,保证工作环境中物理的、化学的和生物学的因素对人无害,以保证工作者的健康、工作能力及便于工作。对于工作环境应特别注意以下各点:

①工作场所的大小(总体布置、工作空间和通道)应适当。

②通风应按下列因素来调节,例如,室内人数、体力劳动强度、工作场所大小(考虑工作设备)、室内污染物的产生情况、耗氧设备、热条件。应按当地气候条件调节工作场所的热环境,主要考虑气温、空气湿度、风速、热辐射;体力劳动强度;服装、工作设备和专用保护装备的特性。

③照明应为所需的活动提供最佳的视觉感受。对下列诸因素应特别注意:亮度、颜色、光分布、无眩光及不必要的反射、亮度的对比度和颜色的对比、操作者的年龄。在为房间和工作设备选择颜色时,应该考虑到它们对亮度分布、对视觉环境的结构和质量及对安全色感受的影响。

④声学工作环境应避免有害的或扰人的噪声的影响,包括外部噪声的影响。应该特别注意下列因素:声压级、频谱、随时间的分布、对声信号的感觉、语言清晰度。

⑤传递给人的振动和冲击不应当引起身体损伤和病理反应或感觉运动神经系统失调。

⑥应避免使工作者接触危险物质及有害的辐射。

6.4.1.3 现代人机系统设计的基本步骤

人机系统设计需要工程师和工效学专家协作完成,其设计步骤如图 6-31 所示:

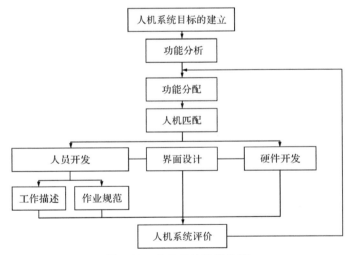

图 6-31 人机系统设计步骤

(1) 建立人机系统设计目标

通过调研,撰写调研报告,进行技术、经济、市场等方面的论证和预测,尤其是目前技术上的可行性、难度、风险等,并进行远期的应用前景预测。最后撰写出可行性论证报告,确定出系统的设计目标。

(2) 人机系统功能分析

对所确定的目标进行方案设定。可采用功能展开法设定实现系统目标的各种方案,如图 6-

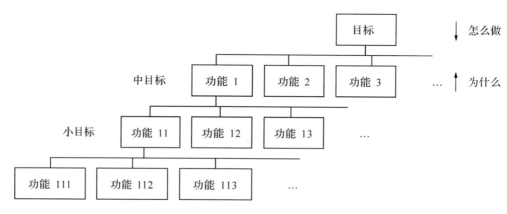

图 6-32 关联树图

32 所示。这时方案越多,选择余地越大,越容易找到最佳设计方案。

(3) 人机功能分配

首先确定系统的哪一部分功能应由人来完成,哪一部分功能应由机器来完成①。如果人机功能分配合理,能够充分发挥人和机器的潜能,使系统达到最佳匹配。

人的主要优势在于智力:当发生未预料的事情时,人可以利用其智力去补偿其他方面所表现出的能力不足,这时人的反应相当快。因此,人最善于处理目标调整和目标转换工作。

人机功能分配的一般性原则:①适合于人完成的功能:要求进行图形辨认或者多种信息输入形式的情况;需进行归纳推理、判断的情况;需对未来的不能预期的情况作处理的情况。②适合于机器完成的功能:单一的重复性工作,如计算、存贮、检查、整理工作,如标准化试题阅卷。需长期支付大功率的作业、高速度的作业;环境条件恶劣的作业以及需检测人不能识别的物理信号的作业。

(4) 人员开发

人员开发目的是为人机系统的运行提供合适的操作人员。

①作业描述 对一个已存在且运行着的人机系统,可通过观察、记录操作者的作业活动完成作业描述。通过作业描述可以考察人机功能分配得是否合适,人、机特长是否合理匹配,是否合理发挥。对于一个新的人机系统,则只能根据系统提出的要求及分配给人和机器的功能,

---

① 工效学家弗茨(P. M. Fitts)对人、机器特性的总结:a. 速度方面:机器比人要快的多。b. 功率输出:机器功率输出恒定,人功率输出十分有限。c. 连续性(持续性):机器优于人,其动作具有一致性,适用于常规、重复性、单调、精度要求很高的工作。人的动作可靠性、一致性很低,而且易引起疲劳。d. 复杂活动方面:机器具有多通道信息接收能力。人只有单一通道信息接收能力。e. 记忆方面:人优于机器。机器记忆只是文字的再现和短期储存,容量有限。如专家系统,反应慢。人是分布式记忆,可以存贮大量信息;具有联想功能,通过演绎推理,找到最佳途径。f. 逻辑推理能力:机器仅演绎,其演绎程序不变。人的归纳能力很强,可随机应变,改变其推理思路。g. 计算能力方面:机器运算速度快而且准确。人的复杂计算速度慢容易出错,但善于修正错误。h. 信息输入:机器依靠传感器可接受各种刺激性信息,包括人无法接受的刺激信号(如放射线信号),机器对图形认别能力很差。人能接收多样化的信息,判定方位、颜色、识别图形。i. 可靠性方面:一般工作,机器可靠。超负荷时,机器运行中断。人在超负荷条件下,可靠性逐渐降低。j. 智力与理解力:机器无智慧;人有主观能动性和预见性,能处理事先未预料到的或不可预料之事。k. 在操作控制能力方面:机器的特点是专一,人的特点是柔性、多样化。

进行逻辑分析，判断是否合理。可采用信息输入输出模型、人机分析图等描述作业活动。

②作业规范　包括人员组成分析和人员选拔与培训分析，前者分析确定系统的某项功能需要多少操作者，操作者的技能应达到什么标准；后者分析哪些技能需要选拔，哪些需要培训；选拔的条件和方法，培训的途径等。采用什么形式的作业指导书更易使作业者看懂是很重要的。可以采用不同形式的作业指导书，如插图、图表、手册、电视录像、电影软片、教学演示（仿真）等，以使作业者尽快地掌握操作方法。

人员胜任力模型分析是人员选拔与培训分析的基础。它是指从人机系统的功能角度来研究系统内各种相关人员的身心素质。有关个人层面胜任力通常包含5个层次：知识、技能、自我概念（态度、价值观）、特质和动机。人机系统中有关人员胜任力模型分析主要包括人的工作能力研究、人的基本素质测试与评价、人的负荷研究、人的可靠性研究、人的控制模型与决策模型研究和人体测量技术研究等方面。

操作人员的选择和训练方法取决于多种因素。如作业者素质、作业规范、人机界面的形式和现有的培训设施及方法，都会直接或间接地影响选拔和培训效果。任何培训都有确定的目标，如增加特定的技能，同时减少学习适应的时间和费用。培训是否有效主要取决于被训练者的素质，职业选择应该考虑个体素质。培训前要进行选择，目的是使被训练者有能力完成训练计划所要达到的标准。选拔是训练的基础。科学的做法应该是：先应对作业规范进行分析，制定出满足该规范条件的选拔标准，然后笔试、面试。

（5）人机界面设计

人机界面是人和机器在信息交换和功能接触的相互影响领域。人机界面设计必须解决好两个主要问题，即人控制机械和人接受信息。前者主要指控制器要适合于人的操作，应考虑人进行操作时的空间与控制器的配置。后者主要指显示器的配置如何与控制器相匹配，使人在操作时观察方便，判断迅速、准确。

（6）人机匹配

人机匹配包括显示器与人的信息通道特性的匹配，控制器与人体运动特性的匹配，显示器与控制器之间的匹配，环境与操作者适应性的匹配，人、机、环境要素与作业之间的匹配等。要选用最有利于发挥人的能力、提高人的操作可靠性的匹配方式，并充分考虑有利于人能很好地完成任务，既能减轻人的负担，又能改善人的工作条件。

人机分工不合理有种种表现：可以由人很好执行的功能分配给机器，而把设备能更有效地执行的功能分配给人；不能根据人执行功能的特点，而找出人机之间最适宜的相互联系途径与手段；让人承担超过其能力所能承担的负荷或速度。在工作负荷过高的情况下，人往往出现应激反应（即生理紧张），导致重大事故的发生。从安全人机工程学的观点出发，分析人机结合面失调导致的工伤事故，进而可以采取改进对策。

人机功能分配应注意问题：①信息由显示器传递到人，选择适宜的信息通道，避免信息通道过载而失误。②信息从人的运动器官传递给机器，应考虑人的权限能力和操作范围，控制器设计要安全、可靠、高效、灵敏。③使人机结合面的信息通道数和传递频率不超过人的能力。④一定要考虑到机器发生故障的可能性，以及简单排除故障的方法和使用的工具。⑤要考虑到小概率事件的处理，对系统无明显影响的偶发性事件可以不考虑，如一旦发生就会造成功能破坏的事件，就要事先安排监督和控制方法。

(7) 人机系统评价

人机系统评价是对人机系统的再认识，它伴随着人机系统的全生命周期。只有正确地分析评价现实系统，才能提出对系统的改进设计，才能使人机系统不断完善和提升。人机系统设计将是一个"设计—评价—再设计—再评价"不断发展的过程。

6.4.2 人机系统连接分析

人机系统分析旨在运用安全、高效、经济的综合效能准则，对人、机、物、环境相互作用、相互依存的系统进行最优化组合。为此，应识别系统总体需求，评价系统的可行性，进行技术经济分析，将要实现的功能合理地分配给系统要素。

6.4.2.1 连接的概念与类型

连接是指人机系统中的"人与机器"、"人与人"、"机器与机器"之间为完成某种功能而发生的作用联系。连接方式有：

① 人与机连接　操作者通过感官（视觉、听觉、触觉等）接受机器的信息，或操作者通过控制器对机器实施控制操作，从而形成人与机器之间的相互作用关系。

② 人与人连接　操作者之间通过信息联络，使系统正常运行而产生的作用关系。

③ 机与机连接　机器之间存在的依次控制或信息传递而产生的作用关系。

6.4.2.2 人机系统的连接表示方法

按连接性质，人机系统的连接表示方法主要有两种：

① 对应连接　作业者通过感觉器官接受他人或机器发出的信息，或根据获取的信息进行相应的操作。对应连接有两种方式：

显示指示型对应连接：指示方式为显示器。以视觉、听觉、触觉（操作）来接受指示。

反应动作型对应连接：作用方式为控制器。操作者得到信息后，以各种反应动作操纵各种控制装置，如图 6-33 所示。

图 6-33　对应连接方式

② 逐次连接　操作者在进行某一项工作过程中，为实现人机系统目标，需进行多次逐个连续的动作过程，所形成的连接为逐次连接。逐次连接主要用来表示得到信号后，按一定顺序完成的若干动作过程。例如，汽车启动动作过程为：点火→油门→换挡→正常行驶。

6.4.2.3 人机系统的连接分析

连接分析是综合运用各种感知类型（视觉、听觉、触觉等）、使用频率、作用负荷和感知适应性，分析评价人机系统信息传递效果。连接分析涉及人机系统中各子系统的相对位置、排列方法和交往次数。连接分析旨在合理配置各子系统的相对位置及其信息的传递方式，减少信息传递环节，使信息传递简洁、通畅，提高系统的可靠性和运行效率。通过连接分析，可以使各子系统(人、控制器、显示器)的信息传递路线最短。

连接分析的具体实施策略：

①依据"视看频率、重要程度"合理配置显示器和操作者的相对位置，保证视线通畅、视距适当、便于观察。

②依据"操作频率、重要程度"将控制器布置在适当的区域，使其便于操作，提高操作的准确性。

6.4.2.4 连接分析的基本步骤与方法

①连接分析前，确定人机系统中所使用的机器台数、操作人数、操作方法等。

②根据人机系统画出连接关系图。在连接关系图中，用"○"表示人，"○"内标以数字，以区分不同的人；用"□"表示机器，"□"内标以英文字母，以区分不同机器；相互间连接关系用不同连线表示，实线表示操作连接，点画线表示视觉观察链接，虚线表示听觉信息传递连接。

③调整连接关系或相对位置。减少操作动作、行走等连接的交叉线，如图6-34所示。

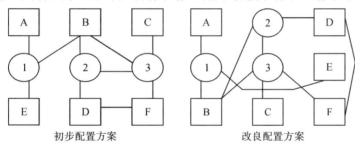

图 6-34 连接分析示意

④综合评价。对于较复杂人机系统，可用系统的"重要程度"和"使用频率"两个因素进行进一步分析和优化。按使用频率大小对连接进行评价，同时请有经验人员确定连接的重要程度。通常以"使用频率"和"重要程度"的相对值乘积为标准。

$$综合评价值 = 使用频率 \times 重要程度$$

这样可以保证相对重要的系统和使用频率高的子系统距离操作者较近。

⑤运用感觉特性配置人机系统，视觉连接和触觉连接配置在人的前面。听觉信号则无方向性。例如，三人操作五台机床的情况，如图6-35所示，连接线上的数字表示综合评价值。

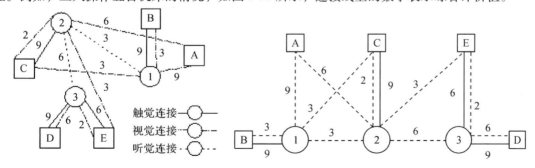

图 6-35 人机配置的连接分析与改进

⑥结合实际进行模拟配置。连接分析法只是给出了一种思路,要实现精确的优化必须有相应的优化算法支持。

6.4.3 人机系统评价

通过评价,可以发现人机系统薄弱环节,为消除潜在不良因素并进行改善提供依据。

6.4.3.1 评价内容、评价原则与目标体系

(1) 评价内容

对人机系统的人、机、环境各要素的特性与功能及系统整体性进行评价。

①确定适用的评价方法、目标(指标)和标准。

②依据既定的评价程序和方法,进行客观、定性或定量评价,结合评价目标及经验数据,找最优方案和最佳工作条件。

③对设计方案进行可行性研究和最优化。

(2) 评价原则

从整个系统出发,处理局部与整体、当前与长远、内外条件要求、定性与定量的关系,对设计方案的质量进行综合评价,注重人机系统的适用性①。评价方法应具客观性、通用性、综合性。

(3) 评价目标

评价第一步是设定评价目标,由此导出评价要素,按其评价设计方案。设定目标可概括为以下 3 个主要内容:

①技术评价目标 评价方案在技术上的可行性、先进性,包括工作性能、整体性、宜人性、安全性、可维护性。

②经济评价目标 包括成本、利润、实施方案的费用和市场情况等。

③社会评价目标 评价方案实施后对社会带来的效益和影响,包括环境以及人的文化技术水平、道德水准、生活习惯、审美观等方面的考虑。

建立评价目标应尽可能满足下列前提条件:目标中应尽可能完备地包括对判断有重大关系的要求和一般条件,以免在评价时忽略重要依据;各目标彼此独立,互不影响;各个目标特性应简明,尽可能定量表达。

评价前需要将总目标分解为各级分目标,直至具体、直观的评价要素为止,形成目标体系。分目标是上级目标的手段。可对各级分目标赋予不同权重(依据经验或请教专家)。目标体系不要过于复杂。

6.4.3.2 典型人机系统评价法

人机系统评价法通常分 3 类:实验法、模拟法、实际运行评价法,见表 6-16。

---

① 适用技术是指适应当地自然环境、市场规模、技术状态、文化环境等各种因素,能获得社会、经济、环境最佳综合效益的技术。它不是先进技术和传统技术的简单结合,而是两者在一定条件下相互改造、融合而形成的新的技术形态。发展适用技术的途径有 3 种:改进传统技术、调整先进技术以及进行实验和研究直接建立适用技术。

表6-16 人机系统评价方法

评价方法	优 点	缺 点	用途
实验法	正确性非常好，现象的把握和记录确切彻底，在相同实验条件下能再现； 可限定实验条件，也可限定实验范围； 实验因素可做各种组合，各因素的水准容易扩大到相当宽的范围； 可把握住因果关系，判定问题焦点，较早得到初步概念	实验室的条件是人为的； 在很多情况下，不能再现人的不安、应激，不涵盖异常环境和辅助条件	剖析科学现象，用公式表示结论； 求特殊问题的特殊解答
模拟法	能在实际装置或逼真场景中进行真实作业或演示； 能较真实地对操作顺序、训练与任务的协调、人机交互干涉等进行研究； 能有效模拟系统特有问题，便于诊断和修改	因为模拟是为特定目的而为，所以不能在很宽的范围内改变变量，难以得出一般性结论	在计划初期做人机系统研究，以谋求系统优化。可预测实际作业
实际运行测定法	在实际运行状态下观察，具有真实性； 在被试不知情的情况下，能得到非常有用的数据	难设定控制要素与偶然要素相容的条件； 不能重复设定环境条件和试验条件； 作业测定的结果受到影响。在很多场合，数据混淆、歪曲，所做预测受到质疑	检验实效

6.5 工作场所设计

作业岗位在此是指操作者为了完成一定的工作任务所需要的机器设备、家具等；作业空间是指作业者、机器、设备、家具、工具、工件等所占据及操作活动所需的空间。

6.5.1 作业岗位设计

6.5.1.1 作业岗位的选择与设计原则

(1) 作业岗位的特征与选择

确定作业姿势有如下因素：①作业空间大小与照明条件；②体力负荷大小及用力方向；③作业场所仪器设备、工具、工件的安放位置；④作业台面的高度，有无合适的容膝空间；⑤操作时，坐、立的频率；⑥采用自然姿势，尽量避免不良体位。表6-17为作业姿势的适应性。

表6-17 作业姿势的适应性

作业姿势	特点	适应性	注意事项
坐姿	不易疲劳； 活动范围小； 不易改变体位； 施力受到限制； 久坐易引起脊柱弯曲等损伤	持续时间较长的作业； 精确而又细致的作业，如钟表等装配或书写作业； 需要手脚并用的作业，如缝纫机操作	坐姿操作时，要有合适的座椅、工作台、容膝空间、搁脚板等

(续)

作业姿势	特　点	适应性	注意事项
立姿	活动范围大； 易疲劳，长期站立易引起下肢静脉曲张； 不宜进行精细作业； 不易转换操纵	需经常改变体位的操作，如钳工、车工、装配工等； 工作地控制装置分散，需手脚活动幅度较大的作业； 在无容膝空间的机台旁操作； 用力较大的作业； 单调作业	长期立位作业，脚下应设柔软而有弹性的垫子； 应经常改变体位； 避免不自然体位

坐姿作业岗位适用于不要求作业者在作业过程中走动的轻、中作业，包括在坐姿操作范围内，短时作业周期需要的工具、材料、配件等都易于拿取和移动；不需要用手搬移平均高度超过工作面以上15cm的物品；不需要用力较大（如4.5kg）等作业。

立姿作业岗位适用于中、重作业以及坐姿作业岗位设计参数和工作区域受限的场合，包括常移动4.5kg以上的物料；经常进行高低及延伸操作；作业对象或工具位置分离，需要走动的作业。

坐/立姿作业适用于操作对象分散、工作时需要变换工作地，同时加工对象比较精密，一方面要求作业者坐姿操作；另一方面还要求作业者起立去执行别的任务，或经常完成前伸41cm以上或高于工作面15cm的重复操作。如图6-36所示。

参数	重载和/或力量	间歇工作	扩大作业范围	不同作业	不同表面高度	重复移动	视觉注意	操作精密	延续时间>4h
重载和/或力量		ST	ST	ST	ST	S/ST	S/ST	S/ST	ST/C
间歇工作			ST	ST	ST	S/ST	S/ST	S/ST	S/ST
扩大作业范围				ST	ST	S/ST	S/ST	S/ST	ST/C
不同作业					ST	S/ST	S/ST	S/ST	ST/C
不同表面高度						S	S	S	S
重复移动							S	S	S
视觉注意								S	S
精密操作									S
延续时间>4h									

图6-36　作业岗位选择依据

（2）作业岗位设计要求和原则

作业岗位应符合国家有关标准和安全规程要求，不允许无关物体存在。作业岗位的各组成部分应符合工作特点和人因学要求，考虑作业者生理特点和动作经济性——习惯性、同时性、对称性、节奏性、规律性，并考虑作业者群体性别差异，保证操作方便、准确、高效，并以最小的体力强度和心理强度获得最高劳动生产率，同时保证其安全和健康。

作业岗位设计原则：

①可视性　确保作业者轻松看清显示内容。

②可达性　作业岗位布局应保证作业者在上肢可达范围内完成各项操作。

③可容性　尤其考虑人体下肢的舒适活动空间以及活动所需的净空要求。净空是指设备之间和设备周围的空隙为膝、腿、手、足以及身体所提供的活动范围。

④可调性　作业空间应适应尺寸各异的使用者，且调节装置应简单易用。操作对象、操作工具及操作者与设备的相对位置也应具有可调性。

⑤可维修性　满足维修活动的特殊要求。

(3) 手工作业岗位尺寸设计

GB/T 14776—1993 为工作岗位设计提供了基本原则和确定尺寸的基本方法。

①与人体有关的作业岗位尺寸（图 6-37、表 6-18）

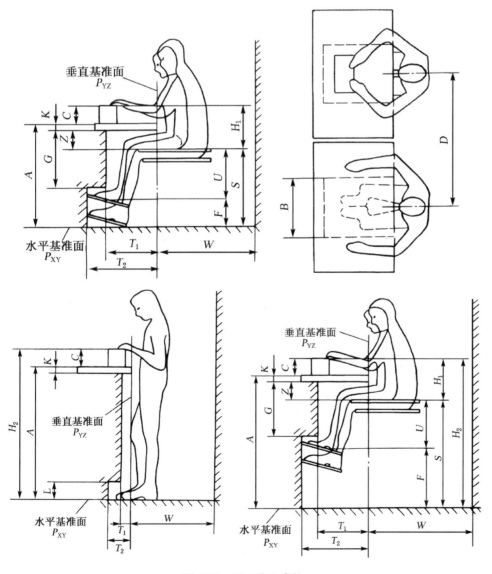

图 6-37　手工作业岗位

表 6-18　与人体有关的作业岗位尺寸　　　　　　　　　　　　　　　　　　　　mm

尺寸符号	坐姿工作岗位	立姿工作岗位	坐立姿工作岗位
横向活动间距 D		≥1 000	
向后活动间距 W		≥1 000	
腿部空间进深 T_1	≥330	≥80	≥330
脚空间进深 T_2	≥530	≥150	≥530
坐姿腿空间高度 G	≤340	—	≤340
立姿脚空间高度 L	—	≥120	—
腿部空间宽度 B	≥480	—	480≤B≤800 700≤B≤800

② 与作业有关的作业岗位尺寸　作业面高度 C，通常依据作业对象、工作面上相关配置件尺寸确定；对较大或复杂加工对象，则以其方位处于最佳加工条件状态下确定。

作业台厚度 K，在设计时应满足下式关系：

$$K_{max} = A - S_{5\%} - Z_{5\%} \qquad K_{min} = A - S_{95\%} - Z_{95\%}$$

式中　S——座面高度；

　　　Z——容腿空间高度；

　　　A——桌面高。

坐姿岗位相对高度 H_1 和立姿岗位工作高度 H_2，根据作业中使用视力、臂力情况，分为 3 类来确定，见表 6-19。

表 6-19　作业岗位相对高度和工作高度　　　　　　　　　　　　　　　　　　　mm

类　别	举　例	坐姿岗位相对高度 H_1				立姿岗位工作高度 H_2			
		P_5		P_{95}		P_5		P_{95}	
		女	男	女	男	女	男	女	男
以视力为主的手工精细作业	调整作业 检验工作 精密元件装配	400	450	500	550	1 050	1 150	1 200	1 300
使用臂力为主的作业	分检作业 包装作业 重大工件组装	250	350	850	950	1 000	1 050		
兼顾视力和臂力的作业	布线作业 小零件组装	300	350	400	450	950	1 050	1 100	1 200

作业平面高度 A 的最小限值，对坐姿作业岗位，可用下式确定：

$$A \geq H_1 + S - C \text{ 或 } A \geq H_1 + U + F - C$$

对于立姿作业岗位，则由下式确定：

$$A \geq H_2 - C$$

座位面高度 S 的调整范围计算式如下：

$$S_{95\%} - S_{5\%} = H_{1(5\%)} - H_{1(95\%)}$$

脚支撑高度 F 的调整范围计算式为：

$$F_{5\%} - F_{95\%} = S_{5\%} - S_{95\%} + U_{95\%} - U_{5\%}$$

大腿空间高度 Z 和小腿空间高度 U 的最小值，见表 6-20。

表 6-20　大腿和小腿空间高度最小限值　　　　　　　　　　　　　mm

尺寸符号	P_5		P_{95}	
	女	男	女	男
Z	135	135	175	175
U	375	415	435	480

③与性别有关的作业岗位尺寸　在生产流水线工作平面高度必须统一的情况下，当作业人员性别一致时

$$H_2 = [H_{2(5\%)} + H_{2(95\%)}]/2$$

当作业人员性别不一致时

$$H_2 = [H_{2(W,95\%)} + H_{2(M,5\%)}]/2$$

6.5.1.2　一般手工作业岗位设计

(1) 坐姿手工作业岗位设计

①作业范围的确定[①]　单供肘部依靠的台面最小宽度 100mm，最佳宽度 200mm。面板厚度一般不超过 50mm。

②工作台高度　工作台面高度影响人体上臂的工作姿势，而上臂同上身躯干的角度不同导致手的敏感性和疲劳程度改变。当手臂与上身躯干的夹角为 8°时，手臂的特性值最大。工作面高度与座椅高度、作业面厚度、操作者大腿厚度、作业性质、视力要求、个人喜好等有关。一般来讲，工作台的高度应视作业的特点而定。对于精密小型零件的检查、装配作业，由于考虑到人的视力条件，头部俯角不能超过 25°，上身躯干不宜弯曲，工作台面要略高于肘部。对视力要求不高的较大的零件装配作业，工作台不要高于肘部。表 6-21 为作业面高度推荐值，适用于身材较高地区。

表 6-21　坐姿作业面高度　　　　　　　　　　　　　　　　　　　cm

作业类型	男性	女性	说明
精细作业(如钟表装配)	99~105	89~95	
较精密作业(如机械装配)	89~94	82~87	
写字或轻型装配	74~78	70~75	
重荷作业	69~72	66~70	正常值

③坐姿作业空间尺寸　按多数人满意的原则设计，将常用的控制器、工具、工件放置在最舒适范围；将不常用的放置在最舒适范围外的最大可达范围内；将特殊的、危险的装置和物品

---

① 参见 5.3 准人体类家具的设计。

放置在最大可达范围之外。

④容腿、容脚空间尺寸　工作台面的底面高度与座椅平面的高度之差要超过人体大腿的厚度，工作台面应向人体方向伸出，以保证有足够的容膝空间和容脚空间。如果用脚作业，还需考虑脚作业空间。

⑤椅子选用及活动余隙　工作座椅所需空间不仅包括其自身几何尺寸，还包括人体活动需要改变座椅位置的余隙要求。座椅放置的深度距离（工作台边缘至身后固定壁面）至少在810mm以上，以便移动椅子，方便作业者起坐。座椅扶手至侧面固定壁面的距离最小为610mm，以利于作业者自由伸臂。

（2）立姿手工作业岗位设计

①立姿作业范围与作业面高度　立姿水平作业范围比坐姿水平作业范围相同或略大。垂直面作业范围如图6-38所示。立姿作业时，人体自然站立，有时略前倾15°，此时作业范围是以肩关节为中心，最大可达范围为720mm半径的两个圆弧；最大可抓取作业范围是以600mm为半径的圆弧；最舒适作业范围是由半径为300mm的圆弧，若上臂与躯干夹角≤45°，最舒适作业范围半径可达400mm左右。立姿作业空间设计除受作业范围的影响外，还受头部姿势与视线的影响。

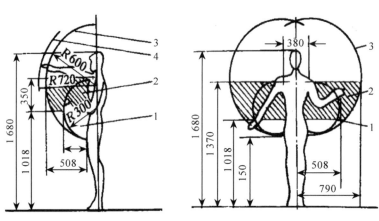

图6-38　手的垂直作业范围（单位：mm）
1. 有利的握取范围　2. 手操作最适宜范围　3. 操作最大范围　4. 手可达最大范围

图6-39　不同作业性质的站姿作业面高度

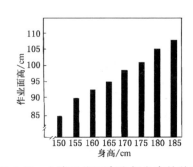

图6-40　立姿工作面高度与身高的关系

立姿工作台高度可按肘高或身高的第 95 百分位数设计，并通过调整脚垫高度来适应较小身材作业者，如图 6-39、图 6-40 所示。如果高度可调，则将高度调节至适合操作者身体尺寸及个人喜好的位置，使上臂自然下垂，小臂接近水平或略向下斜，而不应使小臂上举过久，不应使脊柱过度屈曲。若在同一作业面完成不同性质作业，则高度应可调。

工作面高度不仅与肘高或身高有关，还与作业性质、作业时施力的大小、工件大小、操作范围和视力要求、个人喜好等很多因素有关。

② 立姿作业空间的垂直布局　立姿工作空间在垂直方向上应有合理的布局，如图 6-41 所示。

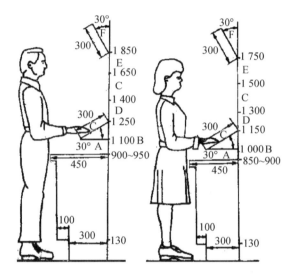

图 6-41　立姿工作空间的垂直布局

A. 工作台　B. 书写位置　C. 调节/显示最佳区
D. 次要调节/显示区　E. 重要显示区/次要调节区　F. 次要显示区

立姿作业空间在垂直方向上可划分为 5 段：

a. 0~500mm，脚控区，只能设计脚踏板、脚踏钮。

b. 500~700mm，手脚不便区，不宜设计开关。

c. 700~1 600mm，手操作区和观察区，各种重要的、常用的手控制器、显示器、工作台面都设置在此区域。其中 900~1 400mm 为最佳操作区。

d. 1 600~1 800mm，操作不方便区，视觉条件不好，少装开关。

e. 1 800mm 以上，报警器、音响装置等。

③ 容膝、容脚空间　为了便于接近操作台进行作业，应考虑容膝、容脚空间。容膝空间进深建议 200mm 以上。

④ 工作活动余隙　立姿作业时，人的活动性比较大。为了保证作业者操作自由、动作舒展，必须使站立位置有一定的活动余隙。场地较小时，应按人体有关参量的第 95 百分位数加上着冬季防寒服时的修正值进行设计。

站立用空间（身前工作台边缘至身后墙壁）≥760mm，最好达 910mm 以上。

身体通过的宽度(身体左右两侧间距)≥510mm，最好810mm以上。

身体通过的深度(在局部位置侧身通过的前后间距)≥330mm，最好380mm以上。

行走空间宽度(供双脚行走的凹进或凸出的平整地面)≥305mm，一般380mm以上。

顶上余隙(地面到顶板)2 100mm以上，不得有任何构件通过。

⑤临时座位　条件允许时，应提供临时座位供作业者工间休息。临时座位不应该影响立姿作业者自由走动和操作。一般采用摇动旋转式或回跳式临时座位。

(3) 坐/立姿交替手工岗位设计

工作台高度既适宜于立姿操作又适合于坐姿操作，这时工作台的高度应按立姿作业设计。作业台面高度一般应使得作业者的上臂自然松弛。为了使该工作台高度适合于坐姿操作，需要提高工作座椅高度，该高度恰好使作业者半坐在椅面上，一条腿刚好落地为宜。为了防止坐姿操作时两腿悬空而压迫腿部静脉血管，一般在座椅前设置搁脚板；为了使作业者起坐方便，椅面设计要略小一些。

坐/立姿交替作业的工作座椅，其座面高是由立姿时的工作面高度减去工作台面板厚度和大腿厚度的第95%百分位数所确定的。设计时应注意以下几点：

① 椅子可以移动，以便在立姿操作时可将它移开。

② 椅子高度可调，以适应不同身高者的需要。

③ 坐姿作业时应提供脚踏板(脚垫)，椅子和踏板便于变换姿势，考虑变换频率。否则，会因工作座椅座面过高，人的双脚下垂，造成座面前缘压迫大腿，使血液循环受阻。踏板中心位置高度应为座面高度减去坐姿小腿加足高的第95百分位数，以保证容膝空间适应90%以上的人群。若踏板高度可调，取20~230mm范围。

6.5.1.3　视觉信息作业岗位设计

视觉信息作业是以处理视觉信息为主的作业，如控制室、办公室、目视检验及视觉显示终端作业等。

(1) 视觉显示终端(visual display terminal，VDT)作业岗位对人体的危害

计算机办公作业对人体伤害的主要部位在于：

①视觉　作业人员可能出现视觉模糊，眼睛干涩、发痒、灼热、疼痛，以及头疼等症状。久而久之，会感到畏光、双眼发红以及视力下降。

②颈部、肩部、手臂　主要是颈椎炎。手臂疾患主要是上臂的肱二头肌在肩关节、肘关节相连处的肌腱炎，手腕及手指关节处的腱、神经及其他软组织也会受到伤害。

③背部及其肌肉　计算机办公作业人员多采取前倾坐姿，此时脊椎变形，椎间盘间压力最大。若长期如此，会导致腰部损伤，表现为腰部酸痛，严重者发生腰肌劳损和椎间盘退行性病变。

④腿脚部位　座椅高度是影响大腿姿势及其疲劳的主要因素。如果桌椅差尺与作业者匹配不当，或容腿空间不足，大腿长期处于受压状态，就会使腿部血流不畅，下肢疼痛麻木。

【案例】　自从2007年9月起办公室配置了电脑后的整整六年里，一位老师先后出现干眼、鼠标手、右侧后腰痛、上背痛症状，这些都是累积性的电脑职业病。当习惯性右侧位而坐时，右侧后腰会经常抵触椅子靠背，从而引起右侧后腰痛。

(2)视觉显示终端作业岗位的人机界面

如图6-42所示,视觉显示终端作业岗位的人机界面可以划分为:

①人—椅界面 首先要求作业者保持正确坐姿,并采用适当尺寸、结构和可以调节座面高度和靠背的座椅。

②眼—视屏界面 要求满足人的视觉特点,选用可旋转和可移动的显示器。人眼至视屏中心最大阅读距离700mm,俯首最大角度15°,视屏最大垂直(水平)视角30°(40°)。显示器可调高度180mm,可调角度 -5°~15°;固定显示器的上限高与水平视线平齐。

③手—键盘界面 要求上肢能舒适地工作,可选择高度可调的平板放置键盘。上臂自然下垂,上臂与前臂最适宜角度为70°~90°。手和前臂呈一直线,腕部向上不超过20°。键盘在平板上可前后移动,其倾斜度可调范围5°~15°;在腕关节和键盘间应留100mm手腕休息区,可设腕垫。

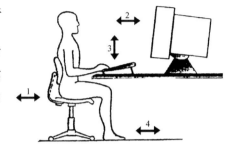

图6-42 视觉显示终端岗位的人机界面

④脚—地板界面 适当设计台、椅、地三者的高度差,避免引起下肢的静态负荷,避免造成大腿受工作台面下部的压迫。

(3)视觉信息终端作业岗位的人体尺寸

视觉显示终端作业岗位的人体尺寸,如图6-43所示。此外,在空间设计、桌面形态等方面存在诸多变化的可能性。

6.5.1.4 作业岗位设计评价

(1)岗位设计评价内容

利用工效学原理,检查构成人机系统各种因素及作业过程中操作人员的能力、心理和生理反应状况。通常包括6个方面:

①环境分析 分析作业现场的微气候、照明、噪声等,考察环境是否符合作业者的心理和生理要求、是否易引起疲劳等。

②作业空间分析 主要包括分析作业空间的宽敞程度、影响作业者活动的因素(如容膝空间、工作台高度等)、显示器和控制器是否便于观察和操作等。

③作业组织分析 分析作业空间、休息时间及换班制度是否合理,作业速率是否影响作业者的健康和作业能力的发挥等。

④作业方法分析 主要包括作业方法是否合理(避免不良体位、姿态等),作业速度是否合理,作业是否有效等。

⑤信息的输入和输出分析 分析系统的信息显示、信息传递是否便于操作者观察和接受,操作装置是否便于区别和操作。

⑥负荷分析 分析作业强度、感知觉系统的信息接收通道与容量的分配是否合理,操作装置的阻力是否符合人的生理特征。

(2)检查表评价法

检查表法(check list)是一种定性分析方法,有提问式、叙述式,参见表6-22。也可以制作为评价表(问卷表),通过打分,由"加权平均法"得到最终的评价值。

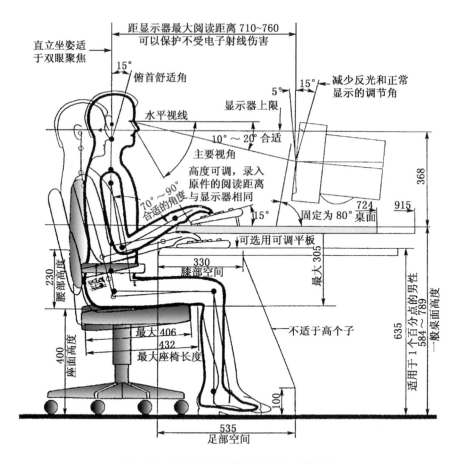

图 6-43　视觉显示终端作业岗位人体尺寸

表 6-22　提问式检查表

单元名称	检查项目内容	回答		备注
		是	否	
作业空间	作业面尺寸合理吗？			
	有足够容膝空间吗？			

根据评价对象和要求，有针对性地编制检查表，尽可能系统和详细：

①从"人、机、环境"要求出发，利用系统工程方法和人机工程原理编制，将系统划分为若干单元，便于集中分析问题。

②以各种规范、规定、标准等为依据。

③充分收集有关资料、市场信息和类似产品的情报。

④由人机工程技术人员、生产技术人员和有经验的操作人员共同编制。

6.5.2 作业空间设计

6.5.2.1 作业空间设计的基本原则

(1) 正确协调总体设计与局部设计的相互关系

为了组织生产现场，应把所需要的机器、设备、工具、工件等，按照生产任务、工艺流程的特点和人的操作要求进行合理的空间布置，给能量、物质、人员确定一个最佳的流通线路和占有区域，避免冲突，以提高作业系统总体上的可靠性和经济性。在办公空间，则要考虑工作流程和业务关系。

① 近身作业空间　指作业者在某一位置时，考虑身体的静态和动态尺寸，在坐姿或站姿状态下所能完成作业的空间范围。

② 个体作业场所　指操作者进行作业活动所必需的，包含设备因素在内的作业区域。必要时也设置安全防护空间。

③ 总体作业空间　不同个体作业场所的布置构成总体作业空间，如计算机房或办公室，反映多个作业者之间的关系。

(2) 作业对象的合理布置

作业对象的合理布置包括相关作业岗位的布局；也包括在限定的作业空间内，设定合适的作业面后，显示器和控制器（或其他作业设备、元件）的定位与安排。

① 按"人—机"关系考虑的布置原则　结合作业任务要求，以人为主体进行作业空间设计，再把有关作业对象进行合理排列布置。考虑人的认知特点和动作的自然性、同时性、对称性、节奏性、规律性以及安全性和经济性。保证90%的操作者具有适应性、可视性和可达性。应按表6-23所述原则布置机器设备。对于多设备、多人操作，进行对应连接分析、线路分析，可改善布局。

表6-23　作业空间与人机界面的布置原则

原则	适用性	举例
信息重要性原则	最重要的机器布置在离操作者最近或最方便的位置，避免误观察或误操作。优先考虑实现系统作业目标或达到其他性能最为重要的元件	紧急制动按钮
信息交换频率原则	将信息交换频率高的机器布置在最近位置，便于操作者观察和控制。经常使用的元件应布置于作业者易见易及的地方	冲床的动作开关
信息交换顺序原则	按使用顺序排列布置各元件。缩短人在观察和操作机器时所移动的距离，减少看管的时间周期	流水线设计 雷达面板设计
机器功能关联原则	把具有相同功能的机器布置在一起，把具有相关功能的元件编组排列，这样便于操作者记忆和管理	工序设计 操作面板设计

在实施中这4项原则可能会相互矛盾，设计者应统筹考虑，全面权衡，根据主要目标选择一个原则，适当照顾其他原则，并进行多方案分析比较，找出一个较满意的解决方案。重要性和频率原则主要用于区域定位，而顺序原则和功能原则侧重于某区域内各元件的布置。从图6-44可知，按使用顺序原则布置，有利于节省执行时间。

② 按"机—机"关系考虑的布置原则　机器设备（工序）按生产过程的原材料流向和工艺顺

序布置，以使加工路线最短，同时避免或减少原材料、半成品的倒流、往复流动。这对于单一品种的大批量生产容易做到。而对于多品种单件小批生产情况，需要统计、分析计算出各产品在机器之间的流动次数和重量（物流强度），然后求出对于所有产品在统计意义上的最优布置，即通过设施规划或物流设计来优化机器的布置。对于单一机器复杂操作面板的设计，可进行功能分区和逐次连接分析，以优化控制线路、改善控制装置的布局。

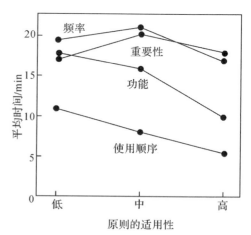

图6-44 面板布置原则与作业执行时间的关系

③按"人—人"关系考虑的布置原则 生产过程中人与人的协同关系主要表现为人与人之间的信息传递，这需要确定合理的人与人的相对位置。相对位置的确定主要取决于信息传递频率、信息的重要程度、信息传递方式。人与人之间相对位置也会影响机器设备的布置。

此外，还要考虑生产面积的限制条件、采光条件、安全条件、机器特性的相互影响以及维修场地限制条件等。一般情况下，不可能同时满足上述3种关系的布置原则，而是首先考虑各种限制条件，然后按各布置原则给出多个方案，再进行权衡分析，经过一系列的调整取得一个满意解。可使用纸板、画图进行拼凑以及计算机虚拟现实技术等新方法。

6.5.2.2 作业空间人体尺度

作业空间设计以人体尺度为基准，参见 GB/T 13547—1992《工作空间人体尺寸》。近身作业空间主要受功能性臂长的约束，并进一步由作业方位和作业性质决定，受衣着影响。

（1）坐姿近身作业空间

坐姿作业通常在作业面上进行。随着作业面高度、手偏离身体中线的距离及手举高度的不同，舒适作业范围也在发生变化。

若以手处于身体中线处考虑，直臂作业区域由两个因素决定：肩关节转轴高度及其到手心（抓握）或指尖（接触式操作）的距离。图6-45中，以肩关节为圆心的抓握空间半径：男性为65cm，女性为58cm。坐姿作业近身空间尺寸用于确定作业面高度与可操作高度及范围。

（2）站姿近身作业空间

站姿作业一般允许作业者自由移动身体，但应避免伸臂过长的作业、蹲身或屈曲、身体扭转及头部处于不自然的位置等。

图6-46为立姿单臂作业近身空间，以第5百分位男性为基准，当物体处于地面以上 110～165cm 高度，且在身体中心左右46cm范围内，大部分人可以在直立状态下达

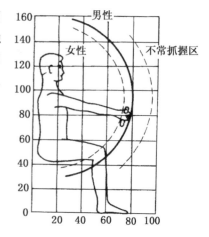

图6-45 人体坐姿直臂抓握尺度范围

到身体前侧 46cm 的舒适范围，最大可达区域弧半径 54cm。对于双手操作，由于身体各部位相互约束，其舒适作业空间范围有所减小。在距离身体中线左右各 15cm 的区域内，最大操作弧半径为 51cm，如图 6-47 所示。

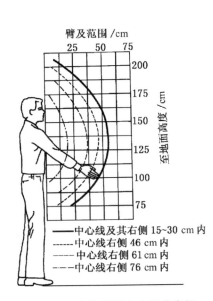

图 6-46　立姿单臂作业近身空间

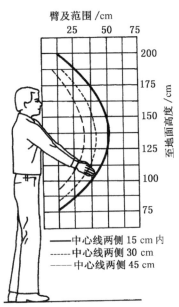

图 6-47　立姿双臂作业近身空间

（3）脚作业空间

正常的脚作业空间位于身体前侧、座面高度以下的区域，其舒适作业空间取决于身体尺寸与动作性质。图 6-48 为脚偏离身体中线左右各 15°范围内的作业空间，深影区为脚的灵敏作业空间。

（4）受限作业空间

有时必须在限定的空间中进行作业，有时还需要通过狭小的通道。应根据作业特点和人体尺寸确定受限作业空间最低尺寸要求。应以第 95 百分位或更高百分位人体尺寸为依据，并考虑着冬装的情况。许多维修空间都是受限作业空间，在确定维修空间尺寸时，应考虑人的肢体尺寸、维修作业姿势、零件最大尺寸、标准维修工具尺寸及其使用方法以及维修时是否需要目视等因素。图 6-49 和表 6-24 为几种通道空间尺度。

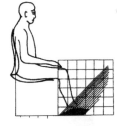
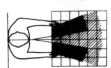

图 6-48　脚作业空间

（每格 10cm²）

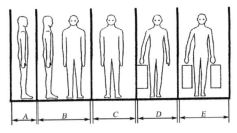
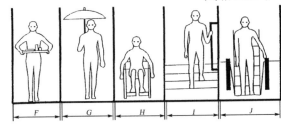

图 6-49　几种通道空间尺度

表 6-24　通道空间尺寸　　　　　　　　　　　　　　　　　　　mm

代号	A	B	C	D	E	F	G	H	I	J
静态尺寸	300	900	530	710	910	910	1 120	760	单向 760	610
动态尺寸	510	1 190	660	810	1 020	1 020	1 220	910	双向 1 220	1 020

6.5.2.3　主要作业岗位空间设计

作业活动空间尺寸不仅取决于人体测量尺寸，还取决于不同作业性质下人的心理因素和行为特征。

（1）工作间操作岗位

最小操作工作间地面面积不得小于 $8m^2$。每个操作人员在工作岗位上的自由活动面积不得小于 $1.5m^2$，并且自由活动场地的宽度不得小于 $1m$。每个操作者最佳工作活动面积 $4m^2$。

对于每一位在工作间长时间工作的人，应有一个基本的空间要求。坐姿工作，$\geq 12m^3$；非坐姿工作，$\geq 15m^3$；重体力劳动者，应在 $18m^3$ 以上。每增添一位人员须有 $10m^3$ 的最小增量空间。

工作间设施布局基本要求：以活动机件达到最大范围计算，小型、中型、大型（运输线视同）加工设备间距分别不小于 0.7、1、2m，设备与墙柱间距分别不小于 0.7、0.8、0.9m，设备间距除外的操作空间分别不小于 0.6、0.7、1.1m。高于 2m 的运输线需有牢固护罩。

（2）办公室管理岗位

从职能管理活动看，办公室基本上有两种类型：集中办公和独立办公。从办公室平面布局形式分，办公室有大空间式、空间分隔式和独间式等。

管理工作的性质、管理人员的心理特性与行为方式以及工作环境综合影响着岗位设置要求。在集体办公情况下，每个工作人员占用的最小面积为 $5m^2$，空间为 $15m^3$，最低高度为 $3m$。

（3）设计工作岗位

设计工作需要设计人员集中精力细心工作，因此应该提供更好的工作环境，极力避免他人的干扰或碰撞。每个设计工作人员占用的最小面积为 $6m^2$，空间为 $20m^3$，最低高度为 $3m$。同时，避免办公桌顺序排列或面对面排列。

6.5.2.4　作业空间设计评价

狭窄的通道或入口会造成操作者无意触及危险物件或操作错误，从而导致事故。狭窄的作业空间会迫使操作者采用不良姿势或体位进行操作，从而影响操作者操作能力的正常发挥，同时也使操作者提早产生疲劳或加重疲劳、降低工作效率。

空间指数法（index of space）是采用一些指标评价值，评价"人与机"、"机与机"、"人与人"等相互位置的安排，判断空间布置是否科学合理，以及提出各种改进方案的评价方法。常用的有密集指数和可通行性指数。

（1）密集指数

表明作业空间对操作者作业活动范围的限制程度。查耐尔（R. C. Channell）和托克特（M. A. Tolcote）将密集指数划分为四级，最好的是 3，最差的是 0，如表 6-25 所示。

表 6-25　密集指数

指数值	密集程度	典型事例
3	能舒适地进行操作	在宽敞的地方操作机床
2	身体的一部分受到限制	在无容膝空间的工作台操作
1	身体的活动受到限制	在高台上仰姿操作
0	受到显著限制，操作相当困难	维修化铁炉内部

（2）可通行性指数

表示通道、入口的畅通程度。实际工作中，可通行性指数的选取与作业人数、出入频数、发生紧急情况时能否造成堵塞，以及这种堵塞可能带来后果的危害程度等有关。表 6-26 是可通行性指数，共分 4 级。

表 6-26　可通行性指数

可通行指数值	入口宽度（cm）	说　明
3	>90	可两人并行
2	60~90	一人能自由通行
1	45~60	仅容一人通行
0	<45	通行相当困难

思考与讨论

1. 为什么说传统手工艺会永远存在？先进制造设备在提高劳动生产率的同时给人带来哪些影响？什么是中间技术？
2. 如何全面评价一台机器？你使用什么定量方法对其进行评价？
3. 设计和布置公共场所坐椅、接待室、办公空间等的时候，如何考虑人体尺寸、环境心理和人际关系？
4. 设计一个家具设计工作室，包括设计主管、造型设计、结构设计工作岗位及文件柜、交流讨论区。
5. 分析笔记本电脑桌的人机界面，设计一款笔记本电脑桌。
6. 无线上网情景下会出现怎样的办公形态？办公家具的设计又会有怎样的变化？

参考文献

韩维生，吴智慧. 2007. 家具生产作业研究中的人机关系[J]. 木工机械与林业设备，35(5)：14-16.
韩维生，张书宝，王宏斌，等. 2012. 非物质文化遗产中的木作及其保护[J]. 西北林学院学报，27(4)：209-212.
张广鹏. 2008. 工效学原理与应用[M]. 北京：机械工业出版社.
丁玉兰. 2007. 人机工程学[M]. 3 版. 北京：北京理工大学出版社.
GB/T 14776—1993 人类工效学　工作岗位尺寸设计原则及其数值.
GB/T 16251—2008 工作系统设计的人类工效学原则.
GB/T 13547—1992 工作空间人体尺寸.

第 7 章　作业研究

本章主要阐述作业研究的目的、内容和步骤、方法研究与作业测定的辩证关系；以程序分析和操作分析为主的方法研究；以工作抽样、时间研究、标准时间数据为主的作业测定方法。通过作业研究步骤，说明人因学的方法学属性。

7.1 概述

7.1.1 作业研究的基本概念

工作研究（work study）主要是以生产系统的微观基础——操作或作业系统为研究对象，以减轻作业者疲劳、提高生产效率为目的，是一种不需要增加或较少增加投资就能增加资源产出率的技术与方法。工作研究起源于泰勒所倡导的科学管理中的时间研究和吉尔布雷斯夫妇提出的动素分析。工作研究包括方法研究和作业测定，如图7-1所示。

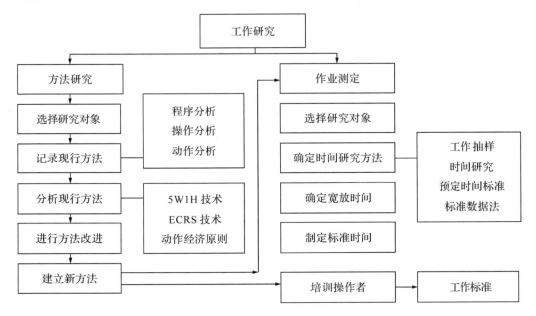

图7-1 方法研究与作业测定的基本内容及相互关系

方法研究是对现有的和拟议的工作方法进行系统的记录和严格的考察，开发出更有效、更简单易行的作业方法。其基本思想是"有更好的"，不以现行方法为满足，力图改进、变革和创新。其着眼点在于挖掘系统的内部潜力，在不增加人员、设备、投资的情况下，借助于改善现行方法和管理来发展生产和提高劳动生产率。

作业测定是运用各种技术，确定合格工人按规定的作业标准完成某项工作所需的时间。

7.1.2 作业研究的基本目的

方法研究的目的主要有：①改进工艺和流程；②改进工厂、车间和工作场所的平面布局；③经济地使用人力、物力和财力，减少不必要的浪费；④改进物料、机器和人力的有效利用，提高生产率；⑤降低劳动强度，保证作业者身心健康。

作业测定的直接目的是：①衡量和改进作业方法；②制定作业标准时间。

7.1.3 作业研究的主要步骤

作业研究的主要步骤,如图 7-2 所示。从中可以看到,人因学的地位及其方法学属性。

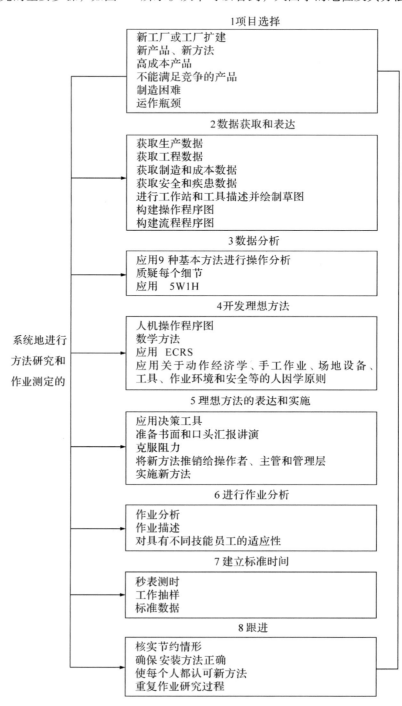

图 7-2 作业研究的主要步骤

7.1.4 方法研究与作业测定的辩证关系

方法研究的实施效果要运用作业测定来衡量,进行作业测定的基础是作业方法的合理化和标准化。但在实际生产中,作业方法的标准化是相对的,即在作业方法标准化前后可以分别进行作业测定,以便进行对比;随着方法的变化,也需要重新进行作业测定。

作业方法设计是以工作研究为基础,为操作者提供不仅满足技术要求,且满足操作者生理需求的技术方法,从而达到降低消耗、提高产品质量和劳动生产率的目的,对提升企业经济效益和竞争能力具有基础而重要的意义。

标准方法和标准时间构成作业标准。通过作业研究,可以制定基本的作业标准。

7.2 方法研究

7.2.1 方法研究的内容、步骤、层次和基本方法

7.2.1.1 方法研究的内容

①改进作业程序;
②改善工厂及作业场所布局;
③改进作业方法,简化操作,减轻作业者劳动强度;
④有效地利用材料、机器设备和人力等,同时提高加工质量;
⑤创造良好的工作环境,实现安全生产;
⑥对现行或改进的工作方法做出正确评价。

7.2.1.2 方法研究的基本步骤

方法研究的基本步骤,如图 7-3 所示。

①确定研究对象 优先选取质量低、成本高、劳动强度高、耗时长的流程或工序(瓶颈)为研究对象,同时考虑技术的可能性、可行性以及人员的合作态度。

②记录现行方法 准确、简明、清晰地记录,应用适当的图表,注意方法研究的层次分析。

③综合分析 应用动作经济原则、ECRS 原则、5W1H 等方法,进行适当的统计分析。

④提出改进方法 应用头脑风暴法,建立最科学、最经济、最合理的新方法。

⑤实施和完善 当作一个项目进行质量、成本、范围及计划等方面的分析,然后实施并改进。

⑥新方法标准化 包括工作流程、场地布置、工艺装置、操作方法、供应服务、环境条件等方面的标准化,对员工进行培训后再实施。

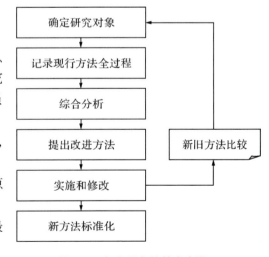

图 7-3 方法研究的基本步骤

7.2.1.3 方法研究的3个层次

方法研究的3个层次,如图7-4、表7-1所示。

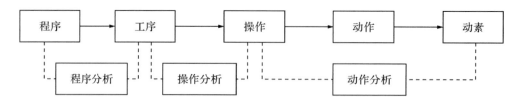

图7-4 方法研究的3个层次

表7-1 方法研究的主要技术及其特点与目的

类别	技术名称	特点与目的
程序分析	流程程序分析	应用国际通用的工业工程分析符号描述生产系统全部概况及加工工序之间的相互关系,分析研究生产性和非生产性活动改进的可能性
	工艺程序分析	在生产流程分析的基础上以部件或零件为分析对象,做进一步的详细分析,研究工艺流程的合理性
	线路程序分析	以作业现场为对象,对现场平面布置及物料和作业人员以及机器的实际移动路线进行分析,研究改进平面布置和缩短移动路线的可能性
	管理事务分析	以某项业务为对象,记录业务实施的全过程,研究业务内容重组和简化的可能性
操作分析	人机操作分析	以单人单机或单人单机的作业为对象,分析人与机器设备的相互配合,研究提高人—机作业效率的可能性
	联合操作分析	以多人多机或多人单机的联合作业为对象,分析各作业间的协调配合,研究提高多人联合作业效率的可能性
	双手操作分析	以单人作业为对象,分析双手作业内容,研究改进工作地布置和作业方法的可能性
动作分析	动素分析	以组成作业的一系列动作为对象,记录动作最基本单位——动素,分析研究简化动素、动作的可能性,以达到提高作业效率的目的
	影像分析	以摄影、摄像机为工具,记录作业的操作活动,分析操作的合理性并加以改进

7.2.1.4 方法研究的基本方法

(1) 5W1H提问法(表7-2)

表7-2 5W1H提问法

考察点	分析	质疑	反问	新方案
目的	做什么 What	是否必要	有无其他更合适的对象	新的理由
原因	为何做 Why	为什么要这样做	是否不需要做	应该干吗
时间	何时做 When	为何需要此时做	有无其他更合适的时间	应该在哪儿
地点	何处做 Where	为何需要此处做	有无其他更合适的地点	应该在何时
人员	何人做 Who	为何需要此人做	有无其他更合适的人	应该由谁干
方法	如何做 How	为何要这样做	有无其他更合适的方法与工具	应该如何干

(2) ECRS 原则

①取消(elimination) 取消多余的动作和步骤(工序、质检),尽量不用手固定、搬运物件,尽量不用手克服惯性和动量,取消工作中的怠工和闲置。

②合并(combination) 将多个突变的动作合并为一个连续的动作,将多个工具合并为一个多功能的工具,适当地进行工序分化与合并。

③重排(rearrangement) 对工作顺序进行合理的重排,使工作顺当,左右手负荷均衡,相互协调。

④简化(simplification) 减少目光搜索的范围和变焦的次数,工作时尽量较少身体的移动,减少动作的幅度,简化复杂的动作,减少把手、按钮的数量。

7.2.2 程序分析

按照现行工作流程,从第一个工作地到最后一个工作地,全面地调查分析有无多余、重复、不合理的作业,程序是否合理,搬运是否过多,延迟等待是否太长等问题,通过对整个工作过程的逐步分析,改进现行的作业方法、作业内容及空间布置,改进流程中不经济、不均衡、不合理的现象,提高生产效率。程序分析是工序管理、搬运管理、布局管理、作业编制等获取基础资料的必要手段。表 7-3 为程序分析常用符号。

表 7-3 程序分析常用符号

符号	名称	意 义	举 例
○	加工	指原材料、零件或半成品按照生产目的承受物理、化学、形态、颜色等的变化	车、铣、刨、磨、搅拌、打字等
□	检查	对原材料、零件、半成品、成品的特性和数量进行测量。或者说将某种产品与标准物进行对比,并判断是否合格的过程	对照图样检验产品的加工尺寸、查看仪器盘、检查设备的正常运转情况
→	搬运	表示工人、物料或设备从一处向另一处在物理位置上的移动过程	物料的运输、操作工人的移动
D	等待或暂存	在生产过程中出现的不必要的时间耽误	等待被加工、被运输、被检验都属于等待
▽	储存	为了控制目的(响应市场需求)而保存货物的活动	物料在某种授权下存入仓库或从仓库中取出都属于储存活动

此外,还有一些派生符号表示同一时间或同一工作场所由同一人同时执行加工、检查或其他工作。

7.2.2.1 程序分析的一般模式和建议(表 7-4)

表 7-4 程序分析的一般模式和建议

名称	提 问	改善要点
操作	谁、在什么地方、做什么、如何做	改变设备或用新设备、改变工厂布置或重新编排设备;发挥各工人的技术特长;取消不需要的操作;改变产品设计

（续）

名称	提问	改善要点
数量检验	谁、用什么计量单位、记录数量多少	可以取消检验吗 是否可以边加工边检验 能否运用抽样检验和数理统计
质量检验	产品有哪些特性、谁、用什么工具检验、达到什么标准	
搬运	谁、用什么工具、从哪里移到哪里、每次多少	改变工作顺序、改进工作流程 改变工厂布置
存储	原辅材料及五金、工具、图纸等在何处，有多少	
等待	在制品数量、在何处、如何控制	

7.2.2.2 工艺程序分析（operation process analysis）

（1）工艺程序分析的概念和作用

工艺程序分析是对生产全过程的概略描述，其地位相当于机械制造中的装配图，主要反映生产系统全面的概况以及各构成部分之间的相互关系，用图表加以表示。它将所描述对象的各组成部分，按照加工顺序或装配顺序从右至左依次画出，并注明各项材料和零件的进入点、规格、型号、加工时间和加工要求等。

工艺程序图表提供了工作流程的全面概况以及各工序之间的相互关系，便于研究人员从总体上去发现现行方法中存在的问题，找出关键环节予以改善。工艺程序图完全按照工艺顺序进行绘制，标注了每道工序所需要的工时定额，为编制生产作业计划和供应计划、核算零件工艺成本以及控制外购件进货日期等提供重要依据。

（2）工艺程序图

工艺程序图由表头（编号、名称、现行方法/改进方法等）、图形（装配图/部件图或其示意图）、统计（加工、检验的次数）组成，其图形结构有合成型、直列型、分解型、复合型4种形式，如图7-5～图7-7所示。

工艺程序图作图注意事项：

①整个生产系统的工艺流程图由若干纵线和横线所组成，工序流程用垂直线表示，材料、零件（自制、外购件）的进入用水平线表示，水平引入线上填上零件名称、规格、型号、材料。水平线与纵垂线中途不能相交，若一定需要相交，则在相交处用半圆形避开。

②主要零件画在工艺流程图的最右边，其余零件按其在主要零件上的装配顺序，自右向左依次排列。

③"加工"、"检查"符号之间用短竖线连接，符号的右边填写加工或检查的内容，左边记录所需的时间，按实际加工装配的先后顺序，将加工与检查符号从上到下、从右至左分别从1开始依次编号于符号内。

④若某项工作需要分几步做才能完成，则将主要的步骤放在最右边，按重要程度自右向左依次排列。

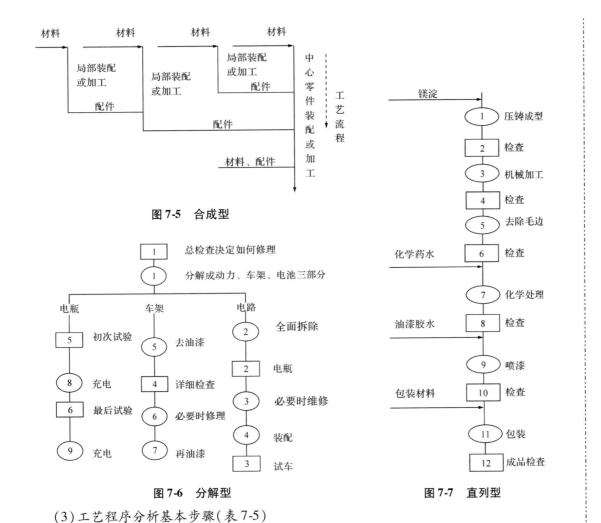

图 7-5 合成型

图 7-6 分解型　　图 7-7 直列型

(3) 工艺程序分析基本步骤(表 7-5)

表 7-5 工艺程序分析基本步骤

步骤	项目	内容
1	现场观察和调查	了解产品的整个工艺流程 了解产品的构成与结构及工艺内容、计划量、实际产出量等 了解设备配备情况、原材料消耗情况等 了解质量检验方法和手段
2	详细记录工序	详细记录各工序的必要项目,并将其填入表中
3	绘制工艺流程图	根据记录绘制工艺程序图
4	综合分析	详细分析"加工"、"检查"所花的时间、配备的人员等情况,发现影响效率的原因和存在的问题
5	制定改善方案	提出改善方法、实施措施
6	改善方法的实施和评价	实施改善方案,必要时对不妥之处进行修正
7	改进方法标准化	一旦确认改善方案达到了预期目的,就应该使改进方法标准化,培训作业者,杜绝其再回到原来的作业方式中去

【案例】 家具制造业通常所讲的工艺流程是按照主要零部件的加工顺序而制定的笼统、简化的工艺过程，一般不包括检验、搬运、等待和储存分析，不分析搬运距离与工时消耗，也不明确指定所需要的设备及其工艺参数，即不制定工艺路线。粗略的流程、工艺规程和作业标准，不严格的工艺设计，导致加工质量等问题。图7-8为根据某企业的生产工艺流程而分解的板式家具零部件工艺流程图。

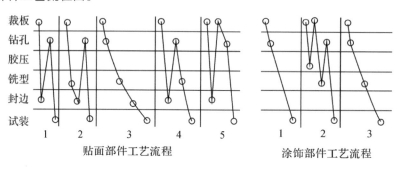

图7-8　板式家具零部件工艺流程图

【案例】 某类板件生产工艺流程"重排"分析

"先封边、后钻孔"是各种板式家具零件生产所普遍遵守的工艺路线，也符合常规设计思路，即先面向装配、再考虑制造。这种工艺顺序考虑了封边条厚度对孔位的影响，孔位基准比较平整，钻孔加工精度较高。某企业根据材料性能、多数零部件设计结构、实际加工质量以及五金件性能，对某类板件的工艺流程及相应布局进行了"重排"，采用"先钻孔、后封边"的工艺路线。5W1H六大提问技术不仅适用于单一产品大批量生产的程序分析，对于某一类或成组的工艺流程也是一种有价值的分析技术。根据现场调查采访，对其流程重排分析如下：

①为确保零部件互换性，孔之定位应考虑封边条厚度。板式家具厂在确定设计基准与加工基准时，考虑PVC封边条厚度(0.6mm或1mm)。此时，若"先钻孔、后封边"，在加工中不易确定基准。在实际生产中，一般不考虑纸质封边条厚度(0.35mm)，此时钻孔定位基准便与封边无关。

②若忽略封边条厚度，对裁板精度会提出较高要求，否则会因累积误差而影响试装。但制造者认为，就柜体旁板而言，因忽略封边条厚度引起的互换性问题，通过铰链的调节性能(±2mm)能够解决。

③有的封边机(如R6C)有两个预铣刀，可先除去一层厚度(0~1.5mm)再封边，可以不考虑封边条厚度。但在工艺流程中并不指明零部件所用的封边机。再者，该铣刀主要用于板边平整加工，以弥补裁板精度不足，从而保证涂胶质量；也可用于纸质封边贴面板返修件的加工。若使用预铣刀，主要应考虑铣削厚度与裁板加工精度之间的补偿关系。若无必要就不用它，以避免无谓地消耗刀具，产生粉尘，影响封边质量。

④封边后未经修整的零部件，在钻孔加工过程中其封边条容易被破坏，因此"先钻孔、后封边"有利。此时，封边工人很容易判断板件的哪个边需要处理，从而能够减少读图时间，减少误操作，提高效率和质量。

⑤对于采用"连开→封边→剖开"流程的门条等工件，"先封边、后钻孔"可保证封边质量。

对于门板,如先钻孔、再封边,封边时门铰链孔部边缘受到封边机压辊的压力(0.3~0.5MPa),容易被破坏。对于刨花板、三聚氰胺贴面板,则因为其材质松、脆、硬的问题,也宜先封边。

7.2.2.3 流程程序分析(flow process analysis)

(1) 流程程序分析的概念和作用

流程程序分析是以产品或零件的制造全过程为研究对象,把加工工艺划分为加工、检查、搬运、等待和储存5种基本活动加以记录,是对产品和零件整个制造过程的详细分析,特别适用于对搬运、储存、等待等隐藏成本浪费的分析。

流程程序分析用于对某一产品或某个主要零件加工制造全过程所进行的单独分析和研究,除了分析"加工"、"检查"活动外,还要分析搬运、等待和储存活动,是对产品或零件加工制造全过程进行的分析,比工艺程序分析更加具体和详细。它还记录产品或零部件生产整个过程的全部工序、时间定额和搬运距离。

(2) 流程程序图

流程程序图的表头与工艺程序图的表头相似,统计部分则包含了时间和距离。取代工艺程序图的装配图,流程程序图应附以设施布局及物流线路图。

(3) 流程程序分析方法和步骤(表7-6)

表7-6 流程程序分析方法辅助表

工序	思考内容
整体	从整体及各工序的时间、距离、人数方面进行考虑,找出改善重点 是否有可以取消的工序,是否有可以通过更换顺序取消的工序,是否有可以同时进行的工序
加工	是否有花费时间太长的工序,是否可以提高设备的工作能力,是否有可能和其他工序同时加工 生产批量是否恰当
搬运	是否可以减少搬运次数,是否可以通过增加搬运批量减少搬运次数,是否可以缩短搬运距离 必要的搬运能否和加工同时进行,搬运前后的装卸是否花费了大量的时间 改变作业场所是否可以取消搬运,是否可以通过加工和检查组合作业而取消搬运 搬运设备是否有改善的余地,打包、夹具是否有改善的余地
检查	是否可以减少检查次数,检查的方法是否恰当 必要的检查能否和加工同时进行,质量检查和数量检查是否可以同时进行,能否缩短检验时间
储存	尽量缩短停滞的次数 取消因前后工序时间不平衡引起的停滞

流程程序分析步骤:
① 现场调查和详细记录各个工序,绘制工序流程图;
② 综合分析结果,制定改善方案;
③ 改善方案的实施和评价;
④ 改善方案标准化。

(4) 工序结合方式

工序结合方式是指一批零件在各道工序间的移动方式和时间上如何衔接。制品在工序间的移动方式有3种。

① 顺序移动方式　是指一批零件在前道工序全部加工完毕之后被一起运到下道工序，其特点是管理方便、时间最长。采用叉车运输即属于这种移动方式。

② 平行移动方式　是指每个零部件在完成了前道工序之后立即被送往下道工序，其特点是时间最短、运输量大，工(台)时利用率较低，要求工序间生产能力平衡，因此不适合批量生产、离散型制造的家具企业或其车间。

③ 平行顺序移动方式　当后道工序的劳动量大于或等于前道工序时，前道工序的零件要逐个被运送到后道工序；若后道工序的劳动量小于前道工序，则前道工序的零件可以累积到一定数量后再被送往后道工序。其特点是生产过程中的中断时间比顺序移动方式少，生产周期较短，但组织安排比较复杂。采用叉车运输的板式家具生产企业，在赶任务时可能采取这种移动方式。

7.2.2.4　线路图分析

线路图分析是指以作业现场为分析对象，对产品、零件或作业者以及工具设备的移动路线进行的详细分析。线路图分析重点对"搬运"和"移动"的路线进行分析，常与流程程序图配合使用，以达到缩短搬运距离和改变不合理流向的目的。通过流程图，可以了解产品的搬运距离或工人的移动距离，但产品或工人在现场的具体流经线路并不清楚，通过线路图分析则可以更详细地了解产品或工人在现场的实际流通线路或移动线路。表7-7为线路图分析方法辅助表。

表7-7　线路图分析方法辅助表

类型	主要内容
平面移动	移动距离能否缩小，移动路线是否采用了"—"、"L"、"U"字形等简单形式或成封闭系统，有没有相向流动，通道和路面状况是否良好
立体移动	高度能否降低，上下移动次数能否减少，是否使用起重设备 厂房设备配置是否合理，物流路线配置是否合理，运输方法是否恰当 运输通道、起重设备、行车路线、作业面积、标识是否符合要求 设备配置是否与工艺路线相适应 占地面积、摆放方向(与通道及采光的关系)是否恰当 车间办公室及检查工序的位置是否合适

7.2.3　操作分析

操作分析是对以人的作业为主的工序的详细研究，通过对包括作业对象在内的人机系统进行科学合理地布置和安排，达到人机交互和工序结构合理，减轻劳动强度、减少工时消耗、提高产品质量和产量的目的。

操作分析分为人机操作分析、联合操作分析、双手操作分析。

7.2.3.1　人—机操作分析

不同人机系统有不同的特征和结合方式*。了解这些特征和结合方式，对操作分析十分

---

* 参阅6.4 人机系统设计、分析与评价。

有益。

(1) 人—机操作分析的概念和用途

人—机操作分析是广泛用于机械化作业分析的一种技术。通过对某项作业的现场观察，记录操作者和机器设备在同一时间内的工作情况，并加以分析，寻求合理的操作方法，可以使人和机器的配合更加协调，充分发挥人和机器的效率。

通过人—机操作分析，可以发现影响人—机作业效率的原因。若人机关系不协调，通过人—机分析图能一目了然，并发现产生无效时间的原因。可以判断操作者能够同时操作的机器台数，即确定1名操作者可能操作几台机器，充分发挥闲余能力。可以判定操作者和机器哪一方对提高工效更为有利。还便于进行安全性研究以及设备改造、实现自动化及改善作业区的布置。从提高人—机作业效率的观点出发，有效进行设备改造，提高设备运转速度，重点是实现自动化及合理改善作业区的布置。人—机操作分析适用于一人一机、一人多机的作业场合。

(2) 加工工序的划分

工序是指一个(或一组)生产工人在一个工作位置上对一个或几种工件连续完成的工艺过程的某一部分操作。一般来说，一个零件的加工工序可分为如下几步。

① 安装或装夹(定位并夹紧) 在一个复杂程度不同的工序中，可能需要一次或几次安装。例如，开料、钻孔、封边工序，都往往存在需要多次安装的现象。某些板件如四格柜的旁板，用七排钻需要一次安装，而用六排钻则需要二次安装。

② 工位 工位是工件与刀具或机器的相对位置，也指相应的操作。工位式加工工序可能是一次安装一个工位，也可能是一次多工位或多次多工位。如用六排钻加工，一次可以安装6个工位甚至更多，而用三排钻加工则一次安装最多实现3个工位。

③ 工步 工步是在不改变切削用量(切削速度、进料量或走刀量、吃刀深度)的情况下，用同一(组)刀具对同一(组)表面所进行的加工操作。一个工序可能包含一个或几个工步。对于裁板中心，将一块或多块板件转向并安装，可视为一个工位、工步，在此工步内可以多次进行锯切加工(走刀)。

④ 走刀 在刀具和切削用量均保持不变时，切去一层材料的过程称为走刀。一个工步包括一次或几次走刀。机器走刀时间可以计算，而且对于特定的作业单元是一个定值。

加工工序的划分，有利于分析机器性能、制定工艺规程、划分操作单元、测定作业时间，提高产品质量和生产率。

除了操作者与机器外，人机系统的第三个要素是被加工零件或材料。在加工过程中，一个零件与机器的相对位置有3种可能，即零件的加工方式有3种，见表7-8。

表7-8 零件的加工方式

加工方式	特 征	举 例
定位式加工	被加工的工件固定不动，而刀具做进给和切削运动	钻床或排钻、数控机床CNC、裁板中心或电子开料锯
通过式加工	被加工的工件随移动工作台或进料装置(压辊或履带等)按需要做进给运动，而刀具只做切削运动	四面刨(加工型面)、压刨(加工相对面)、下轴立铣开榫机、精密推台锯(导向锯)(截断或开槽或锯斜面)、双端铣、直线封边机

(续)

加工方式	特 征	举 例
定位通过式	被加工的工件由导向装置固定并可做一定的进给运动，而刀具既做切削运动也可做进给运动	镂铣机(铣型)、车床(旋圆)

(3) 人—机操作分析主要步骤

①观察和记录操作者与机器在一个作业周期(周程)内各自的操作步骤和操作内容。

②用作业测定法确定这些操作活动的时间，按照操作者和机器操作活动的时间配合关系，在操作分析图表中清晰地表示出来。

③运用工作简化和合并的原则，研究改进操作的各种可能性，提出切实可行的改进方案。

④绘出新的操作分析图表。新的操作方法经过现场验证以后，用于生产，并对改进的效果进行评价。

(4) 人机操作分析图表

人—机作业图表由表头、统计、人机操作分析图形组成。

表头部分包括表号、日期、工作部门、作业名称、零部件名称及图纸、现行方法/改进方法、开始动作和结束动作、研究者等。

图形部分取适当的比例尺表示时间轴；用垂直竖线把人与机器分开；分别在人与机器栏内，用规定的符号表示人(或机器)工作或空闲或人与机器同时工作，并依作业程序和时间由上而下记录人与机器的活动情况。用不同的线条(实线、虚线、点画线等)或图例(不同填充等)表示人—机之间的配合关系，在图中予以说明；只绘出一个操作周程(加工完一个零件的整个过程)。

统计部分主要包括操作周期、人和机在一个周期内工作时间和空闲时间，以及人机利用率。

7.2.3.2 联合操作分析

联合操作分析是当几个作业人员共同作业于一项工作时，对作业人员时间上的相互配合关系的分析，是为了排除作业人员作业过程中存在的不经济、不均衡、不合理和浪费等现象的一种分析方法。

联合操作分析的目的是发现空闲与等待的作业时间，使工作平衡，减少周期(程)时间，获得最大的机器利用率，合适指派人员和机器，决定最合适的方法。适用于多人一机、多人多机的作业场合。

7.2.3.3 双手操作分析

双手操作分析以作业者双手为研究对象，详细观察和记录操作者双手动作的相互关系。其作用主要是平衡左右手负荷、减少无效动作、减轻工人疲劳度、缩短作业时间，使整个作业过程合理化，并据此制定操作规程。

7.2.4 动作分析

动作是作业者为了完成某项操作的具体实施方法，是作业者身体各个部位的各种活动。

7.2.4.1 作业动作的类型

(1) 有意识动作

有意识动作受大脑皮层基本运动区指挥，目的性强。可以细分为：

①定位动作　根据某一目的把身体的某一部位移至一个特定位置，是一个控制性动作。借助视觉帮助的定位动作叫视觉定位动作，衡量其质量好坏的标准是动作的速度和准确性，它与目标物的位置、方向、大小、形状、色彩等因素有关。

②逐次动作　对一系列不同目标的定位动作。逐次动作的质量用速度、准确性和差错率衡量，它主要受位置逻辑性和动作习惯性的影响。

③重复动作　对到达一个或多个固定目标的单一动作的重复。重复动作不需要过多意识的控制，仅凭神经和肌肉的记忆能力即可不断做下去，因而速度和准确性较高，较易完成。

④持续动作　对操纵对象全程控制调整、追踪或有一定套路的动作。自始至终需要意识参与。其质量评定可以用追踪灵敏度来衡量。

⑤调整动作　改善自身某一部分受力状态的静态定位动作，是一种机体自我保护方式。

这些不同类型的动作可能被按顺序组合，从而相互混合。技巧是以正确的顺序和时间，用正确的肌肉和准确的力量来获得预期反应的能力。

(2) 下意识动作

下意识动作不受基本运动区指挥，只受本能与习惯指使，是肌肉本身的一种自我保护和调节机制。不断重复的有意识动作可以变成下意识动作。

7.2.4.2 动作分析方法

动作分析是以操作者在操作过程中的手、眼和身体其他部位的动作为研究对象，找出并剔出不必要的动作要素，改善动作的顺序、方法及相关的工件、材料、工具、夹具和作业现场布置等，消除动作中存在的不合理性和不稳定性。

通过动作分析，可以减少动作数量，改进动作顺序、方法，探讨最适合于动作的工具、夹具和作业范围内工件、材料、工具、夹具的布置，减轻作业疲劳，提高工作效率。也可以比较动作改善前后的情况，预测和确认改善的效果，制定最适当的标准动作。

(1) 动素分析

动素分析是通过观察手足动作和眼、头活动，把动作的顺序和方法与两手、眼的活动联系起来详尽地分析，用动素记号记录和分类，找出动作顺序和方法中存在的问题，并加以改善。

动素分为有效动素和辅助动素以及无效动素，共 18 种。有效动素是进行作业时的必要动作。主要有伸手、握取、移物、定位、装配、拆卸、使用、放手、检查等 9 种。在进行动作分析时，这类动素改进的重点是取消不必要的动作，同时对工件的摆放、方向、距离和使用条件进行研究改进。辅助动素主要有寻找、发现、选择、思考、预置等 5 种。虽然此类动作有时是必要的，但有了此类动作后，将延缓第一类动作的实施，使作业时间消耗过多，降低作业效率。因此，除了非用不可外，应尽量取消此类动素。无效动素主要有拿住、不可避免的迟延、可避免的迟延和休息等 4 种。此类动素不进行任何工作，是动素分析的重点，一定要设法取消。

通过动素分析，可以培养工人有效动作的意识，探讨最适当的动作顺序，探讨高效易行的作业方法，制定正确易行的标准作业方法，为工具、夹具与作业环境的布置提供参考依据。

（2）影像分析

分为慢速影像动作分析和细微动作影像分析。

慢速影像动作分析就是采用比通常慢的速度进行摄影或摄像（一般为60幅/min或100幅/min），再用正常的速度再现拍摄内容（24幅/s）。慢速影像动作分析技术无论是在动作分析，还是在制定工作标准方面应用都非常广泛。它能将长周期作业压缩时间后再现操作者的活动，把握各个动作所需的时间，找出动作浪费和瓶颈动作。

细微动作影像分析也称为高速摄像分析，与慢速影像动作分析正好相反，它是使用高速摄像或摄影设备拍摄，再用正常的速度再现拍摄内容，对作业动作进行详细分析。一般适用于动作重复程度高的场合，可以对操作活动进行十分细微而精确的研究。

7.2.4.3 动作经济原则

第一类：与使用身体有关的原则

①双手应同时开始和结束工作；

②除规定的休息时间外，双手不应同时闲着；

③双臂的动作应对称，方向应相反，应同时进行；

④应尽可能以最低等级的动作来完成操作；

⑤应尽可能利用物体的重量，如需用肌力时，则应将其减至最轻；

⑥作连续的曲线运动比作方向突变的直线运动好；

⑦自由摆动动作比受约束或受控制的动作更轻快；

⑧对于重复操作，平稳性和节奏性很重要，节奏性能是动作流畅和协调。

第二类：与作业地布局有关的原则

①工具物料应固定于固定位置；

②工具物料及装置应布置在工作者的前面近处；

③零件物料的供应应尽可能利用其重量，坠至工作者手边；

④应尽可能利用"坠送"（加工完的零件）方法；

⑤工具物料按照最佳的操作顺序排列；

⑥应有适当的照明设备，使视觉舒适；

⑦工作台基椅子的高度，应使工作者坐立适宜；

⑧工作椅式样及高度，应使工作者保持良好姿势。

第三类：与工具设备有关的原则

①尽量解除手的工作，而以夹具或足踏工具代替之；

②可能时，应将两种可以联用的工具合并；

③工具物料应尽可能预放在固定工组位置；

④利用手指工作时，应按各个手指的本能，合理分配负荷；

⑤手柄的设计，应尽可能使其与手接触面积增大；

⑥机器上的杠杆及手轮的位置，应能使作业者极少变动其姿势，且能利用机械的最大能力。

7.3 作业测定

作业测定是运用各种技术来确定合格工人按规定的作业标准，完成某项工作所需的时间。一个合格工人必须具备必要的身体素质、智力水平和教育程度，并具备必要的技能和知识，使他所从事的工作在安全、质量和数量方面都能达到令人满意的水平。

7.3.1 概述

7.3.1.1 工时消耗的构成（表7-9）

表7-9 生产工人工时消耗分类表

工时分类			工时消耗项目	编号
定额时间 T		准备结束时间 T_{ZJ}	领取任务(工票、派工单、流程表、图纸)	1
			熟悉图样和工艺，计算及输入程序	2
			检查物料，首件确认或互检，领取辅料如封边条与胶料	3
			领取、检查、归还刀具、工具、夹具	4
			安装和调整、拆卸刀具、工具、夹具，如安装锯片及调整其位置等	5
			开机、试机、关机	6
			工人进行的互检、首检、抽检、终检，质检员专检	7
	作业时间 T_{JF}	基本时间 T_J	看管装置(如热压机和自动化设备)时间 T_{ZH}	8
			机动作业及其延时 T_{JD}	9
			机手并动作业 T_{JS}	10
			手动作业(多人、双手、手脚)T_{SD}	11
		辅助时间 T_F	人机进料或上料，装卸、取放工件，施胶、换封边条，进退刀	12
			测量工件、尺寸计算及画线	13
			操纵设备或工具而不直接加工，如推台锯的回程	14
			调整参数(切削速度、进刀量、切削深度、时间、压力、温度)	15
			不属于专门物料配送的搬运工作	16
	布置工作地的时间 T_B	组织性布置 T_{BZ}	开关灯、电风扇或门窗	17
			更换工作服、戴口罩	18
			擦拭及润滑设备、给机器除尘、清扫工作台、预热	19
			取、放、清点工具及材料、半成品、辅料如模板、配件	20
			清扫和整理工作地、吸尘装置，取放卡板与垫板	21
			填写原始记录、流程表	22
			交接班、联络、商谈、指示	23
			因帮助搬运等造成的短时延误或被迫等待	24
		技术性布置 T_{BJ}	更换工具或刀具如皮带、砂带、锯片	25
			调整设备及校正工具、小的修理、物料异常处理	26
			周程检查	27
	休息和生理需要 T_{XZ}		必要的休息时间 T_X	28
			生理需要时间(喝水、上厕所、擦汗、拂尘、洗手等)T_Z	29

(续)

工时分类		工时消耗项目	编号
非定额时间 T_E	非生产时间 T_E	寻找图样及工艺卡，或因图纸有问题引发的行动 寻找工、夹具，借用钻头 寻找或退回材料或余料、配件 多余操作、越俎代庖、补件、返修、改料	30 31 32 33
	组织原因造成的停工 T_{OZ}	等待工作、开早会 等待图样和工艺卡 等待材料、半成品、配件，即停工待料 等待运输工具或等待搬运 寻找品管员或等待检验 等待工、夹具 等待动力(水、电、气) 机器故障、等待修理	34 35 36 37 38 39 40 41
	工人原因造成的停工 T_{OG}	迟到、早退、旷工、擅离工作地 明显的疲倦或消极怠工 闲谈、逗乐、争吵	42 43 44

说明：表中 T 为时间符号，并用不同的下标区别各类时间。

通常以汉语拼音首字母为时间符号下标，如单件时间 T_D，布置工作地时间 T_B，基本时间 T_J，辅助时间 T_F，休息时间 T_X，自然需要时间 T_Z，装置时间 T_{ZH}。

为了避免重复，个别时间符号下标采用汉语拼音的第二个字母，如非定额时间 T_E。

带有双重意义的时间符号，其下标用两个汉语拼音字母，如作业时间由基本时间和辅助时间组成，用 T_{JF} 表示，休息与自然需要时间 T_{XZ}，准备与结束时间 T_{ZJ}，技术性布置工作地 T_{BJ}，机动基本时间 T_{JD}，手动基本时间 T_{SD}。

停工时间 T_O 为习惯表示。

7.3.1.2　工时定额

劳动定额是规定劳动者个人或班组在单位时间内应当生产多少产品或零件(产量定额)，或者完成单位工作、生产单位产品或零件应当用多少时间的标准(定额时间或工时定额)。它标志着企业的技术条件、劳动组织、操作方法及工作效率的水平。

国家标准将定额时间(quota time)定义为"生产工人在工作班内为完成生产任务，直接和间接的全部工时消耗"。它应当是按先进、合理的生产技术组织条件，对加工过程中工序的各类重复性组成部分的工时消耗所做的统一规定，由主管机构批准，以特定形式发布，作为共同遵守的准则。在生产过程中需要较长时间才能完成的零件，以采用工时定额较为方便，它适用于成批生产或单件小批生产类型的企业。

工时定额的制定，因标准类型、原始数据来源与采集方法以及使用要求不同而有差异。即使同一作业，因用途不同也可有不同量值的定额值。

按标准时间或定额的综合程度，工时定额可以分为：

①详细工时定额标准　是按走刀、动作、个体操作或简单综合操作制定的，将时间的组成部分划分的很细的工时定额标准。

②概略工时定额标准　以工步作业时间为基础，综合了工步的基本作业时间和辅助作业时间，将布置工作地时间、休息与生理需要时间、准备与结束时间以一定的百分比摊入作业时间而得到的单件时间。

③典型工序工时定额标准　是按有代表性的工序制定的,只将时间定额分为单件时间和准备与结束时间的综合定额标准。

根据批量不同,工时定额可以分为:

①成批工时定额　即一批零部件或产品在某工作地(设备)和工序所需要的生产时间。可以用每一定数量零部件或产品所需时间来表示,如 0.5h/1 000 件。

$$T_P = T_D N + T_{ZJ} = (T_{JF} + T_B + T_{XZ})N + T_{ZJ} = (T_J + T_F + T_{BJ} + T_{BZ} + T_X + T_Z)N + T_{ZJ}$$

②单件工时定额　即单位零部件或产品在某工作地(机器)或工序所需要的平均生产时间。根据需要选择 h、min 或 s 为单位。当由数人共同执行同一工作或小组作业时,一般用延续工时来表示,如 1.2h/2 人。

$$T_D = T_{JF} + T_B + T_{XZ} + T_{ZJ} = (T_J + T_F)(1 + K_B + K_{XZ}) + T_{ZJ}$$

手工作业时,准备与结束时间以百分比计入单件定额内。在批量生产中,单件工时定额是指($T_{JF} + T_B + T_{XZ}$),而不是指($T_{JF} + T_B + T_{XZ} + T_{ZJ}/N$)。

按用途不同,工时定额一般分为:

①现行定额　在现有的技术文件、设备工装、劳动组织等条件下,按零件、分工序制定的定额,用以平衡和核算生产能力、安排作业计划、计算工人工资和产品成本。

②计划定额　一般按产品、分车间、分工种提前编制,可通过一个适当的压缩系数去调整现行定额而求得,主要作为编制计划、降低成本的依据,也用于新产品试制时的定额估计。

③设计定额　根据产品的工艺技术资料、设计的年产量及产品的熟练度,采用概略的定额标准资料或参考同类产品的现行定额,按产品、分部件、分工种制定的定额,主要用于计算各种设计(工厂规模、设备采购、生产面积、劳力配备等)的需要量。

④固定定额　将某个时期的按产品、分零部件、分工序制定的现行定额固定下来,在几年内保持不变,一般用于计算产值、下达经济指标、衡量企业提高劳动生产率,并作为考察不变价格的依据。

⑤目标定额　在正常生产技术组织条件下,根据合理的经济批量,为生产某种产品提出的在今后一段时期内(如 3、5 年)应达到的,按产品、分零部件制定的劳动消耗量标准。

⑥工作定额　指对企业的技术、经济、管理、服务等各种工作,按工作内容、质量标准、工作量和工作程序制定的必要劳动消耗量。

若是自动化程度高、加工时间短或在某一单位时间内产量很大的零件,则以采用产量定额较为方便。产量定额适用于大量生产类型的工业企业。产量定额可以分为:

①人员或机器的每日工作量,适用于大批量生产和产能分析。

②完成特定生产量所需要的设备与人数,适用于定员需求分析和设备计划。

在自动化程度较高的生产过程中,各种设备起主导作用,而工人的主要任务是执行所规定的工艺规程,调整、控制和监管生产过程。此时产量定额是根据设备的产能来计算的,并不是劳动消耗量的标准,因为工人的劳动消耗量与产品数量没有直接关系。因此,产量定额表现为看管定额,即一个工人同时所能看管的设备数目。

7.3.1.3　标准时间

标准时间是在适宜的操作条件下,用最合适的操作方法,以普通熟练工人的正常速度完成

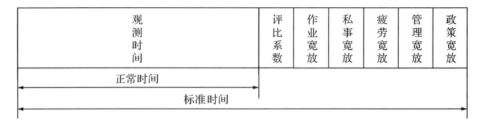

图 7-9　标准时间 = 正常时间 + (正常时间 × 宽放率)

标准作业所需的劳动时间。它具有客观性、可测性、适用性。其构成如图 7-9 所示。

7.3.1.4　标准时间与工时定额的比较

（1）概念的比较

由于历史上受前苏联和西方的影响，我国同时存在着标准时间与工时定额不同的表述。

标准时间是"在适宜的操作条件下，用最合适的操作方法，以普通合格工人的正常速度完成标准作业所需要的劳动时间"，是通过方法研究和作业测定求得的某一标准作业所需时间的一个唯一量值。在国家标准中，标准时间是指具有平均熟练程度的操作者，在标准作业条件和环境下，以正常的作业速度和标准的程序方法，完成某一作业所需要的总时间。

从定义上看，标准时间与工时定额的表述有所不同。定额时间的定义似乎没操作人员、环境和作业条件的限制，仅用于对工时消耗的分类。从具体的生产劳动出发，两者在同一时期内，对于特定的生产企业，它们具有共同的人员、作业环境和条件，标准时间所要求的所有条件只是一种理想状态。因此，两个概念本质相同，具有同样的内涵和外延。

在多种制定定额方法中，作业测定是一种比较科学先进的方法，由作业测定得到的标准时间是制定工时定额的科学依据，通常现行工时定额往往就是标准时间；但许多生产单位在没有进行方法研究和作业测定的情况下预先规定的工时定额不能称为标准时间。

客观公正、可测、适用、先进合理是对标准时间和工时定额的基本要求。

（2）构成的比较

标准时间针对的是操作单元，重视时间研究过程分析；工时定额针对的是单一或成批的零件或产品，重视的是应用分析。研究零件的工时定额时需要对零件加工过程中的每个操作单元进行时间研究，因此标准时间是工时定额的依据。

在基于作业测定而非经验估计的情况下，标准时间与工时定额的内容和构成是基本一致而又互为补充的。标准时间中的作业宽放与工时定额中的布置工作地是相当的。在批量生产方式下制定工时定额，应根据工序的作业特点考虑作业准备时间（如钻孔作业要测定作业转换时间，封边作业则将准备时间以其与作业时间的百分比计入标准时间）。标准时间中的管理宽放和政策宽放是根据实际需要而增加的。

7.3.2　工作抽样

秒表时间研究是在一段时间内，利用秒表连续不断地观测操作者的作业，而工作抽样则是在较长时间内，以随机的方式分散地观测操作者。

利用分散抽样来研究工时利用效率,具有省时、可靠、经济等优点,因此成为调查工作效率、合理制定工时定额的技术方法。但对于多品种小批量生产,工作抽样不再适合作业测定方法,而其结果只能作为标准时间和时间定额的宽放依据。

工作抽样的具体方法,请参阅有关书籍。

7.3.3 秒表时间研究

7.3.3.1 秒表时间研究的概念

秒表时间研究是利用秒表或其他电子计时器,在一段时间内,对作业的执行情况作直接的连续观测,把工作时间以及与标准概念(如正常速度)相比较的对执行情况的估价等数据,一起记录下来给予一个评比值,并加上遵照组织机构所制定的政策允许的非工作时间作为宽放值,最后确定出该项作业的时间标准。

7.3.3.2 测时单元划分的目的和准则

(1) 划分单元的目的

一个作业所包括的操作或动作不仅数量多而且性质复杂。划分操作单元可以将生产工作(有效时间)和非生产工作(无效时间)分开,对不同的要素可以根据它们各自的特点用不同的方法进行测时和数据分析,划分操作单元也有利于建立标准资料和培训新人。

(2) 划分单元的7项准则

操作单元划分直接影响测时的实施与效果。单元划分前必须检查现行操作方法,使方法标准化,否则应将操作或动作进行归类,以便研究。观测者应当在正式进行时间研究前先观察几个作业周期。

①每一操作单元都应有明确的起点和终点(分界点、分解点、定时点),并有必要的说明。分界点可以根据需要选取可视的动作或相伴的声音,并保证一致性。

②尽可能地将操作单元划分小些。当用秒表时,最小单元时间一般以 3s 或 0.04min 左右为宜。如果没有进一步细分操作单元,应尽量将操作单元内的主要动作记录下来。

③单元划分要尽可能地直观统一。能成批记时的,就不要零散地划分。在同时进行的几种交叉单元中,比任何其他要素占用时间都长的要素是控制要素。

④区分人工操作单元与机动单元。工人用手或脚操作的要素可统称为手动要素,由动力驱动的、有固定速度等参数的机器或装置自动操作的要素称为机动要素,由人与机器协同作业的要素称为机手并动要素。

⑤区分内部单元与外部单元。一般在机器工作或程序控制的同时所做的人工作业单元是内部单元,全由人工控制的人工作业是外部单元。对于测定时观察到的,经分析后发现不是本作业所必需的外来因素应予剔除,必要时中断测定。

⑥区分不变单元与可变单元。操作单元或要素按其稳定性可以分为定值要素(不变单元)和变值要素(可变单元)。前者的基本时间在一定条件下保持不变或基本相等,如批量生产时钻孔加工单元就是重复、规则、定值单元;后者的基本时间随产品的形状、尺寸、重量、复杂程度、生产程序等的变化而变化,如裁板中心裁板时有许多重复、规则但变值的单元。

⑦区分重复单元、间歇因素与偶然因素。重复单元是在每个作业周期中都规则性出现的重

复要素，如钻孔；间歇因素并不是在每个作业周期中都会出现，但具有某种规律性，如换封边条。偶然因素在作业周期中或有或无，且不规则性地出现，如封边工人读图、试机，一般可在宽放时间中考虑。

7.3.3.3　不同人机类型测时单元的划分

（1）以手工为主的作业

作业阶次（work unit）或层次一般分为下列4层：

①动作　人的基本动作，如伸手、握取等。

②操作　对一指定的工作所选择的，便于观察、度量和分析研究的有分界的部分，并由几个连续动作集合而成，如伸手抓取材料、放置零件等。

③作业　通常是由一个人用两三个操作单元集合而成的综合操作，如伸手抓取材料在夹具上定位并放置、拆卸加工完成品并放置好等。

④制程或工序　为进行某种活动所必需的作业的串联。如各种加工、检验、搬运、等待等。一般将某工序从加工开始到完成一件工作或生产一件产品（或零件）为止所需的要素序列时间称为作业周期（周程）。

在各阶次之间必要时允许有中间层次。作业阶次形成的结构与产品结构图纸、材料与零部件清单（BOM）的作用是类似的，它是制定时间标准资料和劳动成本的重要依据。

一般来说，秒表时间研究应用于第二阶次的工作，工作抽样应用于第三、四阶次的工作，PTS用于第一阶次的工作，标准资料法可用于第二、三、四阶次的工作。

（2）机械化加工工序的划分

划分加工工序有利于分析机器性能、制定工艺规程、划分操作单元并测定作业时间、改善加工系统。

①装卸　安装包括定位并夹紧。在一个复杂程度不同的工序中，可能需要一次或几次装卸。四格柜的旁板，用七排钻需一次安装，用六排钻需二次安装。

②工位　工位是一次装夹后工件与刀具或机器的相对位置。工位式加工工序一次安装可能是一个或多个工位（加工面）。

③工步　工步是在不改变切削用量（切削速度、进料量或走刀量、吃刀深度）的情况下，用同一（组）刀具对同一（组）表面所进行的加工。一个工序可能包含一个或几个工步。对于电脑锯，将一块或多块板件转向并安装，可被视为一个工位、工步，在此工步内可以多次进行锯切加工（走刀）。

操作是工人按照一定的程序和技术要求所进行的加工活动，是工步的人机交互部分。

为完成一个操作，需要人的双手和身体其他部位发生一次或数次的动作。

④走刀　刀具和切削用量均保持不变，切去一层材料的过程称为走刀。一个工步包括一次或几次走刀。

（3）半自动化作业操作单元的划分

对于半自动化作业，要认真阅读机器操作说明书，重视分析机器的运转或动作，并以机器动作为主。根据笔者对数控裁板中心、自动六排钻和自动封边机的时间研究，半自动化作业操作单元划分应先划分工步和操作，再确定观测时间。

(4) 自动化作业操作单元

对于自动化作业,则需要分析机器软硬件及技术员对它的应用熟练程度、图纸的复杂程度,可以不对工序进行分解,且无休息时间。

7.3.3.4 时间数据采集方法(表7-10)

表7-10 时间数据采集方法

	方法	说 明	适用情况
1	连续测时法	当第一单元开始时按动秒表,在整个测定过程中不使秒表指针回零而任其继续走动,仅当每一单元完毕时按动 A 键启动新道,待全部记录完毕再找出秒表对每个单元的记忆值	适用于不规则重复要素的时间研究,如裁板中心裁板作业时间研究
2	成批记时法	把连续不停的同一操作单元的全部时间通通记录下来,然后把这段时间数量除以在这段时间内所生产的批量,计算出生产单位产品(或零件、工步)平均消耗的时间	适用于规则性重复、耗时极短的产品、零件或工步,如钻孔、封边作业时间研究
3	瞬时归零法或反复测时法	第一单元开始时启动秒表,第一单元结束时按停秒表,读取表上读数后使机械秒表表针回复到零位或电子秒表数字归零,次一单元开始则再启动秒表,如此不断地记录每一单元时间	适用于非连续操作的情形
4	抽查记时法	与归零法相似,反复地把事先选定的某一操作单元的时间记录下来,然后求其平均数	对裁板中心的装箱、读图与输入等时间的测定
5	周程测时法	对作业周程(N 个单元)进行测时,但每次去掉一个单元,取得一个循环即可求出周程时间和每个单元时间	适合于单元时间很短的重复性要素
6	计算法	对可识别、有规律、正常作业的机器运转单元可以用计算法得到其时间消耗值,且无须评比直接作为正常值使用	封边工序时间研究中可以采用此法

7.3.4 标准资料法

7.3.4.1 标准资料法的概念、形式和用途

标准资料法是将直接由秒表时间研究、工作抽样、预定时间标准法所得的测定值,根据不同的作业内容,分析整理为某作业的时间标准,以便将该数据应用于同类工作的作业条件上,使其获得标准时间的方法。建立一个标准或标准程序的重要步骤是分类和简化,它包括采取主动行动将任何数据的种类减少到与实际需要相适应的、共用的最小数目。标准资料是将由作业测定(工作抽样、时间研究)、PTS 等方法获得的大量测定值或经验值加以分析、整理、编制而成的,随主要影响因素变化的具有某种结构的作业要素(基本操作单元)正常时间值的数据库。利用标准资料,加上适当的宽放量来综合制定各种作业的标准时间的方法叫标准资料法。

标准资料中的数据必须进行分类和编码,同时考虑操作、产品结构、工艺、设备种类及其性能等直接影响作业时间的因素,以便使用者快速检索。标准资料的形式可以是解析式(经验公式)、图线(包括计算图表、学习曲线)或表格。其中图线比较直观常作为过渡形式,表格和

经验公式分别表示标准工时和它们的数量关系，分别对于检索和编程比较适用。因为工艺方法、设备种类和性能直接影响作业时间，所以标准资料可以按设备的作用、类型、规格、制造厂进行分类。也可以按标准资料的对象分为以代表性产品或零部件为对象的标准资料和以典型作业或作业要素为对象的标准资料。

标准资料法可用于工作研究图纸分析技术[①]，适用于多品种、小批量生产方式中的通用操作或相似操作，尤其是评价新产品、制定新产品劳动定额、编制新产品能力需求计划和生产作业计划，确定工厂生产能力或对生产和装配线进行均衡调整，建立有效的工厂布置，成本预算，推行奖励工资制，提供设备采购决策咨询，衡量管理的有效性等。针对定制生产，工作研究者只需分析定制产品与定型产品的相似与差异之处，从而能够快速、比较准确地推算出定制产品在各工序所需的工时。

7.3.4.2 建立标准资料的方法

建立标准资料就是对作业测定对象进行时间研究，并对其结果进行综合分析，分析各操作单元的主要影响因素，找出各操作单元时间变化规律，并以公式、图、表等形式建立标准资料或数据库。

（1）确定范围

建立标准资料的前提是作业条件、类型和方式近似，存在通用操作或相似操作。因此，应把范围限制在企业的一个或几个生产车间内，或一定的生产过程内，将拟建标准资料的作业种类和数目加以限制。

（2）划分操作单元

将作业分解为作业要素或操作单元，找出尽可能多的各种作业的通用操作或公共要素。

（3）确定方法并进行作业测定

一般为秒表时间研究或预定时间标准等，要根据作业的性质、测定方法的特点和成本来选择。所用记时方法与操作单元相似类型有关。由于加工件的几何形状、功能要素及其排列、出现频率等因素的影响，各种零件有不同程度的相似类型。零件的相似类型影响操作单元的相似类型。操作单元的相似类型就是其相似级别或相似程度，初步可分为单一类型、基本类型和主要类型，具体划分需要去做调查分析和统计工作。主要类型的操作单元相似程度和出现频数较高，单一类型的操作单元相似程度和出现频数较低。对主要类型的零件和操作可采用 PTS 或成批记时法、连续记时法；对基本类型，可以对各操作单元采用连续记时法；而对单一类型，采用对比类推法甚至经验估工法即可。进行作业测定以取得各种要素的原始时间数据。要求按测定方法设计相应的数据记录表格，对每一单元或要素都要根据需要积累足够的数据。

（4）按操作的相似性进行分类

在数据采集与处理过程中，可以将数据作适当的组织分析，形成数据级别及数据文件，这样可使研究者有清晰的思路和步骤，见表 7-11。

---

① 根据工艺图纸中的工艺路线、加工方法和时间标准数据，预先确定零件加工所需要的工时。

表 7-11 数据级别及数据文件

种 类			含 义
数据级别	1	原始数据	采集或收集来的数据
	2	源数据	剔除异常值或抽除冗余数据、错误数据、模糊数据后剩下的有效数据
	3	分类数据	按一定层次组织好的源数据,其中相似数据分别组成一定的数据族
	4	编码数据	一般指经过分类与编码以反映其族标识的分类数据
数据文件	5	分类编码文件	储存在某地址(纸或电脑等)上,以产生专门报告的分类编码数据项的集体
	6	分类编码主文件	为了反复处理报告而按一定次序排列的数据项集体,即标准资料或数据库

(5) 确定各通用操作的影响因素

分析各通用操作单元的时间可能受哪些因素(如重量、形状、大小等)影响,区分主要影响因素和次要影响因素。对于前者,操作单元的时间消耗随影响因素变化较大,必须通过对实际测定的数据进行研究,用图线或公式、表格表示出变化规律。对于基本不受影响的操作单元,因时间值波动不大,取算术平均值即可。在机械化作业中,主要因素通常是与作业对象直接相关的客观因素,而人的因素、动作方法、环境等则应尽可能标准化。

(6) 数据处理,初步编制标准资料表格

对测定的操作单元时间数据进行分析整理,设计相应的分析图表,按照使用要求进行分类、编码。对相似操作单元的分类时间数据进行分析计算,最终得到实用的、较小的数据库,并找出数据范围和差别原因以便改进。

选择数据处理方法。误差界限法求统计平均值较精确,但算法较复杂,适用于单一对象操作单元,其时间数据服从正态分布,且仅得到一个操作单元或单个零件的时间数据,意义不大。而相似操作单元的分类数据在相似范围内分布是不均衡的,和生产计划也不可能保持一致,今天和明天取得的数据可能差异明显,数据很多时计算量庞大。根据统计分析法,在足够数量的有效数据中,相似操作单元的分类时间数据的代表值可以是平均达到数或平均先进数,前者是以各个数项加权平均得到的数字;后者是采用二次平均法,将平均达到数作为最低标准,将达到的和比该标准先进的各个数项选出来,再次加权平均(或采用 3/8 法或 1/3 法)计算所得的数字。对相似操作单元用统计分析法得到的数据为正常时间,不再评比。在建立标准资料时,不应强调个别工件和操作单元工时的准确性,而应注重在一定时期内各种相似工件和相似操作单元总体工时的准确性。

(7) 回归分析,建立数学模型

对于相似操作的正常时间,在得到一系列的观测时间平均值后,还需要进一步分析。在标准资料中,有些操作单元或动作元素的标准工时在不同的作业中是常数;而有些操作单元的标准工时是随着作业不同、工作地不同等发生变化的,其中那些对完成给定操作单元的标准工时有重大影响的因素被称为作业变量。

回归分析是处理因变量(时间)与自变量(作业变量)之间相关关系的一种数学方法,它通过对具有相关关系的变量的大量观测,收集数据,并从这些数据出发,排除随机因素的干扰,寻找变量之间的规律。经由回归分析,建立相应的工时消耗或定额的数学模型,是完善标准资料、实现计算机辅助工时定额制定系统的基础。表 7-12 为不同类别的时间标准数据数学模型。

表 7-12 不同类别的时间标准数据数学模型

划分依据	类别	说明
建模方法	解析型	用数学分析方法建立的数学模型，一般属确定性函数关系。连续机动时间取决于机器的类型、加工规格、进件速度、被加工零件材料及切削速度
	回归型	用数理统计的方法建立的数学模型，一般属相关关系。适用于手动要素、机手并动要素、难以细分的不连贯的机动要素的标准资料的制定
变量之间的数学或数理统计性质	线性	劳动消耗量只和一个作业变量有依存关系，并且它们之间的几何形态表现为直线或近似直线的数学模型
	非线性	劳动消耗量与作业变量之间的关系呈现多类别的曲线几何形态，如抛物线、双曲线、幂函数曲线、指数函数曲线。
因素数目	单因素	劳动消耗量主要随某一作业变量变化而变化，可建立一元回归直线方程
	多因素	劳动消耗量随多因素变化而变化，可用多元回归测定法
综合程度	基础	按照基本工时、辅助工时等各个组成部分分别做出数学模型
	综合	依据基础标准建立的具有各种综合性的数学模型，如工步的或工序的作业时间、准备与结束时间等综合在一起的数学模型

建立数学模型的方法是先根据一组数据绘制散点图，然后用最小二乘法（least square method）等方法求取正常时间随某一个或几个主要因素变化的数学模型。建立数学模型的基本步骤：

①根据已收集整理的时间消耗原始数据或有效数据，绘制散点图，初步判断变量之间的线性关系。

②按一定的函数或相关型设计变量之间合适的数学模型（经验公式）。

③求解数学模型中的相关参数，建立典型条件下的工时定额数学模型。

④利用概率统计知识进行分析计算、检验调整，以判明所建立数学模型的有效性。

⑤代入相关修正系数，建立实用型工时定额数学模型。

⑥利用所得数学模型对生产过程进行预测和控制。

(8) 研究方法与结果形式的选择

从时间研究和标准资料法可知，不同的研究方法，其结果有不同的形式。时间研究的结果一般是某一作业的标准时间，而标准资料法的结果一般是各个操作单元的正常时间值，并常以表格或公式的形式表示。

在多品种、小批量生产方式下，由于产品更新速度加快，标准资料越来越重要。从研究方法上讲，只要能建立标准资料，就能制定某一作业的标准时间。标准资料在生产中又是一种中间性的资料，用它可以迅速制定新产品的工时定额。

7.3.5　作业测定主要方法比较

作业测定常用的几种方法及其特点见表7-13。

表7-13　常用作业测定方法比较

类别	直接测定法			间接测定法	
名称	秒表时间研究法		工作抽样	PTS	标准资料法
目的	有规律的作业时间	不规则的作业时间	掌握工作效率，求各种时间比	设定短周期的标准时间	推断同类作业单元时间
适用阶次	二		三、四	一	二、三、四
耗时	较短		短	长	较短
精确度	较好		一般	优	较好
用途	短、周期性重复、变化作业	短而变化的作业	较长且变化多作业同时观测多对象	很短、高度重复的作业	相似作业通用操作单元
说明	预先分成操作单元之后再测定	将与规则作业不同的因素加以分类后再进行测定	随机观察作业内容，由观测频数求时间比率	对于每个要素动作使用预定的适用时间值	汇总并整理过去求得的标准时间值
评比	需要		需要	不需要	不需要
客观性	一般		一般	好	较好

预定时间标准法是国际公认的制定时间标准的先进技术方法。它利用预先为各种动作制定的时间标准来确定进行各种操作所需要的时间，而不是通过直接观察或测定。由于它能精确地说明动作并加上预定工时值，因而有可能较之用其他方法提供更大的一致性。而且不需对操作者的熟练、努力等程度进行评价，就能对其结果在客观上确定出标准时间，故称为预定时间标准（predetermined time standard，PTS）法。PTS法种类很多，其中模特法即MOD法（modolar arrangement of PTS）最具代表性。

通过现场工作抽样和秒表时间研究及影像法，对当前的生产条件（技术条件、组织条件和工艺方法等）进行科学的调查分析研究，查找漏洞，减少浪费，制定改进措施和劳动定额。这种方法的意义不仅在于制定劳动定额，还可以用以发现和总结、推广先进工作方法，改善劳动组织和编制定员，改进设备利用，研究生产潜力。

作业测定对生产时间、辅助时间分别加以研究，以求减少或避免无效时间、制定标准时间，有较严格的前提条件和分析方法，有较充分的技术依据，定额水平比较合理，易于平衡，是一种科学、客观、公正、较先进的方法；其缺点是方法比较复杂，工作量大，制定定额一般缺乏及时性，对企业管理要求较高，因而对于单件小批生产、规模小、基础差的企业不能广泛适用。

定额制定的基本思路是，以工作抽样和时间研究为基础，不足之处以经验估工法补充，然后结合成组技术和典型推算法进行，争取形成标准资料，最后采用定额水平控制法等方法进行控制。

思考与讨论

1. 进行工作抽样前,是否需要区分不同的作业?若不区分,抽样所得总体宽放率是否具有普遍的适用性?
2. 作业测定前,如何取得公司高层授权和员工理解?当根据作业时间标准数据所做的预测受到质疑时,你应当如何做出解释?
3. 如何减少作业中的时间浪费?如何减少作业转换时间?
4. 什么是5M1E分析法,对作业研究有何启发?
5. 什么叫目视管理、定置管理、5S管理?
6. 课外阅读并理解家具生产作业测定案例。推荐案例:WNT600数控裁板中心时间研究、比雅思TECH-NO7全自动六排钻时间研究、威霸(Weiber)R6C全自动直线封边机时间研究,可查阅相关文献。
7. 设计一则简单的游戏,采用适宜的计时方法,进行时间研究模拟测定。
8. 进一步思考工时定额的评价、控制与应用。
9. 课外通过查阅文献,研习家具零部件的成组加工方法。
10. 板式家具从开料到成品的整个生产工艺流程是一个复杂的分而合之的过程,属于复合型工艺流程。请结合生产实践和工艺路线的知识,对某一生产线的工艺流程加以梳理。

参考文献

韩维生.2007.板式家具生产系统现场工作研究[D].南京林业大学.

韩维生,王宏斌.2009.家具制造业工时标准体系初探[J].林业机械与木工设备,37(11):45-48.

韩维生,吴智慧.2007.板式家具主要部件钻孔作业分析[J].木材工业,21(5):35-37.

韩维生,吴智慧.2007.板式家具生产中全自动六排钻作业时间剖析[J].林产工业,34(4):30-32.

张广鹏.2008.工效学原理与应用[M].北京:机械工业出版社.

第 8 章　物理环境设计

本章主要阐述微气候环境设计、光色环境设计与评价、声环境设计与噪声控制、空气污染及其控制、振动及其控制、电磁辐射及其控制。其中融入了木材保温调湿等有关内容。

影响人体及工效的主要环境因素大致分为4类：

①物理因素　微气候、光与色彩、噪声、振动、空气污染、电磁波等。

②化学因素　刺激性、致敏性、致突变性的化学因素，通过呼吸道、消化道或皮肤入侵人体。

③生物因素　微生物、寄生虫、动物、植物等。

④劳动与社会心理因素　负荷、单调作业、人际关系等。

根据环境对人体的影响和人体对环境的适应程度，可将环境分为：

①最舒适区　各项指标最佳，使人在劳动过程之中感到满意。

②舒适区　使人能够接受，不会感到刺激和疲劳。舒适性①是一个复杂的、动态的相对概念，它因人、因时、因地而不同。若能使在该环境中80%的人感到满意，那么这个环境就是这个时期的舒适环境。使人体舒适而又有利于工作的环境称为舒适环境。

③不舒适区　某种条件偏离了舒适指标正常值，较长时间会使人疲劳，影响工效。需要采取保护措施。不危害人体健康和基本不影响工作效率的环境条件称为允许环境。

④不能忍受区　若无保护措施，人将难以生存。需要采取现代化手段，如密封或隔离措施、个体防护器具。保证人体不受伤害的最低限度的环境条件称为安全环境。

本章主要讲述物理环境因素及其影响、评价与控制方法，主要包括微气候（温度、湿度、气流速度、热辐射）、照明与色彩、噪声、空气污染、振动、电磁辐射等方面。

8.1　微气候环境设计

8.1.1　微气候的要素及其相互关系

微气候是指工作环境局部的气温、湿度、气流速度以及设备、原料、半成品的热辐射。

（1）气温（air temperature）

空气的冷热程度称为气温。通常用干泡温度计（寒暑表）测定，并称为干泡温度。气温的度量有3种方式：摄氏温标（℃）、华氏温标（℉）、绝对温标（K）。我国通常采用摄氏温标（℃）。3种温标的换算关系为：

$$t(K) = 273 + t℃; t(℉) = \frac{9}{5}t℃ + 32$$

（2）湿度（humidity）

空气的干湿程度称为湿度。湿度有绝对湿度（A.H）与相对湿度（R.H）两种。

①绝对湿度　每立方米空气中所含的水蒸气克数（水蒸气的密度）称为绝对湿度（g/m³）。

②相对湿度　在某温度、压力条件下，空气的水汽压强与相同温度、压力条件下的饱和水蒸气压强的百分比，称为该条件下的相对湿度。人对湿度的感受取决于相对湿度，生产环境中

---

① 环境舒适性分为行为舒适性和知觉舒适性。前者是环境行为的舒适度，比如疲劳之后的短暂休息就是舒适的。后者是指环境刺激引起的知觉舒适度，比如上述休息场所很热、很嘈杂、很暗，灰尘很多，就给人不舒适的感觉。

的湿度通常也用相对湿度表示。

$$\varphi = \frac{f}{F} \times 100\%$$

式中 f——某温度、压力条件下，空气的水汽压强；

F——相同温度、压力条件下饱和水蒸气压强。

相对湿度可用通风干湿表或湿度计、干湿泡温度计测量。湿泡温度比干泡温度略低一些。根据干泡、湿泡温度，查表8-1 即可得出相对湿度。

表8-1 空气相对湿度（%）

湿泡温度/℃	10	12	14	16	18	20	22	24	26	28	30	32	34	36	38	40
40																100
38															100	88
36														100	88	77
34													100	88	77	67
32												100	87	76	66	57
30											100	87	75	65	56	49
28										100	86	73	63	55	47	41
26									100	80	73	62	53	46	39	33
24								100	85	71	61	52	44	37	31	26
22							100	85	71	59	50	42	35	28	24	20
20						100	83	70	48	40	33	27	22	20	17	14
18					100	83	68	56	46	37	30	24	19	15	11	8
16				100	80	67	54	43	34	27	21	16	12	8	5	3
14			100	80	65	51	40	31	24	18	13	9	5	2	0	
12		100	80	62	48	37	28	21	14	9	5	2	0			
10	100	78	60	45	34	24	16	10	5	1	0					
干泡温度/℃	10	12	14	16	18	20	22	24	26	28	30	32	34	36	38	40

若 $\varphi \geq 80\%$，为高湿度环境，主要是水蒸发引起的。如纺织、造纸等作业环境。当 $\varphi < 30\%$ 时，为低气湿环境。如冬季高温车间。高温、高气湿环境使人感到闷热；低温、高气湿使人感到阴冷。

（3）气流速度

空气流动的速度称为气流速度。气流主要是在温差形成的热压力作用下产生的。测量室内气流速度一般用热球微风仪或风速计。气流速度单位为 m/s。

（4）热辐射

物体在热力学温度大于 0K 时的辐射能量称为热辐射。例如，太阳、加热物体等均能产生热辐射。周围物体向人体辐射，称为正辐射；反之则称为负辐射。热辐射体单位时间、单位表面积上所辐射出的热量称为热辐射强度，单位为 $cal/(cm^2 \cdot min)$。通常用黑球温度计测量热辐射。

气温、湿度、热辐射和气流速度对人体的影响可以互相替代或补偿。例如，当室内气流速度在 0.6m/s 以下时,气流速度每增加 0.1m/s,相当于气温下降 0.3℃。当气流速度在 0.6~1.0m/s 时,气流速度每增加 0.1m/s,相当于气温下降 0.15℃。

8.1.2 人体对微气候条件的感受与评价

8.1.2.1 人体的热平衡

人体与外界环境之间的热交换可用热平衡方程表示:

$$M \pm C \pm R - E - W = S$$

式中 M——人体代谢产热量,即食物在人体内氧化产生的热量。

C——空气对流产生的人体散(吸)热量,以及人接触物体引起的热传导。人体从环境吸收热量,$C>0$;散发热量,则 $C<0$。热对流取决于气流速度、散热面积、对流传热系数、服装热阻值、环境温度、皮肤温度等。使用热对流降温的条件:①保持环境温度 <36.5℃;②皮肤表面气流速度大(穿着少而薄)。但当气流速度超过 2m/s 时,提高气流速度就不显著。热传导取决于皮肤与物体的温差、接触面积、热传导系数等。

R——辐射散(吸)热量。人体辐射散热,$R<0$;吸收热量,则 $R>0$。热辐射取决于热辐射系数、人体面积、服装热阻值、反射率、平均环境温度、皮肤温度等。为了防止热辐射,生产实际中通常采用反射式热屏障(冰冷式)、吸收式热屏障(风冷式)。衣服是防止热辐射的天然屏障,对可见光有较好隔热辐射(反射)作用的是浅色衣服,而对非可见光(如远红外)的辐射则取决于衣服的材料、密实程度和厚度。冬天的衣服厚实,颜色深,能有效阻止人体能量辐射。

E——人体体液蒸发(如出汗、呼气)所散发的热量。在热环境下,增加气流速度,降低湿度,可以加快发汗,达到散热目的。注意应补充足够的水分和盐,防止虚脱(危及生命)。工作单位在夏季要提供茶水、饮料等。人体的出汗量最高限度为 6L/日。

W——人体对外做功所消耗的热量,均为负值。

S——人体单位时间蓄热量(kJ/s)。处于热平衡状态时,$S=0$,人感到舒适;当产热量大于散热量时,$S>0$,人感到热;当产热量小于散热量时,$S<0$,人感到冷。

通常人的体温是相对恒定的。人体深部温度以腋窝、口腔或直肠温度来代表,其中直肠温度较具代表性,其值为 36.9~37.9℃。口腔温度和腋窝温度分别比直肠温度低 0.3℃ 和 0.5℃。

由人体皮肤到衣服之间的热传播包括对流、辐射和传导及蒸发等,可以用"clo"来度量由皮肤到衣服的热阻抗。规定在气温 21℃、气流速度不超过 0.1m/s、相对湿度不超过 50%、新陈代谢作用为 50cal/(m²·h) 的条件下,保持皮肤平均温度为 33℃,舒适所必需的热阻抗为 1 clo。从零级(0 clo)到重装级(3~4 clo)可分为 12 个等级。

8.1.2.2 人体对微气候环境的主观感觉和综合评价

人在心理状态上感到满意的热环境为热舒适环境。其影响因素主要有 6 个:空气干球温度、空气中水蒸气分压力、气流速度、室内物体和壁面辐射温度,以及人的新陈代谢和着装,大气压力、人的肥胖程度及汗腺功能为次要影响因素。

舒适温度是指人体生理上的适宜温度,包括人的体温和环境温度,同时指人主观感觉到的舒适温度。生理学上将环境的舒适温度规定为,在一个标准大气压条件下,无强迫热对流时,坐着休息、穿薄衣、未经热习服(heat acclimatization)①的人所感觉到的舒适温度。按此规定，环境的舒适温度应在19~24℃范围内。

关于舒适湿度，一般认为是40%~60%。室内空气湿度φ(%)与室内气温t(℃)之间的较佳关系为：$\varphi = 188 - 7.2t (t < 26℃)$。

在舒适温度范围内，当气流速度为0.15 m/s时，人即可感到空气新鲜。在人数不多的房间，最佳舒适风速应为0.3m/s，在拥挤房间为0.4m/s；当室内温度和湿度较高时，最好为1~2 m/s。

人体对微气候环境的主观感觉是一种模糊评价，它是对多种因素的综合反应。人们试图将微气候的几个要素集成为单一的热环境综合指数，下面讨论其中几个热舒适性指标。

(1) 有效温度(effective temperature, ET)

为了综合反映人体对气温、湿度、气流速度的感觉，美国人杨格鲁(C. P. Yaglou)和霍顿(F. C. Hongtan)提出了有效温度的概念。对A、B两个环境空间，A环境为自然对流(风速≤0.1 m/s)、饱和湿度，B环境为湿度、风速、温度自由组合，若两环境中的热感觉相同，则将A环境中的温度定义为有效温度。杨格鲁以干球温度、湿球温度、气流速度为参数，通过实验建立了有效温度图，例如，图8-1为穿正常衣服进行轻劳动时的有效温度图。杨氏有效温度图度量了在热辐射强度不高时，综合反应气温、湿度、气流速度对人体所产生的主观热感觉。

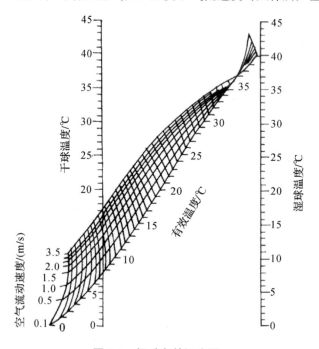

图8-1　杨氏有效温度图

---

① 机体在长期反复的高温热作用下生活和工作，可出现一系列的适应性反应。表现为机体对热的反射性调节功能逐步完善，各种生理功能达到一个新的水平。

(2)不适指数(discomfort index,DI)

不适指数综合了气温和湿度两个因素,可由下式求得:

$$DI = 0.72(干球温度 + 湿球温度) + 40.6$$

美国人实验表明,当 $DI < 70$ 时,绝大多数人感到舒适;$DI = 75$ 时,50% 人感到不舒适;$DI > 79$ 时,绝大多数人感到不舒适。

(3)加权平均温标(wet bulb globe temperature,WBGT)

用干球温度、湿球温度、气流速度和热辐射4个因素的综合指标作为微气候的衡量指标。

① 非人工通风条件下,当气流速度小于1.5m/s时,采用下式计算:

$$WBGT = 0.7WB + 0.2GT + 0.1DBT$$

② 人工通风条件下,当气流速度大于1.5m/s时,采用下式计算:

$$WBGT = 0.63WB + 0.2GT + 0.17DBT$$

式中 WB——湿球温度(℃);
DBT——干球温度(℃);
GT——黑球温度(℃)。

8.1.3 微气候环境对人机系统的影响

8.1.3.1 高温作业环境的影响

工作地平均WBGT指数等于或大于25℃的作业为高温作业(GB/T 4200—2008 高温作业分级)。对于工业企业和服务性行业工作地点具有生产性热源,且室外实际出现本地夏季室外通风设计计算温度时,其工作地点的温度高于室外2℃或以上的作业为高温作业。热源散热量大于84kJ/(m²·h)的环境客观上属于高温作业环境。

(1)高温作业环境的类型

① 高温、强热辐射作业环境 气温高,热辐射强度大,相对湿度较低。例如,铸造等作业。

② 高温、高湿作业环境 气温高、湿度大,若通风不良会形成湿热环境。例如,造纸等作业。

③ 夏季露天作业 例如,农民在田间劳动,建筑、搬运等露天作业。

(2)高温作业环境对人生理和心理的影响

高温环境下的作业者,新陈代谢加快,人体产热增加,这时人体通过呼吸、出汗及体表血管的扩张向体外散热。若产热大于散热,导致体内蓄热增加、体温升高,呼吸和心率加快,皮肤血流加快,这种现象称为热应激效应。长时间处于热应激状态,会导致热循环机能失调,造成中暑或热衰竭,引起全身倦怠、食欲不振、体重减轻、头痛、失眠等症状。高温环境下作业者的知觉速度和准确性、反应速度下降,情绪烦躁不安、易于激动,对工作不满。

(3)高温作业环境对人操作的影响

高温作业环境会导致大脑相对缺血,注意力下降,使生产率下降,诱发事故发生。当温度达到27～32℃时,使得肌肉用力的工作效率下降;当温度达到32℃以上时,需注意力集中的工作和精密工作的效率开始下降。

8.1.3.2 低温作业环境的影响

低温环境条件通常是指低于允许温度下限的气温条件。允许温度是指基本不影响人的工作效率、身心健康和安全的温度范围，一般为舒适温度±3~5℃。

(1) 低温环境对人体的影响

环境温度低于皮肤温度时，刺激皮肤引起神经冲动，导致皮肤毛细血管收缩，使人体散热下降。外界温度进一步下降时，肌肉发抖，以增加产热，维持体温恒定，这种现象称为冷应激效应。

①人体对低温的适应力远不如对热的适应力。低温时人体不适感迅速增加，机能迅速下降。因为此时脑代谢下降，导致神经兴奋下降，传导能力下降，反应迟钝、嗜睡。

②低温适应初期，代谢增高，心率加快，心脏的每博输出量增加；当人体的核心温度下降时，心率减慢，心脏的每博输出量减少，这时人体已不能适应低温作业环境。长期的低温环境作业将导致内循环下降，身体机能减退及冻伤等。

(2) 低温对人操作的影响

低温作业时，手部动作的准确性和灵活性下降，作业效率降低。

8.1.3.3 微气候对机器设备的影响

高精尖技术设备，由于其组成材料属性的要求，均必须在一定温度和湿度范围内，才能保证其运行的有效性及正常的使用寿命。例如，计算机在高温环境下使用常常会出现数据差错、死机等现象。超精密加工机床必须在恒温下工作。

8.1.4 改善微气候环境的基本措施

8.1.4.1 高温作业环境的改善

高温环境下，作业者的反应及耐受时间受气温、湿度、气流速度、热辐射、作业负荷、衣服的热阻等因素的影响。

(1) 生产工艺和技术方面

①合理设计生产工艺过程　作业者远离热源（热源放在车间外部）；或使热源处在下风头。

②屏蔽热源　设置挡板，如铝材屏风、玻璃屏风，将人与热源隔离。或热辐射源表面铺设泡沫材料，防止热扩散。或采用循环水炉门、水幕（钢板流水型热屏风，水的比热大）。

③个体防护　铝夹克具有热反射作用，但其热阻值大，不利人体蒸发散热，适合于轻负荷作业。

④降湿　人体对高温的不适反应，在很大程度上受湿度的影响，当相对湿度>50%时，人体的发汗功能下降。降湿可以提高人体的发汗功能，一般在通风处安装除湿器。

⑤增加气流速度　合理设计门窗，增加自然通风，提高空气新鲜度，有时还需强制机械通风。当干球温度为25~32℃时，增加气流速度可以提高人体的对流热量和蒸发散热量；当干球温度>35℃时，增加气流速度作用不大。因此，必须根据实际情况选择通风条件。

(2) 生产组织方面

①合理安排作业负荷　高温作业时，可采用慢速作业，增加休息次数，自由安排作业负荷。

②合理安排休息场所　休息室温度20~30℃为宜，不能太低，否则会破坏汗腺功能。不能立即吹空调和洗冷水澡。

③职业适应性训练　对初入高温作业环境者，应给予较长休息时间，使其逐步适应高温环境；采用集体作业方式，将高温作业环境下集体作业作为规章制度。

（3）保健方面

①合理供应饮料和补充营养。高温时，发汗量大，应及时补充水分和盐，"多次少饮"温水为宜，补充盐分，否则易引起脱水。高温作业者膳食热量要大（>12 560kJ），多补充蛋白质、维生素（A、B_1、B_2、C）、钙等。

②合理使用劳保用品。工作服要耐热、导热系数小、透气性好、吸汗。劳动布工作服为粗布衣服。在特高温作业环境下，采用冰冷服、风冷衣等。

③根据人体适应性检查（热适应能力、高温反应、耐受能力），选拔作业人员。根据人体素质，选择相应的作业。

（4）建立合理的环境气候标准

表8-2为我国夏季车间容许空气温度。

表8-2　我国夏季车间容许空气温度

相对湿度（%）	50~60	60~70	70~80
温度（℃）	33~32	32~31	31~30

8.1.4.2　低温作业环境的改善

人体对低温的适应能力远不如对高温的适应能力。低温作业环境应做好以下工作：

①采暖和保暖工作　采用采暖设备（火炉、空调）或热辐射（如浴霸）取暖，使用隔热门窗（双层玻璃）或挡风板等保暖，防止散热。

②提高作业负荷　增加负荷，可降低寒冷感，但不能使人出汗。

③个体保护　防寒服热阻值大，吸汗，透气性好。汗水湿了衣服，要及时烘干。

8.1.4.3　发挥木质材料的保温调湿功能

木材和木质材料是热的不良导体，作为墙体或装饰材料，对居室的温度具有调节作用，进而可以减少供暖与制冷的能耗。木质材料墙体能明显减轻室外气温的影响，降低室温变动比（即室内温度日变化振幅与室外气温日变化振幅的比值）。木质住宅冬暖夏凉，夏季木质墙壁的室内气温比绝热壁室温低2.4℃，在冬季则高4.0℃。由于木材的导热性能，加上其视觉（色彩）和触觉上的温暖感，综合形成了木材的温和特性。

环境湿度与人体皮肤的湿热感觉、出汗量也有很大关系。研究表明，人体感觉舒适的最佳相对湿度（RH）为65%；死亡率最低为60%~70%；保存书籍、文物为40%~60%。温度为10℃，相对湿度为25%~35%时，疾病发生率达60%；温度为10℃，相对湿度为50%时，疾病发生率达30%。为了防止细菌感染和流感发生，建议湿度为55%~60%。当温度变化时，用木材围合的空间的相对湿度变动小。木造房屋的年平均湿度变化范围保持在60%~80%左右。木材调湿性是这种生物材料所具备的独特性能之一，它是靠木材自身的吸湿及解吸作用，直接缓和室内空间的湿度变化。实验表明，软质纤维板的调湿效果最好，刨花板、木材、硬质纤维板、胶合板等性能良好，优于无机材料、树脂等材料。有些材料虽然基材的调湿性能好，但表面用吸湿性不好的材料贴面后，不能具有很好的调湿性能，如印刷木纹胶合板、PVC贴面胶合板、三聚氰胺贴面胶合板等。表8-3为不同木材厚度的调湿效果。

表8-3　不同木材厚度的调湿效果

木材厚度(mm)	3	5.2	9.5	16.4	57.3
调湿效果(d)	1	3	10	30	365

8.2 光色环境设计

8.2.1 光的度量

(1) 相对视敏函数

当光的辐射功率相同时，波长为555nm 黄绿光的主观感觉最亮。把任意波长为 λ 的光的主观感觉亮度称为视敏度 $K(\lambda)$。以视敏度 $K(555)$ 为基础，把任意波长光的视敏度 $K(\lambda)$ 与 $K(555)$ 之比称为相对视敏函数，并用 $V(\lambda)$ 表示。即

$$V(\lambda) = \frac{K(\lambda)}{K(555)} = \frac{\Pr(555)}{\Pr(\lambda)} \leq 1$$

由于当主观感觉亮度相同时，波长为555nm的黄绿光的辐射功率 $\Pr(555)$ 最小。因此，荧光屏绿色背景对眼睛具有保护作用。如图8-2所示，人眼对绿光感觉最敏感；黄昏时与白天相比，相对视敏函数 $V(\lambda)$ 将向短波光方向移动。

(2) 光通量

光通量就是按照人眼光感觉来度量光的辐射功率。

①单色光光通量　为辐射功率 $P_w(\lambda)$ 与相对视敏函数 $V(\lambda)$ 的乘积

$$\varphi(\lambda) = P_w(\lambda) \cdot V(\lambda)$$

当 $\lambda = 555$ nm 时，光感觉最强，$V(555) = 1$。此时，$P_w(555) = 1W$，光瓦。其他波长的光由于相对视敏函数下降，辐射功率为1W 所产生的光通量均 <1光瓦。

②复色光光通量　若光源的辐射功率为 $P(\lambda)$，其总光通量为其组成的各波长的光通量之和

$$\varphi(\lambda) = \int_{380}^{780} P_w(\lambda) \cdot V(\lambda) \mathrm{d}\lambda$$

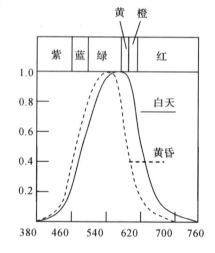

图8-2　标准相对视敏函数曲线

光通量国际单位是流明(lumen, lm)。绝对黑体在铂的凝固温度下，从 5.305×10^{-3} cm² 面积上辐射的光通量为1 lm。波长为555 nm 的单色光1W 辐射功率所产生的光通量恰为680 lm，即1光瓦=680 lm。40W 的钨丝灯泡的光通量为468 lm，发光效率11.7 lm/W；而40W 的日光灯的光通量为2 100 lm，发光效率为52.5 lm/W。有的人工光源发光效率可达100 lm/W。

(3) 发光强度

光源在单位立体角内的光通量，简称光强 (I)，单位为坎德拉(cd)。

$$I = \frac{d\varphi}{d\omega}$$

立体角是球面积与球半径平方之比,单位 sr。对于点光源,球心对球面的立体角为 4π(sr)。

$$I = \frac{\varphi}{4\pi} \text{ 或 } \varphi = 4\pi I$$

用光度计可以直接测量某个方向上的发光强度。

(4)照度

照度是光通量与被照射表面面积之比,单位为勒克斯(Lux,lx)。

$$E = \frac{d\varphi}{dS}$$

$1m^2$ 的面积上均匀照射 $1lm$ 的光通量,其照度为 $1lx$。可用照度计直接测量照度。

被照表面的照度与光源在空间的相对位置有关。对点光源来说,若点光源 A 在 dS 表面的正上方,设该光线的长度为 r,于是 A 点对 dS 的立体角 $d\omega = dS/r^2$,若点光源 A 的光强为 I,则被照表面的光通量为:

$$d\varphi = I d\omega = I \frac{dS}{r^2}$$

因此照度为:

$$E = \frac{d\varphi}{dS} = \frac{I}{r^2} = \frac{\varphi}{4\pi r^2}$$

如果点光源 A 发出的光线入射角 α,则 $d\omega = \frac{dS\cos\alpha}{r^2}$

照度为

$$E = \frac{d\varphi}{dS} = \frac{I\cos\alpha}{r^2} = \frac{\varphi\cos\alpha}{4\pi r^2}$$

因此,被照射表面的照度 E 与光源的光强 I 成正比,与夹角的余弦成正比,而与光源至表面的距离 r 的平方成反比(照度的平方反比定律)。表 8-4 为各种环境中的照度值。

表 8-4　各种环境中的照度值

环境条件	阴天室内	阴天室外	晴天室内	读书所需	电视排演
照度(lx)	5~50	50~500	100~1 000	50	300~2 000

(5)亮度

亮度表示发光面的明亮程度。发光面是指面光源、反射面、透射面等。亮度为发光面在指定方向的发光强度与发光面在垂直于所取方向的平面投影面积之比。

亮度的表达式为: $L_\alpha = \frac{dL_\alpha}{dS\cos\alpha}$, α 为反射角

漫射光源的亮度: $L_\alpha = \frac{dL_n\cos\alpha}{dS\cos\alpha} = L_n$

上式说明:虽然在各个方向上光强和光通量不同,但理想漫散射面在不同角度的亮度感觉

相同。例如,荧光屏是一个近似余弦分布的散射面,人从不同角度去看电视图像,亮度感觉是相同的。

亮度国际单位为坎德拉/米(cd/m^2),公制单位为熙提(Stilb,sb),其关系为:
$$1sb = 1cd/cm^2 = 10^4 cd/m^2$$

(6)光色与显色性

为便于对人工光源质量进行比较,常采用色温的概念。绝对黑体在某一特定温度下,其辐射的光与某一光源的光具有相同特征,用绝对黑体的这一特定温度表示该光源的光谱特征,就是光源的色温。用绝对温度表示,但不是光源的实际温度。

光源对物体颜色呈现的性质和程度称为显色性。通常,光源显色性用显色指数表示,平均显色指数 Ra 是从光的光谱分布计算求出的。日光显色指数为 100,荧光灯显色指数为 60~80。不同的光源其显色性不同,适用于不同的工作场所。

8.2.2 照明的作用和影响

照明可以弥补采光不足,在室内设计中还可以改变空间比例、限定空间领域、增加空间导向性、装饰空间和渲染气氛等。在作业场所,合理的采光与照明对安全、工效和卫生都有重要意义。

(1)照明与视觉疲劳

照明对工作的影响,表现为能否使视觉系统功能得到充分发挥。人眼能够适应 1×10^{-3} ~ 1×10^5 lx 的照度范围。实验表明,照度自 10 lx 增加到 1 000 lx 时,视力可提高 70%。视力不仅受注视物体亮度的影响,还与周围亮度有关。当周围亮度与中心亮度相等,或周围稍暗时,视力最好;若周围比中心亮,则视力会显著下降。在照明条件差的情况下,作业者长时间反复辨认对象物,使明视觉持续下降,引起眼睛疲劳(眼球干涩、怕光、眼痛、视力模糊、眼球充血、产生眼屎和流泪等),严重时会导致作业者全身性疲劳(疲倦、食欲不振、神经失调)。

(2)照明与心理

不同性质的光线、不同的光源布置、光的空间分布以及光与影的关系处理,直接影响人对空间、结构和环境的感知,从而影响人的心理感受。光色决定色彩气氛,低色温给人以温暖感,适用于低照度环境;而高色温给人以清冷感,适用于高照度环境。良好的照明可以提高劳动热情和兴趣,提高出勤率。

(3)照明与工作

通过采用发光效率高的光源(如将白炽灯改为荧光灯),可以提高识别速度,提高工作效率和准确性,提高产品质量。日光显色性最好,因此在日光下最容易发现产品斑疵。

【案例】 徐联仓等人对某毛纺厂质检员工作质量与照明条件关系的研究。检验工作场所的照度应达到 500~800 lx,且要求光线显色性好。照度过高或过低、不均匀、显色性差均会使检验人员视功能下降,使眼睛产生不适感,降低工作效率,增加漏检率。用金属卤化物灯(250W,显色指数为 90~95,漫散射光,工作面照度值为 720~1 080 lx)代替荧光灯(显色指数为 60~80,工作面照度值为 230~1 040 lx)后,检验员感觉良好,工作效率提高,漏检率由 51% 降到 20%。

(4)照明与事故

改善照明条件，能增强眼睛的辨认能力，减少识别色彩的错误率，增强物体的轮廓立体视觉，提高注意力，同时能扩大视野，防止工伤事故的发生。

8.2.3 工作场地的照明设计

良好的照明环境，就是在视野范围内有恰当的亮度，以及合理的亮度分布，并消除眩光。为此应合理规划照明方式、选择光源、增加照度的稳定性和分布的均匀性、协调性，尽量避免眩光。

8.2.3.1 灯光布置

工业生产中通常采用自然照明、人工照明和混合照明。人工照明按灯光照射范围和效果分为：

(1)一般照明

也称全面照明。主要考虑光源直射照度，以及少量的立体各表面的相互反射所产生的扩散照度和来自建筑侧窗或天窗的自然光照度。对于昼夜轮班工作场所，一般照明必须根据充分满足夜间照明要求进行设计。一般照明适用于工作地较密集，或者工作地不固定的场所。一般照明照度较均匀，一次性投资较少，照明设备形式统一，便于维护修理，但耗电量较大。

(2)局部照明

在小范围内为增加某些特定地点的照度值或对特定工作地而设置的照明。它靠近工作面，使用较少的照明器具便可以获得较高的照度，易于部分控制，耗电量少，明视中心突出，但和周围亮度对比比较强烈也易产生眩光。

(3)综合照明

不仅工作场所的照明利用系数高，而且还能防止产生使人腻烦的阴影、直射眩光和反射眩光。常用于要求照度值高，有一定的投光方向或工作地分布较稀疏的场所。

(4)特殊照明

用于突出某一主题或视觉中心，或特殊用途和特殊效果的照明方式，根据各自的特殊需要选取光源。

选用何种布置方式，与工作性质和工作地布置有关。它不但影响照明的数量和质量，也关系到照明投资及使用维修费的经济性和合理性。

8.2.3.2 光源选择的基本原则

(1)尽量采用自然光

自然光明亮柔和，其中的紫外线对人体生理机能还有良好的影响。

(2)人工光源应尽量接近自然光(日光)，一般不宜采用有色光源

首先，应考虑发光效率、光色、显色性和光源特征；其次，考虑光源形式(普通式、扩散型、透明型、反射型、荧光型等)；最后，考虑可维修性。荧光灯发光效率高，柔和、均匀、热辐射少。为消除光的波动，可采用多管灯具。

(3)合理选择照明方式

照明方式有直接照明、半直接照明、半间接照明、间接照明、透射照明以及高集光束的下

射直接照明。直射光源的光线直射在物体上，由于物体反射效果不同，物体向光部分明亮，背光部分较暗，照度分布不均匀，对比度过大。间接的光线经反射物漫射到被照空间的物体上。透射照明的光线经散光的透明材料使光线转为漫射，漫射光线亮度低而且柔和，可减轻阴影和眩光，使照度分布均匀。

8.2.3.3 照明质量

工作效率和质量与照明及其布局是否合理密切相关，并集中反映在照明的数量和质量上。照明数量可用照度值表示；照明质量则通过光色、光谱分布、阴影、明暗变化、眩光等因素来评价。

(1) 照明设计评价

光的特征如光强、光色、显色性、光的对比与分布，以及房间的特征等，都会影响照明质量。

①照度及其分布　照明的照度按以下系列分级：2 500、1 500、1 000、750、500、300、200、150、100、75、50、30、20、10、5、3、2、1、0.5、0.2 lx。我国照度标准规定了生产车间工作面上的最低照度值，见表8-5。

表8-5　生产车间工作面上的最低照度值

识别对象的最小尺寸(mm)	视觉工作分类等级	亮度对比	最低照度(lx) 混合照明	最低照度(lx) 一般照明
$d \leq 0.15$	Ⅰ	甲	1 500	—
		乙	1 000	—
$0.15 < d \leq 0.3$	Ⅱ	甲	750	200
		乙	500	150
$0.3 < d \leq 0.6$	Ⅲ	甲	500	150
		乙	300	100
$0.6 < d \leq 1.0$	Ⅳ	甲	300	100
		乙	200	75
$1 < d \leq 2$	Ⅴ	—	150	50
$2 < d \leq 5$	Ⅵ	—	—	30
$d > 5$	Ⅶ	—	—	20
一般观察生产过程	Ⅷ	—	—	10
大件贮存	Ⅸ	—	—	5
有自行发光材料的车间	Ⅹ	—	—	30

注：一般照明的最低照度一般是指距墙1m(小面积房间为0.5m)、距地0.8m的假定工作面上的最低照度；混合照明的最低照度是指实际工作面上的最低照度；一般照明是指单独使用的一般照明。

评价照度分布常采用照度均匀度 A_u 指标，即

$$A_u = \frac{E_{max} - E_m}{E_m} \leq \frac{1}{4} \text{ 或 } \frac{1}{3} ; A_u = \frac{E_m - E_{min}}{E_m} \leq \frac{1}{5} \text{ 或 } \frac{1}{3}$$

式中　E_{max}——最大照度值；

E_m——平均照度值;

E_{min}——最小照度值。

②亮度分布　视野内观察对象、工作面和周围环境间的最佳亮度比为5:2:1,最大允许亮度比为10:3:1,参见表8-6。亮度分布可通过规定室内各表面的适宜的反射系数范围,以组成适当的照度分布来实现,见表8-7。

表8-6　亮度比推荐值(美国照明工程学会)

比对物	办公室	工厂
观察对象与工作面之间(如书与桌子之间)	3:1	3:1
观察对象与周围环境之间(如书与地面或墙壁之间)	10:1	20:1
光源与其背景之间	20:1	40:1
在一般视野内各表面之间	40:1	80:1

表8-7　室内反射系数的推荐值(美国照明工程学会)

室内界面	反射系数推荐值(%)	室内界面	反射系数推荐值(%)
顶棚	80(80~90)	桌子、工作台、机器	35(25~45)
墙壁(均值)	50(40~60)	地面	30(20~40)

(2)照明效应评价

①视觉功效　视觉功效是指在一定照明水平条件下完成视觉作业的速度和精度。通过研究不同视觉作业特征(对象大小、对象与背景亮度比、观察时间长短等)与其所需照度水平的相互关系,制定合理的照度标准。

②眩光效应　视野内出现亮度极高或对比度过大,且引起刺眼并降低观察力的光线称为眩光。由亮度极高的光源直射引起的称为直射眩光。强光经反射引起的称为反射眩光,例如,一定角度下的荧屏反射光。由物体与背景明暗反差太大造成的称为对比眩光。例如,晚上的路灯,由于背景漆黑,形成很大的亮度对比使人感到刺眼,而白天由于背景是自然光,亮度对比小不能构成眩光。

眩光破坏视觉暗适应,产生视残像,使视觉效率降低。汽车司机会车时,不可开远光灯。眩光产生视觉不舒适感并分散注意力,造成视觉疲劳。

为防止和控制眩光,①应限制光源的亮度 $< 16 \times 10^4 \mathrm{cd/m^2}$。例如,用磨砂灯,增强漫射效果。②应合理布置光源。为此,灯的悬挂高度应在视线45°以上,或采用不透明灯伞或灯罩遮挡眩光。③将灯光转为散射光。例如,灯光经灯罩或天花板及墙壁漫射到工作空间。④改变光源或工作面的位置。对于反射眩光,通过改变光源与工作面的相对位置,使反射眩光不处于视野内;在可能条件下,改变反射物表面的材质或涂料,降低反射系数,避免眩光。⑤减少亮度对比。在可能的条件下,适当提高背景照明亮度,减少亮度对比。

③光色喜好与显色性　现代制灯技术可以制造出不同光色的电光源,以满足各种环境需要。研究不同地区、不同民族、不同文化背景的人群对光色喜好的差异,对于营造适宜的光气氛具有指导意义。在致力提高光源显色性能的同时,探究显色性不佳造成的失真对视觉感官的影响对照明设计具有参考价值。

④节能效果　1991年美国环境保护署最早提出绿色照明概念，并付诸实施。绿色照明旨在以节能为中心来推动高效节能光源和灯具的开发与应用，并制定了相关的标准。

8.2.4　色彩

8.2.4.1　色彩知识

（1）色彩及其三属性

色彩是由于某一波长的光谱入射到人眼，引起视网膜内色觉细胞兴奋产生的视觉现象。光色取决于发光体所辐射的光谱的波长；物体色取决于该物体所反射的光谱的波长。

①色调（色相）　物体发出或反射的主导波长的色彩视觉。

②饱和度（彩度）　表示颜色的深浅。主导波长范围的狭窄程度，即色调的表现程度。波长范围越狭窄，色彩越纯正、鲜艳。

③明度　指物体辐射或反射光线的强度，表示色调的明亮程度。

（2）色彩的混合

任何色彩可以由不同比例的3种相互独立的色调混合得到。这3种相互独立的色调称为三原色。

①色光混合　色光的三原色为红、绿、蓝。色光混合遵循相加法则。色光相加的两种途径：

同时加色法：将三种原色光投射在一个全反射表面上，可以合成不同色调的光。一种波长产生一种色调，但不是一种色调仅与一种特定的波长相联系。光谱不同的光线，在某种条件下也能引起相同的色彩感觉（同色异谱）。例如，波长570 nm的光与红光（650 nm）+绿光（530 nm）的混合光均呈黄色。

继时加色法：将三种原色光按一定顺序轮流投射到同一表面上，只要轮换速度足够快，由于视觉惰性，人眼产生的色彩感觉与同时加色的效果相同。表8-8为色光混合规律。

表8-8　色光混合规律

规律	描　述	举　例
补色律	两种色光以适当比例混合后得到白光或灰色光，则这两种色光称为互补色	红色和青色、黄色和蓝色、绿色和品红色等均为互补色
中间色律	任何两个非互补色光相混合均产生中间色光，其色调介于两混合色的色调之间	红色+绿色=黄色；绿色+蓝色=青色；蓝色+红色=品红；红色+黄色→橙色；蓝色+绿色→青色
替代律	色彩外貌相同的光，不管其光谱组成是否一样，在色彩混合中具有相同的效果	蓝色光+黄色光=白色；红色光+绿色光=黄色光 所以，红色光+绿色光+黄色光=白色
明度相加律	混合色光的总明度等于组成混合色光的各色光明度的总和	

②颜料混合　颜料三原色为黄、品红、青。它们分别是色光三原色蓝、绿、红的补色。颜料、油漆等的色彩是其吸收了一定波长的光线以后所余下的反射光线的色彩。例如，黄色颜料是从入射的白光中吸收蓝色光，而反射红光及绿光，红光和绿光混合引起黄色的感觉。蓝色颜料从照射的白光中吸收红光和绿光，而反射蓝光。

颜料混合遵循相减法则，即颜料混色所得的色彩的明度降低。

(3) 色彩的表示法

为了直观表示和定量区别各种不同色彩，1915 年美国孟赛尔（A. H. Munsell）创立了一个彩色立体模型，也称孟赛尔色立体，如图 8-3 所示。它可以完全表达各色彩的三属性。

中垂轴为无彩色系，用 V 表示。中性色自白到黑的明度标度为 10~0，共 11 个等级。

垂直于中央轴的平面代表色调，以 H 表示。赤道线为处于中间明度水平的诸色相的标度。以红 5R、黄 5Y、绿 5G、蓝 5B、紫 5P 为主要色相，加上 5 种中间色相黄红 10YR、绿黄 10GY、蓝绿 10BG、紫蓝 10PB、红紫 10RP，各种色相再细分为 10 个等级，全部分成 100 级。每种主要和中间色相的等级都定为 5，对每种色相有 2.5、5、7.5、10 四个色相级，共 40 个。

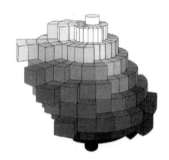

图 8-3 孟赛尔色立体

离开中央轴的距离表示饱和度，以 C 表示。越靠近中心垂直轴，色彩的彩度越低。各种色调的最大饱和度并不相同，最大为 20。

色彩的标定方法 H V/C。例如，7.5R 6.5/10。无彩色标标定方法 NV，如 N5 中性灰色。根据色彩三属性，可制成三度色标，用于油漆、印染工业。

8.2.4.2 色彩对人的影响

(1) 色彩对人心理的影响

色彩对人心理的影响主要来源于人对色彩的联想和感受。不同的色彩对认知、情感产生不同的影响，并因人的年龄、性别、经历、民族、习惯和所处的环境等不同而异，参见表 8-9。

表 8-9 色彩的心理影响

感受尺度		色彩属性	心理作用	应用场所
活动感：冷暖 远近 动静 漂亮或朴素 兴奋或抑制 轻松或压抑 烦躁或安定 明快或阴晦 光亮或灰暗	暖和 前进 活动 漂亮 兴奋 轻松 烦躁 明快 光亮	红、橙、黄；色调相同、明度较高；明亮、鲜艳的暖色调	红色使人兴奋、情绪激昂、紧张、不安；橙色可增加食欲；前进感、凸起感、体积膨胀感、空间紧凑感、狭小感等；积极和振奋；轻快活泼、动感；年轻，富有朝气	寒冷环境，如高原哨所；食堂、餐厅；食品包装多采用明度、饱和度高的黄、红色；宽敞房间涂以暖色调（黄色），不感到空旷；室内篮球场；大龄演员的穿着
	冷淡 后退 安静 朴素 抑制 压抑 安定 阴晦 灰暗	青、绿、蓝；色调相同、明度较低；深暗、混浊的冷色调	清凉；冷静、理性，有镇静作用；后凹感、体积收缩感、空间宽敞感等；大面积使用时，给人以荒凉、冷漠感觉；沉闷、压抑、稳重、庄重、肃穆	高温环境，如锻造车间等；狭小房间涂以冷色调（绿色），增加宽敞感；天花板低时，涂以淡青色，显得高一些；高新技术产品

(续)

感受尺度	色彩属性		心理作用	应用场所
力量感：轻重或刚柔强弱或软硬浓艳或清淡	轻柔软弱清淡	色调相同、明度较高；明度、色调相同、饱和度高；暖色调	密度小、重量轻柔、软弱、清淡	重锤用黄色显轻；操纵手柄涂以明快色，给操作人员以省力和轻快感
	硬重刚强浓艳	低明度；低饱和度；冷色调	感觉重、刚、强硬、浓艳	高大的重型设备下部多用以冷色调为基础的低饱和度暗色
情感：欢喜或厌烦美丽或丑陋自然或做作	欢喜美丽自然	青绿色、高明度、高饱和度	欢喜、美丽自然	情感化设计
	厌烦丑陋做作	红紫色、低明度、低饱和度	厌烦、丑陋做作	特殊场所情感化设计

（2）色彩的生理影响

色彩对人的生理机能和生理过程有直接影响，并主要通过人的视觉器官和神经系统调节体液，对血液循环系统、消化系统、内分泌系统等产生影响。

①色调的影响　不同颜色对人的影响不同。例如，红色使人血压升高，脉搏加快；蓝色则使人血压、心率下降。

视觉对不同颜色的主观亮度不同。例如，黄绿色最亮、最醒目，其次是黄色和橙色。黄色和橙色易分辨，常用作警戒线、交警服装。

人眼对色调的分辨率较好，对饱和度和明度分辨率最差。选择色彩对比时，以色调对比为主。忌用蓝色和紫色，其次是红色和橙色，因其容易引起视觉疲劳。而黄绿色、绿色、蓝绿色、淡青色不易引起视觉疲劳，且认读率高、快。主要视力范围内的基本色调宜采用黄绿色或蓝绿色，其中7.5GY8/2最不容易引起视觉疲劳，称为保眼色。厂房、设备仪表盘以绿、黄绿色为主。

②工作环境中的明度应保持均匀　否则，反复明暗适应会加速视觉疲劳。

③饱和度高的色彩给人以强刺激感　通常采用饱和度小于3的色彩。例如，考虑到视线转移问题，天花板、墙壁以及其他非操作部分的饱和度也应低于3。车间危险部位、危险标志的色彩应具有较高的饱和度，以增强刺激感。如机械的警戒部位采用3.5YR8/13。

8.2.4.3　色彩调节

利用色彩的生理心理效果，在工作场所构成一个良好的光色环境，称为色彩调节。

良好的色彩调节可以：①增加明亮程度，提高照明效果；②使环境显得整洁，层次分明，明朗美观；③使得标志明确，易于迅速识别，便于管理；④使人注意力集中，减少差错和事故，提高工作质量；⑤令人舒适愉快，减少疲劳。表8-10为色相调和及其感觉。

表 8-10 色相调和及其感觉

类别	色彩调和方法	心理效应
同一调和	同一色相的色进行变化统一	亲和
类似调和	色相环上相邻色的变化统一	融合
中间调和	色相环上接近色的变化统一	暧昧
弱对比调和	补色关系的色彩，不强烈对比	明快
对比调和	补色及接近补色的对比配合	强刺激

(1) 机器设备和工作面的色彩调节

设备配色与环境色彩相协调，不能过分突出。大型机器车间机器本体 7.5GY7/3，小型机器车间机器本体 7.5GY6/3，或用无彩色 N6~7，机器工作面 7.5YR8/4。

色彩与设备的功能相适应。例如，吊车的移动部件用黄色，表示移动轻快，同时也是危险部件，而底座用深色、暗色，表示稳固。

危险与示警部位的配色要醒目。例如，用黄色引起注意，红色警示危险。

操纵装置的配色要重点突出，避免误操作。例如，多个仪表盘的布置，可以通过色彩突出重点仪表盘。

显示装置要与背景有一定对比，以引人注意，便于认读。

工作面的涂色，明度不宜过大，反射率不宜过高，否则易产生反射眩光。

选用适当的色彩对比，可以适当提高对细小零件的分辨力。但色彩对比不可过大，否则会直接造成视觉疲劳提早出现。

如果可能，长时间加工同一色彩的零件时，应该在作业者的视野内安排另一种色彩，以便使眼睛得到休息。

(2) 工作房间的色彩调节

一般要根据房间大小和用途、工作性质选配色彩，同时还要综合考虑照度。例如，若工作间温度高、房间狭小时，应选配冷色调；若工作间温度低，房间大时，应选配暖色调。表 8-11 为室内环境基本色调。

色调不能太单一，色调单一会加速视觉疲劳或引起单调感。饱和度也不应太高，否则，有

表 8-11 室内环境基本色调

场所	天棚	墙壁	墙围	地板
冷房间	4.2Y9/1	4.2Y8.5/1	4.2Y6.5/2	5.5YR5.5/1
一般	4.2Y9/1	7.5GY8/1.5	7.5GY6.5/1.5	5.5YR5.5/1
暖房间	5.0G9/1	5.0G8/0.5	5.0G6/0.5	5.5YR5.5/1
大型机器车间	5Y9/2	6GY7.5/2	10GY5.5/2	10YR5/4
小型机器车间	5Y9/2	1.5Y7.5/3	7YR5/3.5	N5
接待室	7.5YR9/1	10.0YR8/3	7.5GY6/2	5.5YR5.9/1
交换台	6.5R9/2	6.0R8/2	5.0G6/1	5.5YR5.5/1
食堂	7.5GY9/1.5	6.0YR3/4	5.0YR6/4	5.5YR5.5/1
厕所	N9.5	2.5PB8/5	8.5B7/3	N8.5

强烈刺激感,分散注意力,加速视觉疲劳。明度不宜太高和相差悬殊,否则,视觉的反复明暗适应会促使视觉疲劳。

对工作房间的配色,还应着重考虑材料对光线的反射率,以提高照明效果。应采用反射系数高、明快和谐的色彩。表 8-12 为常见材料反射率。

表 8-12 常见材料反射率

材料名称		反射率(%)	材料名称		反射率(%)
磨光金属面及镜面	银	92	建筑材料及室内装备	白灰	60~80
	铝	60~75		淡奶油色	50~60
	铜	75		深色墙壁	10~30
	铬	65		白色木材	40~60
	钢铁	55~60		黄色木材	30~50
	玻璃镜	82~88		红砖	15
油漆面	白	75		水泥	25
	白漆	60~80		白瓷砖	60
	淡灰漆	35~55		草席	40
	深灰漆	10~30		石膏	87
	黑漆	5		家具	25~40
地表面	雪地	95		书面	50~70

光在物体表面正反射的程度称为光泽;正反射光占入射光的百分率称为光泽度。木材光泽的强弱与树种、木材构造特征、木材的切面、抽提物和沉积物、光线射到板面上的角度等因素有关。光泽比较强的树种如山枣、栎木、槭木、椴木、桦木、香椿等,其劈开面或刨光面的光泽强,材色显得更加艳丽。一般来说,具有侵填体的木材如檫木等常具有较强的光泽,木材径切面对光线的反射较弦切面为强。木材还具有较强且各向异性的内层反射,产生丝质般雅致的光泽。当入射光与木纤维方向平行时反射量大,而当相互垂直时反射量较小,因此从不同方向所呈现的材色也不一样。家具表面粘贴不同纹理方向的薄木后呈现不同的颜色。

(3)安全色

安全色传递安全信息,使人们能够迅速发现或分辨安全标志并提醒人们注意,以防事故发生。GB 2893—2008《安全色》标准中规定红、蓝、黄、绿 4 种颜色为安全色,其含义和用途、对比色见表 8-13。

表 8-13 安全色的表征与使用导则

颜色	表征	使用导则	对比色
红色	禁止、停止、危险或提示消防设备、设施	各种禁止标志;交通禁令标志;消防设备标志;机械的停止按钮、刹车及停车装置的操纵手柄;机械设备转动部件的裸露部位;仪表刻度盘上极限位置的刻度;各种危险信号旗等	白色
蓝色	必须遵守规定的指令	各种指令标志;道路交通标志和标线中指示标志等	白色
黄色	注意、警告	各种警告标志;道路交通标志和标线中警告标志;警告信号旗等	黑色
绿色	安全提示	各种提示标志;机器启动按钮;安全信号旗;急救站、疏散通道、避险处、应急避难场所等	白色

摘自 GB 2893—2008《安全色》。

安全标志按 GB 2894—2008 规定采用。

"色光"是表达运行技术信息的载体。例如，机器指示灯。红灯表示紧急、禁止、停止、事故或操作错误等；黄灯表示警告信号；绿灯表示工作正常、允许进行等。

颜色除了用于安全标志、技术标志外，还可用来标志材料、零件、产品、包装和管线等，见表 8-14、表 8-15。

表 8-14 色彩的含义

色别	色标	含义
红色	7.5R4.5/14	停止、禁止、高危\防火
橙色	2.5YR6.5/12	危险、保安
黄色	2.5Y8/13	警告
绿色	5G5.5/6	安全、卫生、正常运行
蓝色	2.5PB5.5/6	警惕
紫红	2.5RP4.5/12	放射性危险
白色	N9.5/	准备运行、字符、辅助色
黑色	N1.5/	字符、辅助色、防见光

表 8-15 管道颜色标记

色别	色标	管道类别
青色	2.5PB5.5/6	水
深红	7.5R3/6	汽
白色	N9.5/	空气
黄色	2.5Y8/12	煤气
橙紫	2.5P5/5	酸碱
褐	7.5YR5/6	油
浅橙	2.5YR7/6	电气
灰	N5/	真空
蓝		氧

8.2.5 光环境评价方法

8.2.5.1 语义微分法(semantic differential method，SD)

这是一种评定被调查对象(环境或产品)的心理测定方法，属实验心理学。它通过言语尺度进行心理感受的测定，反映事物意义与主观感受之间的联系，从而获得定量化数据，构造意象尺度图或者语义区分图，如图 8-4 所示。言语尺度通常是由一对反义的形容词和一个奇数的量表组成。

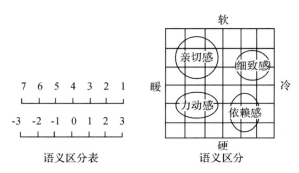

图 8-4 语义区分图

首先，针对评价目标和项目，选择评价尺度(名义尺度、顺序尺度、等距尺度、比例尺度)，用双极形容词配对组成问卷调查表。例如，美—丑，大—小，高—低，热—冷等。

然后,在双极形容词之间用7点定位(也有分5点的)反映不同程度的主观印象。例如,"很亮、亮、较亮、一般、较暗、暗、很暗"就是7个定位点。

分别给每一定位点计权值,如3,2,1,0,-1,-2,-3或者7,6,5,4.3,2,1。然后对数值进行统计分析处理,获得各种特征参数,从而达到心理情绪数量化测量评价的目的。

以特征变化及其参数值为坐标,可以建立意象尺度图。而用相关词语搭配,可以获得语义区分图,将相关评价提取符号语言,如软—暖概括为亲切,可以按市场需求开发不同特性的产品。

8.2.5.2 视觉环境综合评价指数法

也称可视性指数,是评价作业现场能见度和视觉对象(显示器、控制器)能见状况的指标。该方法借助留置问卷,考虑光环境中影响人的工作效率与心理舒适程度的多项因素,通过主观判断确定各项评价项目所处的条件状态,利用评价系统计算各项评分及总的视觉环境指数,以实现对视觉环境的评价。该评价过程大致分为四步。

(1)确定评价项目

①对环境的第一印象;②照明强度;③眩光感觉;④亮度分布;⑤光影;⑥颜色显现;⑦光色;⑧表面装修与色彩;⑨室内结构与陈设;⑩同室外的视觉联系。

(2)确定分值

对各评价项目均分为由好到坏4个等级,相应的分值为0、10、50、100,见表8-16。

表8-16 评分表

	优(0)	良(10)	中(50)	差(100)
①对环境的第一印象	√			
②照明强度		√		
③眩光感觉		√		

$$S_n = \sum_m (P_m V_{nm}) - \sum_m V_{nm}$$

式中 S_n——第 n 个评价项目的评分($k=1,2,\cdots,10$);

P_m——第 m 个状态的得分值(0、10、50、100);

V_{nm}——第 n 个评价项目的第 m 个状态所得票数。

(3)综合评价指数计算

$$S = \sum_n S_n W_n$$

式中 S——视觉环境评价指数;

W_n——第 n 个评价项目的权值。

(4)确定评价等级

将该指数值分为4个等级,根据表8-17可以确定出评价等级。

表 8-17 视觉环境综合评价指数

视觉环境指数 S	S = 0	0 < S ≤ 10	10 < S ≤ 50	S > 50
等级	1	2	3	4
评价意义	毫无问题	稍有问题	问题较大	问题很大

8.3 声环境设计与噪声控制

声音是一种机械振动波在人耳的反应。音乐是有调之声，噪声是无调之声，此外还包括语言。

8.3.1 噪声的类型及其对人的影响

噪声是相对的。通常将不需要、不愿意听到的声音统称为噪声，泛指一切对人们生活和工作有妨碍，使人烦恼的声音。噪声不仅由其物理性质决定，更取决于人们的生理和心理状态。

8.3.1.1 噪声的类型

按噪声源的特点，噪声分为工业噪声、交通噪声、社会噪声等。

按噪声随时间变化的特性，噪声分为稳态噪声、周期性噪声、间歇噪声、脉冲噪声。

基于频率高低特性，分为高频噪声、中频噪声、低频噪声。

按照频率宽窄，分为宽带噪声和窄带噪声。

按照人们对噪声的主观评价，噪声分为过响声、妨碍声、刺激声、无形声。

8.3.1.2 噪声对人的影响

将不同声级噪声对人体器官的主要影响进行汇总，按汇总结果将噪声分为 4 个噪声品级。

第一噪声品级 30 dB(A)~65 dB(B)，影响程度仅限于心理的方面；

第二噪声品级 65~90 dB(B)，心理影响大于第一品级，另外还有植物神经方面的影响；

第三噪声品级 90~120 dB(B)，心理和植物神经影响均大于第二品级，此外还有造成不可恢复的听觉机构损害的危险；

第四噪声品级 >120 dB(B)，经过相当短的声冲击之后就必须考虑内耳遭受的永久性损伤。当声级 >140 dB(B) 时，遭受刺激者很可能形成严重脑损伤。

(1) 噪声对人生理机能的影响

①对内分泌系统的影响　中强度 70~80dB(A) 噪声使肾上腺皮质功能增强，这是噪声通过"下丘脑—垂体—肾上腺"引起的一种应激反应。高强度噪声 100dB(A) 则使肾上腺皮质功能减弱，说明刺激强度已经超过机体适应能力。在噪声刺激下，甲状腺分泌也有变化。两耳长时间受到不平衡的噪声刺激时，会引起前庭反应、嗳气、呕吐，严重的会导致孕妇流产。

②对神经系统的影响　长期在超过 85 dB(A) 噪声环境下，由于大脑皮层的兴奋与抑制失调，导致条件反射异常，从而会导致神经衰弱症状，表现为头痛、头晕、失眠、多汗、乏力、恶心、注意力不集中、记忆减退、神经过敏、惊慌、反应迟缓等。

③对心血管系统的慢性损伤　表现为心动过速、心律不齐、心电图改变、高血压以及末梢

血管收缩、供血减少等，一般发生在80~90dB(A)噪声情况下。

④对消化系统的影响　长期处在噪声环境中，食欲减退，唾液减少，会使胃的正常活动受到抑制，导致溃疡病和胃肠炎发病率增高。

⑤噪声对视觉功能有影响　用115dB(A)、800~2 000Hz范围的较强声音刺激，可明显降低眼对光的敏感性。一定强度的噪声还可使色视力改变。长期暴露于强噪声环境中，可引起持久性视野同心性狭窄。130dB(A)以上的噪声，可引起眼震颤和眩晕。

⑥噪声对睡眠也有影响　通过问卷调查和脑电波、眼电图等生理指标测量分析发现，噪声使人不能入睡，或降低睡眠深度，使大脑处于非休息状态。为保证睡眠不受影响，室内夜间噪声应在30~50 dB(A)之间。

(2)噪声对心理状态的影响

噪声令人烦恼，出现烦躁、焦虑、生气等心理情绪。响度相同而频率高的噪声比频率低的噪声容易引起烦恼。噪声强度或频率不断变化比稳定的噪声容易引起烦恼。在住宅区，60dB(A)的噪声即可引起很大烦恼。相同噪声环境下，脑力劳动者比体力劳动者容易烦恼。

(3)噪声对语言通讯的影响

人在噪声环境下交谈，听阈升高，清晰度下降。电话通信语言强度为60~70 dB，在55 dB噪声环境中通话清晰可辨；在85 dB时，几乎不能通话。噪声可能掩蔽危险信号，影响察觉能力。

(4)噪声对作业的影响

在70dB(A)以上的噪声环境里，人们心情烦躁，注意力不易集中，记忆力减退，精力分散，反应迟钝，容易疲劳，直接影响作业能力发挥与工作效率的提高，同时出错率增加，影响工作质量。但对于非常单调的工作，却可能产生有益的效果。

8.3.1.3　听力损伤的类型及其影响因素

听力损伤是指人耳在某一频率的听阈较正常人的听阈提高的现象。

(1)听力损伤类型

①听觉疲劳　在噪声环境下，听觉敏感性降低，表现为听阈提高约10~15dB，但离开噪声环境几分钟即可恢复，此为听觉适应。在长期强噪声作用下，听阈提高15~25dB，离开噪声环境长时间才能恢复，这叫听觉疲劳，属于病理前期状态。若不能及时恢复，会导致永久性听阈位移。

②耳聋　当声压很大时(如爆炸)，鼓膜内外产生较大压差，导致鼓膜破裂，双耳完全失听，此为爆发性耳聋。根据ISO规定，500Hz、1 kHz、2 kHz 3个频率的平均听力损失超过25dB(A)则为噪声性耳聋。听力损失25~40dB(A)为轻度耳聋，40~55dB(A)为中度耳聋，55~70dB(A)为显著耳聋；70~90dB(A)为严重耳聋；大于90dB(A)为极端耳聋。

(2)影响听力损失程度的主要因素

①噪声强度　55~65dB(A)的噪声是产生轻微听力损失的临界噪声强度。65dB(A)的噪声，终身职业暴露，只有10%的人产生轻微的听力损失。

②暴露时间　每一频率的听力损失都有其临界暴露年限。最初听力下降较快，而后渐慢，最后接近停滞，即还存在一个听力损失临界停滞年限。两者与频率和强度有关。例如，暴露于

85~90dB(A)噪声环境,4kHz 的临界暴露年限仅几个月;3 kHz 和 6 kHz 的临界暴露年限约 1 年。

③噪声频率 不同频率的噪声对听力的作用不同。例如,4 kHz 的噪声对听力的损伤最严重,其次是 3 kHz 的噪声,再次是 2 kHz 和 8 kHz 的噪声,最后是 <2 kHz 和 >8 kHz 的噪声。窄频带噪声对听力的损伤比宽频带噪声作用更大。

8.3.2 声音的度量

声的物理量和感觉量见表 8-18。

表 8-18 声的物理量和感觉量

分类	名称	代号	说 明	单位名称	单位符号
物理量	声速	C	声波在媒介中传播的速度	米/秒	m/s
	频率	f	周期性振动在单位时间内的周期数	赫/(周/秒)	Hz(c/s)
	波长	λ	相位相差一周的两个波阵面间的垂直距离	米	m
	声功率	W	声源在单位时间内发出的声能量	瓦	W
	声强	I	单位时间内通过垂直于声波传播方向单位面积上的声能	瓦/平方米	W/m^2
	声压	P	有声波时压力超过静压强的部分	帕斯卡	Pa
	声功率级	L_w	声功率与基准声功率之比的常用对数乘以 10	分贝	dB
	声强级	L_i	声强与基准声强之比的常用对数乘以 10	分贝	dB
	声压级	L_p	声压与基准声压之比的常用对数乘以 20	分贝	dB
	噪声级	L	在频谱中引入修正值,使其更接近于人对噪声的感受,常采用修正曲线 A,记为 dB(A)	分贝	dB
	语言干扰级	L_s	频率等于 600~1 200 Hz;1 200~2 400 Hz;2 400~4 800 Hz 三段频带的声压级算术平均值	分贝	dB
感觉量	响度	N	正常听者判断一个声音比 40 dB 的 1 000 Hz 纯音强的倍数	宋	sone
	响度级	L_n	等响的 1 000 Hz 纯音的声压级	方	phon
	音调	—	音的高低属性	美	mel
	音色	—	由基音和泛音组成的音的成分属性		

8.3.2.1 声音的客观参数

(1)声压与声压级

在没有声波存在时,媒介(空气)中的压力称为静压。声波对媒介作用时,媒介质点受到挤压而产生压力变化,媒介中的压力与静压之差称为(有效)声压。人耳能够分辨 1 000Hz 纯音的最低声压为 2×10^{-5}Pa(听阈),人耳在短时间内能忍受的最大声压为 20Pa(痛阈)。

为了使用方便,同时考虑人的感觉特性,根据费希纳定律引入声压级概念,将声音分为 120 个级别(0~120dB)。声压级表达式为:

$$L_p = 20\lg \frac{P}{P_0}$$

式中 L_p——声压级(dB);
  P——声压(Pa);

P_0——基准声压，$P_0 = 2 \times 10^{-5}\text{Pa}$。

①声压级合成（描述各声源的声压级与总声压级关系） 设各声源声压为 P_i，总声压为 P，由能量合成法则得：

$$P^2 = \sum_{i=1}^{n} P_i^2 \quad (i = 1, 2, \cdots, n)$$

设在某点测得的 n 个声源的声压级分别为 L_{p1}, L_{p2}, $\cdots$, L_{pi}, $\cdots$, L_{pn}，由声压级定义式可得：

$$\left(\frac{P_i}{P_0}\right)^2 = 10^{0.1L_p}$$

于是

$$\left(\frac{P}{P_0}\right)^2 = \sum_{i=1}^{n} \left(\frac{P_i}{P_0}\right)^2 \quad L_p = 20\lg\left(\frac{P}{P_0}\right) = 10\lg\left[\sum_{i=1}^{n} \left(\frac{P_i}{P_0}\right)^2\right] = 10\lg\left(\sum 10^{0.1L_p}\right)$$

即为声压级的合成法则。

②求声源的声压级 某一声源的声压级，总是在一定的背景声源下测得，要准确地了解声源的声压级，必须从总声压级中剔除背景声源的影响。由能量合成原理得：

$$P^2 = P_S^2 + P_B^2$$

$$\left(\frac{P_S}{P_0}\right)^2 = \left(\frac{P}{P_0}\right)^2 - \left(\frac{P_B}{P_0}\right)^2$$

$$L_{PS} = 20\lg\left(\frac{P_S}{P_0}\right) = 10\lg\left[\left(\frac{P}{P_0}\right) - \left(\frac{P_B}{P_0}\right)^2\right] = 10\lg\left(10^{0.1L_p} - 10^{0.1L_{p_B}}\right)$$

式中　L_{PS}——声源的声压级；

　　　L_P——总声压级；

　　　L_{PB}——背景声压级。

（2）声功率与声功率级

声源在单位时间内发出的声能称为声功率。单位为瓦（W）。

一个声源的声功率级等于对此声源的声功率与基准功率的比值取对数乘以 10。其表达式为：

$$L_w = 10\lg\frac{W}{W_0}$$

式中　L_w——声功率级（dB）；

　　　W——声功率（W）；

　　　W_0——基准声功率，$W_0 = 10^{-12}W$。

（3）声强与声强级

声强是指声场中某点处，垂直于传播方向单位面积上在单位时间内通过的声能。

$$I(t) = p(t) \cdot u(t)$$

式中　$I(t)$——瞬时声强（W/m²）；

　　　$p(t)$——瞬时声压（Pa）；

　　　$u(t)$——瞬时质点速度（m/s）。

声强与基准声强之比的以 10 为底的对数称为声强级，单位 dB，其表达式为：
$$L_I = \lg \frac{I}{I_0}$$
式中 I_0——基准声强，$I_0 = 10^{-12} \text{W/m}^2$。

（4）频谱与频程

以频率（或频带）为横坐标，以反映相应频率成分强弱的量（声压、声压级等）为纵坐标，把声音强度量按频率顺序展开形成的图形，称为频谱图。以频谱图为基础，并考察声音强度量随频率的变化规律称为频谱分析。

两个声频率间的距离称为频程（频带），以高频和低频两个频率之比的以 2 为底的对数表示。考虑人耳对于频率的响应特性，通常采用恒定相对带宽的划分方法，即保持频带的上下限之比为常数。假设某频带上下限频率分别为 f_1、f_2，且 $f_1 < f_2$，则有如下关系式：
$$f_2 = 2^n f_1$$
式中 n——倍频程数。

通常有两种倍频程表示方法：倍频程（$n = 1$）和 1/3 倍频程（$n = 1/3$）。倍频程是将可闻声域（20Hz～20kHz）分成 10 个频程，一个倍频程就是上限频率比下限频率高 1 倍。1/3 倍频程并不是上限频率比下限频率高 1/3 倍，而是上限频率为下限频率的 $2^{1/3} = \sqrt[3]{2} \approx 1.26$ 倍。

倍频程通常以其几何中心频率代表，中心频率与上下限频率之间的关系为：
$$f_0 = \sqrt{f_1 f_2}$$
式中 f_0——上下限频率的几何平均值，称为频带的中心频率。

国际通用的倍频程 f_0 及每个频带包括的频率范围如表 8-19 所示。

表 8-19 倍频程频率范围

中心频率（Hz）	31.5	63	126	250	500
频率范围（Hz）	22.5～45	45～90	90～180	180～354	354～707
中心频率（Hz）	1 000	2 000	4 000	8 000	16 000
频率范围（Hz）	707～1 414	1 414～2 828	2 828～5 656	5 656～11 212	11 212～22 424

8.3.2.2 人耳对声音的主观感觉

（1）响度级与响度

受声音频率选择性的影响，人耳对相同声压级、不同频率的声音感受的响度不同。响度级等于根据听力正常的听者判断为等响的 1 kHz 纯音的声压级，用 L_N 表示，单位是方（phon）。以纯音的声压级为纵坐标，频率为横坐标，将典型听者认为响度相同的坐标点连成线，即为等响曲线，如图 8-5 所示。

响度级定量确定了声音响度感与频率、声压级的关系，却不能确定两个声音的响度相差多少。

响度是人耳听觉判断声音强弱属性的主观度量，与正常听力者对声音的主观感觉成正比。响度用符号 N 表示，单位是宋（sone），并定义一宋为 40 方。根据心理声学试验结果，响度级

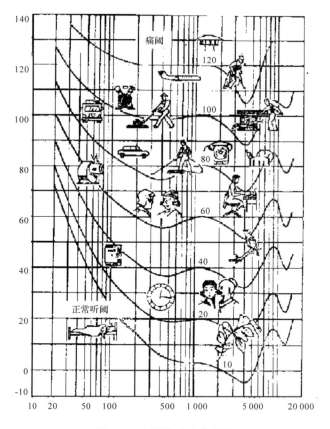

图 8-5 人耳等响度曲线图

每增加 10 方,响度约增加一倍。响度与响度级的关系式为:

$$N = 2^{0.1(L_N-40)} \text{ 或 } L_N = 40 + 33.22\lg N$$

用响度表示声音的大小,可以直接计算出声音响度增加或减少的百分数。

(2) 计权声级

从等响曲线可知,人耳对高频声音,特别是 3 000~4 000Hz 的声音比较敏感,而对于低频声音则频率越低越不敏感,当响度级比较低时,人耳的这种主观感觉更为明显。例如,声压级是 40dB,1 kHz 时响度级是 40 方,100Hz 时降低为 25 方,主观感觉上两者相差 15 方。声压级是 100dB,1 kHz 时响度级是 100 方,100Hz 时降低为 98 方,主观感觉上两者很接近。

在噪声测量中,为了使声音的客观物理量与人耳听觉的主观感受近似取得一致,在测量仪器中对不同频率的客观声压级人为给予适当增减,这种修正的方法称为频率计权。实现这种频率计权的放大线路称为计权网络。通过计权网络测得的计权声压级称为声级,声级可通过声级计测量。

A 计权网络模拟人耳对 40 方纯音的响应,它使接收、通过的低频(500Hz 以下)声音有较大衰减。B 计权网络模拟人耳对 70 方纯音的响应,它使接收、通过的低频声音有一定衰减。C 计权网络模拟人耳对 100 方纯音的响应,它让所有频率的声音以近乎一样的程度通过。声级计以不同计权网络测得的结果分别标以 dB(A)、dB(B)、dB(C)。A 声级能较好反映人耳对噪声的主观感觉和人耳听力损失程度以及噪声对语言的干扰程度，因此常用 A 声级作为噪声评价的标量。

8.3.3 噪声的评价指标

目前噪声控制标准分为 3 类：第一类是基于对作业者的听力保护而提出的，我国的《工业企业噪声控制设计规范》等均属此类，它们以等效连续声级、噪声暴露量为指标；第二类是基于降低人们对环境噪声烦恼度而提出的，我国的《声环境质量标准》等属于此类，它们以等效连续声级、统计声级为指标；第三类是基于改善工作条件，提高效率而提出的，如《室内噪声标准》属于此类，该类标准以语言干扰级为指标。

8.3.3.1 等效连续声级

等效连续声级用于评价起伏的、不连续的噪声。它是在某规定时间内 A 声级能量平均值，用符号 L_{eq} 表示，单位是 dB(A)。等效连续声级可由下式表示：

$$L_{eq} = 10\lg\left\{\frac{1}{T}\int_0^T \left[\frac{P_A(t)}{P_0}\right]^2 dt\right\} = 10\lg\left\{\frac{1}{T}\int_0^T 10^{0.1L_{PA}(t)} dt\right\}$$

式中 $P_A(t)$——瞬时 A 计权声压(Pa)；

P_0——基准声压；

$L_{PA}(t)$——变化 A 声级的瞬时值；

T——某测量时间段。

等效连续声级可用积分声级计直接测量，也可用普通声级计测量不同 A 声级，然后近似计算等效连续声级。

生产实践中的噪声往往随时间呈阶梯性变化，即表现为不连续的、不同声级的稳态噪声。用普通声级计对一个工作日内的等效连续噪声的近似计算方法如下：首先将计权网络"A"置慢档。将声级从小到大分成数段排列，每段相差 5 dB(A)，以中心声级表示，如各段的中心声级为 80、85、90、95、100、105、110、115dB(A)……，其中 80dB(A) 表示 78～82dB(A) 的声级范围，其余类推。然后将各段噪声的暴露时间统计出来，填入噪声统计表，见表 8-20。若每个工作日按 8 h 计算，低于 78 dB(A) 的噪声不予考虑，则一天的等效连续 A 声级按下式近似计算：

$$L_{eq} \approx 80 + 10\lg\frac{\sum_1^n 10^{\frac{n-1}{2}} T_n}{T}$$

式中 n——第 n 段；

T_n——第 n 段暴露时间(min)；

T——一个工作日的时间(一般为 480 min)。

表 8-20 噪声统计表　　　　　　　　　　　　　　　dB(A)

n 段	中心声级	各段范围	暴露时间(T_n)
1	80	78~82	T_1
2	85	83~87	T_2
3	90	88~92	T_3
4	95	93~97	T_4
5	100	98~102	T_5
6	105	103~107	T_6
7	110	108~112	T_7
8	115	113~117	T_8

8.3.3.2 统计声级

对于环境噪声不规则且大幅度变动的情况,需要用不同的噪声级出现的概率或累积概率表示。统计声级表示某一 A 声级,且大于此声级的出现概率为 s%,用符号 L_s 表示。例如,L_{10} =70dB(A)表示整个测量期间噪声超过 70dB(A)的概率占 10%,相当于峰值平均噪声级。L_{50} =60dB(A)表示噪声超过或不超过 60dB(A)的概率各占 50%,相当于平均噪声级。L_{90} =50dB(A)表示噪声超过 50dB(A)的概率占 90%,相当于背景噪声级。

测量方法:选定一段时间,每隔一定时间(如 5 s)取一个值,然后统计 L_{10}、L_{50}、L_{90} 等指标。如果噪声级的统计特征符合正态分布,则

$$L_{eq} = L_{50} + \frac{d^2}{60}$$

式中 $d = L_{10} - L_{90}$。

d 值越大,说明噪声起伏程度越大,分布越不集中。

交通噪声起伏比较大,可采用交通噪声指数 TNI 进行评价,即

$$TNI = L_{90} + 4d - 30$$

8.3.3.3 噪声暴露量(噪声剂量)

噪声对听力的损伤不仅与噪声强度有关,而且与噪声暴露时间有关。噪声暴露量综合考虑噪声强度与暴露时间的累积效应,即 A 计权声压值平方的时间积分,用符号 E 表示,其表达式为

$$E = \int_0^T [P_A(t)]^2 dt$$

式中 T——测量时间(h);

$P_A(t)$——瞬时 A 计权声压(Pa)。

噪声暴露量 E 的单位 $Pa^2 \cdot h$,$1Pa^2 \cdot h$ 相当于在 85 dB(A)的噪声环境中工作 8h。

某一段时间内的等效连续声级 L_{eq} 与噪声暴露量 E 之间的关系为:

$$L_{eq} = 10\lg \frac{E}{TP_0}$$

8.3.3.4 语言干扰级(speech interference level，SIL)

语言干扰级是评价噪声对语言通讯干扰程度的评价指标。人的语言的声能量主要集中在以500 Hz、1 000 Hz 和 2 000 Hz、4 000 Hz 为中心的 4 个倍频程中，因此对语言干扰最大的也是这 4 个频率的噪声成分。国际标准化组织(ISO)规定：把 500、1 000、2 000、4 000 Hz 为中心频率的 4 个倍频程声压级算术平均值定义为语言干扰级，单位是 dB。实际应用中，将测量的 500、1 000、2 000、4 000 Hz 4 个倍频程声压级代入下式，可求得语言干扰级

$$SIL = \frac{L_{P500} + L_{P1000} + L_{P2000} + L_{P4000}}{4}$$

式中 L_{P500}，L_{P1000}，L_{P2000}，L_{P4000}——分别为以 500、1 000、2 000 和 4 000 Hz 为中心频率的倍频带声压级。

谈话的总声压级与语言干优级相比较，如果前者高出后者 10dB，可以听得清楚；若两者相近或相等，可以勉强听清。因此，语言干扰级可以用作会话指数(index of talking)。会话指数评价现场语言交流能达到两人自由交谈的畅通程度，并考虑噪声、距离等因素的影响。通常用语言干扰级衡量某种噪声条件下，某人在一定距离处讲话所必须达到的声音强度；或者在一定声音强度时，噪声必须降低到多少才能使会话畅通。表 8-21 为 SIL 与谈话距离之间的关系。

表 8-21　SIL 与谈话距离之间的关系

语言干扰级(dB)	最大距离(m)		语言干扰级(dB)	最大距离(m)	
	正常	大声		正常	大声
35	7.5	15	55	0.75	1.5
40	4.2	8.4	60	0.42	0.84
45	2.3	4.6	65	0.25	0.5
50	1.3	2.6	70	0.13	0.26

8.3.4　噪声的控制

形成噪声干扰的三要素是声源、传播途径和接受者。因此，噪声控制有 3 条途径。

8.3.4.1　声源控制

(1)降低机械噪声

机械噪声主要由运动部件之间及连接部位的振动、摩擦、撞击等引起。

①改进机械产品的结构或传动设计　高分子材料或高阻尼合金比一般金属材料产生噪声小。以斜齿轮传动替代直齿轮传动，或以带传动替代齿轮传动，产生的噪声较小。对于选定的传动方式，则通过材料选用、结构设计、参数选择、控制运动间隙等一系列办法降低噪声。此外，可以改变噪声频率和采用吸振措施。将金属橡胶和金属纤维材料、粉体阻尼技术和喷水阻尼技术用于圆锯机作业，可以取得明显的降噪效果。对于小型锯机，可对锯片开槽、打孔，以改变共振频率，有效地减振降噪；但对于大型金属锯机，从安全和实际降噪效果方面考虑不宜使用。对大型锯片切割机，采取增大夹盘、在夹盘与锯片间垫衬金属橡胶弹性垫、夹盘径向打若干深孔注入粉体材料封口、改造现有水冷却系统对锯片进行喷水阻尼处理，可以起到良好的

降噪效果。

②改善加工工艺 例如，用电火花加工代替切削加工，用焊接或高强度螺栓连接代替铆接，采用压延工艺代替锻造工艺。

(2) 降低空气动力性噪声

空气动力性噪声也称气流噪声，是由气流运动过程中的涡流、压力急骤变化和高速流动产生的。工矿企业的主要空气动力噪声源有离心式风机、轴流式风机、压缩机及各种高速气流排放装置。降低空气动力性噪声的主要措施是降低气流速度、减少压力脉冲、减少涡流。

8.3.4.2 控制噪声的传播

主要采用阻断、屏蔽、吸收等措施控制噪声传播。

①全面考虑工厂的总体布局及合理选址。正确预估厂区环境噪声的分布状况，高噪声车间远离低噪声车间和生活区。

②调整声源指向，使噪声源指向天空或野外，或设在下风处或厂区偏僻之处。利用地形（树林、山坡、围墙等）屏蔽阻断。

③采用隔声和声屏装置。例如，采用双层窗，其保温性能和隔声效果均较好。

④采用吸声材料和吸声结构。利用吸声材料和结构可以吸收声能，降低声反射。吸声材料具有表面气孔，声波在气孔中传播时，由于空气分子与孔壁摩擦，大量消耗能量，因而吸声系数达 0.2~0.7。经吸声处理的房间，可降低噪声 7~15dB(A)。

8.3.4.3 个体防护

当其他措施不成熟或达不到听力保护标准时，使用耳塞、耳罩、耳机、防声头盔等进行个人保护是一种经济、有效的方法。表 8-22 为不同材料对不同频率噪声的衰减量。

表 8-22 不同材料对不同频率噪声的衰减量　　dB(A)

频率(Hz) 防护材料	125	250	500	1 000	2 000	4 000	8 000
干棉毛耳塞	2	3	4	8	12	12	9
湿棉毛耳塞	6	10	12	16	27	32	26
玻璃纤维耳塞	7	11	13	17	29	35	31
橡胶耳塞	15	15	16	17	30	41	28
橡胶耳套	8	14	2	34	36	43	31
液封耳套	13	20	33	35	38	47	41

从劳动组织上采取措施，如调整班次、增加休息次数、轮换作业等，减少工人在噪声环境中的暴露时间。

8.3.4.4 音乐调节

音乐调节是指利用听觉掩蔽效应，在工作场所创造良好的音乐环境，以掩蔽噪声，缓解噪声对人心理的影响，使作业者减少不必要的精神紧张，推迟疲劳的出现，相对提高作业能力的过程。

工厂车间以纯体力劳动为主、不需要单调地花费注意力的工作，以节奏清晰、速度较快而轻松的音乐为好；单调发闷的工作则应逐渐提高音乐气氛，听一些有娱乐味的音乐。需要集中注意力的工作场所，应配以节奏变化不多不急、不费神的无主题音乐；如脑力劳动时，以速度稍慢、节奏不明显、旋律舒畅缓和平静的音乐为好。

低噪声情境下，采用高于噪声 3~5dB(A) 的音乐；高噪声情境下，如达到 80dB(A)，采用低于噪声 3~5dB(A) 音乐。因为人耳对乐曲旋律有选择作用。

选用音乐，还应考虑作业人员的文化素质、年龄、工作性质，同时恰当地选择播放时间。

8.4 空气污染及其控制

生产系统排放物是由工矿企业排放出的废气、烟尘、尾气所造成的污染，如烟尘、硫氧化物、氮氧化物、二氧化碳以及碳以及碳黑等有害物质。

生活系统室内空气污染源有：工业废气和各类交通工具排放的含一氧化碳、氮氧化物、碳氢化物、铅等的尾气通过门窗缝隙等进入室内。将工作服带回家中可使工作环境中的苯进入室内。干洗后带回家的衣服可释放残留的干洗剂成分——四氯乙烯和三氯乙烯。建筑、装饰材料、家具和日化用品释放的甲醛和挥发性有机化合物(volatile organic compounds，VOC)、氡等。家用电器和电子办公设备产生的电磁辐射及臭氧。床褥、地毯、拖鞋等滋生的尘螨等。各种燃料燃烧、烹饪油烟及吸烟产生的 CO、NO_2、SO_2、可吸入颗粒物、甲醛、多环芳烃等。通过人体呼出气体、汗液、大小便等排出的 CO_2、氨类化合物、H_2S 等；通过咳嗽、打喷嚏等喷出的流感病毒、结核杆菌、链球菌等。

按其存在状态，污染物分为 3 类：气体污染物如硫化物(SO_2、SO_3、H_2S)、氮化物(NO、NO_2、NH_3)、氧化物(CO_2、CO、O_3、过氧化物)、卤化物(HCl、HF、Cl_2)、甲醛等。固体粉尘包括各种飘尘、飞尘，如碳粒、$CaCO_3$、ZnO、SiO_2 等。液体污染物如 H_2SO_4、亚硫酸、盐酸等。对人类危害最大的是粉尘和有害气体。固态和液态有害物质主要是固体或液体的微小体与空气混合形成的气溶胶，如雾、粉尘、烟尘 3 种。

8.4.1 粉尘

8.4.1.1 粉尘类型及其来源

(1)粉尘类型

粉尘是长时间悬浮在空气中的固体微粒。按存在状态，分两种：直径 $10\mu m$ 以上的降尘、直径 $10\mu m$ 以下的飘尘。飘尘是气溶胶体，如纺织厂的灰尘、棉等，长时间飘浮，危害最大。

按其性质，粉尘分 3 种：①无机性粉尘，包括矿物质性粉尘(石棉、砂、煤粉等)、金属性粉尘(Fe、Sn、Pb、Mn 等)及其化合物、人工性粉尘(水泥、耐火材料、石墨等)。②有机性粉尘，包括植物性粉尘(棉、麻、面粉、烟草、纤维等)、动物性粉尘(毛发、兽角等)、人工有机性粉尘(染料、炸药、人造纤维等)。③混合性粉尘，例如，棉尘与土尘或者岩尘与煤尘的混合。

(2)生产性粉尘的来源

生产性粉尘来源于：①机械粉碎、研磨、混合过程中产生的固体物质。②物质加热时产生的蒸汽在空气中凝结或氧化。例如炼铁时形成 Fe_2O_3。物质氧化、升华、蒸发和冷凝的过程中形成的固体微粒比一般生产性粉尘小得多，为烟雾状，危害较大。③物质不完全燃烧时产生的。例如烟尘、油烟、煤烟等。④生产过程中使用的粉状原料或辅料引起。例如铸造中的落砂清理。⑤粉状物料的混合、过筛、运输以及包装。例如面粉。

8.4.1.2 粉尘的物化特性

(1) 化学成分

粉尘的化学成分及其浓度直接决定着其对人体的危害程度。例如粉尘中游离态 SiO_2 的含量越高,危害性越大,当达到70%以上时,就形成弥漫性纤维病变(尘肺病)。

(2) 粉尘的物理性质

尘粒愈小,它在空气中浮游的时间就越长,被吸入的机会就愈多;且其表面积越大,进入人体后的化学活性也越大,对人体危害更大。按粒径大小,粉尘可分为4级:$<2\mu m$、$2 \sim 5\mu m$、$5 \sim 10\mu m$、$>10\mu m$。$>10\mu m$ 的尘粒不易进入肺部,在上呼吸道均被阻留;$<5\mu m$ 尘粒可达呼吸道深部,其中能进入肺泡的主要是小于 $2\mu m$ 的粉尘。$2 \sim 5\mu m$ 影响最大。PM2.5是指大气中直径 $\leq 2.5\mu m$ 的细颗粒物,也称为可入肺颗粒物。

粉尘的密度和形状主要影响其在空气中的浮游时间。直径相同,密度越大,则浮游时间短,尘降快;尘粒越接近球形,降沉越快;纤维状或薄片状的尘粒,降沉速度较慢。

粉尘溶解度大小对人体的危害程度因粉尘的性质不同而不同。例如,铅(Pb)、砷(Sn)随溶解度增大,危害越大。面粉、糖等粉尘溶解度越大越容易排出,则危害越小。

在原料加工和粉碎时,由于摩擦或因吸附了空气中的带电离子而使粉尘带有电荷。具有相同电荷的粉尘粒子,悬浮在空气中的时间较长。具有不同电荷的粒子,则结合变大,加速沉降。带电粉尘容易被阻留在呼吸道上,而且不易被人体吞噬细胞所吞噬,因此对人体的危害性较大。

8.4.1.3 粉尘的影响

粉尘爆炸是指其在空气中达到一定的浓度,当遇到明火时,会发生爆炸。这种微小颗粒可以是糖、面粉,也可以是纺织纤维(如亚麻纤维)、煤尘、铝尘等,称为爆炸性粉尘。

(1) 粉尘对人的影响

①破坏人体本身的粉尘清除功能 当吸入的粉尘量不大时,气管的纤毛上皮和巨噬细胞可以将其清除。若长期吸入或过量吸入粉尘,纤毛上皮受损,巨噬细胞减少,或巨噬细胞吞噬过多,而不能移动,造成清除功能破坏。

②产生尘肺病 包括高游离 SiO_2 粉尘引起的矽肺,SiO_2 粉尘、石棉、滑石粉引起的硅酸盐肺,煤、石墨、碳黑引起的碳尘肺(如煤炭肺),SiO_2 等粉尘引起的混合性尘肺(如煤矽肺、焊工尘肺),吸入金属粉尘引起的金属尘肺(如铝尘肺、铜尘肺),由木、棉、茶、枯草、羽毛、皮毛等有机粉尘引起的肺病(支气管哮喘、棉尘症、过敏性肺炎、慢性非特异性阻塞肺病等)。

③粉尘中毒 吸入铅、砷、锰等粉尘,会引起全身性中毒反应。

④粉尘的局部作用 粉尘堵塞皮脂腺,使皮肤干燥,引起粉刺及过敏性反应。

粉尘污染环境、衣服和身体,使人感到不适和厌恶,造成情绪急躁、耐心缺乏、动作不稳定。

(2) 粉尘对生产的影响

①粉尘降低产品质量 例如,感光胶片、集成电路、显像管、涂饰等必须在清洁车间进行

生产，化学试剂等受粉尘影响会降低产品纯度。

②粉尘造成机器设备磨损加剧，降低机器工作精度和工序加工能力　例如，精密仪表、微型电机、精密轴承等受粉尘影响，使其转动部件磨损、卡住，甚至造成报废。

③粉尘降低光照度和能见度，诱发事故　粉尘影响照明效果，对工作质量和效率都产生影响。

8.4.1.4　粉尘防治

①改进工艺和设备　例如，湿法作业采煤；采用自动化、封闭、无人操作机器人进行遥控等。

②采用除尘设备　例如，采用磁、静电、离心等方法，使粉尘与气体分离，将粉尘回收。

③改变原材料　例如，铸造中采用各种替代材料或设备，以减少使用 SiO_2 含量大的石英砂。

④实施个体防护　当其他方法不奏效时，可以采用口罩、面具、防尘服等进行个体保护。

8.4.2　化学性毒物

8.4.2.1　化学性毒物种类

(1) 氧化物

二氧化碳来源于燃烧、呼吸等。在矿井、地下室的 CO_2 含量很多。工作环境中的 CO_2 含量增多，会引起嗜睡、动作迟钝，造成缺氧症；若 CO_2 含量增加到 5%~6% 时，则呼吸困难；增加到 10% 时，人的不活动时间只能耐几分钟。

矿物质和煤气的不完全燃烧、汽车的尾气等产生 CO。一氧化碳为无色无味剧毒气体。它与血液中的血红蛋白(HB)结合形成碳氧血红蛋白(COHB)，降低血液输氧能力，造成人体缺氧，使人出现头痛、耳鸣、恶心、四肢乏力等症状。它与空气混合时容易发生爆炸。

室内臭氧主要来源于室外光化学污染物，室内臭氧消毒器、紫外灯和复印机也可导致臭氧污染。其毒性主要表现在对呼吸系统的强烈刺激和损伤，引起上呼吸道炎症和感染。

(2) 二氧化硫(SO_2)

SO_2 为无色刺激性气体，往往和飘尘结合进入人体肺部。SO_2 对人呼吸道刺激，引起中毒症状，并刺激眼睛。一般由化工厂、焦化厂、硫化厂、钢铁厂的尾气产生。

(3) 氮氧化物

主要是 NO 和 NO_2，还有 N_2O、NO_3、N_2O_4、N_2O_5 等。NO_2 中毒易引起肺气肿、慢性支气管炎。NO_2 和 SO_2 混合后的毒性作用更大。由汽车和工厂烟囱排出的氮氧化物和碳氢化物在阳光中紫外线照射下，生成毒性很大的浅蓝色烟雾(光化学烟雾)，其成分为臭氧、醛类、酮等氧化剂，对人的眼睛、鼻子、喉咙刺激较大。氮氧化物来源于各种矿物燃料的燃烧过程及生产和使用硝酸的化工厂，如氮肥厂、化工厂的硝酸盐氧化反应、硝化反应。

(4) 氯气

氯气是一种黄绿色、强烈刺激性气体。长期接触低浓度氯气，可引起呼吸道、皮肤和眼睛等的慢性中毒。

（5）甲醛（HCHO）

甲醛是无色、强烈刺激性气体。其35%～40%的水溶液即"福尔马林"在室温下极易挥发。甲醛是原浆毒物，能与蛋白质结合。吸入高浓度甲醛后，会出现呼吸道的严重刺激和水肿，也可发生支气管哮喘、肺功能异常、肝功能异常、免疫功能异常。皮肤直接接触甲醛，可引起皮炎、色斑、坏死。经常吸入少量甲醛，能引起慢性中毒，出现黏膜充血、皮肤刺激症、过敏性皮炎、指甲角化和脆弱、甲床指端疼痛等。全身症状有头痛、眼刺痛、乏力、胃纳差、心悸、失眠、体重减轻以及植物神经紊乱等。

（6）金属毒物

指混入空气中的铅、汞、铬、锌、锰、钒、钡等及其化合物。这些毒物通过呼吸系统、消化系统和皮肤等进入体内，引起人体中毒。

蓄电池、汽油防爆剂、建筑材料、铅字、放射线屏蔽物、油漆颜料、焊锡膏等含铅物在制造和使用过程中均可导致大气污染。汽车尾气排出的卤化铅粒子，在大气中转变为氧化铅、磷酸铅等无机铅化合物，沉降在马路两旁地面上，悬浮在大气中约距地面75～100cm左右的地方，成为儿童最易吸入铅源之一。自来水中的铅受水质、管道、pH值、硬度、水温的影响，虽然其含量不高，但其生物利用度却很高，切不可将早上的前一段自来水用以烹食和为小孩调制奶制品。室内装修材料如含铅油漆、有色颜料（铅黄、铅白、红丹）、壁纸等，也对人有害。烟雾中含有极小铅颗粒，长期被动吸烟会引起儿童蓄积中毒。食物除受饲养种植环境条件的影响外，还受加工、包装（锡纸、商标印刷等）和运输（含铅容器等）的影响。爆米花机由含铅的生铁铸成，最高超标41倍；皮蛋（松花蛋）制作过程中加入了氧化铅；有色陶器等也含铅。课桌椅油漆、铅笔、教科书彩色印刷、彩色蜡笔、各种儿童玩具等均含铅。

神经系统最易受铅的损害。铅可以使形象化智力、视觉运动功能、记忆、反应时间受损，使语言和空间抽象能力、感觉和行为功能改变，铅中毒引起的智力发育落后。铅可以抑制血红素的合成，与Fe、Zn、Ca等元素颉颃，诱发贫血，从而危害造血系统。铅能结合抗体，饮水中铅含量增加会使循环抗体降低。铅可作用于淋巴细胞，使补体滴度下降，使机体对内毒素的易感性增加，抵抗力降低，常引起呼吸道、肠道反复感染。铅可抑制维生素D活化酶、肾上腺皮质激素与生长激素的分泌，导致儿童体格发育障碍。

铅中毒具有隐匿性、渐进性、持久性，甚至不可逆性。儿童血铅过高还和小儿多动症、抽动症、注意力不集中、学习困难、攻击性行为，以及成年后的犯罪行为有密切关系。新生儿诊断铅中毒的标准为≥50μg/L。

8.4.2.2 化学性毒物防治

①合理选择材料、燃料或进行设计、预处理，设备或加工环节进行密闭化，控制化学性毒物的排放与扩散。例如，采用低摩尔比的脲醛树脂胶（UF）、三聚氰胺改性脲醛树脂胶（MUF）、豆蛋白胶、甲醛捕捉剂以及氨水清洗或真空放置处理，可有效减少木质人造板的甲醛释放量。在家具中，哪个部位的木材不需要涂饰，哪个部位的木质材料需要封闭处理，都可以体现设计师对涂饰、木材调湿性、甲醛释放的精心考虑。采用煤气，对煤进行焦化处理。

②改进燃烧方法，采用净化回收方法。例如，尾气回收、充分燃烧。

③控制交通排放废气。例如，采用新型发动机。

④采用自然方法净化环境。例如,加强厂区绿化;燃烧系统负压操作,提高烟囱高度;厂房设计和布置合理;用气力吸尘装置,进行集中通风。

⑤制定法规,严格管理。设计合理的劳动制度、休息制度和轮班方式以及个体防护措施。

8.4.3 空气污染物的评价

8.4.3.1 空气中污染物含量的表示方法

空气中污染物含量用浓度表示,它是指单位体积中污染物的含量。

(1)质量体积混合表示法

用标准状态($0℃$,$1.013×10^5$ Pa)下,每立方米空气中有害物质的毫克数表示,单位 mg/m^3。适用于各种状态的有害物质的浓度表示(如气态、气溶胶)。

(2)体积表示法

用每立方米空气中有害物质的毫升数表示,单位 mL/m^3。适用于气态和蒸汽状态的有害物质。

在 $0℃$,1 标准大气压下,体积百万分数浓度与质量体积浓度的换算关系为:

$$Y(mg/m^3) = \frac{M}{22.4}A(mL/m^3)$$

式中 Y——气体质量体积浓度(mg/m^3);

A——气体体积百万分数浓度(mL/m^3);

M——被测有害气体的相对分子质量;

22.4——标准状态($0℃$,$1.013×10^5$ Pa)气体的摩尔体积。

8.4.3.2 空气污染物的计算

(1)多种毒物共存时的评价计算方法

车间存在两种以上毒物时,应考虑其联合作用,可用下式进行评价:

$$\frac{C_1}{M_1} + \frac{C_2}{M_2} + \cdots + \frac{C_n}{M_n} \leq 1$$

式中 $C_1, C_2, \cdots, C_n$——各物质的实测浓度;

$M_1, M_2, \cdots, M_n$——各物质的最高允许浓度。

计算结果小于1,说明生产现场有毒物质浓度符合国家卫生标准。

(2)时量平均值浓度

在不同时间、不同有害物质浓度作用下,可以采用美国工业卫生学专家会议推荐的公式:

$$P = \frac{c_1 t_1 + c_2 t_2 + \cdots + c_n t_i}{480}$$

式中 P——时量平均值浓度(mL/m^3);

$c_1, c_2, \cdots, c_n$——在某一时间(t_i)内某有害气体的浓度(mL/m^3);

t_i——第 i 时间段(min);

480——一天工作8h。若 P < 最高允许浓度[C],符合卫生标准。

8.4.3.3 空气卫生标准

(1)车间空气卫生标准

GBZ 1—2010《工业企业设计卫生标准》规定了工作场所基本卫生要求。

GBZ 2.1—2007《工作场所有害因素职业接触限值 第1部分：化学有害因素》规定了工作场所空气中339种化学物质、47种粉尘的容许浓度。

(2)室内空气质量标准

GB/T 18883—2002 规定了19种室内空气质量参数及其检验方法。

8.4.4 室内通风换气

改善空气品质的设计：污染源控制、通风计划、人员活动控制、建筑维护。

8.4.4.1 通风的主要方法

(1)按空气流动的动力不同，可分为自然通风和机械通风

①自然通风 依靠室内外空气温差所造成的热压，或室外风力作用所形成的压差，使空气进行交换，从而改善室内空气环境。它无需动力设备，是一种经济的通风方法。但自然进入的室外空气无法进行预处理(含有害物质)和净化处理。受室外气象条件的影响，通风效果不稳定。

②机械通风 借助于通风设备所产生的动力而使空气流动。采用通风机，如空调、换气扇、大型通风机(宾馆等)。机械通风能保证通风量，并可控制气流方向和速度；可对进风和排风进行处理(对进气可以加热或冷却，对排气可以进行净化处理等)；但投资很大，运行管理费用高。

(2)按通风系统作用范围，可分为全面通风和局部通风

①全面通风 对整个房间进行通风换气，目的是稀释房间内有害物质浓度，消除余热、余湿，使之达到卫生标准和满足生产作业要求。

②局部通风 可分为局部排风和局部送风两种。局部排风是在有害物质产生的地方将其就地排走；局部送风则是将经过处理的、合乎要求的空气送到局部工作地点，造成良好的空气环境。局部通风与全面通风比较，对控制有害物质扩散效果较好，而且经济。当有害气体逸出时，采用专用的事故电源进行启动。可燃气体需进行负压诱导排风。

8.4.4.2 全面通风换气量的计算

确定全面通风换气量的依据是单位时间进入房间空气中的有害气体、粉尘、热量及水汽等数量。分3种情况计算：

(1)消除室内有害气体的全面通风换气量

假设房间内每小时散发的有害物数量为$X(\mathrm{mg/h})$，而且假定是稳定而均匀地扩散到整个房间，利用全面通风每小时由室内排出污染空气的有害浓度为$c_2(\mathrm{mg/m^3})$（室内最高容许浓度），送入室内的空气中含有该有害物浓度为$c_1(\mathrm{mg/m^3})$，则根据在通风过程中排出有害物的数量应当和产生有害物数量达到平衡的原则，房间内所需全面通风换气量$L(\mathrm{m^3/h})$可按以下公式计算：

$$L = \frac{X}{c_2 - c_1}$$

若房间内同时散发几种有害溶剂的蒸汽（苯及其同系物、醇类、醋酸酯等）或有害气体（SO_2、HCl、HF 及盐类），消除有害气体的全面通风换气量计算应按对各种有害蒸汽和气体分别稀释到最高浓度所需要的空气量之和进行计算。

$$L = L_1 + L_2 + \cdots + L_n = \sum_{i=1}^{n} L_i$$

（2）散发室内余热的全面通风换气量计算

$$L = \frac{Q}{c \gamma_j (t_p - t_j)}$$

式中　Q——室内余热量（kJ/h）；
　　　t_p——排出空气的温度（℃）；
　　　t_j——进入空气的温度（℃）；
　　　c——空气的比热，$c = 1.01 [\text{kJ}/(\text{kg} \cdot \text{℃})]$；
　　　γ_j——进气状态下的空气容重（kg/m^3）。

（3）散发余湿的全面通风换气量

$$L = \frac{W}{\gamma_j (d_p - d_j)}$$

式中　W——散湿量（g/h）；
　　　d_p——排出空气的含湿量（g/kg 干空气）；
　　　d_j——进入空气的含湿量（g/kg 干空气）；
　　　γ_j——进气状态下的空气容重（kg/m^3）。

对于房间内有害气体、余热及余湿同时存在时通风换气量的计算，可先分别计算所需的空气量，然后取其中的最大通风量作为整个房间的全面通风换气量。

对于生活系统，为了保证室内一定的含氧量，当散发的有害气体数量难以确定时，通风量可以用换气次数确定。换气次数是指每小时通风量 L 与房间体积 V 的比较。

木材释放出的内含物对人具有一定的保健特性，即挥发物与抽提物散发出的香气（有些具有杀菌功效）有益于人们休憩、娱乐和呼吸系统的健康，可降低血压和改善心电图；芬芳的气味能舒解人的紧张情绪、消除疲劳，从而提高工作效率和生活品质。例如，由花柏所建造的房屋中没有蚊子出现；松木有消炎、镇静、止咳等作用，且给人以雄壮感；杉木会刺激大脑使之更为活跃。

8.5　振动及其控制

8.5.1　人体的振动特性

外部刺激使人体产生内部响应。振动对人体产生 3 种作用力：惯性力、黏性阻尼力、弹性力。

人是一个多自由度的振动系统,对振动的反应往往是组合性的。人体立位时对垂直振动敏感,卧位时对水平振动敏感。对坐姿人体承受垂直振动时的振动特性的研究结果表明:人体对 4~8Hz 频率的振动能量传递率最大,生理效应也最大,称作第一共振峰。它主要由胸部共振产生,对胸腔内脏影响最大。在 10~12Hz 的振动频率时出现第二共振峰,它由腹部共振产生,对腹腔内脏影响较大。在 20~25Hz 的频率时出现第三共振峰。当整体处于 1~20Hz 的低频区时,人体随频率不同而发生不同反应,如图 8-6 所示。人体只对 1 000Hz 以下振动产生感觉。

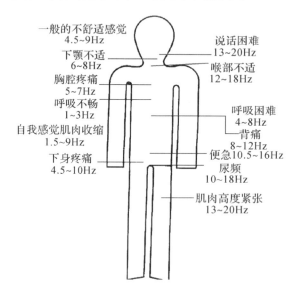

图 8-6　人体对振动的敏感范围

影响振动对机体作用的因素有振动频率、作用方向、振动强度、振幅、作用方式(坐姿/立姿、全身/局部、直接/间接)、振动波形(连续/不连续)、暴露时间、寒冷。

8.5.2　振动的影响

(1) 振动对人体的影响

①引起脑电图改变、条件反射潜伏期改变、交感神经功能亢进、血压不稳、心律不稳、皮肤感觉功能下降,尤其是振动感觉最早出现迟钝。

②40Hz 以下的大幅振动易引起骨和关节的改变,如骨质疏松、骨关节变形和坏死等。振幅大、频率低的振动主要作用于前庭器官,并可使内脏发生位移。40~300Hz 的振动能引起周围毛细血管形态和张力的改变,表现为末梢血管痉挛、脑血流图异常;导致心动过缓、窦性心律不齐和房内、室内、房室间传导阻滞。

③使手部握力下降。长期使用振动工具可导致局部振动病。它以末梢循环障碍为主,亦可累及肢体神经和运动功能。发病部位多在上肢末端,典型表现为发作性手指变白(简称白指,由 30~300Hz 的振动引起)。

(2)振动对工作能力和绩效的影响

①由于人体与目标的振动,使视觉模糊,导致仪表判读及精细分辨发生困难。

②由于全身颠簸,使语言失真或间断,导致人与人之间的信息传递受阻。

③由于手脚和人机界面振动,使动作不协调,导致操纵误差增加。

④强烈振动使脑中枢机能水平降低,注意力分散,疲劳产生,反应时间和操作时间发生变化。

此外,振动还影响机械、仪表的正常工作,进而影响机加工质量。

8.5.3 振动的评价

(1)全身承受振动的评价标准

全身振动是由于人体处于振动的物体上,足部或臀部直接接触振动物而引起的振动,它通过下肢或躯干直接对全身起作用。ISO 2631—1997《人体承受全身振动的评价指南》是根据振动强度、振动频率、振动方向、人体接触振动的持续时间四个因素的不同组合来评价全身振动对人体产生的影响。其中振动强度用加速度有效值表示;振动频率用1/3倍频程中心频率表示;振动方向为x、y、z三方向,分别对应人体纵轴、横轴和垂直轴。

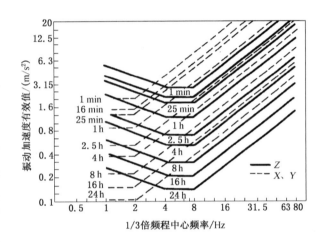

图8-7 全身振动允许界限(疲劳—工作效率降低界限)

该标准将人体承受的全身振动分为3种不同感受界限:

①健康与安全的界限(EL)。该界限是疲劳—工作效率降低界限的2倍。

②疲劳—工作效率降低界限(FDP),如图8-7所示。

③舒适降低界限(RCB)。该界限为疲劳—工作效率降低界限的1/3.15倍。

(2)局部振动评价标准

局部振动主要是由于手握振动着的工具进行操作而引起的振动。此时,振动由手、手腕、肘关节、肩关节传导至全身。ISO 5349—1986《人对手传振动暴露的测量和评价指南》用于评价手传振动对手臂的影响。该标准没有疲劳—工作效率降低界限、健康界限、舒适性降低界限之分,且3个方向(图8-8)用同一标准评价。图8-9中1~5条曲线是考虑不同受振持续时间的容许界限。

8.5.4 振动控制的主要途径

①改革工具和工艺,消除振动 例如取消或减少手持风动工具的作业,或改革风动工具,通过改进其排气口位置达到有效减振;用液压、焊接代替铆接;采用自动、半自动操纵装置,减少肢体直接接触振动体。

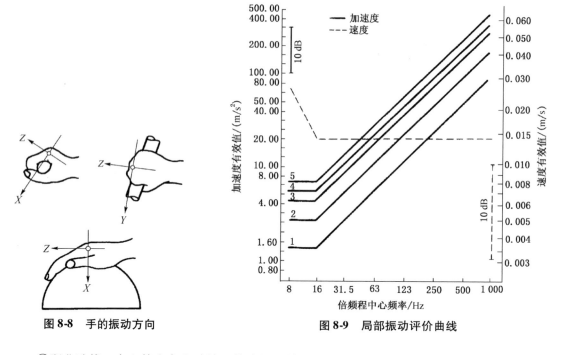

图 8-8　手的振动方向　　　　图 8-9　局部振动评价曲线

②职业选拔　有血管痉挛和肢端血管失调及神经炎患者，禁止从事振动作业。

③加强个体防护　手持振动工具作业者，可戴双层衬垫无指手套，穿防振鞋等；注意保暖防寒，使环境温度保持在16℃以上；在地板及设备地基采取隔振措施（如铺以橡胶、软木层）。建立合理劳动制度，限制振动作业时间。

④医疗保健　每隔2~3年定期体检；对振动病反复发作者，调离振动作业岗位。

8.6　电磁污染及其控制

电磁污染被公认为是在空气污染、水质污染、噪声污染之后的第四大公害。电磁污染源于电磁波辐射，其能量可以穿透包括人体在内的多种物质。人体如果长期暴露在超出安全剂量的辐射下，细胞就会被大面积杀伤或杀死，并产生多种疾病，影响人的健康和工作效率。

8.6.1　电磁污染类型及其危害

影响人类生活的电磁污染源可以分为天然污染源和人为污染源。雷电或太阳是天然的电磁污染源；而某些类型的放电、工频场源与射频场源等会造成人为污染。根据辐射能量不同及对原子或分子的作用情况（电离与否），电磁辐射主要有两大类：

8.6.1.1　电离辐射

能使分子或原子发生电离的辐射。它主要发生于核工业、射线发生器的生产和使用。电离辐射危害见表8-23。致癌、致畸、致突变的种群效应需要对几代人观察研究才能做出结论。

表 8-23 电离辐射的危害

随机效应	致癌效应	譬如：白血病、肺癌、甲状腺癌、乳腺癌、胃癌、皮肤癌、骨癌、恶性淋巴瘤
发生的概率随剂量增加而增加，但严重程度与剂量无关	遗传效应	诱发后代畸形、智力障碍、恶性肿瘤和白血病
非随机效应	中枢神经和大脑系统伤害	表现为虚弱、倦怠、嗜睡、震颤、痉挛，甚至可在数日内死亡
当受照射的剂量超过一定阈值时，损害发生概率急剧增至100%；超过阈值时，严重程度随剂量增加而增加	胃肠性伤害	表现为恶心、呕吐、腹泻、虚弱和虚脱，症状消失后可出现急性昏迷，通常两周内死亡
	造血系统伤害	表现为恶心、呕吐、腹泻，但很快好转，约2～3周无病症之后出现脱发、经常性流鼻血，再出现腹泻，造成极度憔悴，通常2～6周后死亡

8.6.1.2 非电离辐射

不能使分子或原子发生电离的辐射，主要有以下 4 种：

（1）射频辐射

见于电视、手机等，频率在 300kHz～300GHz；工业高频加热（如热处理、焊接）、理疗射频设备等，频率在 300kHz～30MHz；微波加热设备，频率固定在 2 450MHz 和 915MHz。

射频辐射危害表现为两方面：一是致热效应，交变的电磁场使体内水分和电介质的偶极子产生振动，媒质的摩擦作用将动能转化为热能，从而使机体升温。二是非热效应，人体吸收的辐射能量不足以引起体温升高，但往往搅乱人体自然生理节律，引起头晕、疲劳、失眠、健忘、眼睛晶状体损伤等亚健康表现。电磁波还能使人体体温调节机制失衡，导致心率加快、呼吸障碍，对心血管疾病的发生发展起着推波助澜的作用。微波对生殖机能、免疫功能等都产生一定影响。

（2）红外辐射

太阳下露天作业、烘烤等作业产生红外辐射。

大量吸收红外线可致热损伤，破坏角膜表皮细胞，产生红外线白内障、视网膜脉络膜灼伤。

（3）紫外线辐射

焊接、探照灯、水银灯、紫外光等引起紫外线辐射。

短波紫外线可使眼睛和皮肤受到伤害，引起结膜炎和角膜溃疡、白内障、皮肤红斑反应，长期接触可引起皮肤癌。

（4）激光

激光可用于加工、医疗、通信、测量、科研等方面。

激光的热效应、光化效应、压强效应和电磁效应可引起角膜损伤、视网膜损伤、虹膜炎和白内障，大功率的激光可灼伤皮肤或经皮肤使内部器官损伤。

电磁辐射功率大、频率高、人与辐射源距离近、接触时间长、外界环境温度高，电磁污染对人体危害就越严重。脉冲波对机体的危害比连续波严重。电磁辐射对女性和儿童的伤害较严重。

GBZ 2.2—2007《工作场所有害因素职业接触限值 第 2 部分：物理因素》规定了工作场所 12 种物理因素职业接触限值。

此外，许多正常工作的电子、电气设备产生的电磁波能使邻近的电子、电气设备性能下降乃至无法工作，甚至造成事故和设备损坏。

8.6.2　防治电磁污染的主要措施

控制电磁污染主要从屏蔽电磁辐射源、衰减和吸收电磁辐射、个体保护等方面入手。

（1）电磁屏蔽

对电子设备在接地的同时进行屏蔽，可有效限制电磁场泄露并降低或消除电磁辐射。或采用金属板网制成屏蔽室将射频设备屏蔽起来，或对作业人员进行整体屏蔽。

（2）衰减和吸收电磁辐射

对于由传输线路辐射所造成的污染，或由线路拾取所造成的信号干扰，可采用隔离与滤波的办法。用吸波材料或装置可以有效地将微波辐射场强降下来。对设备及其工作参数进行合理设计，提高负载匹配程度，减少电磁泄露。有条件时，实行远距离控制。加强城市规划并实行区域控制，合理采用吸波材料并设计建筑衰减结构，进行植树绿化，以吸收并衰减电磁波。

（3）个体防护

加强宣传教育，提高自我保护意识。接触电磁波的工作人员，在辐射强度高的场所，要穿防护服，戴防护头盔、防护眼镜，定期体检，加强体育锻炼，增加维生素的摄入，多饮茶。

思考与讨论

1. 炎炎夏日，作为木材加工车间主任，你可以采取哪些措施以调节生产现场的微气候？
2. 工作岗位照度偏低，可以采取哪些措施提高工作台表面照度？
3. 试图对不同的场所（制图、喝茶等工作或休闲空间）选择不同的背景音乐。
4. 进一步学习气力输送与厂内运输、清洁生产、绿色设计与制造、ISO14000 等相关知识。
5. 了解 PM2.5 的来源、危害及应对措施。
6. 进一步学习色彩管理知识。

参考文献

张广鹏.2008.工效学原理与应用[M].北京：机械工业出版社.
GB/T 17244—1998 热环境 根据 WBGT 指数（湿球黑球温度）对作业人员热负荷的评价.
GB 3102.7—1993 声学的量和单位.
GB/T 3947—1996 声学名词术语.
GB/T18883—2002 室内空气质量标准.
GBZ 2.1—2007 工作场所有害因素职业接触限值 第 1 部分：化学有害因素.
GBZ 2.2—2007 工作场所有害因素职业接触限值 第 2 部分：物理因素.
GB 2893—2008 安全色.
GB 2894—2008 安全标志及其使用导则.

第 9 章　安全设计与工程

本章主要阐述人因学的安全观和安全性分析的原则与方法；事故成因分析；事故控制与安全防范；无障碍设计。

9.1 概述

事故是能损害系统和(或)人员或影响系统任务或人员作业完成的一件事情。事故具有潜伏性、随机性、规律性、因果性和可预防性。危险指具有引起或者导致事故、伤害、死亡的可能的条件和环境集合。风险是指事故、伤害或者死亡的可能性。危害是危险和风险的产物。安全是指不存在事故隐患，或没有超过允许限度的危险和危害。

9.1.1 人因学的安全观

(1)"不注意"不是事故的根本原因

表面看来，许多事故好象是由于作业者不注意引起的。但是，日本劳动科学研究所曾于70年代开展了"不注意"是事故的原因的调查研究和讨论，列举了电气工业中180余件重大事故，在对由于人为因素造成事故的各种类型和原因分析后指出，事故的原因不是操作者的技术不熟练，不能把造成事故的原因归咎于作业者的不注意，因为事故常常危及肇事者(操作者)的生命安全，在正常情况下作业者一般不会故意制造事故，也不会有意识地造成不注意。

如果说"不注意"是事故的原因，倒不如说"不注意"是某种原因的结果。不去研究或排除造成"不注意"的条件与原因，就想去克服"不注意"，这是一种非科学的精神主义安全管理法。研究"不注意"的产生及其特点，追究在"不注意"的背后所存在的众多造成"不注意"的条件和因素，无疑对防止事故是非常必要的。

(2)"不注意"是"注意"方向的转移

"注意"和"不注意"都是意识集中的反应(即都是复杂的选择反应)，所不同的是对不同的刺激做了不同的选择反应。"注意"是主体意识对一种客体的集中反应。"不注意"是主体意识对另外一种客体的集中反应。"不注意"的实质仍是注意，仅仅是主体接受了新的刺激，把意识集中到一个新的刺激上，相对于原刺激的响应是"不注意"。"不注意"是"注意"方向的转移。"不注意"和"注意"在心理状态上是同时存在的。而在时间上和注意对象上不能同时既保持"注意"又保持"不注意"。"一心二用"时，必然呈现分割型注意，也容易形成"不注意"。例如，某人在津津有味地看电视节目时，对门外进来的人往往是不加注意的，这是一种对信息的选择反应。这里的"不注意"是由于人保持了对一种信息的注意，而形成的一种复杂选择反应的结果。

(3)事故的归因

在分析事故原因时，人因学专家并不太主张追究操作者本身的原因，一般倾向于追究客观环境条件，尤其是机械设备的设计方面的原因。现代事故致因理论认为，系统中存在的危险源是事故发生的原因。若机械系统、环境系统的设计，使其本身容易发生故障，或使人在信息处理、感知过程或力量支出等工作在极限条件下，那么应该说该设计是出现设备故障和人为差错的最大隐患。现代事故致因理论注重整个系统寿命期间的事故预防，尤其强调在新系统开发、设计阶段采取措施消除、控制危险源。容易发生事故的条件(环境条件)比容易产生事故的个人(操作者本身)易于测出和补救，只要工作条件和机械设备的设计符合人因学要求，就可以避免事故，安全问题也就迎刃而解了。对于正在运行的系统，管理失误是事故的间接原因和背景原因，也是主要原因和本质原因。

9.1.2 安全性分析及其方法

安全性分析是从安全的角度对人机环境系统中的危险因素进行分析，通过发现可能导致系统故障或事故的各种因素及其相互关系来查明系统的危险源，以便采取措施加以消除或控制。

人机环境系统安全性分析要从整个系统出发，遵循局部利益与整体利益、当前利益与长远利益、内部条件与外部条件、定性分析与定量分析相结合等原则，对系统安全性进行客观的综合评价。评价方法应适应同一级的各种系统。

(1) 定性分析

定性分析用于检查分析和确定可能存在的危险、危险可能造成的事故以及可能的影响和防护措施。常用定性分析方法有检查表法、故障模式及影响分析、故障危险分析、区域安全性分析、接口分析、环境因素分析等，并辅以标示法、模型法等辅助分析方法。

(2) 定量分析

定量分析用于检查分析并确定具体危险、事故及其影响，可能发生的概率，比较系统采取安全措施或更改设计方案后概率的变化。常用定量系统安全分析方法有故障模式和效应危险度分析、故障树分析、危险性和可操作性研究、概率估算等。

在进行安全分析时，应根据特定环境和条件以及被分析系统的特点，选择合适的方法。

9.2 事故成因分析

9.2.1 事故致因理论

为了寻求事故对策，一般将事故原因分为直接原因（人的不安全行为和物的不安全状态）、间接原因（管理失误）、基础原因（社会因素）。从事故致因逻辑关系看，事故原因包括人、物、环境、管理四个方面，而事故机理是触发因素。所谓事故就是社会因素、管理因素和系统中存在的事故隐患被某一偶然事件触发所造成的不良结果，轻则造成产量、质量的降低，重则造成物的损坏或人的伤害。图9-1所示为事故原因综合分析思路。

根据人的信息处理模型，或根据事故发生的逻辑顺序，提炼典型的事故致因模型，可以探讨事故成因、过程和后果之间的联系。

事故致因理论是探讨事故发生、发展规律，研究事故始末过程，揭示事故本质的理论。其研究目的是指导事故预防并防止同类事故重演。事故频发倾向论等把大多数事故的责任都归于人的不注意，工业安全理论、"流行病学"事故理论等则强调机械的、物质的危险在事故致因中的地位，而现代事故致因理论是运用系统的观点和方法，结合工程学原理及有关专业知识来研究安全管理和安全工程，系统安全的目标不是事故为零而是最佳的安全程度。

9.2.2 事故的原因

引起"不注意"的要素主要包括作业者以外的客观因素和作业者本身的内在因素。

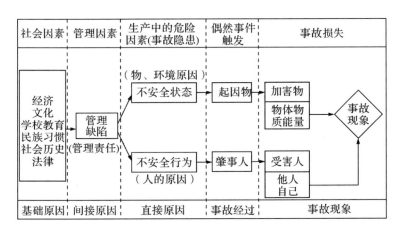

图 9-1 事故原因综合分析思路

9.2.2.1 客观因素

（1）不良物理环境

不良物理环境会影响操作者正确感知外界信息，强烈无关刺激对人的注意产生干扰，发生注意对象转移，酿成错误判断，从而造成事故。嘈杂环境中不易分清声音信号，刺眼的眩光使作业者看不清对象物。在没有外界刺激或刺激单调陈旧时，大脑难以维持较高兴奋水平，势必造成意识水平下降或注意力转移。不良的微气候、噪声、照明、空气污染等还可以导致操作者疲劳，从而引起意识水平下降，反应能力降低，"操作不慎"，造成事故。

（2）对象物设计与布置欠佳

长期社会实践使人对显示器与控制器以及被控系统的操作、运动关系形成习惯定型，如"推则前进、拉则后退，左旋是左转、右旋是右转"等已成为人的潜意识，若违反这种习惯定型，将使人意识混乱，在操作时的反应时间延长，错误率增高。

（3）物的不安全状态

生产过程中涉及的物质包括原料、燃料、动力、设备、设施、产品及其他非生产性物质。这些物质的固有属性及其潜在破坏能力构成不安全因素。

【案例】 普通气压椅有三种情况或发生爆炸。气压杆内灌装的是氮气，如果气体纯度不够，或者里面混入了氧气或其他物质，在高温环境或在频繁摩擦的情况下，可能发生爆炸。在一般情况下，气体纯度达到 90% 以上可以保证安全。此外，气压杆的容器壁材质差而硬度不够，或者封口密封不严导致气体进出，也可能引发爆炸。

事故的固有危险源按其性质可分为 5 大类，见表 9-1。

表 9-1 固有危险源

类别	内 容
化学物质	①火灾爆炸危险源。指构成事故危险的易燃易爆物质、禁水性物质以及易氧化自燃物质。 ②工业毒害源。指导致职业病、中毒窒息的有毒有害物质、窒息性气体、刺激性气体、有害性粉尘、腐蚀性物质和剧毒物。 ③大气污染源。包括工业烟气及粉尘。 ④水质污染源。包括工业废弃物和药剂

(续)

类别	内容
电气装置	①漏电触电危险。②着火危险。③电击雷击危险
机械设备含土木设施	①重物伤害危险。②速度与加速度致伤危险。③冲击振动危险。④旋转与凸轮机构动作伤人危险。⑤高处坠落危险。⑥倒塌下沉危险。⑦切割与刺伤危险
辐射源	①放射源，指 α、β、γ 射线源。②红外线射线源。③紫外线射线源。④无线电辐射源
其他危险源	①噪声源。②强光源。③高压气体。④高温源。⑤湿度。⑥生物危害，如毒蛇伤害

9.2.2.2 人的原因

指那些由人的感知、意识、情绪和生物节律等生理与心理因素构成的原因。

(1) 感知能力与特性

感知能力是人的分析器对事物刺激的感觉阈限或反应能力。感知能力强者，感觉阈限低，对不安全事物反应敏锐，有利于防止事故发生；反之，感知能力弱者，感觉阈限高，对不安全事物特别是显现条件不好的隐患不易觉察，不利于防止事故发生。

感知具有直观性、片面性、完整性、恒常性等特性。有些特性在某种条件下，会促使劳动者产生错觉，导致不安全行为。

人们的风险感知受到伤害严重程度和伤害可能性的共同影响。产品涉及的技术越复杂，感知到的危险性就越高。人们与产品的接触越多，感知到的危险性就越低。

(2) 意识中断、起伏与分散

正常的意识是大脑与外部事物长期相互作用的结果，除了一些低级心理活动外，还包括对事物的概括能力和对行为目的的预见性、主观能动性等高级意识活动。

人在睡眠或催眠状态下做梦是一种"异常意识状态"，此时大脑的高级意识活动被抑制或中断。体力疲劳、精神疲劳、药物等均可引起"意识中断"。

人的注意力不可能长时间保持高意识状态，而是间歇地加强和减弱，注意的这种变化规律称作注意的起伏。越是高度紧张、需要注意力高度集中的工作，其持续时间越不宜过长。

注意力分散是指作业者的注意力没有有效地集中于所应注意的对象上，是意识水平低下的表现。单调工作可使大脑皮层处于低兴奋状态，非常容易被外界新鲜刺激转移注意方向。

情绪激动，也会抑制意识集中，造成意识水平低下。

(3) 人的可靠性

人是一个随时随地变化、并被大量的多维变量制约和影响的系统，因此人的行为可靠性非常复杂。研究表明，人机系统的失效在很大程度上与人为错误有关(约占70%~80%)，但不能将事故和失误完全归咎于人。人为错误不仅仅与操作者有关，而且与设计者、管理者、监控者和维修者等有关系。在人机系统设计和人员配置中充分考虑了人的可靠性，并采取相应的措施，人为错误就会消除或减少，人的可靠性就会得以提高。

差错可以分为两类，第一类是失误(slip)，是使用者的下意识行为，是无意中出错的行为；第二类是错误(mistake)，是有意识的行为，是由于人对所从事的任务估计不周或决策不利所造成的出错行为。两者的区别还在于行动目标设定的正确与否，错误造成的后果可能很严重，但较易于通过作业前的周全准备而加以预防，而失误则是个体完全无法提前预计，多数情况下是由于人在信息加工过程中受到意外干扰而造成的。

人为错误是人为地使人机系统发生故障或发生机能不良事件，是违背设计和操作规程的错误行为。由于安全教育不够，不懂危险，缺乏对危险性的认识，从而进行不安全作业；准备不充分、安排不周密就开始作业，因仓促而导致危险作业；作业程序不当，监督不严格，致使违章作业；走捷径，图方便，忽略了安全程序；操作方法不合理、不均衡或做无用功；取下安全装置，使机器、设备处于不安全状态；接近无防护装置的危险场所；不安全地放置物件，使工作环境存在安全隐患；在运行的机器和设备上检修、清扫、注油等。这些行为会降低或潜在降低效率、影响劳动安全。

人的不安全行为源于人的动机和心理状态以及行为习惯。从信息加工角度看，影响人为错误的3种因素：①信息感知；②信息处理；③操作实施。

从内因和外因两个方面分析人的失误原因，参见表9-2和表9-3。

表9-2 人的失误的内在因素

项目	因　素
生理能力	体力、体格尺度、耐受力、是否残疾(色盲、耳聋、音哑等)、疾病(感冒、腹泻等)、饥渴
心理能力	感觉敏度(感觉损失率)、信息的负荷能力、信息传递率、反应速度、作业危险性、单调性
个人素质	经验多少、熟练程度、个性、动机、应变能力、文化水平、技术能力、修正能力、责任心
操作行为	应答频率和幅度、操作时间延迟性、操作连续性和反复性
精神状态	情绪、觉醒程度等
其他	生物节律、生活刺激、嗜好等

表9-3 人的失误的外部因素

类型	失误	举　例	类型	失误	举　例
知觉	刺激过大或过小	感觉通道间的知觉差异 信息传递率超过通道容量 信息太复杂 信号不明确 信息量太小 信息反馈失效 信息贮存和运行类型的差异	信息	错误的或不准确的操纵指示	缺乏特殊训练、训练不良、再训练不彻底 操作规定不完整、操作排序有误 忽略监督指示、监督者指令有误
显示	信息显示设计不良	显示器的排列和位置与操作容量不一致 显示器识别性、标准化较差 显示器设计不良(指示方式和形式、编码、刻度、指针运动) 打印设备问题(位置、可读性、编码)	环境	影响机器机能下降的理化空间环境	噪声、温湿度、照明、振动、加速度影响操作兴趣 作业空间设计不良(操作容量与控制板、控制台的高度、宽度、距离等)；座椅设备、脚、腿空间及可移性；机器配置与人的位置可移动性；人员配置过密)
控制	控制器设计不良	控制器的排列和位置与操作容量不一致 控制器的识别性、标准化较差 控制器设计不良(用法、形状大小、变位、防护、动特性)	心理状态	操作者因焦虑而产生心理紧张状态	过分紧张的状态或应答 裕度过小的计划 因休息不足引起的病态反应

事故易染理论认为，人们在特定的环境中多少对事故具有一定的倾向，但这种倾向时刻在发生变化。年轻者通常比年长者有更高的事故率，除其经验不足外，疏忽、缺乏纪律、行动任性、鲁莽、判断力差、高估自己能力以及自以为是等因素容易引发事故；而50岁以上的年长者由于感知机能、精神状态、动作技能下降，事故率会有所上升。目标—自由—警觉性理论认为，工人如果有充分的自由设定可以实现的目标，他们的工作质量将会提高，而意外事故则被看成一种低质量的工作。

人为差错不可能完全避免，一般可以通过人员的选拔和培训、对设备和程序以及环境的合理设计来降低人为差错发生的可能性和后果。通常人们并不总是按照培训方式来工作，而且培训的成本很高，因此合理的人机系统设计愈显重要。降低失误的设计包括3种：①排除设计，即完全消除失误的设计；②预防性设计，即使失误变得困难，但没有完全消除；③失败后安全设计，即没有降低失误的可能性，但降低了人为差错后果的设计。

9.2.2.3 管理失误

由于管理方面的缺陷和责任不到位，往往导致事故的发生。管理失误的主要内容：

①技术管理缺陷 对工业建筑物、机械设备及安全防护装置、仪器仪表等的设计、技术、结构上存在的问题管理不善；对作业环境的安排设置不合理。

②人员管理缺陷 对作业者缺乏必要的选拔、教育、培训，对作业任务和作业人员的安排存在缺陷。

③劳动组织不合理 在作业程序、组织形式、工艺过程等方面存在管理缺陷。

④安全监察、检查和事故防范不力 疏于日常检查及事故预防，安全监察不到位。

9.3 事故控制与安全防范

9.3.1 危险识别与可靠性分析

在许多情境中，人机环境系统中存在多重危险，这些危险演变成事故的可能性以及所产生后果的严重性是不同的。应先区别和评价各种危险的程度，然后给予不同的处理方式。

9.3.1.1 危险度与可靠度

（1）危险度

对危险度的评估可以结合事故发生频率和事故严重程度两个维度来进行。表9-4是美国军用标准 MIL-STD-8882B 提供的一个危险度评价方法。

表9-4 危险度指标

频率	严重程度			
	灾难性	比较严重	一般	可忽略
频繁发生	1	3	7	13
经常发生	2	5	9	16
偶尔发生	4	6	11	18

(续)

频率	严重程度			
	灾难性	比较严重	一般	可忽略
很少发生	8	10	14	19
不太可能	12	15	17	20

(2) 可靠度

在人机系统中，可靠性是指人或机器在规定条件下和规定时间内完成规定功能的能力。人机系统可靠性指标与机器的技术性能指标或人的生理、心理指标之间既有区别又有联系。一方面前者是以后者为基础；另一方面，前者又与环境条件、管理、法规、时间等有关。它不能用仪器直接进行测量，而必须通过实际使用或试验获得大量数据后，才能作出估计。

可靠性的数量指标称为可靠度。它是指人或机器在规定条件下和规定时间 t 内完成规定功能（无故障）的概率。可用下式表示：

$$R(t) = P(\tau > t)$$

式中 $R(t)$——可靠度；

$P(\tau > t)$——概率；

τ——寿命，是一个随机变量。

人机系统可能由多个子系统组成，各子系统的连接方式不同，系统的可靠度计算方法亦不同。

① 串联系统可靠度计算　串联系统中如果有一个子系统发生故障，即可导致整个系统故障；或者各子系统都正常，系统才正常。串联系统的可靠度计算式为

$$R_S = \prod_{i=1}^{n} R_i$$

式中 R_S——系统可靠度；

R_i——各子系统可靠度。

要评价一个人机系统的可靠性，必须同时考虑机器的可靠度（R_M）和人的可靠度（R_H），则人机系统的可靠度（R_S）由下式计算：

$$R_S = R_M \times R_H$$

② 并联系统可靠度计算　并联系统若有一子系统正常，则系统正常；若各子系统都不正常，系统才不正常。并联系统的可靠度的表达式为：

$$R_S = 1 - \prod_{i=1}^{n}(1 - R_i)$$

式中 R_S——系统可靠度；

R_i——各子系统可靠度。

把多余要素加入到系统中构成并联系统称为冗余系统。冗余系统可以使系统具有冗余度，提高系统可靠性。例如，两名司机可以提高车辆系统可靠性。

③ 串并联混合系统可靠度计算　根据实际的串并联结构进行混合计算。

9.3.1.2 危险度与可靠性的分析

(1) 危险度分析

故障模式和效应危险度分析(failure modes and effects criticality analysis, FMECA)主要用于分析与系统物理成分有关的危险。它包括以下基本步骤:

① 将系统的物理成分分解成几个子系统,并将每个子系统进一步分解成许多部件。

② 分别对每个部件进行研究,分析其可导致功能故障的方式(故障模式)。

③ 估计每个部件故障对其他部件和其他子系统的影响。

④ 估计发生该危险的概率和后果的严重性,从而估计危险度。

⑤ 对各个故障的总体情况进行评价和建议。

(2) 可靠性分析

可靠性分析方法有操作顺序图法、失效树分析法和海洛德分析法,在此仅作简要介绍。

① 操作顺序图法(operational sequence diagraming, OSD) 也称有效图表法、运营图法,是以图符表示由"信息—决策—动作"组成的人机系统作业顺序,用于分析人与机器操作之间的逻辑关系、操作者反应时间、系统可靠性。操作顺序图的符号并没有统一规定。

② 失效树分析法(fault tree analysis, FTA) 又称故障树(缺陷树)分析法,是一种自上而下的逻辑分析与图形演绎相结合的方法,是广泛应用于工程系统灾害分析、安全分析、提高系统可靠性的一种因果分析方法、设计方法、评价方法。

③ 海洛德法(human error and reliability analysis logic development, HERALD) 是人的失误与可靠性分析逻辑推演法。它通过计算系统的可靠性,分析评价仪表、控制器的配置和安装位置是否适合于人的操作。

人在最佳视野——水平视线上下左右各15°的区域内最不易发生错误。因此,在该范围内设置仪表或控制器时,误读率或误操作率极小;离开该区域越远,则误读率和误操作率越大,见表9-5。

表9-5 视线上下的角度区域内误读率

视线上下的角度区域(°)	误读率
0~15	0.0001~0.0005
15~30	0.0010
30~45	0.0015
45~60	0.0020
60~75	0.0025
75~90	0.0030

对于多个仪表的监视,评价仪表配置是否合理,这时操作人员的有效作业概率为

$$P = \prod_{i=1}^{n}(1 - D_i)$$

式中 P——有效作业概率(可靠度);

D_i——仪表放置位置不同时的劣化值(失误率)。

【案例】 某仪表显示面板安装6种仪表,其中有5种仪表安装在水平视线15°之内,有1种仪表装在水平视线50°的位置上,求操作人员有效作业概率。

解:由表9-5查得安装在水平视线15°以内5种仪表的劣化值$D = 0.0001$,在水平视线50°的仪表的劣化值$D = 0.0020$,则操作人员有效作业概率

$$P = \prod_{i=1}^{n}(1 - D_i) = (1 - 0.0001)^5(1 - 0.0020) = 0.9975$$

系统除了主操作人员外,还配备了其他辅助人员,则该系统中操作人员有效作业概率可用下式计算

$$R = [1-(1-P)^n]\frac{(T_1 + PT_2)}{T_1 + T_2}$$

式中 P——操作人员进行有效操作的概率;

n——操作人员数(包括辅助人员);

T_1——辅助人员修正主操作人员差错的行动时间裕度,以百分比表示;

T_2——剩余时间百分比,$T_2 = 100\% - T_1$。

案例中,$P=0.9975$,$n=2$,$T_1=60\%$(估计),$T_2 = 100\% - 60\% = 40\%$,计算 R 为

$$R = [1-(1-0.9975)^2](60\% + 0.9975 \times 40\%) = 0.9989$$

9.3.2 事故控制基本思路和基本对策

9.3.2.1 事故控制基本思路

依据设计的安全标准,从分析事故直接原因入手,进而寻找事故间接原因,然后寻找基础原因,按照事故发生的逻辑顺序,提出事故控制的主要措施,这是事故控制的基本思路。根据这一思路,事故控制图如图 9-2 所示。

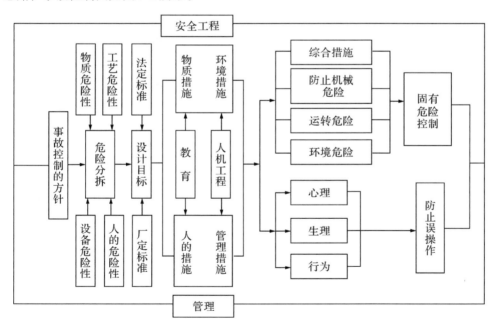

图 9-2 事故控制图

9.3.2.2 事故控制基本对策

(1)3E 原则

①工程技术(engineering)的对策 安全性一般包括功能性安全和操作性安全,前者与机器有关,而后者则与操作者有关。为确保功能性安全,机械装置或工程项目的技术设计应包含危

险预测及其技术解决对策。操作性安全则取决于技术上的、组织上的和人行为上的因素。如机械安全性较高，则通过提高生产组织水平，掌握所有有关的危险源，了解其危险性质、构造及控制的具体方法，从而可获得较高程度的系统安全性。

②教育(education)和训练对策　通过系统的教育和训练，教会人如何对各种危险进行预测和预防，使其尽早懂得安全知识并养成良好的安全习惯，在工作中自觉培养安全意识。

③法制(enforcement)的对策　它是从属于各种标准(包括国家法规、工业标准、安全指导方针、企业工作标准)的。法规具有强制性和适应性。

产品责任是法律术语，表达受害方由于人身伤害或财产损失，向制造者或销售商索赔的诉讼。

(2) 4M 对策

①生产活动中的人(man)及人际关系　应形成一种和睦的、严肃的车间气氛，使人认识到由于危险物而导致事故的严重性，从而在思想上能够重视，在行为上能够慎重，并能认真遵守安全规程；提高操作者在危险作业时的大脑意识水平，提高其预知危险的能力，在进行危险作业时防止由于意外事件的插入而产生差错；对于非常事件，应预先设定实际对策，包括实施内容、方法和程序，并应进行反复训练，以防止人在紧张状态下因思维能力下降产生误操作而引发的人为失误型事故。

②在机械(machine)方面的主要对策　使用连锁装置和故障安全装置、保护装置；设备设计单纯最好，设防结构一触即发；要有合理的机械形状和配置，信息指令要恰当，操作装置应适当，作业条件要合理，环境条件应良好；采用醒目色(或用荧光)涂饰紧急操纵部件；维修作业应视为危险作业。

③媒体(media)或环境对策　包括紧急通讯的有效方式、安全作业指导书、警示标志，以及预防系统以外的各种不利因素的干扰。

④管理(management)方面的综合对策　健全系统安全管理体制，强化人的安全意识，进一步挖掘潜力，把提高人的自觉性、主动性与实施强制性的政令、法令结合起来，以便在人机环境系统实现安全、高效、合理的群体和个体行为。

9.3.3　事故控制与安全防范的措施

事故控制主要措施见表9-6。具体有以下几点。

表9-6　事故控制主要措施

事故致因	控制策略	控制措施
物质因素 环境因素 危险源	消除危险	①布置安全：厂房、工艺流程设备、运输系统、动力系统和交通道路等的布置做到安全化 ②机械安全：包括结构安全、位置安全、电能安全、产品安全、物质安全等
	控制危险	①直接控制：直接进行技术控制 ②间接控制：包括检测各类导致危险的工业参数，以便根据检测结果予以处理

(续)

事故致因	控制策略	控制措施
物质因素 环境因素 危险源	防护危险	①设备防护 固定防护：如将放射性物质放在铅管中，并设置贮井，把铅管放在地下 自动防护：如自动断电、自动洒水、自动停气防护 连锁防护：如将高电压设备的门与电器开关连锁，只要开门，设备就断电，保证人员免受伤害快速制动防护：又称跳动防护 遥控防护：对危险性较大的设备和装置实行远距离控制 ②人体防护：包括安全带、安全鞋、护目镜、面罩、安全帽与头盔、呼吸护具
	隔离防护	①禁止入内：设置警示牌 ②固定距离：设置防火墙、防爆堤等 ③安全距离
	保留危险	预计可能会发生危险而又无很好的防护方法，必须使其损失最小
	转移危险	对于难以消除和控制的危险，在进行各种比较分析之后，进行转移
人的失误	人的安全化	①勿录用有生理缺陷或疾病的人员 ②对新工人进行岗前培训，进行文化学习和专业训练，对事故突出、危险性较大的特殊工种进行特殊教育 ③增强人的责任心、法制观念和职业道德观念
	操作安全化	进行作业分析，从质量、安全、效益三方面找出问题所在，改善作业
管理失误	安全管理	①认真改善设备的安全性、工艺设计的安全性，制定操作标准和规程，并进行教育；培养班组长和安全骨干 ②制定和维护保养的标准和规程，并进行教育 ③定期进行工业厂房内的环境测定和卫生评价，定期组织有成效的安全检查 ④进行安全月、安全周等安全竞赛活动

（1）改善环境条件和机械设计，使其适合于人的特征

①以人为本，积极改善工作环境中的不适应因素　如将气温、照明、噪声以及工作与休息时间等控制在适当的水平，使人能够在精力旺盛和精力集中的条件下工作。

②消除工作场所潜在的不安全因素　为工作地设计出足够的操作空间和合适的工具及物料存放器具；行走通道要足够宽，不乱堆放物品保持通道清洁通畅。

③改善事物的显现条件　突出对象物与相邻事物的对比度或反差，加强对象物的刺激信息的强度、频率和持续时间，排除和减少环境干扰，设置醒目的危险警戒信号设施等。

④合理安排显示装置与控制装置，考虑其相合性　合理利用感觉系统的信息接收方式，并合理分配各自的信息容量。

⑤人机系统符合人的生理和心理特征　根据人的特点，创造适合于感觉器官和运动器官的作业条件，达到易看、易听、易判断、易操作，减少干扰，使人在习惯的环境中，在舒适的姿势下工作。

（2）采取安全防护措施

①采用安全装置　安全装置通过其自身的结构、功能限制或防止机器的某些危险运转，或限制其运动速度、压力等危险因素，以防止危险的发生或减小风险。安全装置可以是单一的，

也可以和连锁装置联用。常用安全装置有连锁装置、使动装置①、止—动操纵装置②、双手操纵装置、感应装置、自动停机装置、机器抑制装置、限制装置、有限运动装置、警示装置、应急制动开关、熔断器、限压阀等。

②采用防护装置　防护装置则通过物体障碍方式防止人或人体部分进入危险区。防护装置可以单独使用，也可以与连锁装置联合使用。防护装置有机壳、罩、屏、门、盖、封闭式装置等。图9-3为一种护罩可调式碟型电锯。

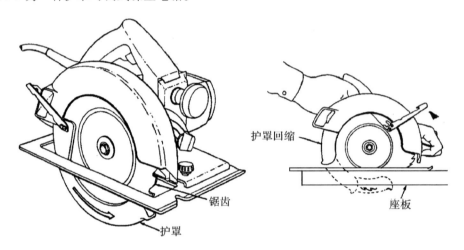

图9-3　护罩可调式碟型电锯

③个体防护器具　个体防护设施、器具既用于已有安全装置的场合，也用在无法提供安全装置的危险作业场所，如化学气体等。为着重保护易受伤害的身体部位，在不同的危险场所需要不同的器具。常用个体防护器具有防护衣、头盔、保护镜、安全靴、口罩或面具以及手套等。

④附加预防措施　例如，人们陷入危险时的躲避与救援措施、安全进入机器的措施、机器及零部件的稳定性措施、机器的可维修性措施、动力源切断与能量泄放措施等。

（3）人员选拔培训和安全教育竞赛

科学技术进步使多数职业发生了本质的变化，个体在生理、心理特点方面的不足可能导致严重事故。因此，必须从身体条件和心理素质上进行严格挑选和适应性训练。根据岗位、工种特点对人的生理、心理特征的要求，充分利用科学原理，通过测试、分析，选择适合职业要求的员工。就业人员的选择考核标准一般包括职业所具备的必要知识、技能、能力、性格等。通过岗位训练可以有效地提高就业者的知识、经验和技能，解决作业者感觉阈限过高和产生错觉的问题，对提高劳动者安全感知能力具有重要作用。对易出事故的工种要进行安全技术知识培训，并通过考试才能上岗。

安全教育不应使作业者产生恐惧心理，应使其树立事故防范的信心，使作业者养成遵守操

---

① 使动装置：一种附加手动操纵装置。当机器启动后，只有操纵该使动装置才能使机器执行预定功能。

② 止—动操纵装置：一种手动操纵装置。只有当手对操纵器作用时，机器才能启动并保持运转；当手放开操纵器时，该操纵装置能自动回复到停止位置。

作规程的习惯，以及相互监督、相互检查的责任感，随时消除不安全的隐患。安全教育内容主要包括安全生产思想教育、劳动保护知识教育、劳动纪律教育、安全技术知识和规程教育、典型经验和事故教训的教育等。针对不同对象，采取多层次、多途径、多形式的安全教育。对入厂新人和实习人员实行三级（入厂、车间、岗位）教育，分别介绍危险地点和防护知识、安全规定和典型事例、工作性质和操作规程以及安全防护品的正确使用。灵活采取培训、考核、开会、参观现场、自我检查、放录像、安全教育展览、安全竞赛等多种途径和形式。利用群体心理特征，可以促进劳动安全教育。群体可以提高成员思想、知识和技能水平，形成新的合力。群体可以满足其成员的自信、尊重、友谊、情感交流、归属感、支持力量、成员成长、自我实现等方面的需求。通过群体可以化解误会和矛盾，促进群体成员的团结互助，共同完成组织目标。具体可以：①加强民主和群体决策，树立良好的群体安全意识。②建立良好的群体安全规范，对群体成员进行约束和激励。③通过"群策、群力、群管"对策、安全标准化班组建设等，增强团结协作精神。④优化企业内部人际关系，创造良好的群体环境。⑤通过班前、班后开会，统一大家的思想。善于利用从众心理，协调群体成员的安全行为。⑥发挥非正式群体的积极作用，限制其消极作用。组织安全竞赛活动可以起到强化目标的作用，对于提高作业者的注意力、防止事故也是一种有效的方法。

9.4 无障碍设计

9.4.1 概述

老年人、儿童、孕妇、残障者等弱势群体，无不渴望独立、参与、平等、尊重。在科学技术高度发展的现代社会，一切有关于人类衣食住行的公共空间环境以及各类建筑设施、设备、产品的规划设计，都必须充分考虑具有不同程度生理伤残缺陷者和正常活动能力衰退者（如老年人）的使用需求，配备能够应答、满足这些需求的服务功能与装置，营造一个充满爱与关怀，切实保障人类安全、方便、舒适的现代生活环境。

以弱势群体为服务对象的产品设计，要考虑产品的适应性，而且隐秘地使弱势群体的心理诉求得到满足。更重要的是应性能可靠，把安全放在首位。为了实现无障碍设计（barrier free design）的理想目标，须对人类行为、意识与动作反应进行细致研究，致力于优化一切为人所用的物与环境的设计，在使用操作界面上消除那些令人困惑、困难的障碍，为用户提供最大可能的方便。

9.4.2 儿童产品设计

儿童产品设计应符合国家标准的相关规定。表9-7为针对儿童需求的设计对策。

表 9-7　针对儿童需求的设计

需求	内涵	设计对策
安全性	儿童在正常使用过程中,不受到来自产品方面的任何伤害,即使在无意识中进行了错误的操作,也能将伤害降低到最低限度	产品无尖锐角,尺寸不宜过小以免误食,红色示警,无毒材料
组合性和成长性	儿童可以根据自己的需要和兴趣对产品进行组合变化,并能伴随自己的成长而持续有效地使用产品	多功能设计、可调节设计、系统设计、模块化设计等
趣味性	产品造型及功能富有童趣	色彩绚丽、造型夸张、卡通化、仿生
易用性	使用简单,不要挫败感	显示符号化、操作傻瓜化
益智性	赋予产品教育功能,对儿童进行潜移默化	几何造型、美学法则、电子音乐等

9.4.3　针对老年人需求的设计

国际上把60岁以上人口占总人口10%,或65岁以上人口占总人口7%的国家和地区称为老龄社会。关注421家庭①和空巢老人并提供相应的服务,是当代设计师的社会责任。表9-8为老年退化现象。

表 9-8　老年退化现象

项目	表现
感觉机能	视力降低、色觉减弱、听力退化、嗅觉不灵、皮肤的痛觉和冷热感觉钝化
认知机能	记忆力退化、判断力下降、接受新信息缓慢、反应迟钝
运动机能	肌力减弱、速度缓慢、关节硬化、柔韧性降低、动作敏捷度减弱,降低了他们的行动能力和独立生活能力,对环境适应能力差
人体尺寸	立姿身高减少 30mm,坐姿眼高少 40mm,坐姿肘高少 10mm(英国妇女测量值)
健康状况	风湿痛、手脚关节炎、脊椎关节炎、膝关节炎等疾病随之而来

(1) 老年人用品设计原则

表9-9为老年人用品设计原则。

表 9-9　老年人用品设计原则

设计原则	应用细则
功能丰富	各种性能和用途的轮椅、带辅助装置的浴盆或淋浴设施、可升降或自动化的床具与抽水马桶、各种辅具、阅读辅助器、带放大镜的指甲剪、带闹钟的药盒、人机界面适宜的家电和电脑以及手机
形式适宜	色彩不可过于刺激,但要一改以往颜色暗淡、色彩单一的缺点。适当运用对比与调和的色彩,色彩对比不宜过强,宜采用较明快的中间色调,局部配件可采用较纯的色彩,具点缀装饰性。 外观简洁完整,造型应体现稳健、大方、亲切的感觉。避免尖锐角、突出物和光滑部件,避免呆板、冰冷的操作界面

---

① 421家庭即四个老人、一对夫妻、一个孩子。

（续）

设计原则	应用细则
安全可靠	不要复杂的结构和功能。在尺寸、形体及辨识、用力、实用、方便、操作意外伤害及误用危险、清洗保养维护等方面加以认识。零学习原则
重视包装	易辨认，大字体和清晰的色彩设计；易开启，考虑安全装置等

（2）老年人跌倒的干预

跌倒是我国65岁以上的老年人伤害死亡的首位原因。跌倒是指突发、不自主的、非故意的体位改变，倒在地上或更低的平面上。跌倒还导致大量残疾，并且影响老年人的身心健康。如跌倒后的恐惧心理可以降低老年人的活动能力，使其活动范围受限，生活质量下降。

老年人跌倒并非意外，而是存在潜在的危险因素，老年人跌倒是多因素交互作用的结果，见表9-10。因此，老年人跌倒是可以预防和控制的。

表9-10　老年人跌倒的危险因素

内在危险因素		外在危险因素	
生理因素	步态和平衡功能	环境因素	昏暗的灯光
	感觉系统		湿滑、不平坦的路面，在步行途中的障碍物，雨雪天气或拥挤时尤甚
	中枢神经系统		不合适的家具高度和摆放位置
	骨骼肌肉系统		
病理因素	神经系统疾病		楼梯台阶，卫生间没有扶栏、把手等
	心血管疾病		不合适的鞋子和行走辅助工具
	影响视力的眼部疾病	社会因素	老年人的教育和收入水平、卫生保健水平
	心理及认知因素		享受社会服务和卫生服务的途径
	其他		室外环境的安全设计
药物因素			
心理因素			老年人是否独居、与社会的交往和联系程度

①干预流程（图9-4）

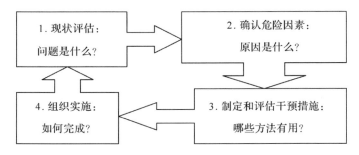

图9-4　跌倒干预流程

②干预策略和措施（表9-11、表9-12）

表 9-11　干预策略

教育预防策略	在一般人群中开展改变态度、信念和行为的项目，并针对引起或受到伤害的高危个体
环境改善策略	通过减少环境危险因素降低个体受伤害的可能性
工程策略	包括制造对人们更安全的产品
强化执法策略	包括制定和强制实施相关法律、规范，以创造安全环境和确保生产安全的产品
评估策略	涉及判断哪些干预措施、项目和政策对预防伤害最有效

表 9-12　跌倒的主要干预措施

干预措施	有效	有希望
窗户安全机制，如在高层建筑安装护栏	√	
楼梯门	√	
操场地面使用抗冲击材料	√	
操场设备的安全标准		√
老年人肌肉强化训练和平衡训练		√
在有高危人口的家庭检查潜在风险，如有必要，加以改善		√
鼓励使用预防跌倒的安全设备的教育项目		√
安全教育与技能培养	√	

9.4.4　针对残疾人需求的设计和通用设计

残疾人是在生理、心理或智力方面有特殊困难的社会群体。表 9-13 为各类残疾人的特点。世界卫生组织（WHO）定义：损伤是指任何心理、生理、组织结构或功能的缺失或不正常。残疾是指任何以人类正常的方式或在正常范围内进行某种活动的能力受限或缺失（由损伤造成）。障碍则指个人由于损伤或残疾造成的不利条件，限制或妨碍这个人正常（取决于年龄、性别及社会文化因素）完成某项任务。

表 9-13　各类残疾人的特点

残疾人群		特　点
视力残疾者	盲人	不能利用视觉信息定向、定位地从事活动；需借助盲杖慢速行进
	低视力	形象大小、色彩对比及照度强弱直接影响其视觉辨认
肢体残疾者	上肢残疾	手的活动范围小、难承担精巧动作、持续力差、难以双手并用
	偏瘫	兼有上下肢残疾特点，虽可拄杖独立跛行或乘坐特种轮椅，但动作总有方向性，依靠"优势侧"
	下肢残疾独立乘轮椅者	各项设施的高度均受轮椅尺寸的限制，轮椅占用空间较大；使用卫生设备时须设支持物，以利移位和安全稳定
	下肢残疾拄杖者	攀登动作困难，水平推力差；只有坐姿才可使用双手；拄双杖者行走幅度可达 950mm；使用卫生设备时须设支持物
听力及语言残疾		需借助增音设备；重听及聋者借助视觉信号及振动信号

(1) 针对残障人需求的设计对策(表9-14)

表9-14　针对残障人需求的设计对策

需求	辅助对象	设计对策
克服移动障碍	下肢残疾者	设计各种轮椅、步行辅助器等，提供便于轮椅活动的室内空间、通道、坡道、厕所、引水装置等
	视觉残疾者	设置盲道、导盲设施和相关用具。如可利用空气升高的轮椅
克服动作障碍	上肢残疾者	便于精确操纵的餐具、门把手、电插头、开关、按钮、键盘等及辅助工具
克服信息障碍	视力、听力、语言残疾者	盲道和十字路口盲人用音响辨向装置，刻有点字盲文的路牌、地图等。为聋哑人设计语音、文字、手语互换装置

对待残疾人实行机会均等原则和特别辅助原则。

(2) 通用设计

与无障碍设计相似，通用设计也是一种关怀设计。它面向所有存在行为障碍的人，包括孕妇、伤病员、语言差异者、文化程度低者、左撇子、胖子等。通用设计产品无须改良或特别设计就能为所有人使用。通用设计体现人人平等的思想。

通用设计具有如下特征：

①广泛性　兼顾不同人群特性和需求。

②适应性　不求统一。在包容性和选择性之间寻求平衡。

③便利性　基于人的认知和行为能力。

④宽容性　允许判断失误和操作失误，确保危险或不利后果最小化。

⑤自立性　提供辅具和求助装置。

⑥舒适性　提供感觉的补偿。

⑦经济性　良好的性价比。

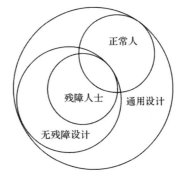

图9-5　通用设计与无障碍设计之间的关系

(3) 通用设计与无障碍设计的比较(图9-5、表9-15)

表9-15　通用设计与无障碍设计的比较

	设计的出发点	目标对象	涉及的领域	社会全体成员的参与性
通用设计	所有建筑、环境及产品都能够很好地满足所有人要求	未将伤残者、体弱者和健全者区别对待，同标准化概念更为接近	不仅兼顾环境设计的无障碍性、实用性和美学需求，而且涉及家电产品、日用产品、医疗设施、标识系统等领域，甚至涉及教育、网络、交通等方面	这些给所有人带来利益的设计会让更多民众支持，并使更多非残障人士支持服务残障人士的可达性设计
无障碍设计	为有特殊需求的群体提供特殊设计	具有限定对象	依靠各种通用设计产品、技术来实现	通用设计的实践能够大幅度促进残障人士更好地融于社会，从而有效地促进社会全体成员的参与性

思考与讨论

1. 课外了解全员生产维修(total productive maintenance，TPM)，讨论其在事故控制中的作用。

2. 课外查阅文献，了解木材加工过程中主要工序操作工人易受伤部位及其原因；了解家具机械及刀具、夹具、模具的不安全状态、原材料及工件的不安全状态、操作过程中的人的不安全行为，并了解相关的事故控制措施。

参考文献

陈启康，李卫，黄继辉，等. 2003. 木工机械致手外伤的流行病学特点[J]. 中华手外科杂志，19(2)：99-100.

葛列众，李宏汀，王笃明. 2012. 工程心理学[M]. 北京：中国人民大学出版社.

GB 28007—2011 儿童家具通用技术条件.

QB 2453.1—1999 家用的童床和折叠小床.

GB 18209.1—2000 机械安全 指示、标志和操作 第1部分：关于视觉、听觉和触觉信号的要求.

GB/T 28001—2011 职业健康安全管理体系 要求.

第 10 章　软人因

　　本章主要阐述软人因的概念；软设计；慢设计；情感化设计；人性化设计；感性设计。其中在情感化设计之中融入了木材视觉特性与触觉特性等内容。

10.1 概述

10.1.1 软人因的概念

10.1.1.1 狭义的概念

根据维基百科，软人因（soft ergonomics）研究计算机应用、网页、自动取款机等的虚拟界面（virtual interfaces）的设计，以满足人的健康、情感和认知需求。它试图在用户期望、系统工作流和美学之间寻找平衡。

（1）软人因通常考虑下列因素

①生理局限　例如，对不同身高者的考虑、对惯用左手者和视觉残障者的考虑。

②认知能力　偶然使用者往往对产品信息缺乏了解。

③情感需求　如果用户在使用中产生迷惑，将导致其产生挫败感，进而导致情感伤害。

（2）软人因的评估准则

软人因的评估准则，包括但不局限于以下方面：

①设计具有兼容性，便于识别和操作。

②界面功能具有适应性，能够满足用户多层次需求，充分发挥系统效率。

③美学设计极简而令人愉悦。

④记忆负荷最小化。

⑤语境帮助即时可得。

10.1.1.2 概念的深化

软人因将设计关注的重点放在虚拟界面和界面的非物质意义上，而非物理界面本身，也不是局限于传统的人机界面。

目前未见国内学者明确提出软人因的概念，但相关研究不乏其例。因此，有必要将软人因的概念扩展至更广阔的领域。注重人因学"软"的一面，对人因学学科发展具有重要意义。

10.1.2 软人因的发展基础

人性化设计、情感化设计等相关设计概念为软人因概念的提出提供了基础。

软人因以工业心理学等软性学科为基础，而不是以人体测量学应用为重点。

软人因突破了认知工效学的范畴，吸收了通用设计、可用性设计、体验设计等设计思想。随着人文因素的注入，软人因也必将有更大的发展。

10.2 软设计

10.2.1 软设计的概念

基于设计的物质属性，软设计是指有弹性的设计，具有良好的过渡性或协调性。

基于设计的非物质属性，软设计是指产品设计中体现的视觉传达艺术、符号学、图形学等涉及二维平面的设计；用户与产品之间的交互设计；由购买和使用产品衍生的用户体验设计；产品设计的伦理道德；建立品牌形象等精神文化层次方面的设计。软设计体现在美学因素、用户体验、文化品味、精神范畴等方面，是富有弹性、模糊性、可变性和多维性的。

软设计与硬设计相对而言。硬设计是指产品设计中的功能设计、技术应用，以及外观造型等物质层次方面的表达。"硬"体现在功能性、物理性、物质性方面，是相对稳定的。

10.2.2 软设计的表现

基于设计的物质属性，软设计有3层含义或表现：

①软材料　可弯曲或可伸展的材料，包括皮革、织物、橡胶等，如图10-1所示。

图10-1　鸟巢床　　　　图10-2　现代抽屉

②软连接　可调控的连接，或者可调节设计，如抽屉的连接件可使抽屉被拉出但不至于滑落，如图10-2所示。

③软操作　有余地、有弹性的操作，如通过遥控、电动、感应装置，实现操作。传统抽屉的开启方式为通过手推拉抽屉的拉手进行开启；进而出现了借助于连接件通过手直接按压抽屉面板而进行开启，甚至可以用大腿碰开抽屉；现在一些家具采用电动抽屉，在抽屉面板装有开关按钮，通过按钮控制抽屉开启。

软设计现象的背后，是科学技术的进步，以及对人文情感、人性的理解和诠释。

10.3　慢设计

10.3.1 慢设计的概念

快设计是为了刺激消费而对产品进行的假性创新，在产品设计中表现为仅考虑产品的使用功能及标准化而不注重其精神功能，注重经济效益而缩短产品的生命周期。现代生活节奏加快，人们感受到的生活压力增加，幸福感却在下降。为了平衡快设计的弊端，随着慢生活节奏的倡导，人们提出了慢设计的主张。

慢设计促使人们在产品使用过程中能够注重感受使用产品的过程，以及在使用过程中以情

表 10-1 慢设计与相关概念

相关概念	设计理念	相似点
绿色设计	在产品的整个生命周期中尽量取用可再生、可循环、可自然降解的材料，产品生产低能耗、无污染	希望营造一个低能耗、低污染的生存环境，从而达到人与自然的和谐发展
可持续设计	注重控制"需要"来"限制"人们过度的消费，满足基本的人类需要以及满足提高生活质量的愿望	满足"需要"并且"限制"消耗，减少对物欲的过分追求
情感化设计	注重从心理学角度研究人和物的关系及交流的情况	让消费者体会到产品所传达的情感

感体验的方式与物沟通，与环境和谐相处。表 10-1 为慢设计与相关理念的比较。

10.3.2 慢设计的方法

慢是一种生活态度，也是一种处世哲学。慢设计如何体现在产品上值得探究。

慢设计的倡导者和理论建设者阿拉斯泰尔·费奥德吕克（Alastair Fuad Luke）认为设计之慢体现在体验上："慢设计是富有灵性、情感的艺术存在，着重在创造力和体验中，而快速的工业设计是一种形式和功能的物质存在。"慢设计应提供一种多样化体验的可能，通过延长设计的过程，让设计者成为消费者，从而激发人对原先消费方式、生活方式的重新思考。

费奥德吕克认为"慢设计不只针对设计者，而是一种民主化进程。要重新点燃个人和社会文化已经被现成的物质主义所削弱的想象"。他总结了 6 条慢设计的原则，但同时承认慢设计必须策略化，他认为慢设计的独特之处是要突破经济、技术以及政治的标准限制，它是"一种政治，需要设计师和整个社会策略性地利用，从而连接起慢设计的理论与实践"。

如何才能具体地指导慢设计的实践，其实人因学早已给出了部分答案：

①坐椅设计的人体测量学　休闲椅采用偏低的座面高度以及可以依靠；中式椅采用偏高的座面高度，但设脚踏。这是慢生活的产品特征。

②产品的视觉设计　采用非完全直线化的形态设计（尤其减少垂直线），色彩统一变化而非单一，造型有视觉中心，采用自然材质。这些设计可以潜移默化地使用户放慢自己的行为。

③产品的肤觉设计　产品应具备良好的触感，并通过材料的肌理、温软特性加以实现。

④产品的本体觉设计　例如，摇椅给人的平衡与运动感，令人体验生活的慢节奏。

⑤产品可选择、可调节、可组合的设计　这些设计手段可以促进人与产品的交互，使用户有存在感、成就感、价值感。

⑥产品的符号应用与文化特征　通过产品语意和产品文化影响用户心理和精神。

⑦产品情感化设计。

图 10-3 为中国设计师张雷设计作品。

图 10-3　飘

10.4 情感化设计

10.4.1 设计情感

10.4.1.1 情绪和情感的界定

就脑的活动而言,情感(feelings)和情绪(emotion)是同一物质过程的心理形式,是同一事件的两个侧面或两个着眼点。情感和情绪可作如下区分,见表10-2。

表10-2 情绪与情感

	表现	层次	可控性	代表学者
情绪	情感过程的外部表现及其可测量的方面	情感的意识体验,具有具体的对象和原因	既与生理需要相联系,是一种先天、本能的反应;又是在社会环境,特别是人际交往中发展形成的,极具社会性;可管理	认知心理学家
情感	情绪过程的主观体验,即心理感受	判断系统的普遍术语	本能的,更是后天培养的;具有持久性	情感专家

10.4.1.2 设计情绪的维度及其影响

情绪是内需的放大,是情感设计的核心,也是设计商业价值的基本立足点。

美国心理学家施洛伯格(H. Schlosberg)提出一种描述情绪的三维度量,如图10-4所示。

不同的情绪能对人的信息加工处理(知觉和记忆)及人的行为起到不同的作用。耶克斯·道德逊(Yerkes-Dodson)曲线揭示了情绪的不同唤醒水平对人的行为的效果,如图10-5所示。

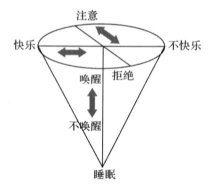

图10-4 情绪的维度

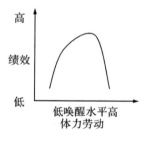
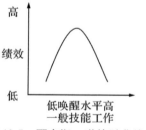

图10-5 耶克斯—道德逊曲线

新异刺激越强,则唤醒程度越高;而愉悦感与新异刺激的关系类似耶克斯—道德逊曲线。新异刺激包括:复杂程度,即对象的要素的数量和包含的信息量;新奇程度,即对象陌生程度和超出常规的程度;和谐程度,即对象与周围环境的差异程度。

因此,情感设计需遵循以下几条基本原则:

①着重实用功能的产品或环境,应给人"中等强度"的正面情绪体验,使人感觉轻松愉悦。

②对于实用功能与精神功能并重的产品或环境,例如,消费类电子产品、家具、灯具等,应突出一些具有较强新异刺激的部分以唤醒观众;而整体设计仍应遵守适度正面情绪的原则。

③对于无过多实用功能,以交流、宣传、传递信息和理念,或提供不同体验为主要目的的设计,则应该根据不同的目的性加以区别对待。

④由于成年人在某种情绪状态下易于回忆起情绪性质与之相同的过去事件,因此通过同类情绪体验的重演,可以唤起其相应的情绪体验。

使人们体验适度正面情绪的设计,其基本特征归纳为:造型整体而较简洁;对称、均衡的形体;要素、部件明确、一目了然;要素的排列与分布呈现规律性而有秩序,变化富有节奏;一致调和的色彩体系;一定的熟悉度,即看起来并不完全陌生。

10.4.1.3 设计情感的特殊性和层次性

设计情感特指与人造物的设计相关的人类情感体验,它包含了一切人与物交互过程中因人工物的设计而带来的情感体验。

(1)设计情感的特殊性

①设计是实用的艺术。设计的情感体验则是与该设计的目的性相关。设计师要有目标用户对于设计结果所能产生情感体验的理解和预期,善于选择适当的情感符号形式。

②设计情感不仅取决于"用"的结果,还与交互情景及过程密切相关。

③设计艺术中的情感具有多层次性(可针对性设计),即感性的情感与理性的情感。

④设计情感具有多样性的特点。由于其复杂的目的性,可能激发不同类型、层面的情感体验。

通过设计使人可以方便地选择产品、组装产品、调节产品、组合产品,体验其中的快乐。

(2)设计情感的层次性

根据大脑活动水平,唐纳德·诺曼将情感体验划分为3种,见表10-3。

表10-3 人对物品的3种情感

情感层次	认知水平	对应产品属性
本能水平的情感	自动的预先设置层	外形
行为水平的情感	支配日常行为的脑活动	产品的使用乐趣和效率
反思水平的情感	思考的活动	用户的自我形象、个人满意、记忆

我国学者柳沙将设计情感分为感官、效能和理解3个层次。

①感官层面 感官层的情感是人与物交互时,本能地、直接地因感觉体验而获得的情感,见表10-4。

表 10-4　感官层面的刺激及其情感体验

刺激种类	呈现的表象信息	情感激发方式	设计图例
形色刺激	新奇的形和色彩及其夸张、对比、变形、超写实的形式	直接利用以吸引人注意	 三洋 Sweets 手机
情色刺激	产品特质或性能、功能与性暗示混合在一起	以性暗示引人注意，并产生愉悦感	 [法]菲利普·斯塔克 带有女性形体特征的桌子
恐怖刺激	刑具、骷髅图像、大面积的黑色	激发恐怖联想而达到特定目的	 危险品标志
悲情刺激	他人的不幸和遭遇情形	激发人的同情心	 非洲赈灾公益广告

②效能层面　这一层面的设计情感来自人们在使用物的过程中所感知和体验到的"用"的效能，即物品的可用性带给人们的情感体验。其核心在于人对物的控制和驾驭。人们对不同人机系统的体验并不相同，见表 10-5。流水线上高效的工具、重复的动作还能使人产生愉悦感吗？复杂产品常常不易使用，人们对其使用方式的掌握带有"征服难题"的意味。

表 10-5　不同人机系统给人的效能层面的情感体验

	木作工具	电钻	流水线	复杂的现代产品
人机系统类型举例				
效能	低效、手工艺	高效、一致性	高效、重复单调	高技能、脑负荷

③理解层面　在这一层面上，设计之物、环境、符号给人的情感体验来自人们的高级思维活动，是人通过对设计物上所富含的信息、内容和意味的理解与体会（特别是新的获得）而产生的情感，见表10-6。

表10-6　人对物品的不同理解

类别	意义	举例	
对物及其使用方式、蕴涵意味的领悟和反思	操作的乐趣 自我实现 审美情感 仪式感 文化传递		茶道、茶艺、茶趣日本茶道中类似"道具"的器物
自我形象的表达	物品所传递的身份、地位、个性、喜好、兴趣、格调、价值观和生活方式		作为行政高官或企事业单位高管办公用桌，总裁台与班台规格大且有气派，讲究豪华、庄严、高贵，尺度雄伟
象征和符号	以物品、图形为符号和隐喻，或设计中加入符号和隐喻。作为符号或象征的设计既有显著的，易于破解的，也有较为隐蔽的		椅背形象有婀娜多姿的意味 [日]矶崎新设计的梦露椅（1972年）
叙事性的解读	以设计物或图像为载体，以名称或创意介绍为线索，通过观看者的联想和想象传达故事		据说可以令人回忆起童年坐在成人大腿上的那种舒服或是尴尬的感觉 [法]里基·德·桑拉·法乐，"查理"扶手椅（1981年）

10.4.2　情感设计

10.4.2.1　情感肌肤

情感是艺术设计区别于一般设计的最本质要素。人机界面在这里表现为情感肌肤。

无论设计师是不是技术专家，他们都是职业性穿梭于产品"外观前线"的沟通者。设计师的职责是将产品的各种本质属性转换成合适的外壳，使用户在不了解产品内在结构与技术的前提下，依然能控制、喜欢、信任它。现代设计师的职能是让物品具有情感的张力，通过适当的语言让人们或喜欢、或好奇、或惊讶于人造物品，并通过"情感肌肤"让用户忽略产品的内部规律和法则,凭借外在表达去理解和判断物品的使用。

现代主义设计师通过一种以单纯的几何形式为代表的造型语言,使用户产生高度理性的情感体验,以至被人认为缺乏人情味。风格派人物雷特维勒德设计的红蓝椅,以木条和平板通过螺钉装配而成。它通过应用鲜明的原色,强调抽象感受和量感,使作品有一种雕塑的形式美,如图10-6所示。

后现代主义设计师通过设计使用户和观众产生复杂的、意味深长的情感体验,包括刺激、新奇、对历史的回忆以及破解"谜语"和"隐喻"的兴奋,从而愉悦他们的心灵。阿里桑德罗·曼迪尼设计的扶手椅是一款典型的后现代设计作品,巴洛克造型、点彩派装饰纹样充斥着符号张力,如图10-7所示。

图 10-6 红蓝椅　　　　　　　　　　图 10-7 扶手椅

10.4.2.2 情感设计策略

设计师通过设计之物使人产生或兴奋或悲伤,或愉悦或恐惧的各种体验,依此发挥情绪的驱动、监察等作用,从而干预人的认知、行为和判断。

基本情感是人们与人生俱来的,包括8～11种,分别为兴趣、惊奇、痛苦、厌恶、愉快、愤怒、悲伤、恐惧以及害羞、轻蔑和自罪感,它们具有独立的生理特征,即不同的外显表情、内部体验和生理神经机制,以及不同的适应功能。复合情感由2～3种基本情绪混合而成,如敌意、焦虑;或由基本情绪与内驱力以及身体感觉混合而成的,如痛觉、灼烧感;或是感情—认知结构与基本情绪的混合,如道德感、理智感等。以下仅讨论快乐情感设计策略。

快乐是指人在现实生活中,期盼的目的达到之后,对紧张解除的情绪体验。快乐的程度取决于愿望满足的程度,依次包括满意、愉快、狂喜等。一般而言,愿望越迫切,目的的达到越出乎意料,快乐的程度也就越高。表10-7为快乐的类别及其获得方法。

表 10-7　快乐的类别及其获得方法

类别	定义	方法	举例
感知愉快	来自感知上的满足感	利用人的感知规律，使用户无需过多思考，直接产生出于本能的快感，包括亲切和雄伟、情趣等心理学家扎伊德指出，快乐的产生存在两个一般条件：熟悉性（韵律和节奏）和兴奋（独特、新奇、有趣、夸张）	戈伦·汉格尔　Aarne 玻璃器皿 和谐的色彩，圆润光洁的表面，温暖而明亮，规律的、有节奏的变化，对称，黄金分割的比例，整体而一致
得利快感	通过达到功利性目的而获得快感	例如能更快速、更简单、更优质地完成某项任务，或者能从某一产品的使用中获得意外或附加的好处	大众 lupo 车 广告文案：感觉上它比实际大
超常快感	使人暂时从自身设定的常态中解放出来，从而缓解压力、感到愉悦	形式极端夸张，强烈对比，有意外情节以及童稚化 童稚化物品的风格，色彩鲜艳，造型夸张；或以儿童的视角和思维方式加以表现，例如，模拟儿童的游戏	座椅西班牙 300% 设计展展品，带有卡通米老鼠形象
解码快感	设计师赋予物品以某种意义，使其成为某种符号或隐喻；当人们解读出这一意义，并与之产生共鸣时，能获得极大快乐	物品造型和装饰的象征和隐喻较为"隐蔽"，不少观众会忽略掉设计师巧妙设定的符号和隐喻。只有建立在共同的符号贮备和共享经验和知识的基础上，才能获得解码快感	玛丽莲沙发(1981 年) [奥]汉斯·荷伦(Hars Hollein)设计
交互快感	体验令用户能对物品发生交互，从而获得自我实现的愉悦	人们通过自主选择、改变、组合、调节、控制、操作物品及其使用方式，使其更适合自身需要，从而实现愿望，增强自信，提升价值，获得他人尊重和认可	模块化纸桌椅

10.4.2.3 设计情感的表达

设计情感首先是对物的色彩和形式的体验，这种观感体验先于使用体验。设计师在为设计之物选择适当的界面时，色彩和形式要素应作为其工作的主要对象和目标。一切二维和三维的形式都是由基本造型元素组成的，包括形态（点、线、面、体）、构成、色彩、材质。

造型要素赋予人情感体验，其心理机制为：①造型要素及其结构（速度、方向、比例等）能直接作用于人的感官而引起相应的情绪，例如，温暖、收缩、刺激等；同时伴随着相应的情感体验，例如，温暖、明亮伴随着愉悦，寒冷、幽暗伴随着厌恶或伤感等。②该造型使人有意无意地联想到具有某种关联的情境或物品，并由于对这些联想事物的态度而产生连带的情感。同一个原本并无固定意义的图形，由于不同人的成长背景、生活阅历、知识结构、个性等差别，会使人产生不同的联想和情感体验。③形式具有象征意义，观看者通过对形式意义的理解而体验相应的情感，如图10-8所示。

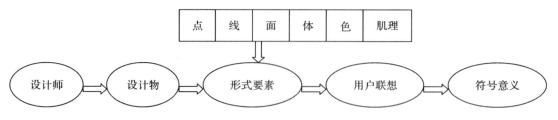

图10-8　情感体验模式

（1）点

造型中，点的感觉规律：

①独立的点给人以独立、停顿、若即若离的感觉，唤醒人的注意，常作为视觉中心。

②两个形状、大小相同的点在一起时，有相互吸引和排斥的作用，引导人的视线往复游移。

③当两点形状、大小不同时，大点首先吸引人注意，而后视线仍会停留在大点上。

④形状类似、大小相等的那些点被认为是一个整体（遵循接近律、相似律、渐变律、对称律）。

⑤大小呈规律变化的点规则排列时，给人运动感和空间进深感。

此外，点的情感基调很难一概而论，会根据其不同的大小、形态等而发生变化。圆点显得饱满、充实、完整、深厚，而方点显得坚实、冷静、规矩、稳定。工业产品的按键设计为不同的形态、色泽和质感，赋予产品复杂的语意和风格。图10-9为法国菲利普·斯塔克设计的壁厨把手。

图10-9　壁厨把手

（2）线

线是点运动的轨迹，具有位置和方向感。造型中的线如同点一样存在宽窄，其粗细也是由于与面相比较而存在。平面的线包括了几何线和非几何线两类，其中几何线包括直线、折线和曲线，曲线发展到极端就是圆——最圆满的线；非几何线包括了各种随意的线。此外，还有三维的线。

线的情感体验主要取决于其运动属性：速度和方向。直线目的明确，理性而简洁。形成直角的折线是最具寒冷感的折线，并且也最为稳定，表现一种自制和理性；锐角的折线最紧张，并且也最温暖，表现积极和主动；钝角的直线向拐角处推进的紧张程度逐渐缓和，趋向平稳、安逸，并伴随着一种慵懒、被动，以及一种正走向结束的不满与踌躇，见表10-8、图10-10。

表10-8　直线的类型

线型	联想	情感体验
水平线	地平面	平坦、平静、安宁、寒冷和沉稳
垂直线	挺拔、高扬之物	温暖、运动、生命力、紧张、威仪和肃穆
倾斜线	物的倾倒趋势或过程	不稳定、不安全、冲动，亦或支撑
折线	物的对折或展开	由于所含角度的区别带有冷暖的情绪

图10-10　折线的情感

曲线是直线由于不断承受来自侧面的力，偏离了其轨迹而形成的；压力越大，偏离幅度越大，即曲率越大。曲线都具有不同程度的封闭自身、形成圆的倾向，其中弧线包含着忍耐与城府。圆的曲率达到最大，其隐忍、含蓄、暧昧的感觉也最为强烈。曲线所带来的含蓄、温和、成熟和隐忍的情感特质，又使之具有一种女性的气质。

美国学者罗伊娜·里德·科斯塔罗对曲线进行了周全的区分，分为3种缓慢曲线、4种具有速度感的曲线、3种方向曲线以及独立曲线，见表10-9。

表10-9　曲线的类型

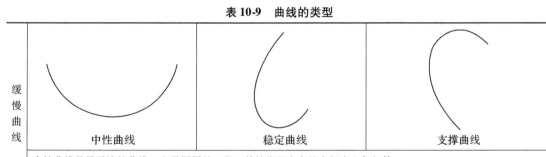

缓慢曲线	中性曲线	稳定曲线	支撑曲线
中性曲线是最平淡的曲线，它是圆周的一段，其扩张程度在整个长度上都相等			
稳定曲线在其重垂（accent）的部分处于一个平衡位置，不能变平			
支撑曲线刚好与稳定曲线相反，若在其顶部放些东西，就会觉得它在支撑负载			

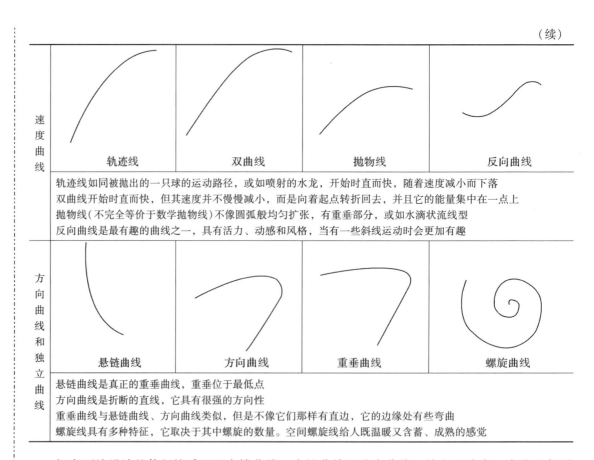

					（续）
速度曲线	轨迹线	双曲线	抛物线	反向曲线	
	轨迹线如同被抛出的一只球的运动路径，或如喷射的水龙，开始时直而快，随着速度减小而下落 双曲线开始时直而快，但其速度并不慢慢减小，而是向着起点转折回去，并且它的能量集中在一点上 抛物线（不完全等价于数学抛物线）不像圆弧般均匀扩张，有重垂部分，或如水滴状流线型 反向曲线是最有趣的曲线之一，具有活力、动感和风格，当有一些斜线运动时会更加有趣				
方向曲线和独立曲线	悬链曲线	方向曲线	重垂曲线	螺旋曲线	
	悬链曲线是真正的重垂曲线，重垂位于最低点 方向曲线是折断的直线，它具有很强的方向性 重垂曲线与悬链曲线、方向曲线类似，但是不像它们那样有直边，它的边缘处有些弯曲 螺旋线具有多种特征，它取决于其中螺旋的数量。空间螺旋线给人既温暖又含蓄、成熟的感觉				

柯布西埃设计的休闲椅采用了支撑曲线、中性曲线和稳定曲线，给人以稳定、安逸和舒适的感觉。爱尔兰的艾琳·格蕾设计的S形可折叠扶手椅采用几段中性曲线接合形成S形，分别承担了支撑和稳定的作用，如图10-11所示。

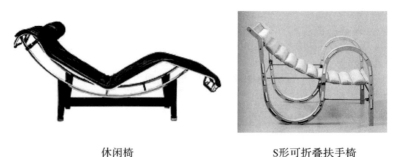

休闲椅　　　　　　　　　S形可折叠扶手椅

图 10-11　曲线在椅子中的应用

（3）面和体

造型基本面分为自由曲面（有机曲面）和几何面。几何面分为平面和空间面，后者主要包括柱面和双曲面、球面，见表10-10。体由面围合而成，分为几何体和非几何体。基本几何体包括长方体（包括正方体）、圆柱体和球体，其他几何体都是在基本几何体的基础上通过切割、

表 10-10　面的基本类型

类型		感受	易用性
平面	矩形	平坦、简洁、规整、朴素	容易设计加工，使用较广泛
	三角形		
	圆形		
曲面	柱面	流畅、光滑、柔和、丰满、动感，富于变化	设计制造复杂
	球面		
	自由曲面		

组合、变形而成。

矩形是由两组垂直线和两组水平线组成的。根据康定斯基的分析，"当其中一组处于优势时，即基础平面的宽度大于高度或高度大于宽度时，寒冷感或温暖感将因此而强烈地反映在印象上。寒冷感的一方在较强的基础平面（宽幅型）上与显示向上活动的紧张形态重叠时，那种紧张便逐渐变得带有戏剧性，因为其时制止力起强大作用。那种制止作用一超过限制，就会引起一种不愉快的感觉，确切地说是一种难以忍受的感觉。"矩形的两组边存在相互节制的属性，水平一边获得优势，则感觉寒冷、节制；而垂直一边获得优势，则显得温暖、紧张，动感十足。矩形四边上的作用强于下（如更粗、更长等），那么图形给人的感觉比较轻松、稀薄、失去了承受重量的能力；反之如果下的力量超出上的力量，那么会产生稠密感、重量感和束缚感，如图 10-12 所示。

图 10-12　"上的作用强于下"的立式书柜和"下的作用强于上"的客厅平柜

三角形可视为一条直线两次折叠或将矩形切割形成，它是最具有方向性以及定义平面最简的、最稳定的几何图形。正立的三角形可以视为"下强于上"的矩形的一种极端的表现，其稳定性达到了最大，如图 10-13、图 10-14 所示。将三角形倒置，是上强于下的极端，会产生极度的稀薄感和不稳定性。

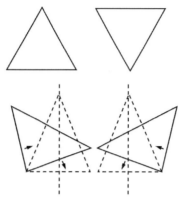

图 10-13　三角形的稳定性　　　　图 10-14　三角形构图的器物具有稳定性

圆既单纯又很复杂。中华民族认为它象征团圆、圆满，即使圆滑也表明了一种中庸、有节的态度。所谓"外圆内方"就是最典型的人格体现，代表一种成熟的为人处事态度。

柱面是圆在垂直方向上生长得来的面，因此截面给人以完整、缓慢的感觉，而在垂直方面则有生长、支撑的方向属性，类似矩形的体验，并因长宽比的不同而不同。

球面无论从任何角度看都是圆满的。图 10-15 为芬兰设计师艾洛·阿尼奥设计的球椅。以球面为基础的各种双曲面虽然生产制造并不容易，但却总是设计师们的最爱。

自由曲面无显著规律可循，难以简单描述。它往往令人联想到生物体，带给人生命力、活力和自由任意的感觉。格式塔心理学家揭示，人们趋向将感觉对象组合为"良好"的完整图形，按照一定的预期感知对象。从这个角度看，有机曲面并非最简洁、最规律的形式，但自由曲面的变化只要没有强烈到突破人对整体形式的知觉和体验时，便能带给人们愉悦。暗示生物形态特征的自由曲面，其形态、比例、变化具有生物机体形成的潜在规律，这些生机勃勃的形态也同样能使人振奋、产生积极的应激状态。

与自由曲面对应的是非几何体。非几何体包含具像的体和抽象的自由形体。图 10-16 为德国设计师科拉尼设计的椅子。

图 10-15　球椅　　　　图 10-16　抽象自由形体的椅子

（4）结构

形和体对人们情感的激发，一方面来自要素本身的情感特性，但更重要的是来自要素组合时的尺度、比例和构成，即结构的情感特性。

人们对于结构的情感受到两种相反的应力作用，其中一种应力使形体趋向"良好"；另一种力则是一种破坏整体的应力，它不断向外突破，试图打破整体的完美结构。完全符合良好结构的形，人们会本能地感觉愉悦、舒适、放松和平静；而打破良好结构的形，则能吸引人的注意力，产生一定的张力和动感。

格式塔心理学家首先提出在物体内部突破性力的存在，并认为这些力具有一定方向性，比如学者纽曼所提出的"伽玛运动"，认为这些突破性的力通常是从一个图形的中心位置向外部的四面八方发射，类似一种试图拉扯形体、突破形体结构束缚的力，如图10-17所示。

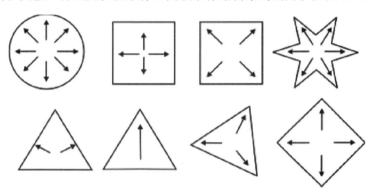

图10-17　伽玛运动

图10-18中两把座椅都是以结构为最重要的表现方式，前者主要采用重复而富有节奏的构成方式，而后者则是一种解构主义的设计，貌似杂乱无章的解构略显古怪纷乱。两者形成鲜明的对比，前者优美而均衡，后者则充满动感和张力，是一种刻意的对完美的破坏。

图10-18　绳结躺椅与圆盘椅

点、线、面、体及其结构共同构成产品的形态。形态是产品的外部轮廓所呈现的形状和神态。形态具有下列心理效应：

①力度感　视觉张力是一种看不见但可以凭借某种形态进行感知的势态。力度总是与运动、变化等联系在一起，所以对人们有巨大的吸引力和震撼。

②联想和通感　通感使人的视觉、听觉、触觉等各种感觉在心理体验层面彼此交错相通，引发人的联想，丰富产品情感肌肤的内涵。

③个性或新奇　新奇或个性化的形态可以引起人们的心理震撼或愉悦，并容易被人记住。

从视知觉角度，利用视觉分析方法，通过对产品构图重心、方向、上下关系、左右关系、虚实、凹凸、面积、色彩、图案的规则性与封闭性等方面进行分析，可进一步感知产品（门窗、屏风等）构图的图底、空间、稳定、均衡、伸展、放射、旋转等关系。

（5）色彩

①色彩的情感体验（表 10-11）　鲜艳的色彩一般与动态、快乐、兴奋的情绪关系密切，而朴素的色彩则与宁静、抑制、静态的情感关系密切，无彩色使用户体验高技术、精确和效率感，如图 10-19 所示。

表 10-11　色彩的情绪体验

色相	情绪体验	典型应用
红色	喜悦、温暖、愤怒、兴奋、危险、刺激	刺激注意力，增进食欲，无限活力
粉红	温暖、女性、安静、甜蜜、温馨	女性，特别是少女用品
橙色	快乐、满足、暖和、力量、积极、亲近	食品包装、警告标志
褐色	可信赖、稳重、严肃、敦厚、忍耐、乏味、沉重	传统家具、皮革制品
蓝色	寒冷、信赖、智慧、宁静、稳定	金融单位、高科技单位、医院
绿色	安静、生命力、新鲜、满足、松弛	动植物制品，环保
紫色	孤独、不自然、不安全、神秘；蓝紫色庄严、高贵；红紫色有力和兴奋	高档时装、包装
白色	冰冷、安全、单纯、干净、轻盈	医院、厨卫设施、电器
黑色	力量、恐惧、深闷、坚固、危险	电子产品、男性用品
灰色	平淡、无刺激、安宁、乏味	沙发

②色彩对比的情感体验　从色调上来看，互补色毗邻时，两色饱和度明显提高，对比强烈，能提高人的注意力和兴奋程度。儿童偏好纯度和明度较高的色彩，因此在设计中也常使用纯色或补色搭配，如图 10-20 所示。

图 10-19　无彩色的消费电子产品　　　图 10-20　宜家儿童房设计

③固有色的情感体验　某些物体的色彩已成为固有概念，例如，蓝天、白雪等，这些色彩被称为这些事物的"固有色"。由于选择性反射和吸收的原因，木材能显示其柔和的固有色泽。一束光照到木材表面，有一部分会直接产生反射，还有一部分通过界面进入其内层，在内部微

细粒子间形成漫反射,最后再经界面层形成反射光。内层反射为扩散反射,比较均匀。木材颜色主要由其内含物成分所决定,以橙色为中心且有一定的分布范围。木材的色调主要分布在 2.5 Y ~ 9.0 R(浅橙黄~灰褐色),以 5 YR ~ 10YR(橙黄色)居多;明度主要集中在 5 ~ 8 之间;纯度主要位于 3 ~ 6 之间。

固有色是色彩联想产生的基本原因,它会导致人们对色彩产生一定的好恶情感。橙色容易使人联想起橘子、柿子、阳光、少女,引起酸甜、温暖、明亮的情感体验,如图 10-21 所示。消费行为学研究表明,人们常根据他们对于物品色彩的常识、经验限定色彩的用途。固有色有时能支配人们购买行为。木材颜色的色调、明度、纯度及其纹理、树节等视觉物理量与自然、美丽、豪华、温暖、明亮、轻重等心理量之间均具有相关性。用木材的暖色基调营造室内环境,能融洽气氛,使人精神愉快,给人以温暖感。明度高的木材一般呈黄色,给人以明快、整洁、美丽的印象,而紫檀、花梨木之类的木材及染色加工的同种色调的木材,会有豪华、深沉感觉。纯度低的木材有素雅、厚重、沉静的感觉;纯度高则有华丽、刺激的感觉。此外,木材的视觉轻重感与其明度紧密相关,而局部区域的明度对比值是影响视觉粗滑感的重要因子。

图 10-21 橙色的室内与地铁站

固有色对设计产生约束,但有时采用非固有色设计时,产品会在同类中显得较为突出,格外引人注意,能迎合某些用户(特别是年轻人)"求新求异"的心态。透明涂饰可提高木材光泽度,使其光滑感增强,但同时也会引起其他方面的变化。由于漆本身不同程度带有颜色,涂在材表上面,使材色变深。另外,涂饰可提高阔叶材颜色的对比度,使木纹有漂浮感,并增强木材的华丽、光滑、寒冷、沉静等感觉。

④色彩象征与情感体验 色彩联想的抽象化、概念化、社会化导致色彩逐渐成为了具有某种特定意义的象征,成为文化的载体。例如,龙袍的明黄色象征皇权,上面的纹样采用五色体系,也有各自象征。

(6)材质和质感

材质是材料自身的结构和组织。质感是人们对于某种材质特性的感知和情感,分为物理质感和心理质感两方面,包括色彩、光泽、透明度、发光度、反光率、肌理及其所具有的表现力。不同材质带给人不同的感知,有时还会引起一定的联想,就产生了联想层面的情感。人类利用材料造物，选择材料首先是依据各种材质的物理属性，另外还依据这种材料在多年造物史中不断运用而被赋予的意义。

① 木材　木材具有天然的肌理和柔和的色泽以及生命的韵律，给人以自然、原始、亲切的体验。最珍贵的木材往往是那些生长缓慢、纹理优美、质地坚硬的珍贵树种，例如，檀木、胡桃木、橡木等。图 10-22 为古今中外的几款木质椅子。

黄花梨透雕靠背圈椅　　黄花梨四出头官帽椅　　蒸汽弯曲木椅　　蝴蝶凳

图 10-22　木　椅

木材的生长轮在径切面和横切面上都是彼此不交叉的、近于平行或成同心圆的图案，给人以整洁、稳重、流畅自然、轻松自如、雅致的印象。栎木、鸡翅木的木射线和轴向带状薄壁组织也可以形成美丽的花纹。此外，由于受立地条件、生态环境因子和培育措施等的影响，木材图案在木材的不同部位有不同的变化，给人以多变、起伏、运动、生命的感觉。木纹图案①充分体现了变化与统一的造型规律。东方人一般对节子有缺陷、廉价的感觉；西方人则有自然、亲切的感觉。

木材的早晚材管孔和生长轮之间的细胞以不太规则的蜂窝状构造分布并呈现一种波动现象，而人的心脏跳动与脑电波的涨落亦呈类似分布形式，这使得人们在看到木纹图案时就会得到一种亲切、祥和、安静的舒适感。大多数音乐频率的涨落也有类似规律。这是一种能给科技木的图案仿生设计以启示的通感现象。借助于染色技术，白色木材如白梧桐发挥了类似性能。

木材被人接触时，给人以不同的冷暖感、粗滑感、软硬感、干湿感、轻重感、舒适感等。木材的触觉特性与木材的组织构造，特别是其表面组织构造的表现方式密切相关。西方流行显孔亚光装饰，我国人造板装饰业也出现了很多压有木材导管孔槽的装饰材料，明代家具表面一般都采用擦蜡而不髹漆，其道理均在于保持材料的特殊质感。

木材表面的冷暖感和导热系数的对数呈线性关系。它主要受皮肤—木材界面间的温度、温度变化或热流速度的影响。导热系数小的材料，其触觉特性呈温暖感。木材顺纹方向的导热系数为横纹方向的 2~2.5 倍，所以木材的纵切面比横断面的温暖感略强一些。用厚度为 0.2~6 mm 的单板覆盖其他材料，薄单板表面的温冷感受下面基材的热导率影响较大，单板厚为

---

① 常用花纹有鸟眼花纹（如槭木）、虎斑花纹（如栎木、山毛榉）、瘿木花纹（如花梨木、核桃木、楠木、杉木、杨、柳）、条状花纹（如桃花心木、沙比利、香椿、柳安）、影木（如樱桃木）、斑纹木（如乌木、胡桃木、小鞋木豆）、根基花纹等。

6 mm时下面基材的热导率对温冷感几乎不再有影响。

木材表面的粗滑感是由其微小凹凸程度决定的。木材表面虽经刨切或砂磨，但仍然不完全光滑。木材细胞组织的构造与排列赋予木材表面以粗糙度。木材组织的类型也刺激人的视觉，由于触觉和视觉的综合作用使人感到木材表面具有一定的粗糙度。粗滑感是指在粗糙度刺激作用下，人们的触觉感受。针叶树材的均方根粗糙度比阔叶树材的分布范围窄，因而针叶树材的粗糙感分布范围比阔叶树材的分布范围窄。对于阔叶材来说，主要是表面粗糙度对粗糙感起作用，木射线及交错纹理有附加作用。而针叶材的粗糙感主要来源于木材的年轮宽度。用手触摸材料表面时，摩擦阻力的大小及其变化是影响表面粗糙度的主要因子。在顺纹方向针叶树材早材与晚材的光滑性不同，晚材好于早材。木材表面的光滑性与磨擦阻力均取决于木材表面的解剖构造，包括早晚材交替变化、导管大小与分布类型、交错纹理等。

木材表面的硬度，因树种、同树种不同树株、同株不同部位、不同断面而差异很大，因此有的触感轻软，有的触感硬重。无论涂饰与否，人们都喜欢用较硬的阔叶树材作桌面。

暖和、光滑的材料有干燥感，而给人以冷、粗感觉的材料有潮湿感。玻璃、金属等给人潮湿感，而木材、纤维则给人干燥感。

此外，木材能吸收湿气，吸收光和热，平衡磁力，对人的自律神经系统具有调节作用。

②竹材与藤材　竹材在中国南方地区生长普遍，价格低廉，可以加工为竹条、竹段等，最终制成桌椅、躺椅、筐篮等多种器具，这些竹器造型简朴，经久耐用。竹材触感光滑细腻、清凉，并带有竹香，常用以制作床或凉席。竹材富有天然的纹理和色泽，较之与木材给人以轻巧、柔软、清新、雅致之感，极具有节奏与韵律感，在高温后易于弯曲，冷却则能定型。利用这一属性，可将竹竿完成任意曲线，形成各种器物的骨架。竹与梅、兰、菊并成为"花中四君子"，具有人文气质和东方风韵。

藤材质地细腻，具有通风透气性能，手感清凉、柔韧，给人以自然古朴、舒适别致的感觉。藤材可以漂白或染色，或淡雅，或深沉，形成丰富的色彩。藤条或藤皮编织而成的制品或构件具有柔性和可塑性，可用于缠绕沙发结构或编织藤椅座面。图10-23为竹、藤、皮革、织物在家具中的应用实例。

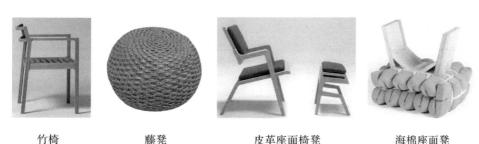

竹椅　　　　藤凳　　　　皮革座面椅凳　　　　海棉座面凳

图10-23　竹、藤、皮革、织物在家具中的应用

③皮革与纺织物　皮革分为真皮和人造皮革两大类，其中椅类家具常用牛皮、猪皮、羊皮等。按皮革的层次，有头层和二层之分。皮革具有柔韧、透气、厚重的质感。头层皮质感更加细腻、柔韧。真皮的不同部位质感也不同。

常用纺织物包括棉、麻、丝、毛等天然纤维材料以及涤纶、腈纶等化学纤维材料。由于各种纺织物纤维粗细、长短以及编制方法不同，质感也各不相同。粗的纤维（如麻）给人以粗、硬、挺的触感，而细的纤维（如丝）给人以细薄、柔软的触感。

④金属 金属材料表面一般富有光泽，具有特殊的亮度，特别是那些工艺精良的金属，表面明亮犹如镜面，具有很强的反射性和延展性。影响金属材料质感的重要因素是色泽、加工方式以及相配材料的相互影响。

不同色泽的金属质感差异很大，见表10-12。黑色金属，以铁为主，给人以冷峻、锋利的感觉；有着不同色泽的金属称为有色金属，如金、铜、银、锌等。暖色金属显得华丽、富贵、柔和，如金和铜；白色金属雅致、含蓄，如铝和钛；青灰金属显得凝重、庄严，如青铜。

表10-12 不同金属的质感及应用

金属	特性		质感	应用举例	备注
金	这些贵金属富有光泽，具有延展性、可塑性	色泽明亮	高贵、华丽、奢侈，有时则为庸俗	饰品	权势和财富的象征
铂		又名白金，稀有而稳定，光泽灰白	高贵、华丽、奢侈	结婚钻戒	永恒承诺的象征
银		淡淡的白光、灭菌	纯洁、雅致	时尚女性饰品、餐具	
铜	呈淡玫瑰色乃至红色		高端、大方、复古	装饰件	
	加入15%以上锌的黄铜会显现出类似黄金的明亮色泽，用黄铜仿制黄金饰品 加入镍锌铜的合金（称为"新银"）会发出白银似的光泽，用新银仿制银餐具				
青铜	青灰色，柔和的光泽		符号神秘、诡异，造型朴拙凝重、颇具体量感	礼器	
钢铁	寒光凛冽、锋利		坚韧、冷酷、效率、功利	钢木家具、铁艺制品	
不锈钢	表面精致细腻，能长时间保持明亮白色泛蓝光泽，并如镜面般倒映周围环境		冷峻、疏远、精密、品质卓越	日用器皿、装饰品	个性独立的年轻人喜欢
轻金属	指铝、钛、镁等轻金属及其合金，质地细腻，表面泛白光		轻巧、坚固、优雅，最具有科技感、时代感、未来感	便携的高科技产品	或用塑料薄膜代替

金属的加工工艺很多，它可以浇注成任意复杂的形式，并获得模具上的纹理，也可以使用冲压、切割、镶嵌、焊接等工艺，可塑性极强。浇注而成的金属制品凝重、表面装饰炫耀，给人以庄重肃穆之感；而采用冲压方式将金属片弯曲成型的制品则轻盈而有弹性，尤其是将金属材料加工成丝，编织成家具或器皿更显灵巧精致；表面经过抛光、镀铬等处理的金属制品，如不锈钢制品，显得简洁精密，极富理性美；而表面通过腐蚀、打磨、锻打、刻画等肌理工艺处理的金属表面则显得朦胧、含蓄而华贵；经过喷涂的金属，则失去原有光泽，具有无限的色彩可能。

材料的组合使用能激发和传递更加丰富的情感。现代家具常使用钢管与皮革、帆布或藤等天然材质配合制作沙发或座椅、皮革等自然材料温暖的属性能对金属带给人的冷漠感稍作平

图 10-24　钻石椅

图 10-25　潘顿椅

衡。图 10-24 为意大利设计师哈里·贝尔托亚设计的钻石椅，使用钢质金属丝制成，轻盈明快。

⑤塑料　是人们通过对天然材料的合成、改性，有时还增加某些添加剂而得到的固体材料。

塑料自由度极高，不论是热塑性还是热固型塑料最初都可以受热而变成熔融状态。因此，使用塑料塑造形体，无论是具象型还是抽象型，几何型还是流线型，都很容易。它易于着色和表面处理，因此其表面肌理也具有极高的自由度，可以光洁明亮，也可以呈现各种肌理，还可以磨砂后泛出朦胧的光泽。塑料在一定负荷下或一定温度以上会弯曲变形，因此，一般塑料不能作为过度承重的材料。它给人一种柔软、温和、轻盈、灵活的情感体验。图 10-25 为丹麦设计师维纳·潘顿设计的作品。

塑料是最具模仿性材料，能较为逼真地模仿玻璃、陶瓷、木材、竹材、皮革等多种材料。塑料制品常等同于通俗廉价物。它缺乏木材、金属等传统材料固有的历史底蕴和文化意味。使用塑料材质的家具一般为公共座椅、儿童座椅以及移动式厨柜等。

⑥玻璃　玻璃在高温下可融化为黏稠的浆状液体，冷却后能获得模具的形态，包括表面的细节。它不仅能塑造成各种形态，而且表面的花纹、图案也多种多样，具有极强的可塑性和装饰性。一般来说，玻璃表面光亮，具有一定的透明性、透光性，并且能折射和反射光线。由于所添加的金属元素不同，玻璃能具有五彩斑斓的色彩。

玻璃给人以流动感，光与周围的环境对玻璃的视觉效果影响巨大。玻璃透光、折射、反射，并倒映周围的环境的幻影。在明亮时它显得璀璨而光彩照人，在黑暗中它散发幽光而充满着神秘色彩，而当作为灯罩时它则显得晶莹剔透。液体也具有类似玻璃的透明性、折射和反射性；盛纳液体的玻璃容器由于内部液体的摇曳加强了光线的折射与反射，显得更加神秘、变幻莫测，那些容纳了昂贵液体的玻璃容器给人以奢靡、妩媚、动态、轻盈的女性美。玻璃造型有可能呈现美妙的自然形态和色泽，显现一种流淌的、动势的、凝固时间的美感。

一般玻璃触感冰凉、坚硬，脆而易碎，给人以轻薄、脆弱的感觉。因此，使用者总是小心翼翼。强化玻璃、防弹玻璃不再那么易碎，但玻璃易碎的特性早已在人的观念中根深蒂固。如

玻璃地板　　　　　　　大面积玻璃窗　　　　　　玻璃茶几

图 10-26　玻璃在家具与室内中的应用

图 10-26 所示，强化玻璃地板看上去有些危险，使人产生新奇、冒险的体验。

完全纯净透明的玻璃使人产生虚无感，甚至有时无法感到物的存在。在建筑设计中，这种虚无感能使室内光线充足，拓展视野范围，内室与外景融为一体，给人以空灵的感觉。如图 10-24 所示，室内设计。而那些使用了半透明的，或者只透光不透明玻璃则使内部物体显得若影若现，奇幻而具诱惑力，可用于灯罩及浴室的隔断。

⑦陶瓷　陶器是黏土经水调和后，经大约 1 000 ℃的温度烧结而成；瓷器是使用特定的瓷土——高岭土同样先塑造成型，再经过高于 1 250℃的高温烧结而成。瓷器比陶器制作更加精良，表面吸水率较低，有一层结晶釉，因此显得质地更加细腻，扣击时能发出清脆的声响。

陶瓷可塑性能带来塑造、创造的神奇体验，其脆性则类似玻璃。陶，含蓄丰富的色彩和肌理，有助于体现平和与质朴的情调。瓷，质地坚硬、细腻、纯净洁白，其中那些壁厚较薄的瓷器半透明，具有洁净、清爽的情感色彩。图 10-27 为红木瓷椅。

⑧纸　纸本是书写、印刷的主要材料。它作为一种制作材料时，强度、韧性都很低，在很小压力下就会裂开、破碎，因此给人以脆弱、不可靠的感觉。现代的纸可以回收，重新搅拌成为纸浆，作为一种可再生的资源。纸有一定的透光性，表面质感温和，色彩艳丽。图 10-28 为纸质三格书架。

图 10-27　红木瓷椅　　　　　　**图 10-28　纸质三格书架**

10.5 人性化设计

10.5.1 人性化设计观念

人性是人的自然性和社会性的统一。设计中的人性化是指通过设计提升人的价值,尊重人的自然需要和社会需要,满足人日益增长的物质和文化需要。

人性化设计积极考虑产品在人们生活中发生的作用,以及对周围环境的影响程度,为提高具有丰富物质、文化内涵的生活品质和客户价值而设计,为人类健康生活环境和生活方式(包括人与人之间的关系)而设计。人性化设计观念的实质就是在考虑设计问题时以人为轴心展开设计思考,而人是社会的人、群体的人、个体的人、经济的人。

人性化设计观念的要义,可以概括为以下方面:

(1) 以人为中心展开设计,克服形式主义和功能主义的片面倾向

设计的目的是为人而不是为物。注意研究人的生理心理和精神文化需求和特点,用设计的手段和产品的形式予以满足。积极主动地研究人的需求,探索潜在愿望,唤醒美好追求,不被动地追随潮流和大众趣味。产品应具有为人识别和接受的信息。

(2) 协调个人与社会、物质与精神、科学与美学、技术与艺术等之间的关系

把社会效益放在首位,克服纯经济观点。发挥设计的文化价值,把产品与影响和改善人们的精神文化素养、陶冶情操的目标结合起来。处理好高技术与高情感的关系。用丰富的造型和功能满足人们日益增长的物质文化需要,提高产品的人情味和亲和力。把设计看成是沟通人与物、物与环境、物与社会等的桥梁、手段,从人—产品—技术—环境—社会的大系统中把握设计方向。

(3) 以整体利益为重,为全社会、全人类服务

人民大众的生活品质大于少数人的利益。产品设计必须为人类社会的文明进步作出贡献;把设计放在改造自然和社会及人类生存环境的高度加以认识,使人类的价值得以发挥和延伸。继承和发扬民族精神、民族文化的优良传统。抛弃愚昧的、落后的、颓废的、不健康、不文明的因素。将意识性与地域性的距离缩短;越是民族的,越是世界的。注重设计的伦理道德与普世价值。

(4) 设计师应有服务于人类、献身于事业的精神

设计是手段不是目的。时时处处为消费者着想,为其需求和利益服务,并协调消费者、生产者、经营者及其他利益相关者的关系。

10.5.2 人性化设计观念应考虑的主要因素

(1) 人的需求

需求是创新的原动力。满足人的各种希望、解决现实产品存在的问题,从而创造价值,是产品设计的外在动机。根据马斯洛的观点,人的需求层次及内涵见表10-13。

表 10-13　人的需求层次

需求层次	内　涵
生理需求	免于饥饿寒冷，身体健康，生活舒适
安全需求	免于危险和受伤，预防事故发生
归属需求	免于孤独、疏离而加入集体和团体，参与活动，接受别人的爱
尊严需求	受人尊敬，有成就感
认知需求	要求知晓和探索的需求
审美需求	追求秩序和真、善、美
自我实现的需求	发挥潜能和创造性，发展个性，表现自己的人格特点

从设计与工程的角度，对人的需求进行重新认识，见表 10-14。

表 10-14　与产品设计相关的需求

类别或层次	内　涵	举例
生理性需求	用产品功能设计来满足 工具是手的延伸；人体类家具是人自身支撑能力和范围的延伸	传统人因设计
心理性需求	求实心理、求廉心理、求新心理、求奇心理、求快心理 认知需求、审美需求、宜人、情感需求 身份、地位、个性、自我实现需求、成就和归属感	现代人因设计
智性的需求	提高智能水平、解决问题的能力、效益和速度 产品的信息和符号、语意	家具的教育功能

现实需要是指当前显著存在的需要，而潜在需要是相对现实需要而言的、人们尚未意识或业已意识但因种种原因而不能得到的一种未来的需要。对前者要审时度势，兵贵神速；对后者要高瞻远瞩，暗度陈仓。一种需要的产生，必须会导致另外几种需要的出现。

（2）人因学因素

人因学因素包括表 10-15 中的几个因素。

表 10-15　人因学的部分因素

因素	说　明
人体测量学因素	人的静态尺寸、动态尺寸
运动学因素	作业姿势、作业阶次、操作与动作形式及轨迹，以及相关的协调性、节律性等
动量学因素	动作及其产生的动量。例如，转椅升降手柄设计
动力学因素	操作及施力大小
心理学因素	产品尺度、作业空间和动作等对人的安全感、舒适感和情绪等的影响

（3）环境因素

环境因素包括以下表中几种（表 10-16）。

表 10-16　环境因素

文化环境	社会环境（形式方面）	物理环境
非物质设计 传统、习俗、价值观、思维方式等 文化与设计的关系是双向的（文化对设计的影响表现在设计风格、设计观念和设计定位等方面；设计对文化的影响是多方面的，甚至导致一个新的文化生活形态）	消费者的价值观、生活态度、生活方式受大环境的影响 不同产品的相互影响：设计思想、风格、方法等 中国传统建筑与家具的关系：设计思想、风格、形式、结构；室内与家具的关系…	物理环境包括 视环境、听环境等； 也可以分为 制造环境、使用环境等

（4）美学因素

美学是一种研究、理解"美"的学问。产品美学是以人为主体研究评判产品美的水准及塑造美的方法。相关学科如设计美学、技术美学、木材美学，为产品设计提供了丰富的美学理论（表10-17）。

表 10-17　美学因素

各种感觉的感受及其美的创造 审美观及美感表现	美的媒介及其美学特性的发挥 美的形式　美学法则与方法	美感冲击力及人的适应性

10.5.3　以用户为中心的设计（可用性设计）

将用户时时刻刻摆在产品整个生命周期过程的首位，时时刻刻考虑用户的需求和期望，其目的是让用户接受、满意。用户接受性差的产品体现在：产品种类非市场需求，产品性能与用户要求不符，产品外观缺乏吸引力，产品难以学会使用，产品安全性、可靠性差等。为此，设计师应掌握沟通的技艺。不要自以为是，初次使用或不常用该产品的人更有评判权。

可用性设计的关键在于以普通心理学、认知心理学的基本原理为基础，按用户生理、心理（主要是信息加工过程）规律设计产品。

10.5.3.1　用户类别及其特征

用户是使用产品的人。从用户的人类一般属性和与产品相关的特殊属性着手，用户包含以下两方面含义：①用户是产品的使用者。包括当前使用者、未来的使用者、潜在的使用者。②用户是人类的一部分。设计中应考虑人所共有的感知特性、行为特性。表10-18为用户特征信息。

表 10-18　用户特征信息表

用户特征	有关信息
基本信息（生理与职业）	年龄、性别、身高、左右手倾向、是否色盲、职业、岗位等
人格特征	内向、外向；形象思维型、逻辑思维型等
基本能力	感知特性；判断分析推理能力；关节、运动、施力和反应特性
文化区别	地域、语言、民族、生活习惯、喜恶及代沟
对产品相关知识的了解程度和经验	现有产品、类似产品的功能及相关知识、使用经验及受教育情况
与产品使用相关的内容（心理与使用）	态度、动机、场合、时间、频率以及可接受的价格等

10.5.3.2 以用户为中心的设计流程（可用性工程实施流程）

用户和产品接触的全过程称为产品的全面用户体验（total user experience），包括最初的了解产品、参与设计、研究产品、购买产品、安装使用、维护更新等，见表10-19。

表10-19 全面用户体验的组成

阶段	产品研究和获得	产品安装和使用	产品服务
体验内容	最初听说和了解 进一步研究 初体验 购买得到产品	打开产品包装 安装和设置 学习、初使用 试用、日常使用	售后服务、技术支持 产品升级换代 产品维修 产品消亡服务

以用户为中心的设计流程，如图10-29所示。

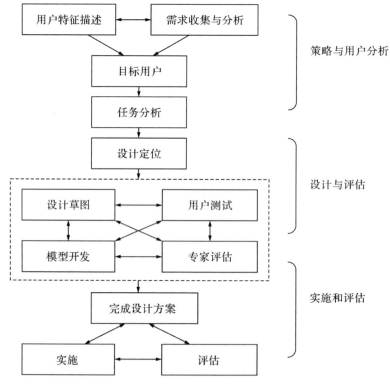

图10-29 以用户为中心的设计流程

（1）阶段一：策略与用户分析阶段

着重解决产品设计的方向、定位和目标。

用户特征描述、需求收集与分析是基础，可以同时交叉进行、相互受益。前者应明确产品的目标用户及其典型特征；后者是了解目标用户对产品的期望和目标。

然后是任务分析，目的是采用用户研究方法，深入了解用户最为习惯的完成任务的方式。分析数据来源于用户试验；将用户试验得到的信息归纳整理后用图示、列表、叙述等方式直观清晰地表达出来，作为产品设计指导。

(2)阶段二：设计与评估

着重解决产品的功能和可制造性问题。

设计草图和模型开发是重要环节，同时应及时收集评价和反馈信息，常用方法是用户测试和专家评估。前者可直接发现用户使用产品的问题，但成本高、周期长；后者易管理、用时短，能发现较深层次问题，但专家毕竟不是用户，其意见会有偏差。

(3)阶段三：实施与评估

着重解决产品可用性及商品化问题。

深入进行方案分析，并完成设计方案，包括效果图和相关图纸，完成最终模型和样品制作及设计说明的撰写等。实施产品设计方案，逐步将产品投放市场、安装、使用与反馈。

评估是采用有效的方法对设计出的产品进行评估，常用方法是实验室可用性测试[①]和用户调查表方法。设计人员往往会发现各种新问题及用户建议，收集处理这些信息并及时解决产品中相关问题，有利于销售和运作及下一代产品研发。

10.5.3.3 产品可用性设计原则

(1)按照人的尺度设计

人的尺度不仅包括人的各种身体尺寸、体能和信息加工处理能力(生理尺度)，也包括人对外界的心理感受(心理尺度)，受到情境和个体本人的需要、动机、情绪、个性和能力的影响。

(2)考虑人的极限

人的能力有限，视觉、听觉、触觉、嗅觉等感觉具有绝对阈限和差别阈限，超出阈限范围或未达到差别阈限的刺激无法为人感知；人的记忆能力有限，决定人的信息加工能力的短时记忆的容量仅为 7 ± 2 个组块，而长时记忆虽然容量无限，但可能失去提取线索。人的动作稳定性差，操作受个性和情绪的影响较大，因此人的活动能力是变化的；而且人与人之间差异巨大，能力差别使得极限的选定变得异常复杂。

[①] 可用性是最终用户使用产品的可用程度。它是在产品和用户的相互作用中体现出来的。可用性研究通过对用户、产品和环境交互的研究，使用户高效、满意和安全(容错，无错)地使用产品。它是个多学科参与的研究。

可用性研究的3个学科群

较多地关注人的学科	社会学科、心理学科、人体测量学等
较多地关注人、产品和环境交互的学科	工程心理学科(人类工效学)、设计学科等
较多地关注产品本身的学科	材料学科和技术学科、能源学科等

根据研究中搜集数据的类型和方式，把可用性测试的方法大致分为主观、客观测试两大类。

主观测试与客观测试的比较

	数据类型	搜集方式	适用处	注意点
主观测试	用户主诉	问卷、讨论和会议	产品设计的不同阶段	研究误差
客观测试	仪器记录	实验室或现场	原型和成型产品的评价	实验控制

常采用主观和客观相结合的方法，对同一测试内容，同时采用多指标测试；或在不同时间采用多指标测试。测试量表：自编量表或标准量表。常用测试设备：眼动仪、动作分析仪、实时监控设备。专门测试软件：网上和单机。

(3) 易于理解

美国学者唐纳德·A·诺曼：设计人员首先要确保用户能弄明白操作方法，其次要确保用户能够看出产品系统的工作状态。保证用户能够随时看到哪些是可行的操作；注重产品的可视性；便于用户评价产品系统的工作状态；在用户意图和所需操作之间、操作和结果之间、可见信息与对系统状态的评估之间建立自然匹配关系。

(4) 简化操作

简化产品的操作方法，通过新技术、新设计对复杂操作加以合并重组。考虑人的心理特征、短时记忆和注意力的局限性。简化设计（如用易识别信息）可使产品系统能够增强用户的短时记忆；避免从长时记忆中提取信息时缓慢而易错的特性；在操作中尽量避免干扰因素，以免分散人的注意力。采用新技术减轻脑力负荷，帮助用户对各种操作进行有效评估，并将操作结果以更完整和易于理解的方式显示出来。

(5) 注意可视性及反馈

可视性是指通过说明和差异化等手段，使得与物品使用、性能有关的控制件和说明指示以及用户行为造成的变化必须显而易见。反馈指使用者的每个动作应该得到及时的、明显的回应。

操作界面的可视性可使用户明确应进行哪些操作，以及如何进行操作；操作结果的可视性可使用户随时知道产品在操作过程中的状态以及操作过程的反馈，并判断出操作结果的优劣。

(6) 简洁而自然的界面

产品用户界面（product user interface）主要讨论产品设计中用户和产品之间的认知与传达的问题。理想的界面是仅向用户提供当前所需的信息。界面上每增加一个额外功能或信息，都意味着用户要学更多东西，信息或功能被误解的可能性就会增加，并且增加了从中查找所需信息的难度。对于具有图形的用户界面来说，优良的图形、色彩设计是基础。

①少就是多法则　利用界面中少量信息完成绝大多数任务。建立新手模式和文件夹。

②完全形态法则　把一些东西放在一起，或用线框围住，或同时移动，或同时改变；或在外形、颜色、大小或印刷版式上类似，即可认为是一个整体、单元或小组。

③重点突出与变化以吸引注意力的法则　暗示界面要素的认知和使用顺序，如闪烁、大写字母和版式变化。

④颜色应用法则　不过度使用颜色数（5~7种）；浅灰或柔和的颜色更适合做背景色；为色盲考虑，同时考虑颜色的三属性；颜色仅用于区分和强调，而非提供量化信息；注意色彩匹配。

(7) 建立正确自然的匹配关系

包括操作意图和可能的操作行为之间的关系；操作行为与操作后果之间的关系；产品实际工作状态与用户通过感知系统感知的工作状态之间的关系；用户感知的产品工作状态与用户的实际意图、需求与期望之间的关系；人机界面的相合性；正确的语意说明。

(8) 合理利用限制性因素

产品结构上的限制因素将产品可能的操作和使用方法限制在一定的范围内，并有效地将正确的操作方法显示出来。如突出的垂直门把手向使用者暗示平开门及其正确的开门方式；而水平把手则是翻门。产品语义上的限制因素通过形状、大小、色彩等语言传递产品应该如何使用。例如，水龙头旋转或按压的外观设计。文化上的限制因素是指一些已经被人们广泛接受的文化惯例可用以限定产品操作方法。如筷子的使用。逻辑限制因素则指在产品中存在空间或功能上的逻辑关系。

(9) 容错系统的设计

考虑用户使用过程中可能出现的所有操作错误，并针对各种操作错误，采取相应的预防和处理措施。应当让用户知晓操作失误所造成的后果，并使用户能够比较容易地取消错误操作，让系统恢复到以前的状态。例如，板式家具中板件的对称设计可以方便钻孔、封边等工序加工。

(10) 利用标准化

包括操作步骤标准化、操作结果标准化、显示方式标准化。产品标准化设计是参照国内外先进、合理的标准，利用其有价值的部分进行创新设计。标准化设计的益处在于用户易于学习。若标准化的时机过早，技术不成熟，规则不实用，易造成操作中的差错；过晚，传统习惯难以改变。

10.5.4 人性化设计方法探微

人性化设计不应当止于一种设计观念、设计哲学，可用性研究依然不能洞察人性的深处。可以与人的需求层次、感性工学、产品语义、质量功能配置、质量工程等相结合，探讨人性化设计的具体方法。人性化设计还可以表现人性。例如，通过仿生设计，可以将人性生动地展示出来。

10.6 感性工学

10.6.1 概述

感性(kansei)是指消费者对新产品的心理感受和意象，广义上则是感觉、感知、认知、感情和表达、意象等一系列的信息处理过程。

感性工学(kansei engineering)是把消费者对产品的感觉/感性和意象转换为产品设计要素的一种技术、理论与方法，是以工程技术为手段，设法将人的各种感觉定量化，再寻找这个感性量与工程技术中所使用的各种物理量之间的函数关系，作为工程分析和设计的基础。

10.6.2 研究内容与研究方法

(1) 研究内容

感性工学涉及设计科学、心理学、认知科学、人因学、工程学、运动生理学等人文科学和自然科学的诸多领域。感性工学研究如何获取消费者在工效、心理方面对产品的感性与意象。然后，如何根据消费者的感性与意象来确定产品设计要点。最后，如何建立一套人因技术的感性工学系统，以及如何根据社会变化和人们的偏好趋势来修正已有的感性工学系统。日本信州大学清水義雄教授将感性工学的学科结构和研究领域分为3部分：

①感觉生理学　偏重生理角度的研究，利用仪器、实验测试或SD量表等定量研究方法对人类的感性进行评估。

②感性信息学　运用计算机对感性信息进行统计、分类、分析、建模等，建立可供决策者使用的信息库，帮助制造商改进、获得设计方案。

③感性创造工学　将感性工学理论运用于设计制造中，为产品使用者提供对产品的整体性、综合性的体验。

近十几年来，心理学中最前沿的领域——生物心理学、神经心理学影响到感性工学，研究转向与生物学结合的研究方式，心脑科学的研究成为主要趋向和基点，眼动仪、计算机等成为主要实验设备。与质量管理相结合，对产品感性质量的研究受到重视。

(2) 研究方法

①范畴区分法　把用户对产品的感性与意象以树状图的形式表示出来，采用层次递推的方法，把其转化为设计要点。如人车合一的零水平感性→紧凑感性、速度感性等子感性→3.8m长、2个座位等。

②感性工学系统

前向式：利用专家系统把用户的感性意象(及心理指标)转化为设计细节。

逆向式：设计决策辅助系统。

混合式：把上述两种感性工学系统结合起来。

③感性工学建模系统　利用数学建模的方法建立计算机系统，能精确描述消费者对产品的反应。

④虚拟感性工学　把虚拟现实技术与感性工学结合起来，在用户感性的基础上对某产品构建一个虚拟空间(如虚拟厨房)，让用户进行虚拟体验，以此来判断设计与用户意象是否匹配。

⑤协同感性工学设计　以互联网为基础，利用支持计算机协同工作的软件程序，采用视听设备，使在不同地方的设计者和用户可以联合工作。

笔者认为，将感性工学的分析成果用于现代中式家具设计，可遵循图10-30所示程序：

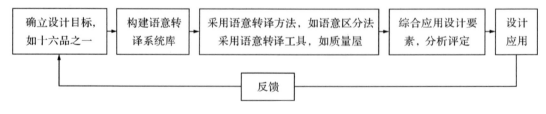

图 10-30　感性工学系统方法

思考与讨论

1. 情绪有哪些作用？请结合设计实践，试分析情绪体验在设计中的作用。
2. 如何理解设计情感的特殊性？

3. 通过设计使人们产生快感的方式有哪些？请运用几件典型设计作品加以说明。
4. 选择几件设计作品，分析它们通过哪些要素，能令人们产生何种情感体验？
5. 试论述产品的"使用"与"情感"之间的关系。

参考文献

黄艳丽，曾文琳. 2012. 现代家具设计中"软设计"研究[J]. 包装工程，33(6)：69-72.
史跃军. 2010. 坏了的钟摆——对慢设计理论尺度及实践方式的思考[J]. 装饰(3)：91-92.
邵金山，张家祺，郭宁. 2014. 论慢设计理念在家居产品设计中应用的原因[J]. 设计(10)：167-168.
高维，白路. 2010. 情感化设计的跨学科研究取向[J]. 文艺争鸣(9)：73-76.
柳沙. 2012. 设计心理学[M]. 2版. 上海：上海人民美术出版社.
苗艳凤，关惠元. 2012. 基于感性工学的木材表面山峰状纹理视觉特性[J]. 山西建筑，38(1)：109-110.
王松琴，何灿群. 2007. 感性工学：以用户为导向的工效学技术[J]. 人类工效学，13(3)：47-48，51.
李月恩，王震亚，徐楠. 2009. 感性工程学[M]. 北京：海洋出版社.
钱香莲. 2011. 家具的情趣化设计[J]. 现代装饰(理论)(8)：6-7.
韩维生. 2011. 后仿生设计方法探析[J]. 包装工程，32(22)：64-67.
宁海林. 2008. 阿恩海姆艺术表现论述评[J]. 社会科学论坛(学术研究卷)(5·下)：12-15.
张朦朦. 2012. 解读阿恩海姆的张(动)力理论[J]. 现代装饰(理论)(10)：92.
宁海林. 2008. 阿恩海姆美学思想新论[J]. 船山学刊(3)：221-223.
宁海林. 2012. 现代西方美学语境中的阿恩海姆视知觉形式动力理论[J]. 人文杂志(3)：97-102.

附录 A 标准正态分布表

z	0.00	0.01	0.02	0.03	0.04	0.05	0.06	0.07	0.08	0.09
0.0	0.000 0	0.004 0	0.008 0	0.012 0	0.016 0	0.019 9	0.023 9	0.027 9	0.031 9	0.035 9
0.1	0.039 8	0.043 8	0.047 8	0.051 7	0.055 7	0.059 6	0.063 6	0.067 5	0.071 4	0.075 3
0.2	0.079 3	0.083 2	0.087 1	0.091 0	0.094 8	0.098 7	0.102 6	0.106 4	0.110 3	0.114 1
0.3	0.117 9	0.121 7	0.125 5	0.129 3	0.133 1	0.136 8	0.140 4	0.144 3	0.148 0	0.151 7
0.4	0.155 4	0.159 1	0.162 8	0.166 4	0.170 0	0.173 6	0.177 2	0.180 8	0.184 4	0.187 9
0.5	0.191 5	0.195 0	0.198 5	0.201 9	0.205 4	0.208 8	0.212 3	0.215 7	0.219 0	0.222 4
0.6	0.225 7	0.229 1	0.232 4	0.235 7	0.238 9	0.242 2	0.245 4	0.248 6	0.251 7	0.254 9
0.7	0.258 0	0.261 1	0.264 2	0.267 3	0.270 3	0.273 4	0.276 4	0.279 4	0.282 3	0.285 2
0.8	0.288 1	0.291 0	0.293 9	0.296 7	0.299 5	0.302 3	0.305 1	0.307 8	0.310 6	0.313 3
0.9	0.315 9	0.318 6	0.321 2	0.323 8	0.326 4	0.328 9	0.335 5	0.334 0	0.336 5	0.338 9
1.0	0.341 3	0.343 8	0.346 1	0.348 5	0.350 8	0.353 1	0.355 4	0.357 7	0.359 9	0.362 1
1.1	0.364 3	0.366 5	0.368 6	0.370 8	0.372 9	0.374 9	0.377 0	0.379 0	0.381 0	0.383 0
1.2	0.384 9	0.386 9	0.388 8	0.390 7	0.392 5	0.394 4	0.396 2	0.398 0	0.399 7	0.401 5
1.3	0.403 2	0.404 9	0.406 6	0.408 2	0.409 9	0.411 5	0.413 1	0.414 7	0.416 2	0.417 7
1.4	0.419 2	0.420 7	0.422 2	0.423 6	0.425 1	0.426 5	0.427 9	0.429 2	0.430 6	0.431 9
1.5	0.433 2	0.434 5	0.435 7	0.437 0	0.438 2	0.439 4	0.440 6	0.441 8	0.443 0	0.444 1
1.6	0.445 2	0.446 3	0.447 4	0.448 4	0.449 5	0.450 5	0.451 5	0.452 5	0.453 5	0.453 5
1.7	0.455 4	0.456 4	0.457 3	0.458 2	0.459 1	0.459 9	0.460 8	0.461 6	0.462 5	0.463 3
1.8	0.464 1	0.464 8	0.465 6	0.466 4	0.467 2	0.467 8	0.468 6	0.469 3	0.470 0	0.470 6
1.9	0.471 3	0.471 9	0.472 6	0.473 2	0.473 8	0.474 4	0.475 0	0.475 6	0.476 2	0.476 7
2.0	0.477 2	0.477 8	0.478 3	0.478 8	0.479 3	0.479 8	0.480 3	0.480 8	0.481 2	0.481 7
2.1	0.482 1	0.482 6	0.483 0	0.483 4	0.483 8	0.484 2	0.484 6	0.485 0	0.485 4	0.485 7
2.2	0.486 1	0.486 4	0.486 8	0.487 1	0.487 4	0.487 8	0.488 1	0.488 4	0.488 7	0.489 0
2.3	0.489 3	0.489 6	0.489 8	0.490 1	0.490 4	0.490 6	0.490 9	0.491 1	0.491 3	0.491 6
2.4	0.491 8	0.492 0	0.492 2	0.492 5	0.492 7	0.492 9	0.493 1	0.493 2	0.493 4	0.493 6
2.5	0.493 8	0.494 0	0.494 1	0.494 3	0.494 5	0.494 6	0.494 8	0.494 9	0.495 1	0.495 2
2.6	0.495 3	0.495 5	0.495 6	0.495 7	0.495 9	0.496 0	0.496 1	0.496 2	0.496 3	0.496 4
2.7	0.496 5	0.496 6	0.496 7	0.496 8	0.496 9	0.497 0	0.497 1	0.497 2	0.497 3	0.497 4
2.8	0.497 4	0.497 5	0.497 6	0.497 7	0.497 7	0.497 8	0.497 9	0.497 9	0.498 0	0.498 1
2.9	0.498 1	0.498 2	0.498 2	0.498 3	0.498 4	0.498 4	0.498 5	0.498 5	0.498 6	0.498 6
z	0.0	0.1	0.2	0.3	0.4	0.5	0.6	0.7	0.8	0.9
3	0.498 7	0.499 0	0.499 3	0.499 5	0.499 7	0.499 8	0.499 8	0.499 9	0.499 9	0.500 0